教育部"产学合作、协同育人"项目成果教材
"十三五"江苏省高等学校重点教材（教材编号：2019-2-047）
普通高等教育大数据管理与应用专业系列教材

数据可视化导论

主　编　朱晓峰　吴志祥
参　编　张　卫　程　琳　马小东

机械工业出版社

本书针对非计算机类专业开设“大数据”相关课程的教学需求，内容分为理论篇、工具篇和实训篇。理论篇主要介绍数据可视化的基础知识、基本图表、设计要素、实现与优化，侧重培养学生对数据可视化基本概念、基础理论、常用流程等理论知识的准确理解；工具篇主要介绍常见的数据可视化工具，通过功能简介与示例，侧重培养读者对数据可视化基本工具和基本操作的正确认知；实训篇主要通过三种不同类型的可视化工具，介绍四个来自实际需求的数据可视化案例，侧重培养学生通过数据可视化解决实际问题的精确应用。

本书专门为高等院校非计算机类专业“大数据基础”“大数据分析导论”“数据可视化导论”等课程编写，结构严谨，内容较新，叙述清晰，强调实践，可作为普通高等教育相关课程的授课教材，也可作为企事业单位大数据分析的培训教材，还可作为企业管理、电子商务、市场营销、国际贸易等相关从业人员的参考用书。

图书在版编目（CIP）数据

数据可视化导论/朱晓峰，吴志祥主编. —北京：机械工业出版社，2020.10（2024.7 重印）

普通高等教育大数据管理与应用专业系列教材

ISBN 978-7-111-66619-6

Ⅰ.①数…　Ⅱ.①朱…②吴…　Ⅲ.①可视化软件 – 数据分析 – 高等学校 – 教材　Ⅳ.①TP317.3

中国版本图书馆 CIP 数据核字（2020）第 182722 号

机械工业出版社（北京市百万庄大街 22 号　邮政编码 100037）
策划编辑：易　敏　责任编辑：易　敏　陈崇昱
责任校对：朱继文　封面设计：鞠　杨
责任印制：单爱军
北京虎彩文化传播有限公司印刷
2024 年 7 月第 1 版第 4 次印刷
185mm×260mm · 17.5 印张 · 403 千字
标准书号：ISBN 978-7-111-66619-6
定价：45.80 元

电话服务　　　　　　　　　网络服务
客服电话：010-88361066　　机　工　官　网：www.cmpbook.com
　　　　　010-88379833　　机　工　官　博：weibo.com/cmp1952
　　　　　010-68326294　　金　　书　　网：www.golden-book.com
封底无防伪标均为盗版　　　机工教育服务网：www.cmpedu.com

前言

本书是数据科学领域为数不多的理论与实践相结合的入门级教材，专门针对非计算机类专业开设“大数据”相关课程的教学需求，通过详细剖析数据可视化的基础理论、可视化工具的基本功能和可视化实例实训，全景式地展现了数据可视化的基础知识、基本任务、主要流程、常见工具和实用场景。

本书分为三个部分：第一部分，数据可视化的理论部分（理论篇），包括数据可视化概述、数据可视化的理论基础、数据可视化的图表基础、数据可视化的设计要素、数据可视化的实现与优化；第二部分，数据可视化的工具部分（工具篇），主要介绍了几类常见的数据可视化工具及其基本操作；第三部分，数据可视化的实训部分（实训篇），分别是销售领域的数据可视化实训、能源领域的数据可视化实训、互联网领域的数据可视化实训、科学计量领域的数据可视化实训等四个不同实际场景的数据可视化实训案例。每个实训章节都包括实训背景知识、实训简介、实训过程、实训总结与实训思考题五个环节，具有较强的系统性、可读性和实用性。

全书结合当前教育改革强调线上线下一体化教学的新理念，对每章的教学内容都有针对性地设置了导读案例、习题等，指导学生在课前或课后阅读教材、多做网络检索，通过多种途径、多种方式深入理解与掌握课程知识内涵。

与本书配套的所有图例（彩色）、教学 PPT 课件、实训原始数据等资料，都可以从机械工业出版社教育服务网（www.cmpedu.com）下载，也欢迎教师向编者索取与本书教学相关的配套资料并交流，E-mail：zxf2611@sina.com，QQ：263534010。

本书由朱晓峰、吴志祥讨论大纲，朱晓峰负责第 1 章、第 6 章的 1~2 节的编写；吴志祥负责第 2~4 章的编写，并和朱晓峰共同审核第 1~5 章；张卫负责第 6 章的 3~4 节、第 9~10 章的编写，并和朱晓峰共同审核第 7~10 章；程琳负责第 5 章的编写，并与马小东共同负责第 7~8 章的编写，程琳和朱晓峰共同审核第 6 章。

本书的编写得到了江苏省“十三五”重点教材、南京工业大学校级教材重点项目的资助，以及苏州国云数据科技有限公司、机械工业出版社的支持和帮助，尤其是南京工业大学经济与管理学院姚山季院长、教学事务部郑乐老师、苏州国云数据科技有限公司项目总监朱琼琼、机械工业出版社编辑易敏老师给予的项目申报、行业案例、分析工具、原始数据等方面的指导和帮助，在此表示衷心的感谢！

希望本书能够对大数据类课程的教学和实践提供有益的帮助。由于作者水平有限，书中不妥之处在所难免，恳请广大读者提出宝贵意见，以期不断改进。

编者

目录

前言

理论篇

第 1 章　数据可视化概述　/ 3
【导读案例】霍乱地图与传染病的可视化研究　/ 3
本章知识要点　/ 4
1.1　数据可视化的界定与理解　/ 4
1.2　数据可视化的优势与作用　/ 6
1.3　数据可视化的类别与关系　/ 8
1.4　数据可视化的发展历程与规律　/ 11
1.5　数据可视化的趋势与挑战　/ 19
习题　/ 22
参考文献　/ 22
第 2 章　数据可视化的理论基础　/ 23
【导读案例】克里斯蒂安・克维塞克拍摄的萤火虫之路　/ 23
本章知识要点　/ 24
2.1　视觉感知　/ 24
2.2　视觉认知　/ 26
2.3　格式塔理论　/ 28
2.4　视觉编码　/ 35
2.5　数据准备　/ 36
习题　/ 48
参考文献　/ 49
第 3 章　数据可视化的图表基础　/ 50
【导读案例】拿破仑东征莫斯科及撤退　/ 50
本章知识要点　/ 51
3.1　数据可视化的基本图表　/ 51
3.2　数据可视化的传统图表　/ 60
3.3　数据可视化的新型图表　/ 82
习题　/ 92
参考文献　/ 92
第 4 章　数据可视化的设计要素　/ 93
【导读案例】伦敦地铁系统交通图的诞生　/ 93
本章知识要点　/ 94
4.1　数据可视化的设计组件　/ 94
4.2　数据可视化的设计原则　/ 101
4.3　数据可视化的视觉设计　/ 106
4.4　数据可视化的图表设计　/ 109
4.5　数据可视化的配色方案设计　/ 114
4.6　数据可视化的字体设计　/ 117
4.7　数据可视化的应用场景设计　/ 118
习题　/ 119
参考文献　/ 120
第 5 章　数据可视化的实现与优化　/ 121
【导读案例】基于形状空间投影的时间序列数据可视化探索　/ 121
本章知识要点　/ 122
5.1　数据可视化的基本步骤　/ 122
5.2　数据可视化的实现方法　/ 126
5.3　数据可视化的具体实现　/ 128
5.4　数据可视化的优化　/ 138
习题　/ 147
参考文献　/ 147

工具篇

第 6 章 数据可视化的基本工具 / 151
【导读案例】新数据研究需要新工具 / 151
本章知识要点 / 152
6.1 可视化工具概述 / 152
6.2 魔镜——拖拽式高级可视化工具 / 172
6.3 CiteSpace——知识图谱可视化工具 / 186
6.4 ECharts——基于 JavaScript 的高级可视化工具 / 196
习题 / 200
参考文献 / 200

实训篇

第 7 章 销售领域的数据可视化实训——基于魔镜 MOOJ / 203
7.1 实训背景知识 / 203
7.2 实训简介 / 203
7.3 实训过程 / 205
7.4 实训总结 / 215
7.5 实训思考题 / 216
第 8 章 能源领域的数据可视化实训——基于魔镜 MOOJ / 217
8.1 实训背景知识 / 217
8.2 实训简介 / 217
8.3 实训过程 / 218
8.4 实训总结 / 227
8.5 实训思考题 / 228
第 9 章 互联网领域的数据可视化实训——基于 ECharts / 229
9.1 实训背景知识 / 229
9.2 实训简介 / 230
9.3 实训过程 / 231
9.4 实训总结 / 258
9.5 实训思考题 / 258
第 10 章 科学计量领域的数据可视化实训——基于 CiteSpace / 259
10.1 实训背景知识 / 259
10.2 实训简介 / 260
10.3 实训过程 / 261
10.4 实训总结 / 273
10.5 实训思考题 / 273

理 论 篇

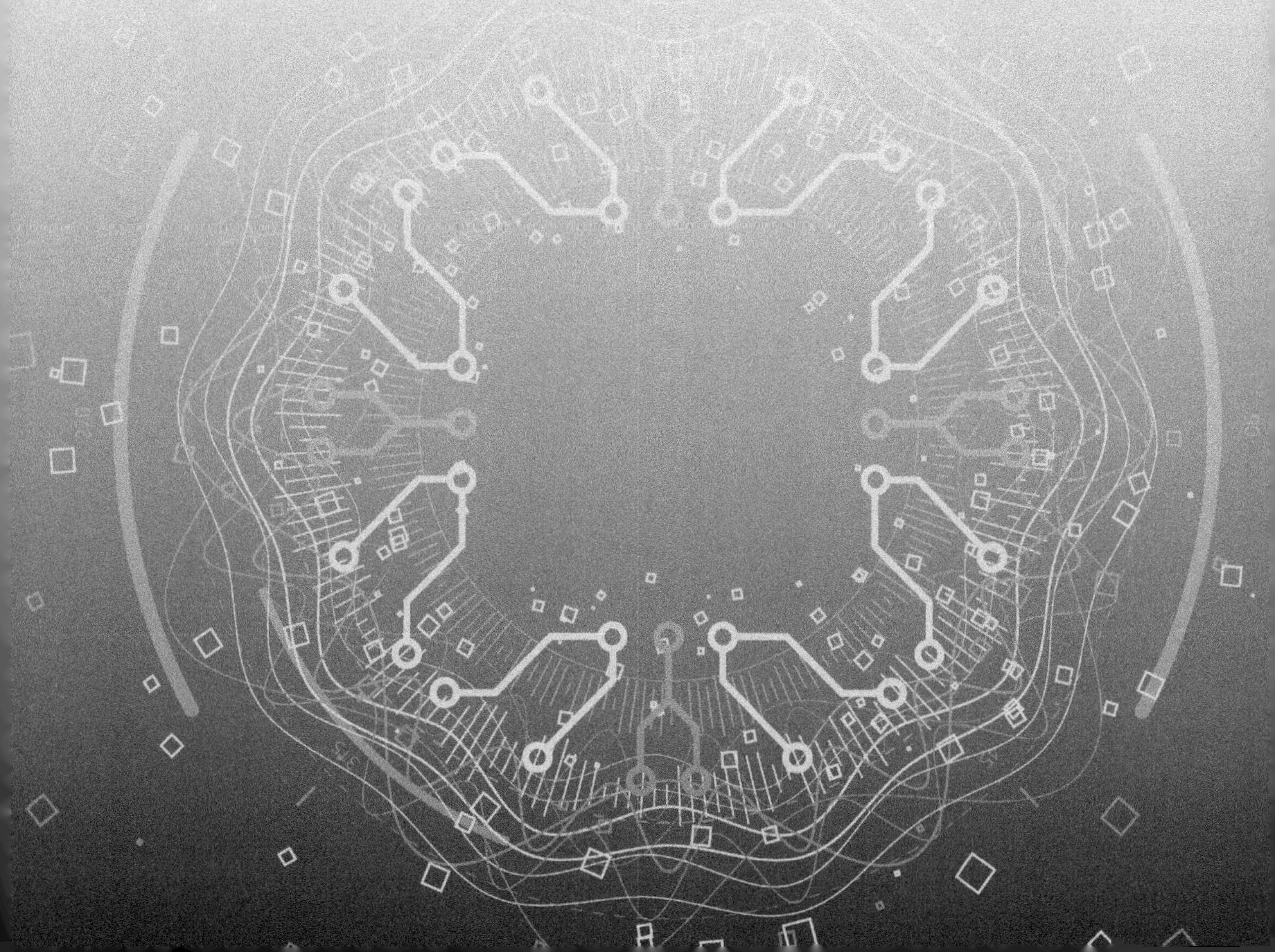

第1章

数据可视化概述

导读案例

霍乱地图与传染病的可视化研究

数据可视化并不是一个全新事物，从史前时期的洞穴壁画，到土耳其地区出现的公元前7500年的地图，再到1786年威廉·普莱费尔绘制的数据型图表——“The Commercial and Political Atlas”、1861年Charles Joseph Minard绘制的拿破仑东征信息图表等，都表现出了可视化的雏形。

19世纪上半叶的欧洲，伴随工业迅速发展的是城市的扩张和人口的增长，但是公共管理并未能与时俱进，城市居民极易受到传染病的侵害。1831年10月，英国第一次爆发霍乱，夺走了5万余人的生命。在1848—1849和1853—1854年的霍乱流行中，死亡人数更多。霍乱因何而来又如何传播？可视化最终给出了答案。

Robert Baker医生在1833年绘制了英国利兹市1832霍乱的分区分布图（见图1-1）。当时利兹的76 000人口中出现了1832例霍乱感染者。Baker的图显示了疾病和居住条件的联系——缺乏清洁用水和排水系统的居民点是疾病的高发区。但是他的图上没有显示发病率和关于疾病起因的知识，所以尽管走对了路，但还是不完备。伟大的发现与他擦肩而过，最终由John Snow（1813—1858）在1855年完成。

1854年英国Broad大街爆发大规模霍乱，John Snow对空气传播霍乱的理论表示怀疑，他在1855年发表了关于霍乱传播理论的论文，图1-2即其主要依据。Snow采用了点图的方式，图中心东西方向的街道即为Broad大街，黑点表示发现死者的地点。

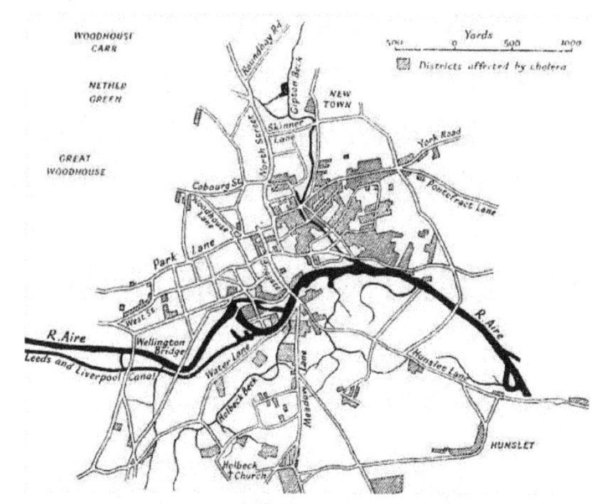

图1-1　利兹市霍乱的分区分布图

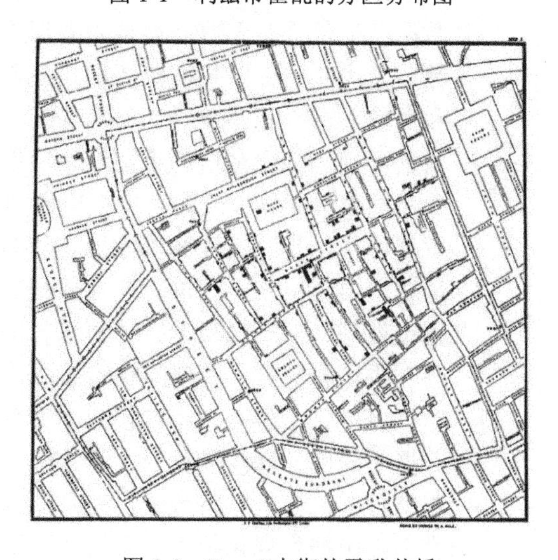

图1-2　Broad大街的霍乱传播

这幅图形揭示了一个重要现象，就是死亡发生地都在街道中部一处水源（公共水泵）周围，市内其他水源周围极少发现死者。通过进一步调查，John Snow 发现这些死者都饮用过此水源的水。后来证实距离此水源不足一米远的地方有一处污水坑，坑内释放出来的细菌正是霍乱发生的罪魁祸首。John Snow 成功说服了当地政府废弃那个水泵，这是可视化历史上的一个划时代的事件。

霍乱地图与传染病的可视化研究充分表明，历史的沿革一直带动着数据可视化的发展。到了现代，随着科技日新月异，对于数据可视化的划分及定位也逐渐细致，可视化以其美丽雅致的外形和对于特定人群所关注信息的清晰定位，再一次成为大众关注的焦点。

因此，本章需要界定何谓数据可视化、数据可视化的作用与分类、数据可视化的发展历史与面临的挑战，明确本书的研究对象，梳理数据可视化的基础知识，让读者对数据可视化有一个概括性的认知。

本章知识要点

- 理解和掌握数据可视化的基本概念
- 理解和掌握数据可视化的实质与价值
- 熟悉数据可视化的类别与彼此关系
- 了解数据可视化的发展历程
- 理解数据可视化产生的背景和现状
- 熟悉数据可视化的发展趋势与面临的挑战

1.1 数据可视化的界定与理解

1.1.1 已有的数据可视化定义

当前，在研究、教学和开发领域，数据可视化乃是一个极为活跃而又关键的话题。关于数据可视化的含义，也是众说纷纭，不同的专家学者给出了自己的理解和看法，例如：

- 数据可视化是关于数据视觉表现形式的科学技术研究。其中，数据的视觉表现形式被定义为，一种以某种概要形式抽取出来的信息，它包括相应信息单位的各种属性和变量。
- 数据可视化主要是指利用图形、图像处理、计算机视觉以及用户界面，通过表达、建模以及对立体、表面、属性以及动画的显示，对数据加以可视化解释。
- 数据可视化是利用计算机图形学和图像处理技术，将数据转换成图形或图像从而在屏幕上显示出来，并进行交互式处理的理论、方法和技术。它涉及计算机图形学、图像处理、计算机视觉、计算机辅助设计等多个领域，成为研究数据表示、数据处理、决策分析等一系列问题的综合技术。
- 数据可视化，就是指将结构或非结构数据转换成适当的可视化图表，然后将隐藏在数据中的信息直接展现于人们面前。
- 数据可视化指的是将数据以统计图表的方式呈现，其主要目的是用于传递信息。换言之，数据可视化帮助读者用肉眼更简单直观地看到数据，否则读者看到的只是一堆数字。

- 数据可视化，就是将数据库中每一个数据项作为单个图元元素表示，大量的数据集构成数据图像，同时将数据的各个属性值以多维数据的形式表示，以便从不同的维度观察数据，从而对数据进行更深入的观察和分析。
- 数据可视化（Data Visualization）和信息可视化（Information Visualization）是两个相近的专业领域名词。狭义上的数据可视化指的是将数据用统计图表方式呈现，而信息可视化则是将非数字的信息进行可视化。前者用于传递信息，后者用于表现抽象或复杂的概念、技术和信息。而广义上的数据可视化则是数据可视化、信息可视化以及科学可视化等等多个领域的统称。

1.1.2　数据可视化的含义

分析上述已有的数据可视化定义，似乎存在“两派”说法。对于研究大规模数据的人员而言，数据可视化是指综合运用计算机图形学、图像、人机交互等技术，将采集或模拟的数据映射为可识别的图形、图像、视频或动画，并允许用户对数据进行交互分析的理论、方法和技术。而对于广大的编辑、设计师、数据分析师等需要呈现简单数据序列的人员而言，数据可视化是将数据用统计图表和信息图方式呈现，同样也符合“3+2”（“文字、图表、图像”+“声音、动画”）的基本构成元素。两种定义其实是从广义和狭义两个不同层面去理解，它们既不是对立的，也没有严格区分，仅是针对不同的业务场景。由于数据可视化本身是一个不断演变的概念，其边界在不断地扩大，因而，最好是对其加以宽泛的定义。

综上，本书认为，数据可视化指的是利用图形、图像处理、计算机视觉以及用户界面，通过表达、建模以及对立体、表面、属性以及动画的显示，对数据加以可视化解释。

对于数据可视化的定义，可以分为两个层面进行理解：

首先，数据可视化最直接的定义应该是将数据通过合适的图表进行展现，以便读者可以最迅速地理解数据所要传达的信息。从这个定义出发，凡是通过图表将数据展示出来的过程都可以称之为数据可视化。

其次，通过深入分析了数据可视化的要点可知，众多概念对数据可视化的理解其实都是在一些潜在的前提下提出自己对可视化的理解。如何更好地做好数据的可视化？这其中就会涉及在开发系统的过程中以业务目标为导向的问题，至少包括：第一，数据可视化是为了更好地促进行动，所以要让行动的决策人看懂；第二，当需要在已知的图表类型中进行选择时，要先想想自己想要解决的到底是什么问题！

1.1.3　数据可视化的实质

数据可视化主要旨在借助于图形等各种手段，清晰有效地传达与沟通信息。但是，这并不意味着数据可视化就一定会为了实现其功能用途而令人感到枯燥乏味，或者是为了看上去绚丽多彩而显得极端复杂。为了有效地传达思想与概念，美学形式与功能实用需要齐头并进，通过直观地传达关键的方面与特征，实现对于相当稀疏而又复杂的数据集的深入洞察。因此，设计人员必须能很好地把握设计与功能之间的平衡，创造出合理的数据可视化形式，通过合理的展现效果，传达与沟通信息（见图 1-3）。

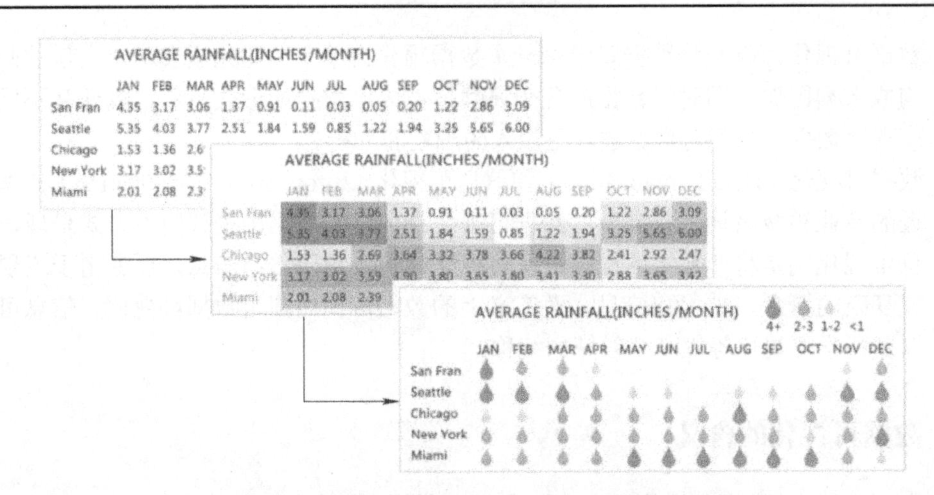

图 1-3　数据可视化的实质（平均降雨量的例子）

图 1-3 通过简单的图形变化让降雨量信息一目了然。因此，数据可视化的成功，应归功于其背后基本思想的完备性。第一个前提是利用计算机生成的图像来对数据及其内在模式和关系获得深入的认识。第二个前提是利用人类感觉系统的广阔带宽来操纵和解释错综复杂的过程、涉及不同学科领域的数据集以及来源多样的大型抽象数据集合的模拟。这些思想和概念极其重要，对于计算科学与工程方法学及管理活动都有着精深而又广泛的影响。《Data Visualization：The State of the Art》（数据可视化：尖端技术水平）一书就重点强调了各种应用领域与它们各自所特有的问题在求解可视化技术方法中的相互作用。

1.2　数据可视化的优势与作用

在目前这个信息爆炸的时代，借助图形化的手段，高效和清晰的交流信息是数据可视化的目的所在。早期，人们对于数据在图形上表现只是停留在饼图、柱状图和直方图等简单的视觉表现形式上。为了更加有效地传达数据信息，帮助用户理解、引起共鸣，可视化的表现形式从平面扩展到三维，媒介形式也从纸张发展到网络及视频，在互动性和时效性上都不断发生变化。

1.2.1　数据可视化的优势

无论是哪种职业和应用场景，数据可视化都有一个共同的目的，即明确、有效地传递信息。图形能将不可见现象转化为可见的图形符号，并直截了当地表达出来。因此，数据可视化优势明显，具体而言，包括传递速度快、数据显示的多维性、直观地展示信息和容易理解记忆四大优势。

1．传递速度快

人脑对视觉信息的处理要比书面信息快。使用图形来总结复杂的数据，可以确保对关系的理解要比看那些混乱的报告或电子表格更快。

2. 数据显示的多维性

在可视化的分析下，数据将每一维的值分类、排序、组合和显示，这样就可以看到对象或事件的多个属性或变量。

3. 直观地展示信息

大数据可视化报告使读者能够用一些简单的图形就能表现那些复杂信息，甚至单个图形也能做到。决策者可以轻松地解释各种不同的数据源。丰富但有意义的图形有助于让忙碌的业务人员和管理者了解问题。

4. 容易理解与记忆

实际上人在观察物体的时候，人的大脑和计算机一样，有长期的记忆（相当于硬盘）和短期的记忆（相当于缓存）。只有短期记忆一遍又一遍地出现之后，才可能进入长期记忆。很多研究已经表明，在进行理解和学习的时候，图文组合到一起能够帮助读者更好地了解所要学习的内容，图像更容易理解，更有趣，也更容易让人们记住。这就是数据可视化的优势所在，也是其主要作用。

1.2.2 数据可视化的作用

相比传统的用表格或文档展现数据的方式，数据可视化能将数据以更加直观的方式展现出来，使数据更加客观、更具说服力。数据可视化的主要作用有以下三个。

1. 数据可视化在数据记录和表达方面的作用

数据表达是通过计算机图形学等技术手段来更加友好地展示数据信息，方便人们阅读、理解和运用数据的过程。无论何种类型的数据可视化，都有一个共同的目的，即准确而高效、精简而全面地传递信息和知识。人类右脑记忆图像的速度比左脑记忆抽象文字的速度快100万倍。因此，数据可视化能够加深和强化受众对于数据的理解和记忆。人利用视觉获取的信息量，远远比别的感官要多得多。人的知识中至少80%以上的信息是通过视觉获得的，如果能够将数据总结到一张图表中，能更好地帮助我们记忆。而且，借助于有效的图形展示工具，数据可视化能够在小空间中呈现大规模数据。所以，数据可视化可以更好地记录数据、传递信息。

2. 数据可视化在数据操作方面的作用

数据操作是以计算机提供的界面、接口、协议等条件为基础完成人与数据的交互需求，数据操作需要友好便捷的人机交互技术、标准化的接口和通信协议来完成对多数据集的集中或分布式操作。当今，基于可视化的人机交互技术发展迅猛，包括自然交互、可触摸、自适应界面和情境感知等在内的多种新技术极大丰富了数据操作的方式。与传统静态图表不同，交互式数据可视化鼓励用户操作数据完成探索分析。

3. 数据可视化在数据分析方面的作用

数据分析是通过数据计算获得多维、多源、异构和海量数据所隐含信息的核心手段，它是数据存储、数据转换、数据计算和数据可视化的综合应用。图形表现数据，实际上比传统的统计分析法更加精确和有启发性。借助可视化的图表更容易寻找数据规律、分析推理、预测未来趋势。换言之，优化、易懂的可视化结果有助于人们进行信息交互、推理和分析，方便人们对相关数据进行协同分析，也可加速信息和知识的传播。数据可视化可以有效表达数据的各种特征，辅助人们推理和分析数据背后的客观规律，进而获得相关知识，培养人们理解、认识和利用数据的能力。

1.3 数据可视化的类别与关系

1.3.1 数据可视化的类别

数据可视化是个庞大的领域，涉及的学科非常多。广义的数据可视化涉及信息技术、自然科学、统计分析、图形学、交互、地理信息等多门学科（见图 1-4）。但正是因为这种跨学科性，才让可视化领域充满活力与机遇。

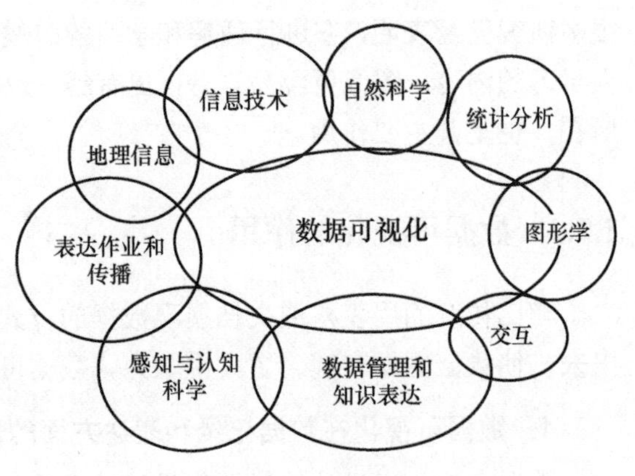

图 1-4 数据可视化涉及的学科

科学可视化（Scientific Visualization）、信息可视化（Information Visualization）和可视化分析（Visual Analytics）三个学科方向通常被看成可视化的三个主要分支。而将这三个分支整合在一起形成的新学科就是数据可视化。

1. 科学可视化

在数据可视化的发展过程中，科学和工程领域的应用衍生出了科学可视化这一分支。它是一种利用计算机图形学来创建视觉图像，帮助人们理解科学技术的概念或结果的那些错综复杂而又往往规模庞大的数字表现形式。

科学可视化是一个跨学科研究与应用领域，它主要研究带有空间坐标和几何信息的三维空间测量数据、计算模拟数据和医疗影像数据等，重点探索如何有效地呈现数据的几何、拓扑和形状特征；它主要关注三维现象的可视化，如建筑学、气象学、医学或生物学方面的各种系统，重点探索对体、面及光源等的逼真渲染。例如，利用经验数据，可以对天体物理学（模拟宇宙爆炸等）、地理学（模拟温室效应）、气象学（龙卷风或大气平流）进行科学可视化，从而模拟出人类肉眼无法观察或记录的自然现象；同时，它还可以利用医学数据（核磁共振或 CT）研究和诊断人体，或者在建筑领域、城市规划领域或高端工业产品的研发过程中发挥重大重用。

在计算机诞生之前，科学可视化行为就已经存在，如等高线图、磁力线图、天像图等。随着计算机技术的飞速发展，利用计算机的强大运算能力，人类可以使用三维或四维的方式表现液体流型、分子动力学的复杂科学模型。此时，科学可视化便成为计算机图形学的一个子集，是计算机科学的一个分支。

随着计算机运算能力的迅速提升，规模越来越大、复杂程度越来越高的数值模型开始建立起来，造就了形形色色体积庞大的数值型数据集。同时，人们不但利用医学扫描仪和显微镜之类的数据采集设备产生大型的数据集，还利用可以保存文本、数值和多媒体信息的大型数据库来收集数据。因而，就需要高级的计算机图形学的技术与方法来处理和可视化这些规模庞大的数据集。短语“Visualization in Scientific Computing”（科学计算之中的可视化）后来就衍变成了“Scientific Visualization”（科学可视化）。

科学可视化的目的是以图形方式说明科学数据，使科学家能够从数据中了解、说明和收集规律。例如，汽车的研发过程中，需要输入大量结构和材料数据，模拟汽车在受到撞击时如何变形；在城市道路规划的设计过程中，需要模拟交通流量。

综上所述，虽然科学可视化的表现形式对于普通人比较陌生，诸如粒子系统、散点图、热力图等图表，没有接受过专业训练的人很难看懂，但实际上科学可视化的成果已经渗透到人类生活的每个角落。

2. 信息可视化

20世纪90年代初期，信息可视化进入人们的视野。信息可视化是研究抽象数据的交互式视觉表示，以加强人类的认知。其中，抽象数据包括数字和非数字数据，如地理信息、金融交易数据、社交网络数据和文本数据等。换言之，信息可视化的处理对象是非结构化、非几何的抽象数据，用于解决对异质性数据中“抽象”部分的分析，帮助人们理解和观察抽象概念，放大人类的认知能力。信息可视化的核心挑战是，如何针对大数据量的高维数据减少视觉混淆和对有用信息的干扰。

信息可视化与科学可视化有所不同：科学可视化处理的数据具有天然几何结构（如磁力线、流体分布等），信息可视化处理的数据具有抽象数据结构。柱状图、趋势图、流程图、树状图等，都属于信息可视化，这些图形的设计都是将抽象的概念转化成为可视化信息。

信息可视化往往根据需求、数据维度或属性进行筛选，根据目的和用户群选择表现方式，同一份数据可以可视化成多种看起来截然不同的形式。例如：

- 观测、跟踪数据时，就要强调实时性、变化、运算能力，可能就会生成一份不停变化、可读性强的图表。
- 分析数据时，要强调数据的呈现度，可能会生成一份可以检索的、交互式的图表。
- 发现数据之间的潜在关联时，可能会生成分布式的多维的图表。
- 帮助普通用户或商业用户快速理解数据的含义或变化时，会利用绚丽的颜色或动画创建生动、明了、具有吸引力的图表。
- 用于教育、宣传时，结果会被制作成海报、课件，出现在街头、广告、杂志和集会上。这类图表拥有强大的说服力，使用强烈的对比、置换等手段，可以创造出极具冲击力的图像。目前许多媒体会根据新闻主题或数据，雇用设计师来创建可视化图表对新闻主题进行辅助。

3. 可视化分析

可视化分析（Visual Analytics）是科学可视化、信息可视化、人机交互、认知科学、数据挖掘、信息论、决策理论等研究领域的交叉融合所产生的新领域（见图 1-5）。

根据 Thomas 和 Cook 在 2005 年给出的定义：可视化分析是一种通过交互式可视化界面来辅助用户对大规模复杂数据集进行分析推理的科学与技术。也就是说，可视化分析的重点是通过交互式视觉界面进行分析推理。可视化分析的运行过程可看作数据—知识—数据的循环过程，中间经过两条主线——可视化技术和自动化分析模型。从数据中洞悉知识的过程主要依赖两条主线的互动与协作。自 2006 年起，可视化领域开始每年举办可视分析科学与技术会议（IEEE Conf. on Visual Analytics Science and Technology，IEEE VAST）。

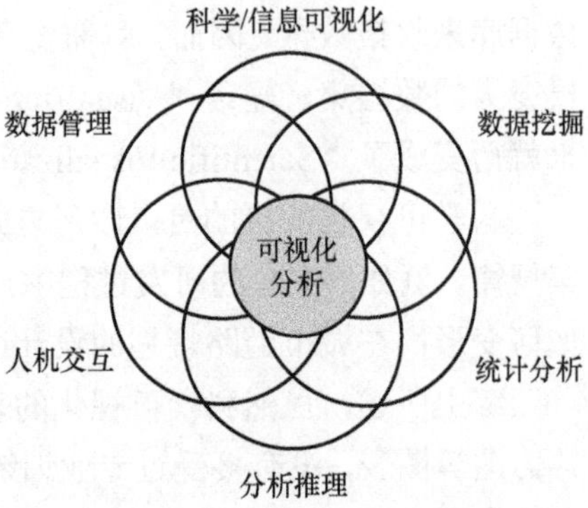

图 1-5　可视化分析及其相关学科

可视化分析不再是一个交叉研究的新术语，而成为一个独立的研究分支。可视化分析概念提出时拟定的目标之一是面向大规模、动态、模糊或者常常不一致的数据集进行分析，换言之，可视化分析的研究重点与大数据分析的需求相一致。因此，大数据可视化分析是指在利用大数据自动分析挖掘方法的同时，利用支持信息可视化的用户界面以及支持分析过程的人机交互方式与技术，有效融合计算机的计算能力和人的认知能力，以获得对于大规模复杂数据集的洞察力。近年来，可视化分析研究很多都是围绕着大数据的热点领域，如互联网、社会网络、城市交通、商业智能、气象变化、安全反恐、经济与金融等。

1.3.2　彼此关系

1. 彼此的区别

科学可视化、信息可视化与可视化分析三者有一些重叠的目标和技术，这些领域之间的边界尚无明确共识，粗略来说有以下区别：

1）科学可视化处理具有自然几何结构（磁场、MRI 数据、洋流）的数据。

2）信息可视化处理抽象数据结构，如树或图形。

3）可视化分析将交互式视觉表示与基础分析过程（统计过程、数据挖掘技术）结合，能有效执行高级别、复杂的活动（推理、决策）。

2. 大数据时代新的延伸

广义上来说，数据可视化本身是一种泛称，它统一了较成熟的科学可视化和较新的信息可视化，涵盖了结合数据分析的可视化分析。而在大数据时代，数据可视化除了包含以上三方面外，还囊括了在它们基础上发展起来的知识可视化、思维可视化等。如表 1-1 所示，数据可视化在大数据时代，可以进一步细分为狭义的数据可视化、科学可视化、信息可视化、可视化分析、知识可视化和思维可视化。

表 1-1　大数据时代数据可视化的分类

类别	研究对象及其特点	研究目的	主要技术及表达方式	交互类型
数据可视化（狭义）	包括空间、非空间数据等各种类型的大数据	将无意义的数据以含义丰富的形式表现出来，提供启发，便于人们理解或挖掘规律	计算机图形、图像	人机交互
科学可视化	一般是具有几何属性的空间数据	将数据以真实可感的图形、图像等方式表示，帮助人们更好地理解相关概念和结果	计算机图形、图像	人机交互
信息可视化	非空间的，抽象、非结构化的数据集合，也可以是信息单元	以直观图像展现抽象信息，并帮助人们理解、挖掘深层信息和含义	计算机图形、图像	人机交互
可视化分析	包括空间、非空间数据等各种类型的大数据	变信息过载为机遇；使分析师或决策者能及时、高效地考察大量数据和信息流并完成分析推理和决策	计算机图形、图像，用户的知识、经验和主观认知	人机交互
知识可视化	知识经过加工、整合和处理后在人脑中存储为知识结构的信息，可不断更新	用视觉表达的方法来描述知识，推动人们之间知识的传播和创新	手绘或计算机草图、知识图表，视觉隐喻等	人人交互
思维可视化	可不断更新的、具有主观想法的知识结构的信息	用视觉表达的方法来描述知识，推动人们之间的观点、态度等的传播和创新	手绘或计算机草图、思维导图、概念图等	人人交互

1.4　数据可视化的发展历程与规律

1.4.1　数据可视化的发展历程

数据可视化是一个古老的领域，一般被认为缘起于统计学诞生的时代，并随着技术手段、传播手段的进步而发扬光大。事实上，用图形描绘量化信息的思想植根于更早年代人们对于世界的观察、测量和管理的需要。如表 1-2 所示，数据可视化的发展历程贯穿了人类的整个发展历史。

表 1-2　数据可视化的发展历程

时间	发展特点
17 世纪之前	初始期：可视化思想始终存在
17 世纪	探索期：由于更准确的测量与科学理论的发展，人们对数据可视化开始了早期探索
18 世纪	萌芽期：数据可视化初步发展，直方图等开始出现
19 世纪上半叶	发展期：现代意义的信息图形设计出现，数据可视化得到重视
19 世纪下半叶	黄金期：各种数据可视化方式层出不穷
20 世纪上半叶	低潮期：由于前期的可视化表达方式足够使用，新的图形表达研究进展不大
1950—1974 年	复苏期：依附计算机科学与技术，数据可视化拥有了新的生命力
1974—2011 年	新黄金期：以动态交互式为核心特征的数据可视化发展迅猛
2012 年至今	大数据驱动期：解决海量异构数据的可视化问题

1．数据可视化的初始期

数据可视化的初始期，是指 17 世纪之前出现的早期地图与图表，表明了可视化思想始终存在。数据可视化一点也不神秘。在人类历史发展的过程中，有很多现实的数据可视化就出现在日常生活里。在 17 世纪以前，人类研究的领域有限，总体数据量处于较少的阶段，因此几何学通常被视为可视化的起源，数据的表达形式也较为简单。但随着人类知识的增长、活动范围的不断扩大，为了能有效探索其他地区，人们开始汇总信息来绘制地图。

由于宗教等因素，人类对天文学的研究开始较早。一位不知名的天文学家于 10 世纪创作了描绘当时已知的 7 个主要天体时空变化的多重时间序列图，图中已经出现了很多现代统计图形的元素：坐标轴、网格图系统、平行坐标和时间序列（见图 1-6）。

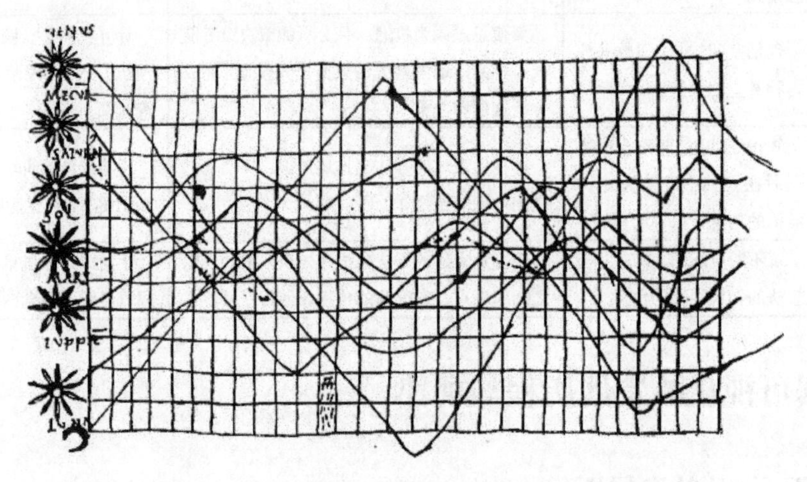

图 1-6　7 个主要天体时空变化的多重时间序列图

在 16 世纪，用于精确观测和测量物理量、地理和天体位置的技术和仪器得到了充分发展，尤其在 W. Snell 于 1617 年首创三角测量法后，绘图变得更加精确，形成更加精准的视觉呈现方式，出现了第一部现代意义的地图集。

由于当时数据总量较少，各科学领域也处于初级阶段，所以可视化的运用还较为单一，系统化程度也较低，数据可视化作品的密度也较低，整体还处于萌芽阶段。

2．数据可视化的探索期

17 世纪起，由于科学理论的发展，数据可视化开始了早期探索。更为准确的测量方式在 17 世纪得到了更为广泛的使用，大航海时代，欧洲的船队出现在世界各处的海洋上，发展欧洲新兴的资本主义，这对于地图制作、距离和空间的测量都产生了极大的促进作用。同时，伴随着科技的进步和经济的发展，数据的获取方式主要集中于时间、空间、距离的测量，对数据的应用集中于制作地图、天文分析（开普勒的行星运动定律）等方面。

这一时期，笛卡儿发展出了解析几何和坐标系，在两个或者三个维度上进行数据分析，成为数据可视化历史中重要的一步。同时，哲学家帕斯卡等发展了早期概率论；英国人 John Graunt 开始了人口统计学的研究。这些早期的探索，打开了数据可视化的大门，数据的收集、整理和绘制开始了系统性的发展。

图 1-7 是由 Michael Florent van Langren 绘制于 1644 年的图形，这幅图被认为是第一幅

（已知的）统计图形。这幅图以一维线图的形式绘制了在托莱多和罗马之间 12 个当时已知的经度差异。在经度上标注了观测的天文学家的名字。这幅图有效地安排了数据的表达方式，堪称里程碑之作。

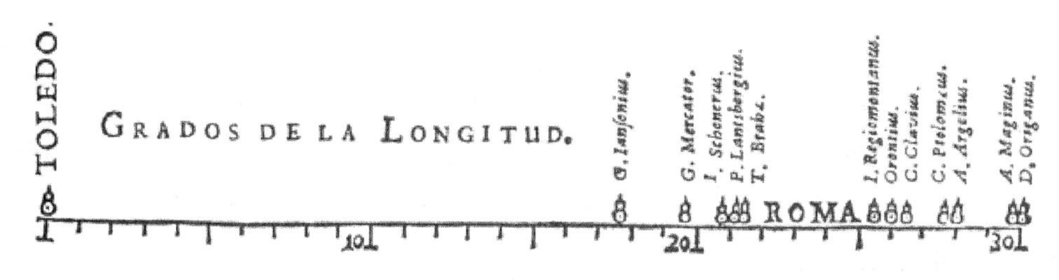

图 1-7　第一幅（已知的）统计图形

综上所述，由于科学研究领域的增多，数据总量大大增加，出现了很多新的可视化形式。人们在完善地图精度的同时，也开始不断在新的领域使用可视化方法处理数据。

3. 数据可视化的萌芽期

18 世纪出现了直方图等可视化形式，数据可视化得到了初步发展。18 世纪可以说是承上启下的时代，牛顿对天体的研究、微积分方程等的建立，充分说明数学和物理知识开始为科学提供坚实的基础；与此同时，化学也摆脱了炼金术，开始探索物质的组成；博物学家们继续在世界各地探索着未知的事物。科学领域的飞速发展以及英国的工业革命，都推动着数据向精准化以及量化的阶段发展，用抽象图形的方式来表示数据的想法也不断成熟。

伴随着这些社会和科技的进步，统计学也出现了早期萌芽。一些和绘图相关的技术也出现了，比如三色彩印（1710 年）和石版印刷（1798 年）（后者被当今学者称为如同施乐打印机一样伟大的发明）。数据的价值开始为人们所重视，人口和商业等方面的经验数据开始被系统地收集整理，天文、测量、医学等学科的实践也有大量的数据被记录下来。人们开始有意识地探索数据表达的形式，抽象图形的功能大大扩展，许多崭新的数据可视化形式在这个世纪里诞生了。

这些新的图形创新涵盖很多图形领域。1765 年，英国神学家 Joseph Priestley 也尝试在历史教学上以图的形式介绍不同国家在各个历史时期的关系。1782 年，法国人 Marcellin Du Carla 绘制了等高线图，用一条曲线表示相同的高程，这对于测绘、工程和军事有着重大的意义，成为地图的标准形式之一（见图 1-8）。

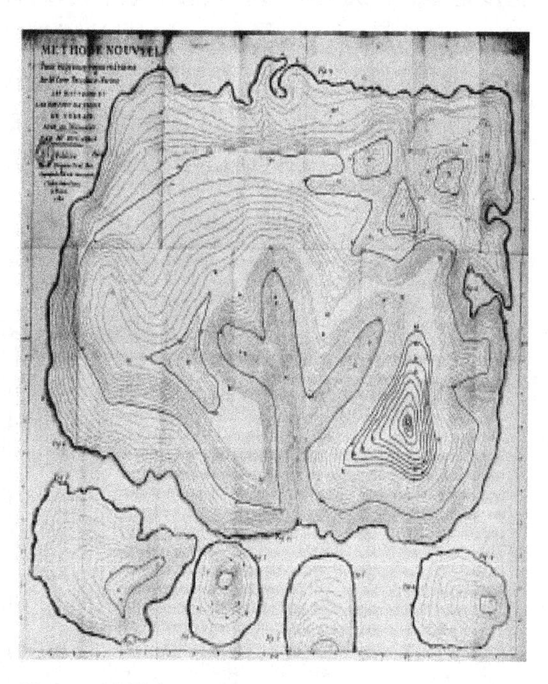

图 1-8　法国人 Marcellin Du Carla 绘制的等高线图

数据可视化发展中的重要人物——威廉·普

莱费尔（William Playfair）在 1765 年创造了第一个时间线图，其中单个线，用于表示人的生命周期，整体可以用于比较多人的生命跨度。这些时间线直接启发他发明了条形图以及其他一些人们至今仍常用的图形，包括饼图、时序图等。他的这一思想可以说是数据可视化发展史上一次新尝试，用新形式表达了尽可能多且直观的数据。

随着人们开始对数据的系统性收集以及科学化分析处理的日益重视，18 世纪时的数据可视化形式已经接近现代科学使用的形式，条形图和时序图等可视化形式的出现体现了人类在数据运用能力上的进步。随着数据在经济、地理、数学等不同领域的应用，数据可视化的形式变得更加丰富，这也预示着现代化的信息图形时代的到来。

4．数据可视化的发展期

数据可视化的发展期，是指在 19 世纪上半叶，其特点是现代信息图形设计开始出现，数据可视化日益得到重视。1800—1849 年，受到 18 世纪的视觉表达方法创新的影响，统计图形和专题绘图领域出现爆炸式的发展，目前已知的几乎所有形式的统计图形都是在这一时期发明的。在此期间，数据的收集整理范围明显扩大，由于政府加强对人口、教育、犯罪、疾病等领域的关注，大量社会管理方面的数据被收集用于分析。

1801 年，英国地质学家 William Smith 绘制了第一幅地质图，也被称为“改变世界的地图”，引领了一场在地图上表现量化信息的潮流。1825 年，法国司法部开始建立第一个集中的国家犯罪报告系统，按季度整理来自各省的记录，包括了法庭上每个控案的细节。1826 年，法国男爵 Charles Dupin 发明了通过连续的黑白底纹来显示法国识字分布情况的方法，这可能是第一张现代形式的主题统计地图。1830 年，Frère de Montizon 绘制了法国人口的点密度地图。1833 年，一位热衷于数字的律师 Andre Michel Guerry 使用这些数据以及借鉴了前人绘制地图的方法，绘制出了分析法国各省关于犯罪、凶杀和文盲等统计数据的主题地图，他的工作被视为现代社会科学的奠基。Guerry 的地图和图表在欧洲范围内获得了认可，甚至部分地图还在 1851 年的伦敦世界博览会上展出。1846 年，比利时学者 Adolphe Quetelet 通过 999 次的二项分布试验数据以直方图的方式给出了正态分布的曲线（他称之为可能性曲线），见图 1-9。

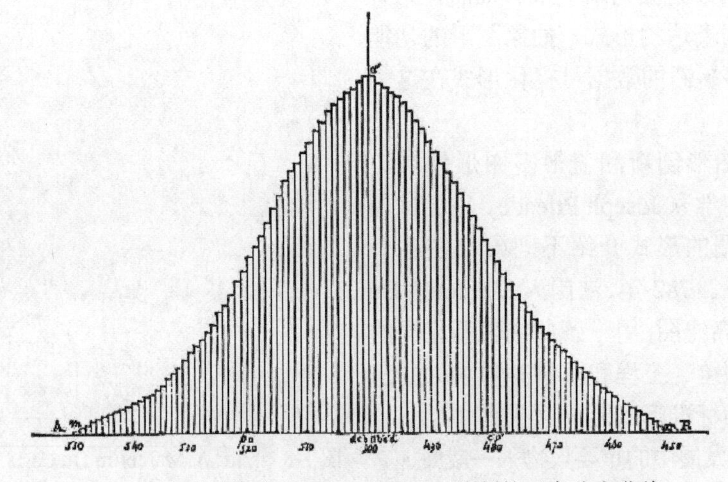

图 1-9　比利时学者 Adolphe Quetelet 绘制的正态分布曲线

这一时期，数据的收集整理从科学技术和经济领域扩展到社会管理领域，对社会公共领域数据的收集标志着人们开始以科学手段进行社会研究。与此同时，科学研究对数据的需求也变得更加精确，研究数据的范围也有明显扩大，人们开始有意识地使用可视化的方式尝试研究、解决更广泛领域的问题。

5．数据可视化的黄金期

19 世纪下半叶，数据制图进入了黄金时期，各种可视化形式层出不穷。在 19 世纪上半叶末，数据可视化领域开始了快速发展，随着数字信息对社会、工业、商业和交通规划的影响不断扩大，欧洲开始着力发展数据分析技术。高斯和拉普拉斯发起的统计理论给出了更多种数据的意义，数据可视化迎来了它历史上的第一个黄金时代。

1858 年，南丁格尔（Florence Nightingale，1820—1910）整理了克里米亚战争中英军的死亡人数，并发表了最著名的玫瑰图。

统计学理论的建立是推动可视化发展的重要一步，此时数据的来源也变得更加规范化，由政府机构进行采集。随着社会统计学的影响力越来越大， 1857 年在维也纳召开的统计学国际会议上，学者们就已经开始对可视化图形的分类和标准化进行讨论。许多数据图形开始出现在书籍、报刊、研究报告和政府报告等正式出版物中。这一时期，法国工程师 Charles Joseph Minard 绘制了多幅有意义的可视化作品，被称为“法国的 Playfair”，他最著名的作品是 1869 年的流地图——拿破仑 1812 远征图。该图用二维的表现形式，展现出六种类型的数据（法军部队的规模、地理坐标、法军前进方向、撤退的方向、法军抵达某处的时间以及撤退路上的温度），直观地描述了战争时期军队的损失。

1879 年，Luigi Perozzo 绘制了一张 1750—1875 年的瑞典人口普查数据图，以金字塔的形式表现了人口变化，此图与之前所看到的可视化形式有一个明显的区别：开始使用三维的形式，并使用颜色表示数据值之间的区别，加强了视觉感知。

在英国博物学家高尔顿（Francis Galton，1822—1911）1863 年发表的 Meterographica 中，有 600 多幅地图和图表，利用这些图表，高尔顿发现了一些新的气象现象，其中最著名的是反气旋（anti-cyclone）。法国公用事业部在 1879—1897 年间按年度出版了地图集“Albums de Statistique Graphique”。这些地图集采用彩色印刷，通过时间序列地图、双向星座图、极坐标面积图、同心地图、行星图等，展现了法国当时的国家发展规划和管理所需的大量经济和金融数据。

美国的第七次全国人口普查采取了双边直方图、马赛克/树图、比例饼图和圆环图、连接的平行坐标图、多功能条形图和线图、背对背条形图等诸多新的图形式样。

在对这一时期可视化历史的探究中可以发现，数据来源的官方化以及对数据价值的认同，成为可视化快速发展的决定性因素，如今几乎所有的常见可视化元素都已经在那个时期出现，并且该时期出现了三维的数据表达方式，这种创造性的成果对后来的研究有十分突出的作用。

6．数据可视化创新的低潮期

数据可视化的低潮期，是指 20 世纪上半叶由于已有的可视化表达方式足够使用，新的图形表达研究进展不大，整个数据可视化领域处于创新低潮的阶段。

1900—1949 年，随着数理统计这一新的数学分支的诞生，追求数理统计严格的数学基础并扩展统计的范围成为这个时期统计学家们的核心任务。对当时的大多数统计学家来说，带有标准误差的参数估计和假设检验是严格数学化的，而图形虽然美观（或许也具有启发性），但是对寻找坚实的“事实”还是勉为其难。数据可视化进入了创新低潮期。

创新放缓的另一面是更广泛的应用，即数据可视化成果在这一时期得到了推广和普及，并开始被用于尝试解决天文学、物理学、生物学的理论新成果。Hertzsprung-Russell 绘制的温度与恒星亮度图成为近代天体物理学的奠基之一；伦敦地铁线路图的绘制形式如今依旧在沿用；E. W. Maunder 的“蝴蝶图”则用于研究太阳黑子随时间的变化。

在社会层面，数据可视化的影响力也在扩大。1910 年前后，在美国和英国，统计图形出现在中小学的教科书中，从此成为课堂上一种主流的图形表现方法。大学课程中也出现了图形的课程。在 1913 年的纽约，甚至出现了统计图形的游行展览，统计数据和数据的可视化已经成为社会生活的一部分。

在主题图方面，这个时期的一个有意思的创新是 Beck 关于伦敦地铁图的设计，并由此产生了 Tube Map 这样一种交通简图的表现手法。伦敦地铁于 1863 年运营，到 20 世纪已经拥有了多条线路。早期的地铁图与普通地图无异，对乘客来说，地理信息充分但远非简明直观。1931 年，身为电气工程师的 Beck 重新设计了伦敦地铁图，使之具有如下三个比较明显的特点：以颜色区分路线；路线大多以水平、垂直、45° 角这三种形式来表现；路线上的车站距离与实际距离不成比例关系。其简明易用的特点在 1933 年出版后迅速为乘客所接受，并成为今天交通线路图形的一种主流表现方法（见图 1-10）。

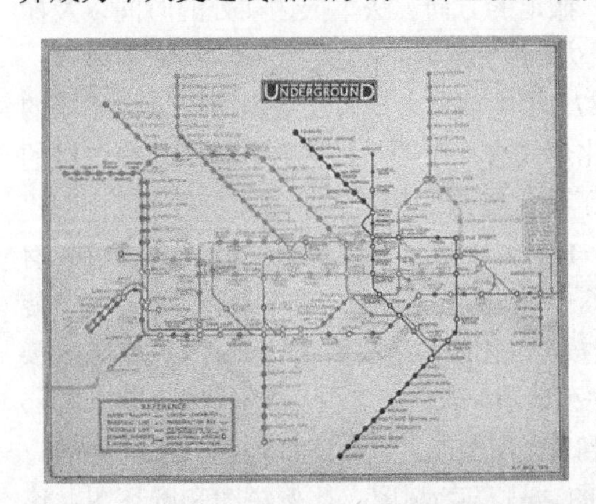

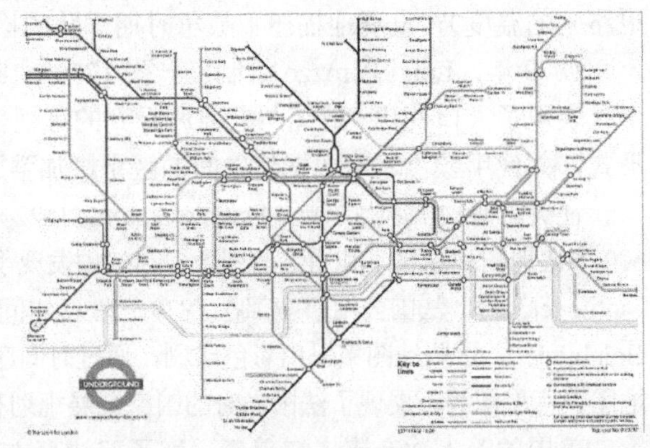

图 1-10　1933 年伦敦地铁图（左图）与如今的伦敦地铁图（右图）

由于这一时期在收集、展现数据的方式上并没有根本性的创新，统计学在这一时期也没有大的发展，所以整个 20 世纪上半叶都是休眠期。但这一时期的蛰伏与统计学者潜心的研究，让数据可视化在 20 世纪后期迎来了复苏与更快速的发展。

7．数据可视化的复苏期

数据可视化的复苏期，是指 1950—1974 年，这期间，依附计算机科学与技术，数据可视化拥有了新的生命力。在这一时期，引起变革的最重要因素就是计算机的发明。计算机的出现让人类处理数据的能力有了跨越式的提升。在现代统计学与计算机计算能力的共同推动下，数据可视化开始复苏，统计学家 John W. Tukey 和制图师 Jacques Bertin 成为可视化复苏期的领军人物。

John W. Tukey 在第二次世界大战期间，在对火力控制进行的长期应用中意识到了统计学在实际应用中的价值，发表了有划时代意义的论文“The Future of Data Analysis”，成功地让科学界将探索性数据分析（Exploratory Data Analysis，EDA）视为不同于数学统计的另一独立学科，并在 20 世纪后期首次采用了茎叶图、盒形图等新的可视化图形形式，成为可视化新时代的开启性人物。1967 年，Jacques Bertin 在其著作“Semiologie Graphique”中第一次系统而详细地分析了制图元素，并提出 7 个有效视觉变量（见图 1-11，第 2 章中会详细介绍）。

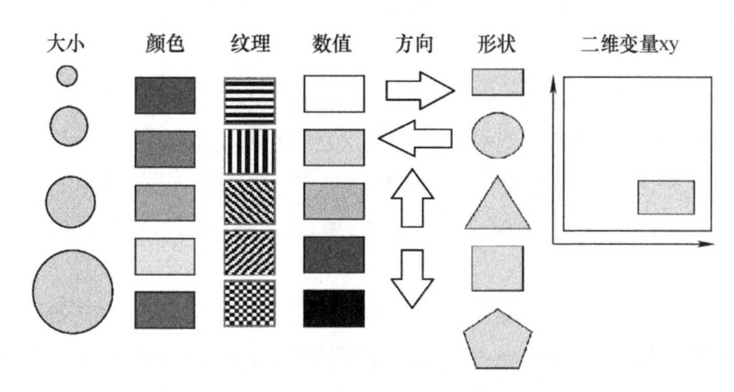

图 1-11　Bertin 提出的 7 个有效视觉变量

随着计算机的普及，20 世纪 60 年代末，各研究机构就逐渐开始使用计算机程序取代手工绘制图形。由于计算机在数据处理精度和速度方面具有强大的优势，高精度分析图形就已不用手工绘制。在这一时期，数据缩减图、多维标度法（MDS）、聚类图、树形图等更为新颖复杂的数据可视化形式开始出现。人们开始尝试着在一张图上表达多种类型数据，或用新的形式表现数据之间的复杂关联，这也成为现今数据处理应用的主流方向。数据和计算机的结合让数据可视化迎来了新的发展阶段。

另一件唤醒可视化的历史事件是统计应用的发展，这是一个可能缓慢，但是坚定而慢慢深入的过程。数理统计把数据分析变成了坚实的科学，第二次世界大战和随后的工业和科学发展导致的对数据处理的迫切需求使得这门科学被运用到各行各业。统计的各个应用分支建立起来，处理各自行业面对的数据问题。在应用当中，图形表达占据了重要的地位，比起参数估计与假设检验，明快直观的图形形式更容易被人接受。

8．数据可视化的新黄金期

1975—2011 年，计算机成为数据处理必要的部分，数据可视化进入了新的黄金时代。随着应用领域的增加和数据规模的扩大，更多新的数据可视化需求逐渐出现。20 世纪 70 年代到 80 年代，人们主要尝试使用多维定量数据的静态图来表现静态数据，80 年代中期动态统计图开始出现，最终在 20 世纪末两种方式开始合并，试图实现动态、可交互的数据可视化，于是动态交互式的数据可视化方式成为新的发展主题。

数据可视化在这一时期的最大潜力来自动态图形方法的发展，允许对图形对象和相关统计特性进行即时和直接的操作。早期就已经出现能够实时与概率图（Fowlkes，1969）进行交互的系统，该系统通过调整控制来选择参考分布的形状参数和功率变换。这可以看作动态交互式可视化发展的起源，推动了这一时期数据可视化的发展。

9．数据可视化的大数据驱动期

2012 年至今，人类社会进入了大数据时代，驱使数据可视化必须解决海量异构数据的可视化问题。

在 2003 年全世界创造了 5EB[⊖]的数据量时，人们就逐渐开始对大数据的处理进行重点关注。到 2011 年，全球每天的新增数据量就已经开始以指数级增加，用户对于数据的使用效率也在不断提升，数据服务商也就开始需要从多个维度向用户提供服务，大数据时代就此正式开启。

2012 年进入数据驱动的时代，掌握数据就能掌握发展方向，因此人们对数据可视化技术的依赖程度也不断加深。大数据时代的到来对数据可视化的发展有着冲击性的影响，试图继续以传统展现形式来表达庞大的数据量中的信息是不可能的，大规模的动态化数据要依靠更有效的处理算法和表达形式才能够传达出有价值的信息，因此大数据可视化的研究成为新的时代命题。

在应对大数据时，不但要考虑快速增加的数据量，还需要考虑数据类型的变化，这种数据扩展性的问题需要更深入的研究才能解决；互联网的加入增加了数据更新的频率和获取的渠道，并且实时数据的巨大价值只有通过有效的可视化处理才可以体现，于是受到关注的动态交互技术向交互式实时数据可视化发展，是如今大数据可视化的研究重点之一。如何建立一种有效的、可交互式的大数据可视化方案来表达大规模、不同类型的实时数据，成为数据可视化这一学科的主要研究方向。

1.4.2 数据可视化的发展规律

纵观数据可视化的发展历程，人类对数据的需求由粗糙变精确，展现形式由一维到多维，数据类型由简单到复杂，应用领域由有限变丰富。显然，不同时期数据的规模、精度、类型、来源是影响数据可视化形式的主要因素；政治经济需求、商业化应用和科学研究是数据可视化发展的重要推动力。

大数据可视化注定会成为数据可视化历史中新的里程碑，但由于目前仍处于起步阶段，许多问题尚未解决，所以很难准确预测其发展的走向。从历史规律来看，还需要数学、统计学等其他学科的研究成果帮助大数据可视化发展，因此，更应深刻认识到有效使用新技术和跨专业研究的重要性，不断在实践中创新与学习，注重学科交叉，利用商业、科研、政治等领域的需求和发展来推动大数据可视化学科的进步。

综上所述，通过分析数据可视化的历史不难发现，可视化是利用人眼感知能力和人脑智能对数据进行交互的可视表达，以增强认知的一门学科。它可以将难以直接显示或不可见的数据映射为可感知的图形、颜色、纹理、符号等，以提高数据识别效率并高效传递有用信息。它的起源、发展、演变与人类文明的进展密切相关。在计算机发明之前，科学家采用绘画的

⊖ EB 是计算机存储单位，全称 Exabyte，中文名称是艾字节。

方式记录观测到的物理现象，统计学家采用图表方式统计采样数据，测绘学家采用地图标记空间方位与属性。进入计算机时代后，信息技术与人类政治、经济、军事、科研、生活进行不断交叉整合，从而催生了大数据。对于复杂的数据，人类利用高性能的计算机往往不能理解其含义，但借助图形常常“一眼”就能识别。数据可视化分析是大数据分析不可或缺的重要手段与工具，将人脑智能与机器智能相结合，将“只可意会，不可言传”的人类知识和个性化经验可视地融入整个数据分析和推理决策过程中，使得数据的复杂度逐步降低到人脑和机器智能可处理的水平。

1.5　数据可视化的趋势与挑战

1.5.1　数据可视化的未来趋势

1．数据可视化不再只是数据科学家的工作

IBM 对数据科学家和数据工程师的需求在三年内上涨了 39%。同时，各大公司也期待他们的组织内部能整体提高对数据的熟悉感和适应度，而不仅仅局限于公司内的数据科学家与数据工程师。

根据这种趋势，完全可以期待未来会有持续增多的工具和资源使数据可视化及其红利能够对每个人敞开大门。例如，数据可视化领域的新手可以求助于 Ferdio 的网站 www.DataViz-Project.com，该网站提供了 100 多种可视化模式的概览，从而方便想要尝试数据可视化的用户。其他的一些服务，例如，谷歌的 Data Studio 允许用户在不会编程的情况下也可以轻松实现数据可视化与创作数据仪表盘。

2．开放数据与私有数据的增加不断丰富着数据可视化

为了更好地洞察顾客行为模式，各类组织需要寻找自身拥有的数据之外的各类资源。幸运的是，对数据科学家们而言，可以利用的数据每天都在不断增加，而且可以期待这种数据的开放性趋势会不断增强。

DATA.GOV 是美国政府的开源数据网站，它可以提供来自美国 43 个州、47 个城市以及 53 个其他国家和地区的数据。除了开放数据资源，新的数据市场、数据交换网站（如 Salesforce 公司的 Data Studio）和资源网站（如 CARTO 的 Data Observatory）都将为数据科学家和可视化爱好者们提供更多的资源。

3．人工智能和机器学习让数据专家更智慧地工作

人工智能和机器学习都是当下科技界的热门话题，它们在数据科学以及可视化中广泛应用。

微软宣布了近期对 Excel 的功能所进行的提升。其“Insights”更新包括了在程序中新建的多种数据类型。例如，“公司名称”数据类型将使用其 Bing API 自动提取位置和人口数据等信息。微软同样引入了机器学习模型，这些模型将有助于数据处理。以上的更新将用自动增强的数据集帮助已经对数据可视化工具熟悉的 Excel 用户处理更复杂的数据。

4．互动式可视化正在成为数据可视化的标准媒介

数据可视化，作为一个术语，可以指代任何一种对数据的视觉再现。然而，随着地理信息数据的不断增长和普及，更多的数据可视化需要一个互动式的地图来全面讲述数据故事。

互动式数据可视化，尤其是地图形式，提供了一个新的社交共享的优秀范式。人们可以基于来自社交平台和开源数据网站上可用的地理数据，快速搭建数据可视化地图。例如，《哥伦比亚新闻评论》（Columbia Journalism Review，CJR）的编辑在2017年春天发表了一篇名为《美国不断增长的新闻沙漠》的社论。该文章通过图像（见1-12）生动形象地描绘了遍布全美的地方报纸的消亡情况。

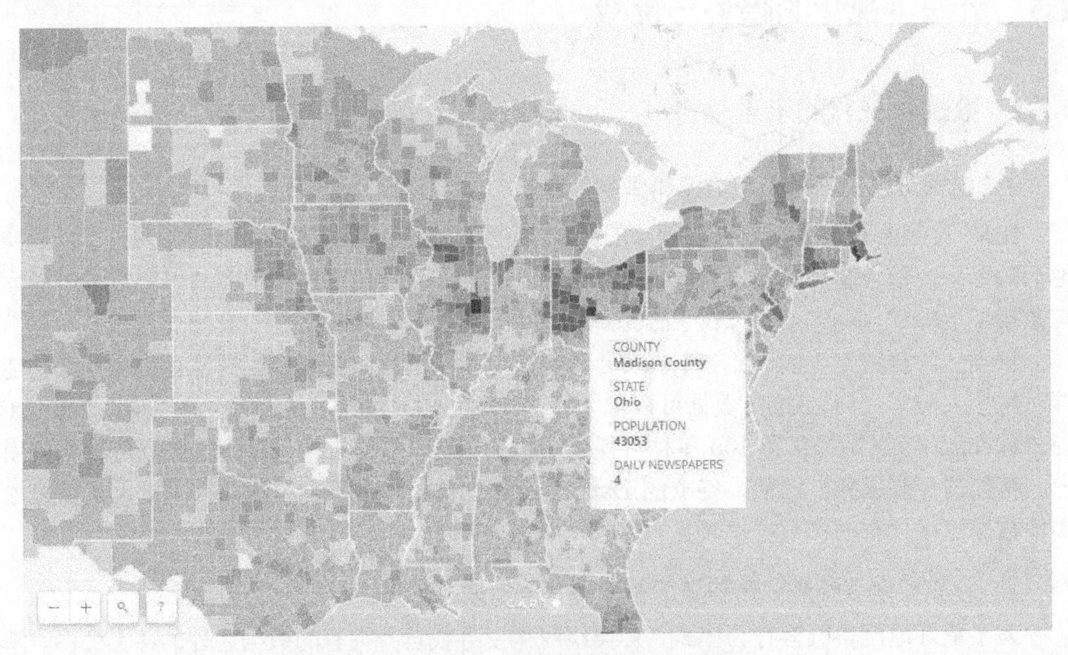

图1-12　美国地方报纸消亡的可视化演示

5．表达更加全面的“数据故事”

很多公司开始创建定制化网站，以便用更多的数据和可视化技术来构筑一个更全面的“数据故事”。

Enigma Labs公司在近期发布了世界上第一个制裁数据追踪器项目，它将美国20年间的（对外）制裁数据信息联系起来，讲述了一个“数据故事”。期待可以看到更多的利用地图和其他数据可视化媒介手段呈现的数据体验，以便沟通复杂的社会议题。

6．使用新的配色方案与色板弥补视觉缺陷

全世界有 4.5%的人口是色盲，这一点十分重要。数据可视化设计师尤其需要考虑搭建适合色盲人群的调色板。

此外，了解数据可视化色彩选择的根本原则也是十分必要的。一旦理解了这些根本原则，用户就可以开始探索各种配色方案，并将其与设计趋势相结合。CARTO的网站（https://carto.com/carto-colors/）提供了一套为数据可视化地图定制的开源色彩方案，称为CARTO色彩方案。

7．围绕社会热点进行的数据可视化正在主导社交话题

利用数据可视化来进行的社交共享同样遵从“少即是多”的原则。根据热门电视剧《权利的游戏》第七季首播的推特数据，专家创建了一个数据可视化项目，由此产生了许多创意。例如，聚焦三位铁王之座（Iron Throne）的主要竞争者，数据可视化图像快速且高效地描述出 Cersei Lannister 是首播结束后 24 小时内推特讨论的主要人物。企业的市场营销人员也可以用品牌关键词数据做类似的分析工作。

1.5.2 数据可视化面临的挑战

随着互联网、物联网及云计算的兴起，人类社会朝着数字化、信息化的方向发展，导致各种智能移动设备、传感器、电子商务网站、社交网络等每时每刻都会产生类型结构各异的海量数据。区别于传统的数据，容量大、结构复杂的“大数据”背后隐藏着知识与智慧，并为人类理解世界和社会提供了新的契机。由于移动互联网技术与信息获取的不断发展和逐渐成熟，真实世界和虚拟世界密不可分，信息的产生和流动瞬息万变，不断累积形成了大规模的信息物理系统（Cyber-Physical System，CPS），其中包含海量的信息数据，如视频影像、三维时空、传感器网络、地理信息、网络日志、社交网络等。这些数据真实反映了现实世界和社会空间的运行演化过程，但往往又会被淹没在冗余庞杂的数据海洋之中。处理它们的挑战不仅体现在数据容量大、维度高、多态、多源，更重要的是数据的动态获取、数据关系异构和异质性、数据内容噪声和矛盾等。

因此，大数据的数据可视化面临 4 个“V”的挑战，并将它们转化成以下的机遇：

1）体量（Volume）：使用数据量很大的数据集开发，并从大数据中获得意义。

2）多源（Variety）：开发过程中需要尽可能多的数据源。

3）高速（Velocity）：企业不用再分批处理数据，而是可以实时处理全部数据。

4）价值（Value）：不仅为用户创建有吸引力的信息图和热点图，还能通过大数据获取意见，创造商业价值。

与此同时，数据可视化还有下述问题：

- 视觉噪声：在数据集中，大多数对象之间具有很强的相关性，用户无法把它们分离并作为独立的对象来显示。
- 信息丢失：减少可视数据集的方法是可行的，但是这会导致信息的丢失。
- 大型图像感知：数据可视化不仅受限于设备的长宽比和分辨率，也受限于现实世界的感受。
- 高速图像变换：用户虽然能观察数据，却不能对数据强度变化做出反应。
- 高性能要求：在静态可视化中几乎没有这个要求，因为可视化速度较低，性能的要求也不高，但是对于日益动态化的可视化作品而言，高性能要求越来越明显。
- 数据维度高：高维可视化越有效，识别出潜在模式、相关性或离群值的概率也就越高。但是，高维度使数据可视化变得困难。
- 可扩展性要求：可感知的交互的扩展性也是大数据可视化面临的挑战，目前大多数可视化工具在扩展性、功能和响应时间上都表现不佳。

习　题

1．结合自身的专业，调研数据可视化在本领域的应用现状。

2．调查分析数据可视化最近三年的研究论文与专著。

3．调查分析数据可视化领域的知名人物与典型网站。

4．浏览阅读历年来的“凯度信息之美奖”（The Kantar Information is Beautiful Awards）优秀作品。

5．思考如何可视化展现本章中的知识要点。

6．阅读本章列出的参考文献，并尝试采用可视化方法展现其中内容。

参考文献

[1] 任磊，杜一，马帅．大数据分析综述[J]．软件学报，2014，25(9)：1909-1930.

[2] TONY H．第四范式：数据密集型科学发现[M]．潘教峰，张晓林，译．北京：科学出版社，2012.

[3] CORRELL M，HEER J. Surprise! Bayesian weighting for de-biasing thematic maps [J].IEEE Transactions on Visualization and Computer Graphics，2017，23(1): 651-660.

[4] KUSUMA P Y C， SUMPENO S，WIBAWA A D. Social media analysis of BPS data availability in economics using decision tree method[C]//ICITISEE 2016: Proceedings of the 1st International Conference on Information Technology，Information Systems and Electrical Engineering．Piscataway，NJ: IEEE，2016: 148-153 .

[5] 任磊．信息可视化中的交互技术研究[D]．北京：中国科学院，2009：38-40.

[6] CARDSK，MACKINLAY J D，SHNEIDE R MAN B．Readings in Information Visualization: Using Vision to Think[M]．San Francisco: Morgan-Kaufmann Publishers，1999.

[7] MUNZNER T．Visualization analysis and design[J].Wiley Inter-disciplinary Reviews Computational Statistics，2015，2(4)：387-403.

[8] CHARLES D，HANSEN，JOHNSON．The Visualization Handbook[M]．New York: Academic Press，2004.

[9] EDWARD R T．The Visual Display of Quantitative Information[M]．New York: Graphics Press，1992.

[10] LELAND W．The Grammar of Graphics[M]．Berlin: Springer，2005.

[11] PERKIN. 大数据时代数据可视化的概念研究[EB/OL].（2018-04-02）[2019-7-15]. https://www.jianshu.com/p/f480b62cb385 .

[12] 雷婉婧．数据可视化发展历程研究[J]．电子技术与软件工程，2017(12)：122-131.

[13] 崔迪，郭小燕，陈为．大数据可视化的挑战与最新进展[J]．计算机应用，2017，37(7)：2044-2049，2056.

[14] APPLEGATE E, Hoffman C. America’s growing news deserts[EB/OL]. (2017-04-13)[2019-07-30].https://www.cjr.org/local_news/american-news-deserts-donuts-local.php .

[15] CHAKRABARTI M. Winter is Here and it’s Geotagged: Mapping Game of Thrones Season 7 Premiere Tweets[EB/OL]. (2017-07-19)[2019-05-12]. http://geoawesomeness.com/winter-is-here-and-geotagged-mapping-game-of-thrones-season-7-premiere-tweets/.

第2章 数据可视化的理论基础

导读案例

克里斯蒂安·克维塞克拍摄的萤火虫之路

在德国的一个小镇，物理学家兼业余摄影师克里斯蒂安·克维塞克（Kristian Cvecek）经常晚上带着相机到森林里，用长时间曝光摄影，抓拍萤火虫在树丛中飞舞的情景。众所周知，这种昆虫特别小，在白天几乎看不见，但是在晚上，除了树林里，又很难在别的地方看到。虽然对观察者来说，萤火虫飞行中的每个时刻都像是空间中随机的点，但克维塞克的照片中还是出现了一个模式——如图2-1所示，看上去萤火虫们好像沿着小径，环绕着大树，朝既定的方向飞舞。

图2-1　克里斯蒂安·克维塞克拍摄的萤火虫之路

然而，这些依然是随机的。下一次读者也许可以根据这条飞行路线图猜测萤火虫会往哪里飞，但是谁又能肯定呢？一只萤火虫随时可以上下左右地飞，这种变化使得萤火虫的每次飞行都是独一无二的。也正因为如此，观察萤火虫才那么有趣，拍出来的照片才那么漂亮。读者关心的是萤火虫飞行的路径，它们的起点、终点和平均位置并没有那么重要。

克里斯蒂安·克维塞克拍到的萤火虫之路充分表明：数据可视化的核心本质就是从数据到视觉元素的编码过程，它是将数据信息映射成可视化元素的技术。也就是说，在数据可视化与可视化分析的过程中，读者是所有行为的主体：通过视觉感知器官获取可视信息，编码并形成认知。

视觉编码决定了数据可视化与其他数据处理方法的根本区别。可视化将数据以一定的变换和视觉编码原则映射为可视化视图，在数据分析和数据可视化的过程中，只有遵循科学的视觉编码原则，才能有效地引导用户加深对数据的理解。通过分析人类视觉感知，分析表达直观、易于理解和记忆的可视化元素，合理使用不同的视觉通道表达数据所传达的重要信息，可以避免造成视觉假象，达到良好的数据可视化信度和效度。

因此，学习本章需要了解视觉感知、视觉认知的概念与区别；掌握格式塔理论及其基本原则；理解视觉编码及视觉通道，并明确数据的定义和类型；熟悉数据采集、预处理、存储、计算、多维分析、挖掘等一系列数据准备过程，为数据可视化的学习奠定坚实的基础。

本章知识要点

- 理解和掌握视觉感知、视觉认知、视觉编码的基本概念及彼此关系
- 了解视觉感知的不同类型
- 熟悉视觉认知的处理过程
- 熟悉和掌握格式塔原则
- 理解视觉通道的含义与类型
- 理解数据在数据可视化中的作用
- 熟悉数据的类型
- 熟悉数据准备的各个环节

2.1 视觉感知

2.1.1 视觉感知的概念界定

人眼通过光线在物体表面时所投射形成的明暗效果来辨别物体，并且通过其效果对比，形成对空间深度的视觉感知，辨认物象形态、动态及颜色。物体通过其自身诸如形状、色彩、机理、材质等特性向人眼传递信息，继而作用于人脑，使人产生诸如愉快、庄重、紧张等各种心理情感刺激。

这是一个从现实世界到眼睛，再从眼睛到大脑，再对视觉信息进行认知处理的完整过程。詹姆斯·吉布森认为，在漫长的时间长河中，人类及其他物种，为了适应各种需要已经进化出可以直接根据刺激进行知觉认知的能力，这种能力已经作为一种本能根深蒂固。总而言之，知觉是人与环境相互作用的结果，并不是间接和静态的。

综上所述，视觉感知是指客观事物通过人的视觉器官在人脑中形成的直接反映。通常而言，人类的视觉感知器官最灵敏，感知外在事物的效率和效果都优于其他感知器官。年轻人对于时间的心理感知较为模糊，总觉得人生很长。可是，如果在一张 A4 纸上画一个 30×30 的表格，一个小格子算一个月（如图 2-2

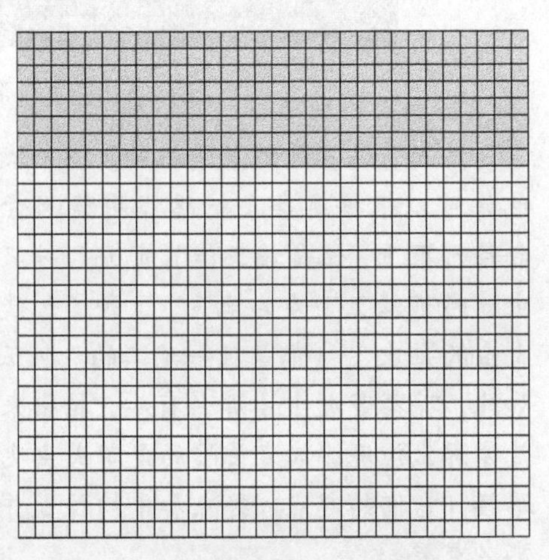

图 2-2　视觉感知示例（人生格子）

所示），人生其实就只有这么 900 个格子。如果每过一个月就涂掉一格，视觉感知就会突然让人发现量化后的人生原来如此短暂。

2.1.2　视觉感知的过程

1．视觉感觉

视觉感知的第一步是视觉感觉，或者说是“看”。“看”必须要有光线，让物体的影像在没有任何加工的情况下，直接投影于人的大脑中，这一过程是直接的、动态的直接知觉。

20 世纪中叶，在《视觉世界的知觉》一书中，詹姆斯·吉布森将其多年的研究成果归纳为直接知觉理论。他认为人对于外物的认知过程是直接的。人的认知从本质上应该是一种自下而上的系统，它是外界物理能量变化的直接反映，不需要思维的中介过程。这与传统知觉理论主张知觉是由刺激引起感觉后转化而成的、间接的间接知觉论的观点不同。

2．视觉选择

视觉感知的第二步就是从众多的视觉信息中运用感觉把有意义的一些视觉信息剥离出来，这是一个从刺激、注意到选择的过程。视觉信息对接收者会产生两种形式的刺激，即物理刺激和社会刺激。前者主要有图形、文字、颜色、版图式样等直观刺激，同时包括成效、质量、作用、功用等方面的刺激。

接收者受到上述刺激之后，就会出现要求与探求的期望，进而就会自主地接收视觉方面的信息。视觉自发产生的一项本领就是注意，部分信息会受到视觉的注意，当然也会有部分信息被忽略。一般而言，可以将注意分成主动与被动两种类型。主动性注意是人类自主的活动行为，主体自身意识的强烈程度代表了注意的大小。被动注意主要是由于受到外部环境的刺激而形成的一种视觉反应，被称作“刺激性驱使捕捉”。例如，在安静的场所突然发现了运动的目标，在黑暗的场所突然发现带光的目标，在同一种颜色的物体中突然发现了不一样颜色的物体等，就会对主体产生刺激，使主体产生视觉上的注意。

在大众传媒领域，可以形成强烈刺激的方法主要有设计要素选取、设计整体颜色风格的选取、设计版图的确定和动画设计等。为了达到更好的信息传播效果，可以适当加强刺激强度，引起受众的反应。

2.1.3　视觉感知的类型

一般来说，大脑对视觉信息的认知是分别通过色彩、形状、空间、运动这四个具有不同功能的系统来处理的。

1．视觉对色彩的感知

从生理学角度出发，眼睛接收到的物体色彩信息是由于受到不同波长光线刺激在视网膜上而形成的结果，然而人类对于颜色的感知则要更为复杂，其主要包括下述特性：

第一，感知色彩的持久性。大脑存在着一种色彩校正机制，当光源的性质发生变化时，大脑除了会根据色彩特性来对其进行辨识外，也会根据外部环境特性进行确认，进而得到全面的回馈信息，此种回馈是持久不变的。不管处于什么环境，红色就是红色，眼睛依然能识别出物体的固有色。例如：将红光投射至白纸之上，将白光投射至红纸之上，再对这两张纸进行对比分析，显然纸皆变为红色，但是眼睛仍然能区分出前者是在红光下的白纸，后者为红纸。

第二，色彩感知的记忆性。对颜色的感知还和记忆有关，当人们看物象时，常常进行着心理的调节，视觉会自动维持原先形成的形象，这是色感知记忆性的表现。大脑对物体固有色的记忆使大脑不会被进入眼内的光的物理性质所欺骗，它是由现实感知信息以及记忆储存的色彩而产生的一系列遐想。因此，色彩是人类对实际色彩数据和记忆储存数据的有效综合。

2. 视觉对形状的感知

形状是多种多样、富于变化的，人的大脑是如何进行记忆并对不同形状进行区分的呢？科学家通过大量心理实验发现，视觉记忆在形状认知过程中起着非常重要的作用。

Hubel 与 Wiesel 对大脑的生理组成情况进行了全面具体的探究与分析，在探究过程中他们提出人类部分细胞容易受到视觉的形态因素影响，这种细胞被称为特性察觉细胞。人类在识别形态数据的过程中，第一步是要找到形态具体数据对应的基础视觉特性，例如点、线、面等特性；第二步是将其和记忆储存信息进行联合，并与类似物体进行对比，如果和记忆物体特性相似性越大，那么该物体形象就会在储存信息中被选中，最后成为相应认知。

3. 视觉对空间的感知

空间是一个三维的概念，眼睛对三维立体空间的认知可以从单眼线索、双眼线索两个方面来理解。单眼线索就是仅凭单眼视觉就可对空间及远近的深度进行判断，比如越大的物体距离视点越近。双眼线索就是两眼平行注意远的物体时，两眼视线朝正前方发散，注意近物时，两眼视线朝中间合拢，视线的焦点投到物体上，距离远的物体相差小，距离近的物体差别大，这些变化都可以让大脑获得深度知觉。通常，大脑会综合各方面的线索，进行判断，获得对空间的感知。

4. 视觉对运动的感知

人类视觉对运动的感知，就是指视觉器官（眼睛）会根据物体的位置，对其速度、方向产生认知。一般而言，视觉感知物体的相对运动（与一固定物体进行对比），要比感知物体的绝对运动（并没有与其他对象进行比较）更为有效。人们对相对运动产生的信息是有特定模式的，尤其是当一个物体移动时，背景会被间歇性地遮盖。另外，人们对物体运动的灵敏度降低实质上是一种选择性习惯，也就是说，当视觉持续感知某种相同（相似）的方向或速度时，感知灵敏度就会慢慢降低，但不会对另一种完全不同的运动产生这种忽视。例如，当视觉持续观察向上移动的条纹时，感知会对向上运动的灵敏度降低（感到条纹是静止的），但不会影响对向下运动的感知。

2.2 视觉认知

2.2.1 视觉认知的概念界定

经过上文的分析可以发现，在视觉感知过程中，大脑已经能够初步辨识物体目标，但这并不能说明大脑理解了这些视觉形象，换句话说，大脑必须进一步设法理解目标的真正意义。也就是说，人类只有通过“视觉感知”，才能达到“视觉认知”。因此，大脑要对图像资料做更深入的认知与加工，也就是将所收到的视觉要素信息，包括形态、颜色等数据再次梳理与重组，对其进行综合分析，从整体上把握和认知。在完成上述流程与步骤之后，所收到的视觉数据就能变成人类认知储存信息的一部分，才能有效在大脑中储藏。这个过程被称为视觉的认知过程。

此时，大脑对视觉信息的认知经历了辨认→组织→理解这样几个过程，人类的这个过程，是一场自主探索的过程，并非被动的。它是一种高度选择性的行为，不仅包含一定的理解和解释，还是信息外在形式与受众内在心理结构的契合。

综上所述，视觉认知是把通过视觉器官得到的信息加以整合、解释、赋予意义的心理活动，是关于怎样理解和解释所观察到的客观事物的过程。视觉认知首先是由视觉器官接受信息，然后将感觉变为知觉，将知觉进行整合。“视觉感知”是“视觉认知”的基础和前提，视觉认知融入了感觉、知觉、注意、记忆、理解、判断、推理等因素。

2.2.2　视觉认知的处理过程

一般来说，通过视觉感知事物有两种处理过程：“自上而下”和“自下而上”。

1.“自下而上”的视觉认知

“自下而上”的视觉认知是一种被动处理过程。比如说，给读者看一张方向盘的图片，再给读者看一张轮胎的图片，读者的眼睛会检测到这些图片的特征，这些特征经过大脑处理，读者能感知到这是汽车的局部，甚至可以想象出来是哪种品牌的汽车。这种处理方式是在一些小的感官信息的基础之上建立起来的。

如图 2-3 所示，读者的大脑会进行自下而上的处理：读者能感受到它是由两条粗的垂直线和三条细的水平线组成的形状，而没有上下文赋予它的特定含义。

图 2-3　待认知图片示意图

2.“自上而下”的视觉认知

“自上而下”的视觉认知是指由认知驱动感知，读者的大脑在处理信息的过程中会对应它所知道或期望的东西。以图 2-3 中的图片为例，把其放到字母环境中（见图 2-4）或者将其放到数字环境中（见图 2-5）会产生不同的认知。

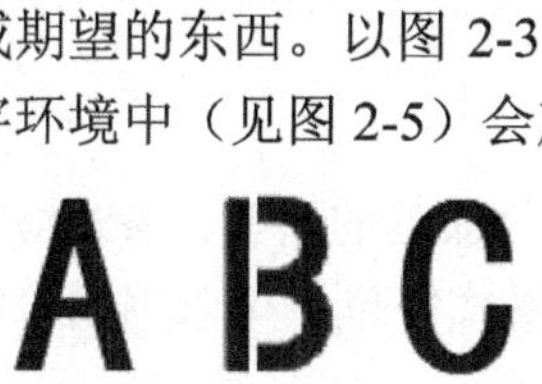

图 2-4　将待认知图片放置在字母环境中

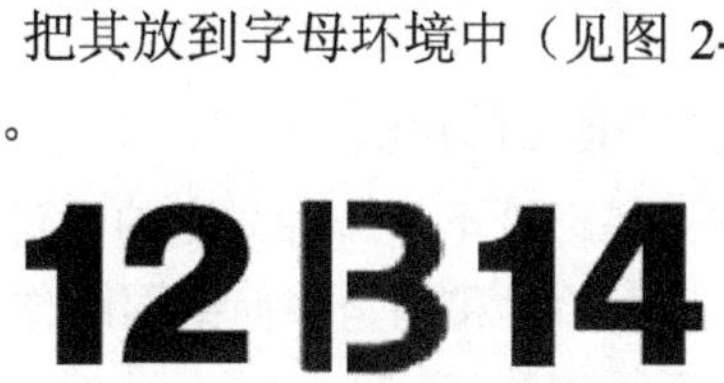

图 2-5　将待认知图片放置在数字环境中

当图 2-3 中的图片被字母包围时，读者的大脑会自动将上面的形状构建成字母，并完成排列。在这种情况下，读者会感觉到这个形状是字母“B”。当图 2-3 中的图片被数字包围时，大脑会自动将该形状转换成数字“13”，此时读者正在以“自上而下”的方式处理该形状，可以理解为读者的感知是由认知期望驱动的。

如图 2-6 所示，如果从“自下而上”的角度来看，读者看到的应该是一堆毫无意义的斑点和不规则图形。但是人类的大脑会自动对这张图片进行检测，很容易就能检测到“面部”的存在。从心理学的角度来看，人脸是视觉系统中最重要的刺激因素之一，所以右侧的斑点变成了眼睛，读者轻松地从图中构建出了鼻子和嘴巴。然后将信息传达给大脑，由大脑得出该形状是“人脸”的结论。

有趣的是，当人们回过头来再次观察图 2-6 时，又觉得它像一个戴着帽子的男人在吹萨克斯，或许早就有人注意到了这一点。这充分表明：大脑会根据其所知道或期望的内容来添加含义。

图 2-6　视觉认知图片示意图

2.3　格式塔理论

2.3.1　格式塔理论概述

1．格式塔理论简介

格式塔理论诞生于 1912 年，是心理学中的一个理论。其中，格式塔（Gestalt）作为心理学术语具有两种含义：第一个含义是指事物的一般属性，即形式；第二个含义是指事物的个别实体，即分离的整体，形式仅为其属性之一。也就是说，“假使有一种经验的现象，它的每一成分都牵连到其他成分，而且每一成分之所以有其特性，是因为它和其他部分具有关系，这种现象便称为格式塔。”总之，格式塔不是孤立不变的现象，而是指与整体相关的完整现象。完整现象具有“完整”的特性，它既不能割裂成简单的元素，同时它的特性又不包含于任何元素之内。

在格式塔心理学家看来，知觉到的东西要大于眼睛见到的东西。

格式塔理论的核心是整体决定部分的性质，部分依从于整体。即感知运动不等于实际运动，也不等于若干的单一刺激，而是与交互作用的刺激网络相关，整体不等于各部分简单相加之和。格式塔理论为社会心理学、美学研究提供了新的视角，曾在西方心理学界引起很大的轰动。

2．格式塔理论的价值

尽管格式塔理论不是一种知觉的学说，但它却起源于对知觉的研究。格式塔理论研究在知觉过程中，人的眼和脑是如何共同起作用的。简言之，格式塔理论可以用于分析人是怎样认知和记忆所看到的事物。

一些重要的格式塔原则，大多是由知觉研究所提供的。例如，基于格式塔理论可以发现：人们在观看时，眼脑并不是在一开始就区分一个形象的各个单一的组成部分，而是将各个部分组合起来，使之成为一个更易于理解的统一体。此外，在一个格式塔（即一个单一视场，或单一的参考系）内，眼睛的能力只能接受少数几个不相关联的整体单位。这种能力的强弱取决于这些整体单位的不同与相似，以及它们之间的相关位置。如果一个格式塔中包含了太多互不相关的单位，眼脑就会试图将其简化，把各个单位加以组合，使之成为一个知觉上易于处理的整体。如果办不到这一点，整体形象将继续呈现为无序状态或混乱，从而无法被正确认知。简单地说，就是看不懂或无法接受。格式塔理论明确地提出：眼脑作用是一个不断组织、简化、统一的过程，正是有这一过程，才产生出易于理解、协调的整体。

2.3.2　格式塔原则

格式塔理论述及了这样一个观念，即人们的审美观对整体与和谐具有一种基本的要求。简单地说，视觉形象首先是作为统一的整体被认知的，而后才以部分的形式被认知，也就是说，人们先“看见”一个构图的整体，然后才“看见”组成这一构图整体的各个部分。因此，在数据可视化的过程中，需要遵循一些格式塔原则。

1. 简单性原则

简单原则就是具有对称、规则、平滑的简单图形特征的各部分趋于组成整体。简言之，简单原则指的是人们在视觉上会把复杂的物象分解并解析为较为简单的（倾向于对称的）物象来理解。

如图 2-7 所示，读者会把上方的图形解析为两个叠加的椭圆，而不会解析成形状复杂的组合，因为这种解析方式更加简单且具有对称性。

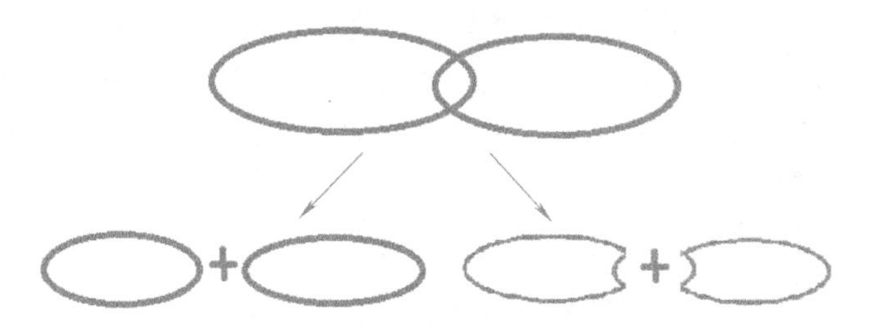

图 2-7　简单性原则示意图

因此，在进行页面设计时，简单原则暗合了排版规则。由于人们更容易理解简单对称的事物，所以在页面排版上常会使用三角形构图、均衡构图、对阵构图、向心式构图（圆形）、对角线、X 形构图等，其目的都是在复杂的信息环境中构建更易懂的整体（见图 2-8）。

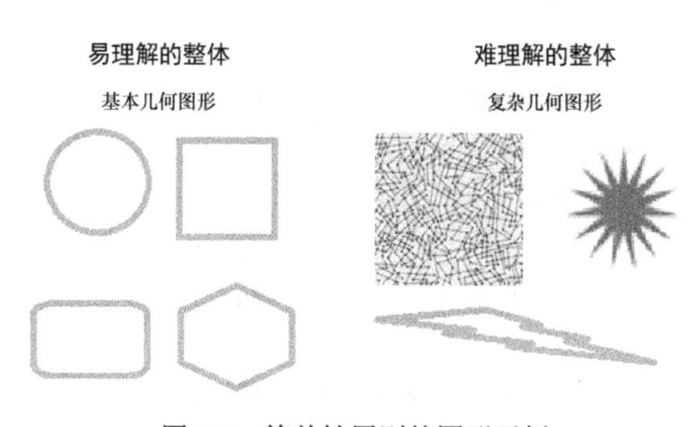

图 2-8　简单性原则的图形示例

2. 相似性原则

相似性原则指的是在某一方面相似的各部分趋于组成整体，即人们通常把那些明显具有共同特性（如形状、运动、方向、颜色等）的事物组合在一起。如图 2-9 所示，人们会将图中的圆形和三角形分为两组，而将右图中黑色的图形归为一组、灰色的归为另一组。一个是根据形状分类。另一个是根据颜色分类。

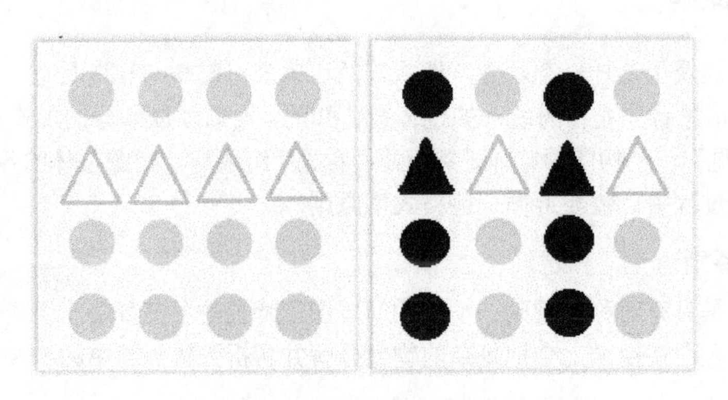

图 2-9　相似性原则示意图

在人们的潜意识里，形状和颜色所占的“比重”是不一样的。一般而言，在大小一样的情况下，人们更容易把颜色一样的看成一个整体，而忽略掉形状的不同。所以当有几个平行的功能点，但又想突出某一个的时候，就可以把那一个做成特殊的形状或者是不同的颜色、大小等，这样用户能一眼看到突出的那部分。而再细看那部分又和其他部分是一个整体，不“特异”也不突兀（见图 2-10）。

另外，在设计可视化方案的时候应该注意同等级的元素应该在大小、风格、颜色上保持一致，这样也有利于用户对于信息的理解（见图 2-10）。

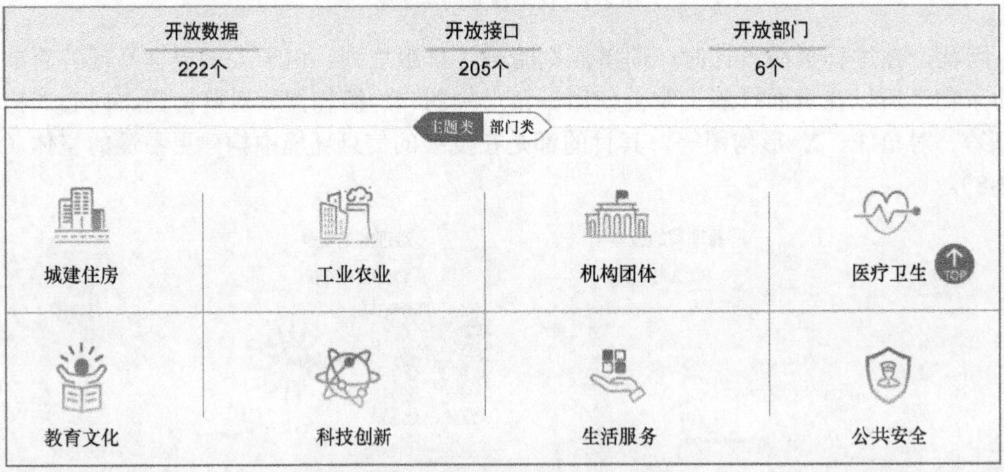

开放数据 222个
开放接口 205个
开放部门 6个
主题类 部门类
城建住房
工业农业
机构团体
医疗卫生
TOP
教育文化
科技创新
生活服务
公共安全

图 2-10　基于相似性原则的页面排版

3．接近性原则

接近性原则强调对象的位置，是指距离相近的各部分趋于组成整体。换言之，接近性原则就是指人们在视觉上会自动将靠得近的物象归为一组或一类。如图 2-11 所示，从第一感觉而言，用户在脑海中无疑会形成这样的认识：左图的 16 个圆是一个整体，而右图中有左右两组，这正是由于圆之间的间距不同所形成的视觉分组。或者用户认为：左图中的圆是横向排列的，右图中的圆是纵向排列的。因为在左图中，圆之间在水平方向比在垂直方向距离近。接近性原则充分表明：单个视觉元素之间无限接近，视觉上会形成一个较大的整体。距离近的单个视觉元素会融为一个整体，而单个视觉元素的个性会减弱。

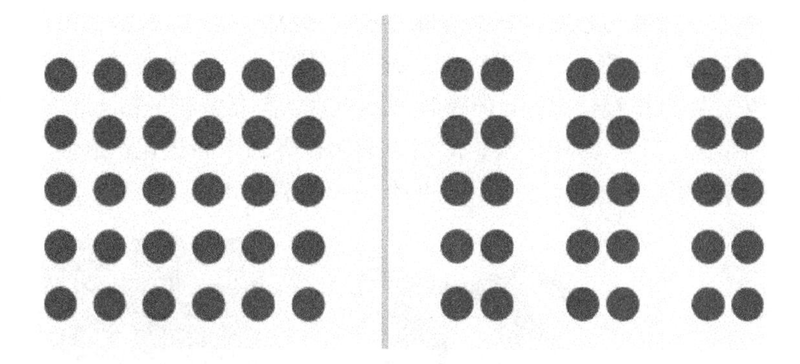

图 2-11　接近性原则示意图

在设计中，应用接近性原则可以达到减少用户界面视觉凌乱感的效果。也就是说，在实际的界面设计中，可以合理利用信息之间的间距差异来达到信息分组归类的作用，这样有利于用户更好地理解和分辨页面信息。而且，可以合理利用留白，使信息组之间被留白区分开来，页面会更加整洁有序，阅读信息时干扰也少，相互关联的信息也更为紧密（见图 2-12）。

图 2-12　遵循接近性原则的界面设计示例图

4．闭合性原则

闭合性原则（又称封闭原则），是指彼此相属、构成封闭实体的各部分趋于组成整体。简单而言，闭合性原则是指人们在视觉上会把不完全封闭的物象当成一个统一的整体。如图 2-13 所示，人们会不自觉地认为左图是一个三角形，右图是一个大熊猫，实际上它们只是几根线条几个色块而已。因为人们会有意识地去填补缺失的部分而使其看上去成为一个完整的整体。闭合性原则充分说明，结构比元素重要，某些图像可能是不完整的或者不闭合的，但只要图像形状足以表征物体本身，人们就很容易感知整个物体而忽视元素。

图 2-13　闭合性原则示意图

具体而言，闭合的方式可以分为三种：第一种，形状闭合，即大脑会将形状趋于完整的形状闭合，多使用在字体、图形设计中；第二种，负形闭合，即画面中的负形（留白）会形成用户熟悉的形象，被当作整体感知，但有时并不直观，需要多花费精力领悟，多用在标志、海报等艺术设计中；第三种，经验闭合，即由于数字化界面不断进化，迫使人们不断累积新的认知习惯，更简洁的闭合呈现有利于内容的传达（见图 2-14）。

图 2-14　三种闭合方式示意图

基于闭合性原则最著名的应用便是苹果公司的标志，咬掉的缺口唤起人们的好奇、疑问，给人巨大的想象空间（它也属于典型的负形闭合），但从整体上看，却又是一个苹果的剪影（见图 2-15）。

图 2-15　遵循闭合性原则的标志设计

5．连续性原则

连续性原则是指凡具有连续性或共同运动方向的部分容易被看成一个整体。也就是说，连续性原则指的是人们在视觉上会把非连续的物象完整化，使其成为连续的形式。这是因为人的视觉具备一种运动的惯性，会追随一个方向的延伸，以便把元素连接在一起成为一个整体。换而言之，视觉倾向于感知连续的形式，以便把元素连接在一起而不是离散的碎片。如图 2-16 所示，人们看到的左图是两条相交线而非四条线段与一个圆点，看到的右图是一组有运动方向的圆而不是 9 个单一的圆。

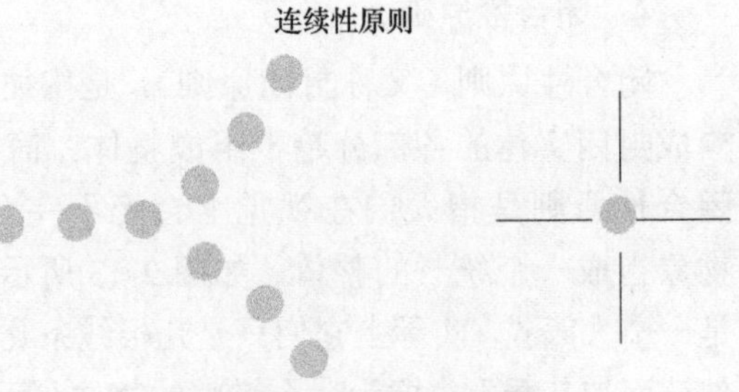

图 2-16　连续性原则示意图

连续性原则分为两种：一种是形态连续，

即人们往往认为视觉对象的呈现具有一定的延续性，直线继续成为直线，而曲线也继续成为曲线；另一种是方向连续，即人的视觉有追随一个方向的延续，以便把元素连接在一起，使它们看来是连续向着特定的方向。

连续性与闭合性有类似之处，但是连续性强调的是信息的方向性，闭合性强调的则是信息的完整性（见图 2-17）。在页面的设计上连续性原则经常在数据可视化上与闭合性原则一同运用。

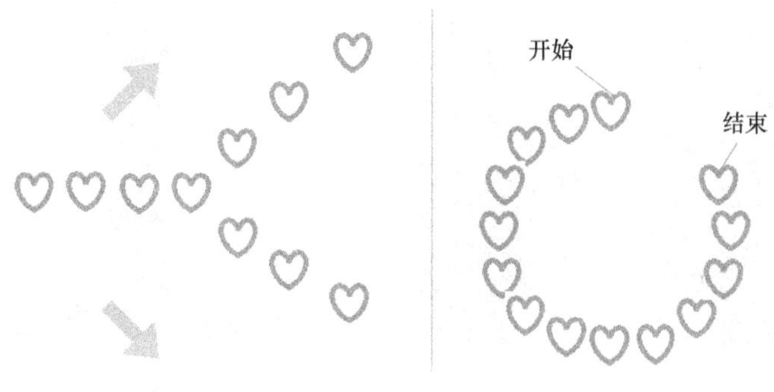

a）连续性原则：强调方向　　b）闭合性原则：强调始终

图 2-17　连续性原则与闭合性原则对比示意图

6．主体/背景原则

主体/背景原则是指人们在感知事物的时候，总是自动地将视觉区域分为主体和背景。一旦图像中的某个部分符合作为背景的特征，人们的视觉感知就不会把它们作为主体焦点。也就是说，知觉帮助人们把图形从背景中分离出来。图形与背景的对比越大，图形的轮廓越明显，则图形越容易被发觉。也就是说，人们在看一个页面的时候，总是会不自觉地将视觉区域分为主体和背景，而且会习惯把小的、突出的那个看成是背景之上的主体。主体越小的时候，主体与背景的对比关系越明显，主体越大则关系越模糊。如图 2-18 所示，当白色内圆越来越大时，它就会渐渐地退居为背景，而灰色圆环则会从背景渐渐地变为图形。通过面积、颜色、轮廓等，人们可以较好地把握图形与背景的关系。

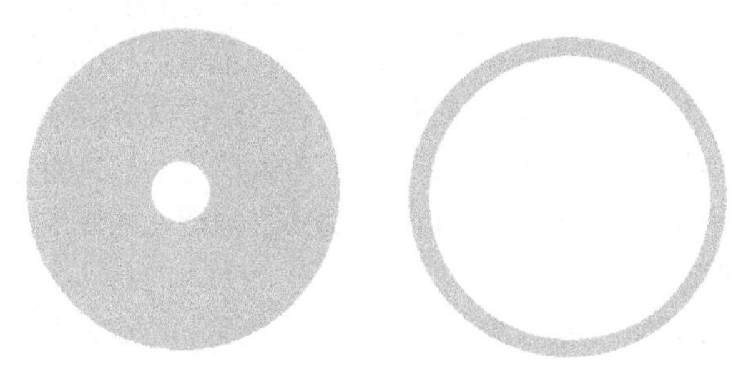

灰色为背景，白色为主体　　灰色为主体，白色为背景

图 2-18　主体/背景原则示意图

究其原因，人类在感觉客观物体时，受到刺激所获取的印象并不完整，而是选择性地对

局部进行感觉。因为看法的不一致，会各自产生不同含义的现象，也就是双层意象（Double Image）。如图 2-19 所示，当视觉将感觉目标视为图案时，整个图案的另外组成会成为底的一部分。人类在图案中所看到的重点是两个人的侧面还是杯子，取决于其视线的聚集点在图案还是在底上，是部分还是全局。

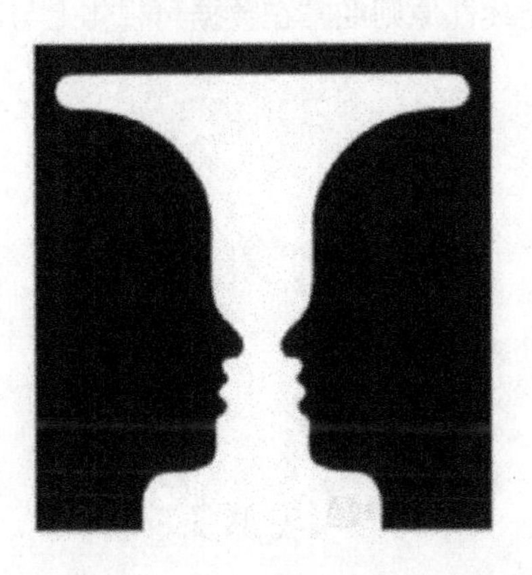

图 2-19　基于主体/背景原则的示例图

根据这样的原理，在可视化界面设计中，可以通过一些处理将图像中的某些部分变成背景，这样可以显示更多的信息或者转移用户的焦点。

7. 对称性原则

对称性原则，是指对称的元素容易被视为同一组的一部分。如果一个对象不对称，人们就会花费时间尝试查找问题，而这样就会分散人们的注意力，妨碍感知图像想要传递的信息。根据交流的目的和观众的个性，不管正面还是负面，人们都可以感知到画面元素井然有序的安排和设计。

对于图像来说，如果画面本身安排合理有序（例如交通标志），则会有助于人们快速和准确理解画面含义。在展示数据时，应将其尽可能整理成对称稳定、一致有序和结构合理的情况。

8. 共同命运原则

前述七个原则都是针对静态图形图像的，最后一个共同命运原则（也被称为共势原则）针对的是运动的物体。所谓共同命运原则，是指具有共同运动形式的物体被感知为彼此相关的一组。也就是说，当一组物体具有沿着相似光滑路径的运动趋势或者具有相似的排列模式时，会被识别为同一类物体。

如在一组相同的图形里，一部分静止而另一部分在晃动，那么人们很容易将晃动的图形归为一类。

各种格式塔原则并不是孤立存在的，而是相互影响，共同起作用。在设计数据展示方案时，常常产生违背预期的副作用。为了消除这种影响，可以在设计好之后，逐一用各个原则来考量各个设计元素之间的关系是否合适。

2.4　视觉编码

2.4.1　视觉编码的界定

视觉编码是指在个体接收外界信息时，对外界信息的视觉刺激进行编码，如：对颜色、数字、字母、图形等视觉刺激的信息进行编码。对于数据可视化而言，视觉编码描述的是将数据映射到最终可视化结果上的过程。这里的可视化结果可能是图片，也可能是一张网页，等等。“编码”二字，如果说“编”是指设计、映射的过程，那么“码”其实指的是一些图形符号。例如，仔细观察图 2-20，一般能得到哪些信息？

得益于视觉系统的强大，人们不假思索就能得出至少三个信息：第一，A、B、C 是不同的；第二，B 在 A 和 C 的中间；第三，BC 的长度大概是 AB 的两倍；第四，C 的大小大概是 A 或 B 的两倍。究其原理，图形符号和信息间的映射关系使人们能迅速获取信息。所以，在可视化中，可以把图片看成一组图形符号的组合，这些图形符号携带了一些信息，也就是说它编码了一些信息。当阅读者从这些符号中读取信息时，则为解码。

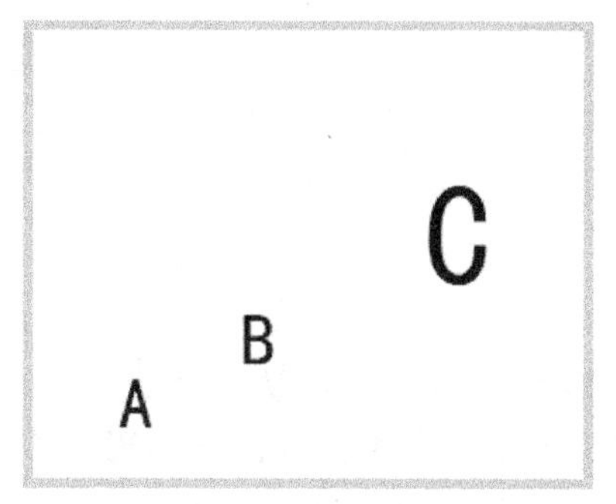

图 2-20　待视觉编码的示意图

2.4.2　视觉编码中常用的视觉通道

研究表明，能够在 10ms“解码”可以被视为“有效”的信息传达；而无效的信息传达要 40ms 甚至更长时间。

人类解码信息靠的是眼睛、视觉系统。如果说图形符号是编码信息的工具或通道，那么视觉就是解码信息的通道。因此，通常把这种图形符号 ⟷ 信息 ⟷ 视觉系统的对应称作视觉通道。

如图 2-21 所示，假如想用三个通道来编码三个维度的数据，即可以理解为在同一个图形中使用三种视觉编码来对应数据中三个列的信息。

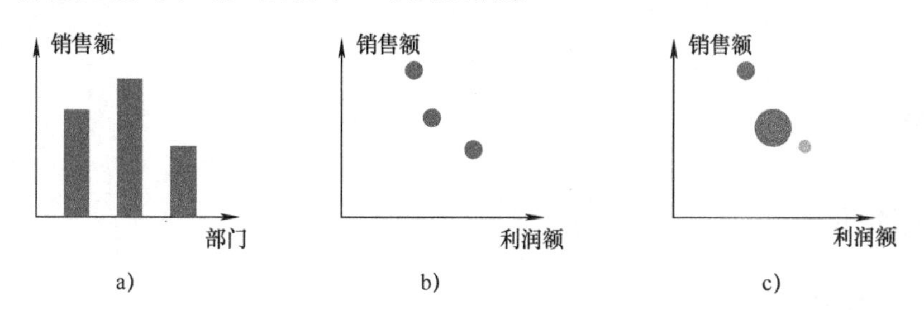

图 2-21　视觉通道编码的数据示意图

- 图 2-21a 表述了不同部门的销售额，柱状图的高度作为一个视觉通道，编码了销售额的值。

- 图 2-21b 在图 2-21a 的基础上增加利润额这一数据维度，三个点对应的坐标值分别表示三个部门的销售额（纵坐标）和利润额（横坐标）。
- 图 2-21c 中增加了“尺寸”视觉通道来表达部门人数这一属性。

1967 年，Jacques Bertin 提出了视觉编码与信息的对应关系，奠定了可视化编码的理论基础（见图 2-22）。

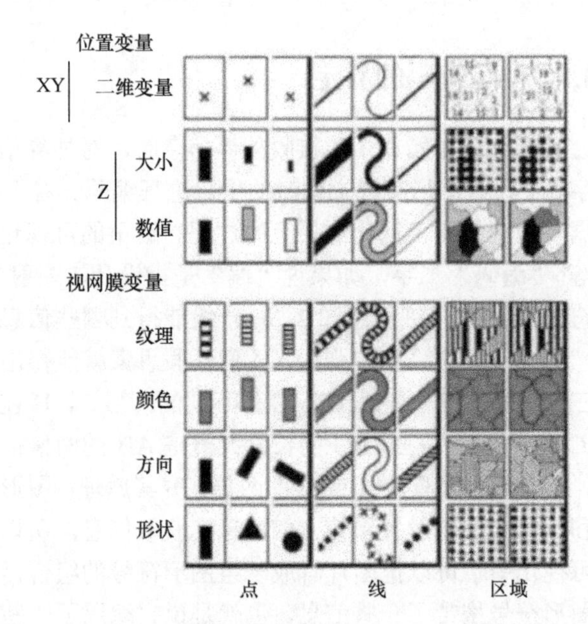

图 2-22　Jacques Bertin 的 7 种视觉编码和 21 种基本视觉通道

如图 2-22 所示，Jacques Bertin 将图形符号分为两种：第一种为“位置变量”，即数据在空间中的位置；第二种为“视网膜变量”，包括纹理、颜色、方向和形状。

上述两类变量形成的 7 种视觉编码映射到点、线、面之后，衍生出 21 种编码可用的基本视觉通道。一份具有高度可读性的可视化图表需要慎重选择视觉通道的类型和数量。由于有 21 个视觉通道，假设有 n 个数据维度，则一共有 $(n+1)^m$ 种编码方案，从中选出一种最佳方案的难度可见一斑。

人类对视觉通道的识别有两种基本的感知模式。第一种感知模式得到的信息是关于对象本身的特征和位置等，第二种感知模式得到的信息是对象某一属性在数值上的大小，因此，我们将视觉通道分为两大类：

① 定性（分类）的视觉通道，如形状、颜色的色调、空间位置。

② 定量（连续、有序）的视觉通道，如直线的长度、区域的面积、空间的体积、斜度、角度、颜色的饱和度和亮度等。

需要说明的是，两种视觉通道的分类不是绝对的，例如，位置信息既可以是定性的也可以是定量的。

2.5　数据准备

2.5.1　数据概述

1. 数据与数据可视化

数据研究专家 Viktor Mayer-Schoberger 曾有一句名言：世界的本质是数据。数据反映了真实的世界，通过对数据进行分析和视觉表现，人们能发现数据的关联性，了解到身边正在发生什么。

如图 2-23 所示，某种程度上，数据是对世界的简化和抽象表达。数据可视化通过搜集、整理、分析数据资料，用大众能理解的图形语言来描述世界的样子，最终达到理解自然现象、发现社会运行规律，并将其传播的目的。

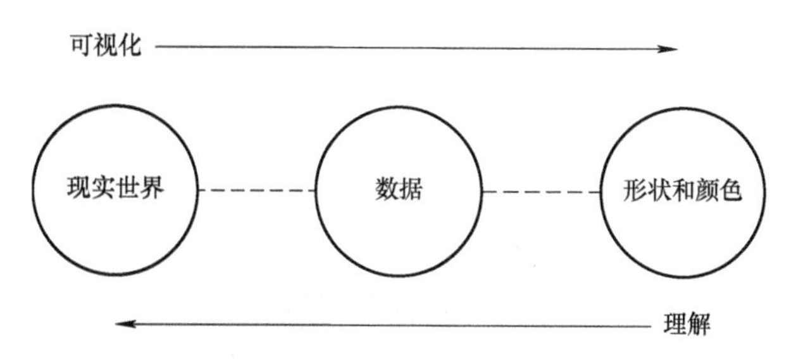

图 2-23　数据在数据可视化中的作用

理解数据的过程就是数据分析的过程，通过数据发现问题和寻找解决方案。尽管数据分析有获取、处理、分析和展示多个环节，过程烦琐，但最终都是为了回答四个问题：发生了什么？为什么发生？可能发生什么？针对这些问题应该采取哪些措施？（见图 2-24）

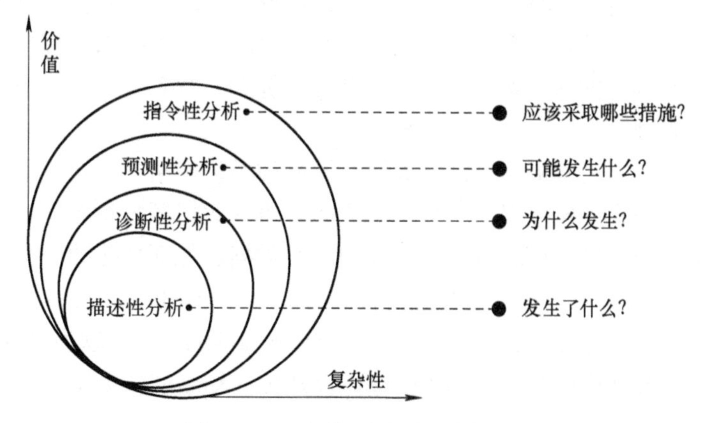

图 2-24　理解数据需要解决的问题

2. 数据分类

从数据可视化类型出发研究可视化过程，可以参考基于任务分类学的数据类型（data Type by Task Taxonomy，TTT）。TTT 定义了 7 种基本任务：总览、缩放、过滤、按需细化、关联、历史和提取，并将数据分为 7 类：一维线性数据、二维数据、三维数据、多维数据、时态数据、树型数据和网状数据。具体描述如下：

1）一维数据：一维数据是指由字母或文字组成的线性数据，如文本文件、程序源代码等。可视化设计主要针对文字，选择字体、颜色、大小和显示方式。

2）二维数据：二维数据主要是平面或地图数据，例如地理地图、平面图或报纸面等。用户需求一般是搜索某些区域、路径、地图放大或缩小、查询某些属性等。

3）三维数据：三维数据是指三维空间中的对象，例如分子、人体及建筑物。与低维度数据不同，其对象包括了位置和方向等三维信息，显示这些对象需要用到不同的透视方法，设置颜色、透明度等参数。

4）时态数据：时态数据广泛存在，用户的需求是搜索在某些时间或时刻之前、之后或之中发生的事件，以及相应的信息和属性。

5）多维数据：多维数据的每一项数据都拥有多个属性，可以表示为高维空间中的一个点，该类数据常见于传统的关系数据库中。

6）树型数据：表示层次关系。

7）网络数据：表示连接和关联关系。节点连接图以及连接矩阵是其常见的网络可视化形式。

一维、二维、三维、时间、多维数据又可归于时空数据，树和网络数据又可归于非时空数据。这 7 种数据类型还有许多变形和多种数据的结合体，但都是对现实中各类数据信息进行的抽象。

2.5.2 数据采集

数据采集，即对各种来源（如射频识别数据、传感器数据、移动互联网数据、社交网络数据等）的结构化和非结构化海量数据，所进行的数据获取。数据采集主要包括数据传感体系、网络通信体系、传感适配体系、智能识别体系及软硬件资源接入系统，可以实现对结构化、半结构化、非结构化的海量数据的智能化识别、定位、跟踪、接入、传输、信号转换、监控、初步处理和管理等。

大数据时代，数据的来源极其广泛，数据有不同的类型和格式，同时呈现爆发性增长的态势，这些特性对数据收集技术提出了更高的要求。由于数据源多种多样、数据量大且变化迅速等原因，为了保证数据采集的可靠性、避免重复数据、保证数据的质量，必须有合适的数据采集工具。目前已经不乏大量优秀的数据采集工具，如 Elastic Stack 中的 Logstash⊖，CNCF 基金会里面有名的 Fluentd；Influx Data 公司的 Telegraf，谷歌为 Kubernetes 定制的 cAdvisor，Apache 基金会中的顶级项目 Flume，以及国内知名的数据采集工具八爪鱼、火车头采集器等。

2.5.3 数据预处理

1. 数据预处理概述

数据预处理，是指在主要的处理之前对数据进行的一些处理。数据的质量对数据的价值大小有直接影响，低质量数据将导致低质的分析和可视化结果。广义的数据质量涉及许多因素，如数据的准确性、完整性、一致性、时效性、可信性与可解释性等。大数据系统中的数据通常具有一个或多个数据源，这些数据源可以包括同构或异构的（大）数据库、文件系统、服务接口等。这些数据库中的数据来源于现实世界，容易受到噪声数据、数据值缺失与数据

⊖ Elastic Stack 是 ELK Stack 的更新换代产品。“ELK”是三个开源项目的首字母缩写，这三个项目分别是 Elasticsearch、Logstash 和 Kibana。其中，Elasticsearch 是一个搜索和分析引擎；Logstash 是服务器端数据处理管道，能够同时从多个来源采集数据，转换数据，然后将数据发送到诸如 Elasticsearch 等“存储库”中；Kibana 则可以让用户在 Elasticsearch 中使用图形和图表对数据进行可视化。——编辑注

冲突等的影响。此外，数据处理、分析、可视化过程中的算法与实现技术复杂多样，往往需要对数据的组织、数据的表达形式、数据的位置等进行一些前置处理。因此，数据预处理有助于提升数据质量，并使得后续的数据处理、分析、可视化过程更加容易、有效，有利于获得更好的用户体验。

2. 数据预处理的主要任务

数据预处理的主要任务可以概括为四个部分，即数据清洗、数据集成、数据归约和数据转换（见2-25）。数据清洗可以用来清理数据挖掘中的噪声；数据集成将数据由多个数据源合并成一个一致的数据存储，如数据仓库；数据归约可以通过如聚集、删除冗余特征或聚类来精简数据；数据转换（如规范化）可以用来把数据压缩到较小的区间，如区间[0.0，1.0]。

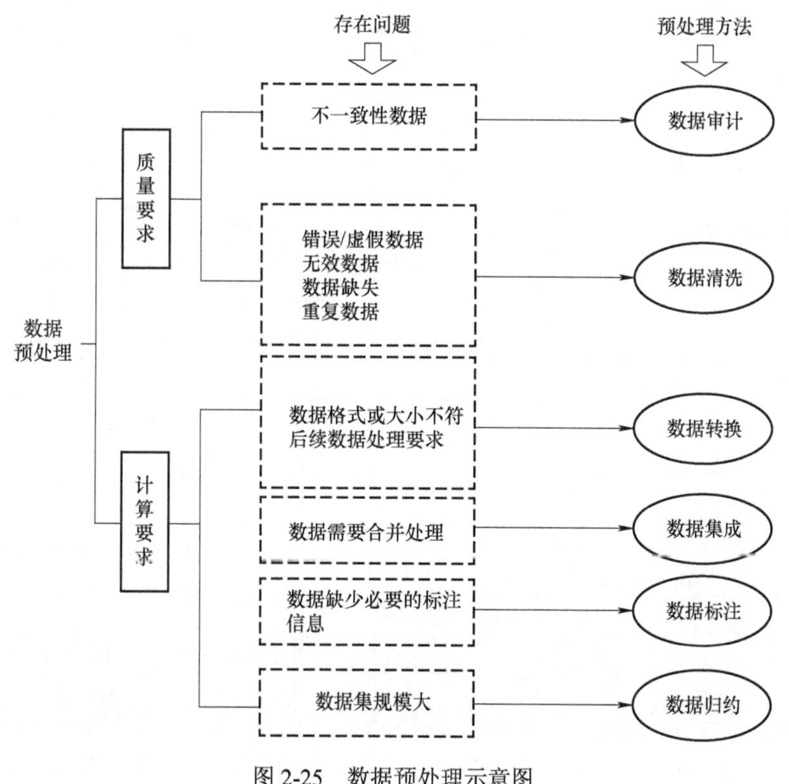

图2-25 数据预处理示意图

1）数据清洗就是清除错误和“脏”数据的过程。当然，数据清洗并不是简单地用优质数据更新记录，它还涉及数据的分解与重组。

2）数据转换是将数据从一种表现形式变为另一种表现形式的过程。经过数据转换处理后，数据被变换或统一。数据转换不仅可以简化处理与分析的过程、提升时效性，也使得分析、可视化的模式更容易被理解。数据转换处理技术包括基于规则或元数据的转换技术、基于模型和学习的转换技术等。

3）数据集成是把不同来源、格式、性质的数据在逻辑上或物理上有机地集中起来，以更方便后续工作。数据集成通过数据交换来达到，主要解决数据的分布性和异构性问题。数据集成的程度和形式也是多种多样的，对于小的项目，如果原始的数据存在于不同的表中，数据集成的过程往往是根据关键字段将不同的表集成到一个或几个表格中，而对于大的项目则有可能需要集成到单独的数据仓库中。

4）数据归约技术可以在不损害结果准确性的前提下，降低数据集的规模，从而得到简化的数据集。归约策略与技术包括维归约技术、数值归约技术、数据抽样技术等。

2.5.4 数据存储

1．数据存储概述

大数据时代，数据呈爆炸式增长，一方面对数据的存储量的需求越来越大，另一方面对数据的有效管理也提出了更高的要求。大数据对存储设备的容量、读写性能、可靠性、扩展性等都提出了更高的要求，需要充分考虑功能集成度、数据安全性、数据稳定性、系统可扩展性、性能及成本等因素。

随着 NoSQL、NewSQL 数据库阵营的迅速崛起，当今数据库系统呈现出“百花齐放”的局面，现有系统达数百种之多，图 2-26 对广义的数据库系统进行了分类。

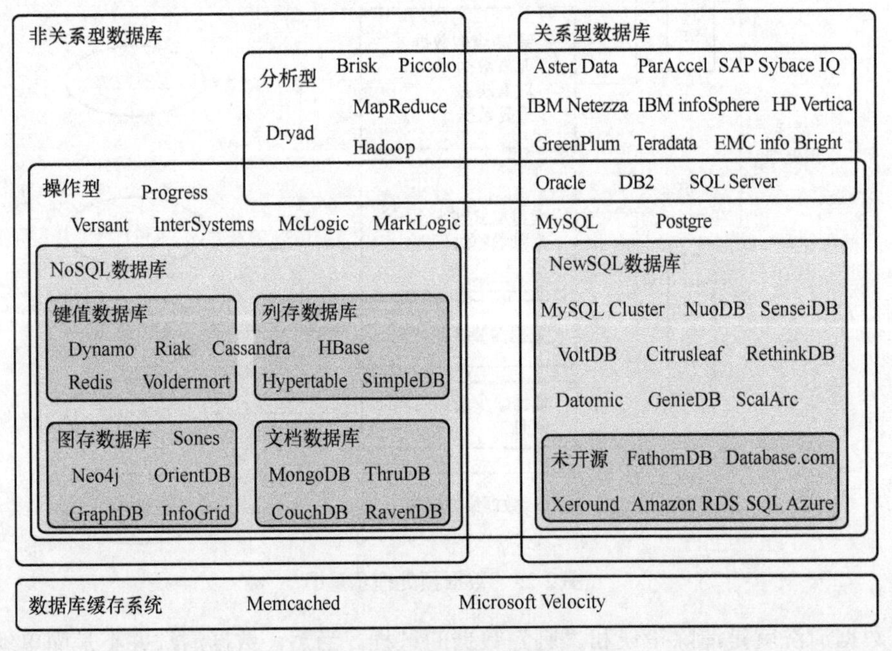

图 2-26 数据库系统的分类

图 2-26 将数据库分为关系型数据库、非关系型数据库以及数据库缓存系统。其中，非关系型数据库主要指的是 NoSQL 数据库，主要分为键值数据库、列存数据库、图存数据库及文档数据库四大类。关系型数据库包含了传统关系数据库系统及 NewSQL 数据库。

高容量、高分布式、高复杂性应用程序的需求迫使传统数据库不断扩展自己的容量极限，这些驱动传统关系型数据库采用不同的数据管理技术的 6 个关键因素可以概括为“SPRAIN”：

1）可扩展性（Scalability）——硬件价格；
2）高性能（Performance）——MySQL 的性能瓶颈；
3）弱一致性（Relaxed consistency）——CAP 理论㊀；
4）敏捷性（Agility）——持久多样性；
5）复杂性（Intricacy）——海量数据；
6）必然性（Necessity）——开源。

2．常见的数据管理系统

对于传统的数据库，其存储的数据都是结构化数据，格式规整。与之相反，大数据多来源于日志、历史数据、用户行为记录等，有的是结构化数据，而更多的是半结构化或者非结构化数据，这也正是传统数据库存储技术无法适应大数据存储的重要原因之一。也正是由于其数据来源不同，应用算法繁多，数据结构化程度不同，其格式也多种多样。因而数据的存储和管理数据库系统必须对多种数据及软硬件平台有较好的兼容性，以便适应各种应用算法或者数据提取转换与加载。目前，常见的数据管理系统包括：并行数据库、分布式数据库、NoSQL 数据管理系统和 NewSQL 数据管理系统。

（1）并行数据库　并行数据库是指那些在无共享的体系结构中进行数据操作的数据库系统，它是在大规模并行处理（Massively Parallel Processing，MPP）和集群并行计算环境的基础上建立起来的数据库系统。这些系统大部分采用了关系数据模型并且支持 SQL 查询，但为了能够并行执行 SQL 中的查询操作，系统中采用了两种关键技术：关系表的水平划分和 SQL 查询的分区执行。并行数据库系统的目标是高性能和高可用性，通过多个节点并行执行数据库任务，提高整个数据库系统的性能和可用性。

并行数据库系统的主要缺点是缺乏弹性，在对并行数据库进行设计和优化的时候，集群中节点的数量是固定的，若需要对集群进行扩展和收缩，则必须为数据转移过程制订周全的计划。这种数据转移的代价是昂贵的，并且会导致系统在某段时间内不可访问，而这种较差的灵活性直接影响到并行数据库的弹性以及“现用现付”商业模式的实用性。

并行数据库的另一个问题就是系统的容错性较差，难以在拥有数以千个节点的集群上处理较长的查询。因此，并行数据库只适合资源需求相对固定的应用程序。不管怎样，并行数据库的许多设计原则都为其他海量数据系统的设计和优化提供了比较好的借鉴。

（2）分布式数据库　分布式数据库，是指利用高速计算机网络，将物理上分散的多个数据存储单元连接起来，组成一个逻辑上统一的数据库。分布式数据库的基本思想，是将原来集中式数据库中的数据分散存储到多个通过网络连接的数据存储节点上，以获取更大的存储容量和更高的并发访问量。

分布式系统中，数据不存储在同一计算机的存储设备上，但从用户的角度看，仍然可以在任何一个场地执行全局应用，就好像那些数据是存储在同一台计算机上、由单个数据库管理系统（Database Management System，DBMS）管理一样。

分布式数据库系统适合部门分散的单位，允许各个部门将其常用的数据存储在本地，实

㊀ 分布式数据库中的一种弱一致性理论。即系统最多只能同时满足一致性、可用性和容忍网络分割等三个需求中的两个。——编辑注

施就地存放、本地使用，从而提高响应速度，降低通信费用。分布式数据库与集中式数据库相比具有更好的可扩展性，通过增加适当的数据冗余，可以提高系统的可靠性。

（3）NoSQL 数据管理系统　传统关系型数据库在处理数据密集型应用方面显得力不从心，主要表现在灵活性差、扩展性差、性能差等方面。后来出现的一些存储系统，摒弃了传统关系型数据库管理系统的设计思想，这些没有固定数据模式并且可以水平扩展的系统统称为 NoSQL（有些人认为称作 NoREL 更为合理）。

不同于分布式数据库，大多数 NoSQL 系统采用更加简单的数据模型，在这种数据模型中，每个记录拥有唯一的键，而且系统只需支持单记录级别的原子性，不支持外键和跨记录的关系。这种一次操作获取单个记录的约束极大地增强了系统的可扩展性，而且数据操作就可以在单台机器上执行，没有分布式事务的开销。

NoSQL 提供了高效便宜的数据管理方案，许多公司不再使用 Oracle 甚至 MySQL，他们借鉴 Amazon 的 Dynamo 和谷歌的 Bigtable 的主要思想，建立自己的海量数据存储管理系统。

（4）NewSQL 数据管理系统　人们曾普遍认为传统数据库支持 ACID[⊖]和 SQL 等特性限制了数据库的扩展和处理海量数据的性能，因此尝试通过牺牲这些特性。但是，现在一些人则认为是其他的一些机制（如锁机制、日志机制、缓冲区管理等）制约了系统的性能。基于这种观点，一些新的数据库取消了耗费资源的缓冲池，在内存中运行整个数据库，还摒弃了单线程服务的锁机制，也通过使用冗余机器来实现复制和故障恢复，取代原有的昂贵的恢复操作。这种可扩展、高性能的 SQL 数据库被称为 NewSQL，其中“New”用来表明与传统关系型数据库系统的区别。

2.5.5　数据计算

目前，主要的数据计算模型包括 MapReduce 计算模型、分布式共享内存系统和分布式流计算系统。

1. MapReduce

MapReduce 是一个高性能的批处理分布式计算框架，用于对海量数据进行并行分析和处理。与传统数据仓库和分析技术相比，MapReduce 适合处理各种类型的数据，包括结构化、半结构化和非结构化数据，并且可以处理数据量为 TB 级别或 PB 级别的超大规模数据。

MapReduce 分布式计算框架将计算任务分为两类大量并行的 Map 任务和 Reduce 任务，并将 Map 任务部署在分布式集群中的不同计算机节点上并发运行，然后由 Reduce 任务对所有 Map 任务的执行结果进行汇总，得到最后的分析结果。

MapReduce 分布式计算框架可动态增加或减少计算节点，具有很高的计算弹性，并且具备很好的任务调度能力和资源分配能力，具有很好的扩展性和容错性。MapReduce 分布式计算框架是大数据时代最为典型的、应用最广泛的分布式运行框架之一。

⊖ ACID 是数据库事务正确执行的四个基本要素的缩写，包含原子性（atomicity）、一致性（consistency）、隔离性（isolation）和持久性（durability）。一个支持事务的数据库系统，必须要具备这四种特性，否则在事务执行过程中无法保证数据的正确性，处理过程极可能达不到正确要求。——编辑注

最流行的 MapReduce 分布式计算框架是由 Hadoop 实现的 MapReduce 框架。Hadoop 的 MapReduce 框架基于 HDFS 和 HBase 等存储技术以确保数据存储的有效性，计算任务会被安排在离数据最近的节点上运行，这样既可以减少数据在网络中的传输开销，同时还能够重新运行失败的任务。Hadoop 的 MapReduce 框架已经在各个行业得到了广泛的应用，是最成熟和最流行的大数据处理技术之一。

2．分布式共享内存系统

使用分布式共享内存进行计算可以有效地减少数据读写和移动的开销，极大地提升数据处理的性能。支持基于内存的数据计算，兼容多种分布式计算框架的通用计算平台是大数据领域所必需的重要关键技术。除了支持内存计算的商业工具（如 SPA 的 HAMA、Oracle 的 BigData Appliance 等），Spark 则是此种技术的开源实现代表，它是当今大数据领域最热门的基于内存计算的分布式计算系统。相比于 MapReduce 传统的批量计算模型，由于 Spark 使用 DAG、迭代计算和内存的方式，可以带来效率提升。

3．分布式流计算系统

在大数据时代，数据的增长速度超过了存储容量的增长，人们无法存储所有数据。同时，数据的价值会随着时间的流逝而不断减少。此外，很多数据会因为涉及用户的隐私而无法进行存储。如何对数据进行实时处理，日益受到人们的关注。数据的实时处理是一个很有挑战性的工作，数据流本身具有持续达到、速度快且规模巨大等特点，所以需要分布式的流计算技术对数据进行实时处理。

当前得到广泛应用的很多系统多数为支持分布式和并行处理的流计算系统，比较具有代表性的商用软件包括 IBM 的 StreamBase 和 InfoSphere Streams，开源系统则包括 Twitter 的 Storm、Yahoo 的 S4 和 Spark 和 Streaming 等。

2.5.6　数据多维分析

数据多维分析，是指从原始数据中转化出来的、能够真实反映分析对象多维特性并能够真正为读者所理解信息的过程。也就是说，数据多维分析通过对数据进行多层次、多阶段的分析处理，获得高度归纳的信息。

多维分析能够减少混淆及降低错误解释的出现，这是由于它迎合了人的思维模式。多维分析的基本动作主要有切片、切块、上卷、下钻及旋转。

1．切片

在多维数组中选定一个二维子集的动作叫作切片，即从多维数组（维 1，维 2，…，维 n，变量）中选定两个维度，维 i 和维 j，在这两个维度上选取某一区间或任意维度成员，而将其余的维度都取定一个维度成员，得到的就是多维数组在维 i 和维 j 上的一个二维子集。这个二维子集就称为多维数组在维 i 和维 j 上的一个切片，表示为：（维 i，维 j，变量）。如图 2-27 所示，选定两个维（“贷款”维度和“经济性质”维度），而在“时间”维度上选定一个维度成员（如“第 1 季度”），就得到了“贷款”和“经济性质”这两个维度上的一个切片。这个切片表示了各经济性质和各贷款类别在第一季度的贷款总额。

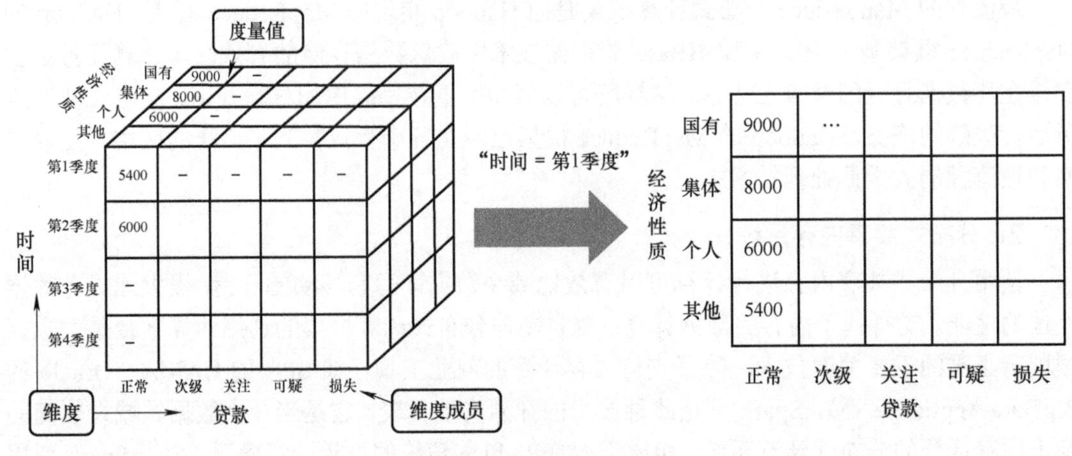

图 2-27 切片的示意图

2. 切块

与切片类似。在多维数组中选定一个三维子集的动作叫作切片，即选定多维数组（维 1，维 2，…，维 n，变量）中的三个维度，维 i、维 j 和维 r。在这三个维上选取某一区间或任意维度成员，而将其余的维度都取定一个维度成员，则得到多维数组在维 i、维 j 和维 r 上的一个三维子集，这个三维子集称为多维数组在维 i、维 j 和维 r 上的一个切块，表示为：（维 i，维 j，维 r，变量）。如图 2-28 所示，在"时间"维度和"贷款"维度上各选定两个维度成员（如"第 1 季度"和"第 2 季度"，"正常"和"次级"），在"经济性质"维度选定三个维度成员（"集体""个人"和"其他"）就可以得到一个切块。

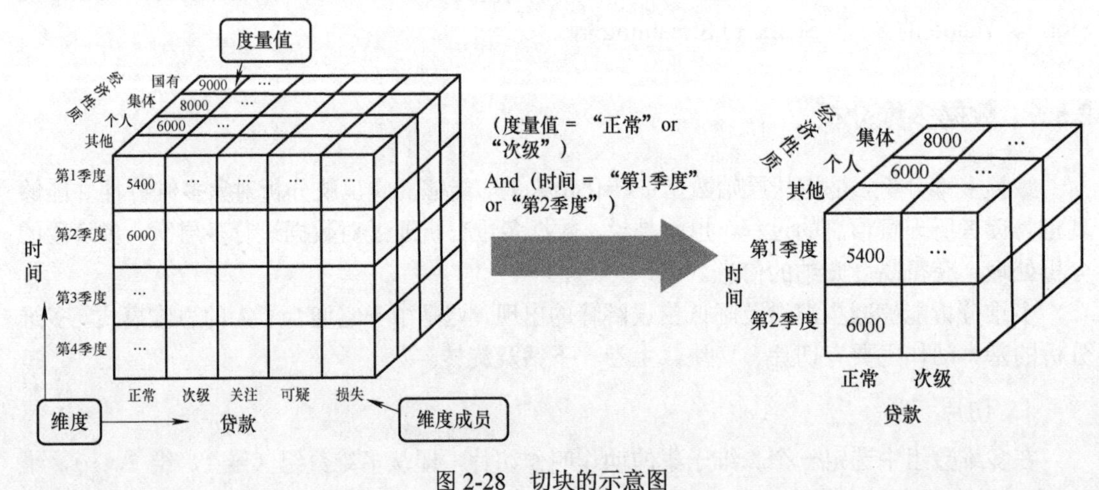

图 2-28 切块的示意图

3. 上卷

在数据立方体中执行聚集操作，通过在维级别中上升或通过消除某个或某些维度来观察更概括的数据。沿着"时间"维度上卷，由"季度"上升到半年，如图 2-29 所示。或者消除"经济性质"这一维度，如图 2-30 所示，就得到更高层次的汇总数据。

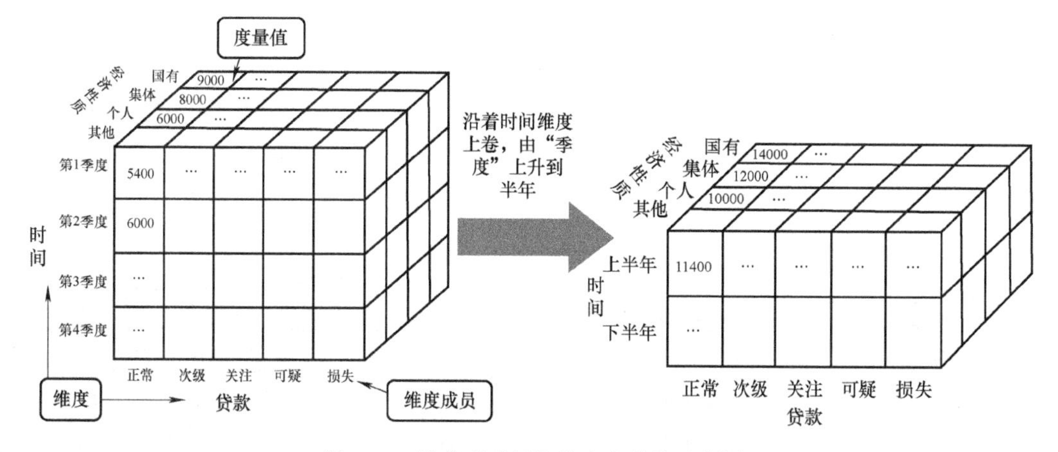

图 2-29　沿着"时间"维度上卷的示意图

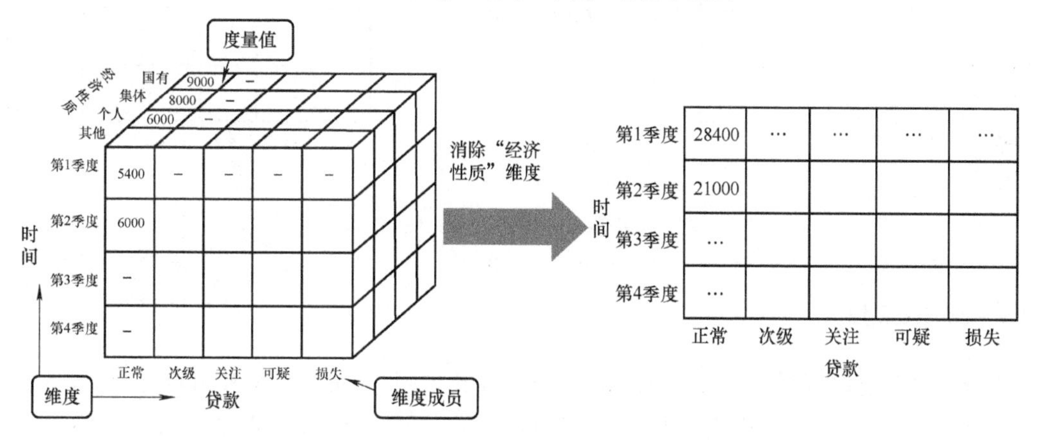

图 2-30　消除"经济性质"维度上卷的示意图

4．下钻

使维级别中下降或引入某个或某些维度来更细致地观察数据，这个过程与上卷正好相反。如图 2-31 所示，沿着"时间"维度，下钻，就得到了关于每个月的经济性质及贷款类型的更具体的信息。

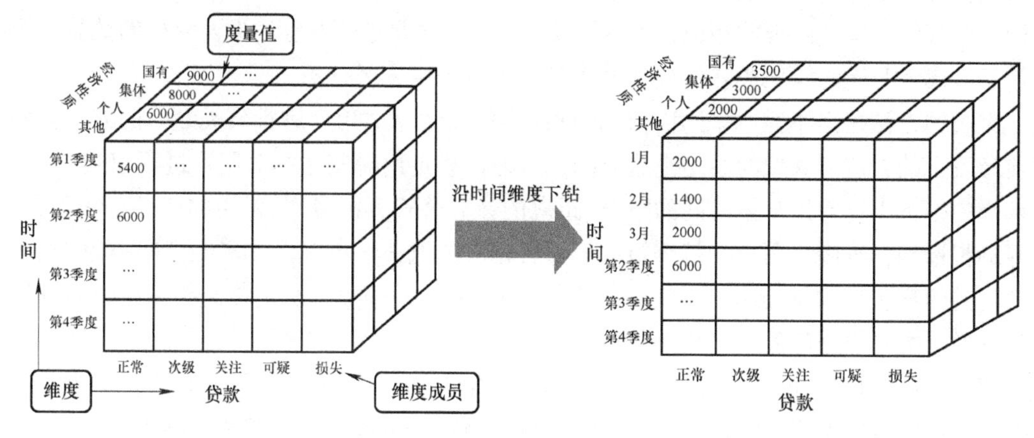

图 2-31　下钻的示意图

5. 旋转

旋转，即改变一个报告或页面显示的维度方向。旋转有以下几种方式：交换行和列，把某一个行维度移到列维度中去，把页面显示中的一个维度和页面外的维度进行交换（令其成为新的行或列）。如图 2-32 所示，对“时间”维度和“经济性质”维度进行了交换。

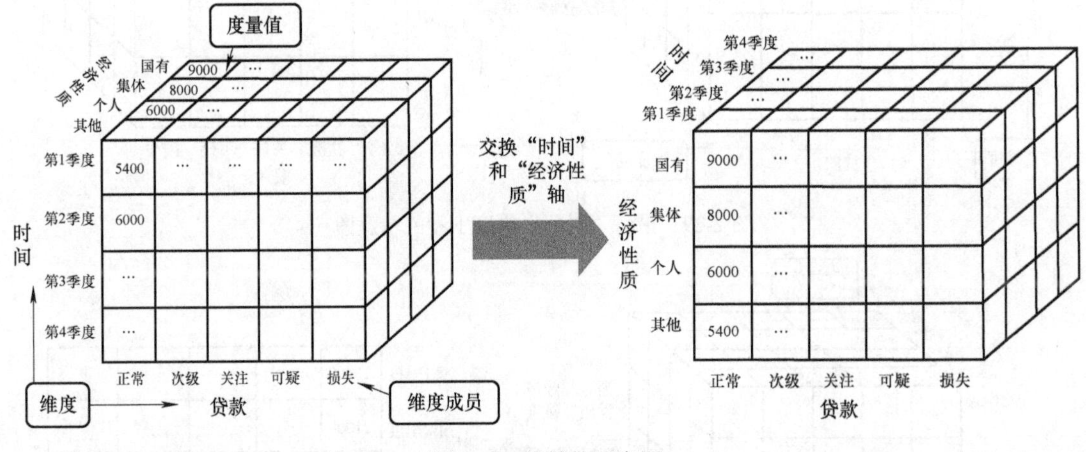

图 2-32　旋转的示意图

2.5.7　数据挖掘

数据挖掘是数据库知识发现（Knowledge-Discovery in Databases，KDD）中的一个步骤。数据挖掘一般是指从大量的数据中通过算法搜索隐藏于其中的信息的过程。数据挖掘通常与计算机科学有关，并通过统计、在线分析处理、情报检索、机器学习、专家系统（依靠过去的经验法则）和模式识别等诸多方法来实现上述目标。

1. 聚类

聚类（clustering）是指根据“物以类聚”的原理，将本身没有类别的样本聚集成不同的组（这样的一组数据对象的集合叫作簇），并对每个簇进行描述的过程。它的目的是使得属于同一个簇的样本之间彼此相似，而不同簇的样本应该足够不相似。当要分析的数据缺乏描述信息，或者是无法组织成任何分类模式时，可以采用聚类分析。

聚类的方法层出不穷，基于用户间彼此距离的长短来对用户进行聚类划分的方法依然是当前最流行的方法。大致的思路是这样的：首先，确定用哪些指标对用户进行聚类；然后，在选择的指标上计算用户彼此间的距离，距离的计算公式有很多，最常用的就是直线距离（把选择的指标当作维度，用户在每个指标下都有相应的取值，可以看作多维空间中的一个点，用户间的距离就可理解为两者之间的直线长度）；最后，聚类方法把彼此距离比较短的用户聚为一类，类与类之间的距离相对比较长。

聚类主要是以统计方法、机器学习、神经网络等方法为基础。比较有代表性的聚类技术是基于几何距离的聚类方法，如欧几里得距离、曼哈顿距离、明考斯基距离等。

2．分类

分类是找出数据对象的共同特点并按照分类模式将其划分为不同的类，其目的是通过分类模型，将数据项映射到某个给定的类别。分类是大数据挖掘中的一项非常重要的任务，利用分类技术可以从数据集中提取描述数据类的一个函数或模型（也常称为分类器），并把数据集中的每个对象归结到某个已知的对象类中。从机器学习的观点来看，分类技术是一种有指导的学习，即每个训练样本的数据对象已经有类标识，通过学习可以形成表达数据对象与类标识间对应的知识，这样就可以利用该模型来分析已有数据，并预测新数据将属于哪一个组。从这个意义上说，大数据挖掘的目标就是根据样本数据形成的类知识来对源数据进行分类，进而也可以预测未来数据的归类。

分类挖掘所获的分类模型可以采用多种形式加以描述输出。其中主要的表示方法有：决策树、贝叶斯、人工神经网络、K-近邻、支持向量机、逻辑回归等。

① 决策树是用于分类和预测的主要技术之一，决策树学习是以实例为基础的归纳学习算法，它着眼于从一组无次序，无规则的实例中推演出以决策树表示的分类规则。构造决策树的目的是找出属性和类别间的关系，用它来预测未知记录的类别。它采用自顶向下的递归方式，在决策树的内部节点进行属性的比较，并根据不同属性值判断从该节点向下的分支，在决策树的叶节点得到结论。

② 贝叶斯（Bayes）分类算法是一类利用概率统计知识进行分类的算法，如朴素贝叶斯分类（Naive Bayesian Classification）算法，这些算法主要利用贝叶斯定理来预测一个未知类别的样本属于各个类别的可能性，选择其中可能性最大的一个类别作为该样本的最终类别。

③ 人工神经网络（Artificial Neural Networks，ANN）是一种应用类似于大脑神经突触连接的结构进行信息处理的数学模型。在这种模型中大量的节点（或称“神经元”或“单元”）之间的相互连接构成网络，即“神经网络”，以达到处理信息的目的。神经网络通常需要进行训练，训练的过程就是网络进行学习的过程。训练改变了网络节点的连接权的值使其具有分类的功能，经过训练的网络就可用于对象的识别。目前，神经网络已有上百种不同的模型，常见的有 BP 网络、径向基 RBF 网络、Hopfield 网络、随机神经网络（Boltzmann 机）、竞争神经网络（Hamming 网络、自组织映射网络）等。但是当前的神经网络仍普遍存在收敛速度慢、计算量大、训练时间长和不可解释等缺点。

④ K-近邻（K-Nearest Neighbors，KNN）算法是一种基于实例的分类方法。该方法就是找出与未知样本 x 距离最近的 k 个训练样本，看这 k 个样本中多数属于哪一类，就把 x 归为那一类。K-近邻算法是一种懒惰学习方法，它存放样本，直到需要分类时才进行分类，如果样本集比较复杂，可能会导致很大的计算量，因此无法应用到实时性很强的场合。

⑤ 支持向量机（Support Vector Machine，SVM）是 Vapnik 根据统计学习理论提出的一种新的学习方法，它的最大特点是根据结构风险最小化准则，以最大化分类间隔构造最优分类超平面来提高学习机的泛化能力，较好地解决非线性、高维数、局部极小点等问题，对于

分类问题，支持向量机算法会根据区域中的样本计算该区域的曲面，由此确定该区域中未知样本的类别。

⑥ 逻辑回归是一种利用预测变量（数值型或离散型）来预测事件出现概率的模型，主要应用于生产欺诈检测、广告质量估计，以及定位产品预测等。

3．关联分析

关联分析又称关联挖掘，就是在交易数据、关系数据或其他信息载体中，查找存在于项目集合或对象集合之间的频繁模式、关联、相关性或因果结构。或者说，关联分析是要发现数据库中不同数据项之间的联系。

关联分析是一种简单、实用的分析技术，在数据挖掘领域也称为关联规则挖掘。

关联分析的一个典型例子是购物篮分析，该过程通过发现顾客放入其购物篮中的不同商品之间的联系，分析顾客的购买习惯。通过了解哪些商品频繁地被顾客同时购买，零售商更好地制定营销策略。其他的应用还包括价目表设计、商品促销、商品的排放和基于购买模式的顾客划分。

关联分析的算法主要分为广度优先算法和深度优先算法两大类。应用最广泛的广度优先算法有 Apriori、AprioriTid、Apriori Hybrid、Partition、Sampling、DIC（Dynamic Itemset Counting）等。

4．深度学习

深度学习（Deep Learning，DL）是机器学习研究中的一个新的领域，其动机在于建立、模拟人脑进行分析学习的神经网络。它模仿人脑的机制来解释数据，如图像、声音和文本。深度学习的实质，是通过构建具有很多隐层的机器学习模型和海量的训练数据，来学习更有用的特征，从而最终提升分类或预测的准确性。它具有优异的特征学习能力，学习得到的特征对数据有更本质的刻画，从而有利于可视化或分类。

当前，深度学习被用于计算机视觉、语音识别、自然语言处理等领域，并取得了大量突破性的成果。运用深度学习技术，我们能够从大数据中发掘更多有价值的信息和知识。

习　题

1．调查验证视觉感知中的物理刺激和社会刺激、主动性注意和被动注意。

2．结合自己的专业，调研自己所属领域的网站或者界面设计，分析它们是如何遵循格式塔原则的。

3．研读某个著名的可视化作品，分析该作品使用了哪些视觉通道。

4．调查分析关系数据库中常用的数据预处理方法。

5．结合自己的专业，调研自己所属领域在数据准备方面的方法、技术与工具。

6．结合自己参与的具体项目，分析其数据采集、预处理、分析挖掘等各个环节，讨论彼此的联系。

参 考 文 献

[1] 朝乐门．数据科学[M]．北京：清华大学出版社，2016.

[2] 侯亚红．视觉认知与视觉欺骗问题探讨[D]．成都：成都理工大学，2017：12-19.

[3] 陈为，沈则潜，陶煜波. 数据可视化[M]．北京：电子工业出版社，2013.

[4] MACKINLAY J D．Automating the design of graphical presentations of relational information[J]．Acm Transactions on Graphics, 1986, 5(2)：110-141.

[5] TVERSKY B, MORRISOR J B, BETRANCOURT M．Animation: Can it facilitate?[J]．International Journal of Human-Computer Studies, 2002, 57(4)：247-262.

[6] 陆嘉恒．大数据挑战与 NoSQL 数据库技术[M]．北京：电子工业出版社，2013.

第 3 章 数据可视化的图表基础

导读案例

拿破仑东征莫斯科及撤退

1812 年 5 月 9 日，拿破仑离开巴黎，率 60 万大军远征俄国。法军在短短的几个月内直捣莫斯科城。然而，俄国沙皇亚历山大一世采取了坚壁清野的措施，烧毁莫斯科城的四分之三，使远离本土的法军陷入粮荒之中。几周后，在饥寒交迫下，拿破仑被迫率大军撤退，沿途 60 万士兵仅剩 2 万余人返回法国，这场失败导致了拿破仑帝国走向灭亡。

1861 年，法国工程师 Charles Joseph Minard 绘制了 1812 年拿破仑征俄战役图（见图 3-1），此图揭示了导致士兵大量死亡的元凶是低温。

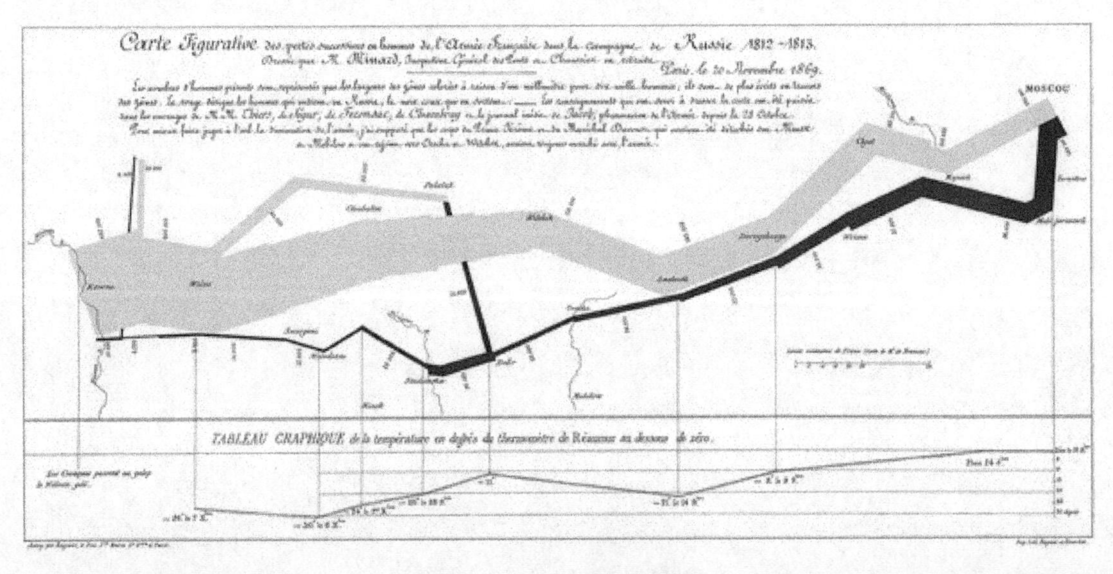

图 3-1　Minard 绘制的图表

这幅图表的背景是真实地图，西起波兰边境，东至莫斯科，线条宽度代表拿破仑的军队人数，浅色表示进攻路线，黑色表示撤退的路线。整个图中包含了五种二维变量：

① 时间轴对应的军队规模变量。横向时间轴对应的阶梯状线条的粗细变化代表了行军途中军队规模的变化。如图所示：左侧最粗一端显示出征俄国时的士兵人数为 42.2 万人，到达莫斯科时还剩 10 万余人，而活着返回法国的只有 1 万余人。

② 军队位移的经纬度变化。

③ 用颜色区分军队行军方向，浅色表示进军，黑色表示撤军。

④ 标注军队规模发生突变的地点名称

以分析原因。

⑤ 温度折线图表现撤退途中的温度变量。底部的温度折线图，从右到左反映了撤退途中的温度变化，观察军队规模在行军途中的阶梯状锐减的转折点所对应的温度变量，排除当地发生战役的可能后，可以直观地推断出导致士兵死亡的最大杀手是低温。

此图对于 1812 年的战争提供了全面而强烈的视觉表现，这种视觉的表现力即使是历史学家的文字描述也难以比拟。具体而言，这张图成为经典的原因有三点：第一，信息量大，引入五种变量数据；第二，多种变量结合展现出对比关系（时间与人数结合）、因果关系（时间、温度、地理位置、人数变化）；第三，简单明了，有强烈的视觉冲击力，从线条宽窄变化能够直接看出法军士兵的人数与变化。

此案例充分说明，客观世界和虚拟社会正源源不断地产生大量的数据，而人类视觉对于以数字、文本等形式存在的非形象化数据的处理能力远远低于对形象化视觉符号的理解。因此，采用合适的数据可视化方法来处理人类获取的数据，是整个数据可视化过程中最为重要的步骤之一。

本章知识要点

- 熟悉和掌握数据可视化六大基本图表的含义、基本类型、适用场景与注意事项
- 熟悉和掌握数据可视化传统图表的含义、适用场景与注意事项
- 熟悉和掌握数据可视化新型图表的含义、适用场景与注意事项
- 理解和掌握各种图形之间的关系与区别

数据的可视化展示能让人们快速了解隐藏在数据中的信息，图表类型表现得更加多样化、丰富化。除了基本的饼图、柱状图、折线图等图形，还有雷达图、气泡图、面积图、地图等常见图形，更有热力图、词云图、桑基图等新型图表。这些种类繁多的图形能满足不同的展示和分析需求。因此，本章从这些图形的基本概念、基本类型、基本组成要素、发展历程、注意事项以及适用场景等出发，多个维度地全景描述这些图形，为数据可视化的实现与优化奠定图表基础。

3.1　数据可视化的基本图表

数据可视化的基本图形，包括饼图、柱状图、条形图、散点图、折线图和地图这六种。很多人认为，这些基本图表过于简单、原始，喜欢追求更复杂的图表。但是，越简单的图表，越容易理解，而快速易懂地理解数据，正是“数据可视化”的最重要目的和最高追求。因此，需要熟悉这些基本图表，掌握这些基本图表的适用场合，优先使用它们以方便读者理解。

3.1.1　饼图

饼图（Sector Graph 或 Pie Graph），早在 19 世纪初就已经开始使用，其主要应用领域是统计学，是最常见的图表之一。它的圆形被划分为几个扇形，通过扇形的角度大小来对比各种数据在整体的占比大小。也就是说，饼图能够直观反映数据系列中各项的大小、总和以及

相互之间的比例关系（即展现的是个体占总体的比例，扇面的角度来展示大小），图表中的每个数据系列具有唯一的颜色或图案并且在图表的图例中表示。

1. 基本类型

（1）二维饼图和三维饼图　饼图以二维或三维格式显示每一数值相对于总数值的大小，可以手动拖出饼图的某个或者某些扇面以突出、强调其代表的数值。

（2）复合饼图和复合条饼图　复合饼图或复合条饼图将用户定义的数值从主饼图中提取并组合到第二个饼图或堆积条形图的饼图。在需要确保主饼图中的某些扇面尤其是在占比较小的扇面更易于查看的情况下，这两类图表类型都非常有用。

（3）分离型饼图和分离型三维饼图　分离型饼图显示每一数值相对于总数值的大小，同时强调每个数值。分离型饼图可以以三维格式显示，即分离型三维饼图。但是，这两类图表类型应该尽量少用，因为容易让读者混淆图表试图表达的重点。

2. 注意事项

- 绘制饼图的数据只来自一个数据系列，即仅排列在工作表的一列或一行中的数据（如果是多个系列的数据时，可以使用环形图）。
- 数值中没有零或负值，并确保各分块占比的总和为 100%。
- 类别数目无限制，各类别分别代表了整个饼图的一部分，且各部分需要标注百分比。
- 饼图中的组分不应该太多，四五个为宜，能够给人大致的组成印象及比例情况即可。若存在很多小的部分，则可以进行合并，用“其他”项代替。
- 饼图展现的是比例关系，不同饼图之间的扇形不可以轻易比较（比较了也没什么意义）。
- 在处理数据的时候，如果计算的是百分比，记得所有的项目相加之和必须为 100%。
- 由于人们习惯顺时针看东西，所以最好把最重要的内容放在指针 12 点位置附近。即在饼图的排列方面，从正上方开始，从大到小排列，可以按照顺时针排列，或者第一、第二大块分别放在 12 点指针两侧，然后剩下的按照逆时针排序。

3. 适用场景

饼图一般适用于表述一维数据（行或列）的可视化结果，它能够直观反映某个部分占整体的比重，人眼对局部占整体的份额一目了然，用不同颜色来区分局部模块，也显得较为清晰。因此，如果想直接展示各项数据占整个数据的比例，并且显示所占的百分比情况，可以选择使用饼图。例如，对于公司的销售部门来说，准确了解主要销售额的来源有助于把控整个销售业绩的稳定和增长。那么作为销售部门的工作人员首先就需要对各产品的销售额进行统计分析。图 3-2 展示了公共支出的分布情况，公共支出情况一目了然，读者不仅可以迅速得到公共服务、公共安全等各项支出所占的比例，也可以发现彼此的对比效果。因此，饼状图的好处就是让人迅速直观地掌握各项数据所占的比重情况。

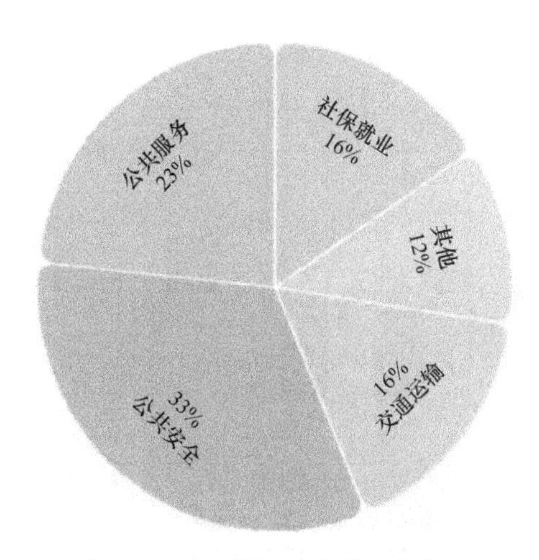

图 3-2 基于饼图的公共支出分析

与饼图相似的图表还有环形图（挖空的饼图，中间区域可以展现数据或者文本信息）、玫瑰饼图（对比不同类别的数值大小）和旭日图（展示父子层级的不同类别数据的占比）。

饼图最基本的缺陷是，通观全局的时候，首要任务是能够对数量的大小进行排序，但人眼对于角度的判断并不敏感。例如，24%和 26%，可能在饼图里看起来差不多。

3.1.2 柱状图

柱状图（Column Chart），是一种以长方形的长度为变量的表达图形的统计报告图，它由一系列高度不等的纵向条表示数据分布的情况，用来比较两个或以上的价值（不同时间或者不同条件），只有一个变量，通常用于对较小数据集的分析。

1. 基本类型

与条形图类似，柱状图的基本类型有：簇状柱形图和三维簇状柱形图（适合比较各个类别的值）、堆积柱状图和三维堆积柱状图（适合比较同类别各变量和不同类别变量总和差异）、百分比堆积柱状图和三维百分比堆积柱状图（适合展示同类别的每个变量的比例）、分组柱状图（在同一个轴上显示不同分组的各个分类）、双向柱状图（适合数据有负值的变量的比较）。

如图 3-3 所示，双向柱状图比较了 1989 年以来的 13 年中 5 个主要城市的平均房屋成本。总体而言，房价在 1990 年至 1995 年期间整体下跌，但大多数城市在 1996 年至 2002 年期间价格上涨。伦敦经历了 13 年期间房价的最大变化。

2. 注意事项

- 柱状图的局限在于它仅适用于中小规模的数据集，当数据较多时就不易分辨。一般而言，不要超过 10 个。
- 通常来说，柱状图的横轴是时间，用户习惯性认为存在时间趋势。如果遇到横轴不是时间的情况，建议用颜色区分每根柱子。

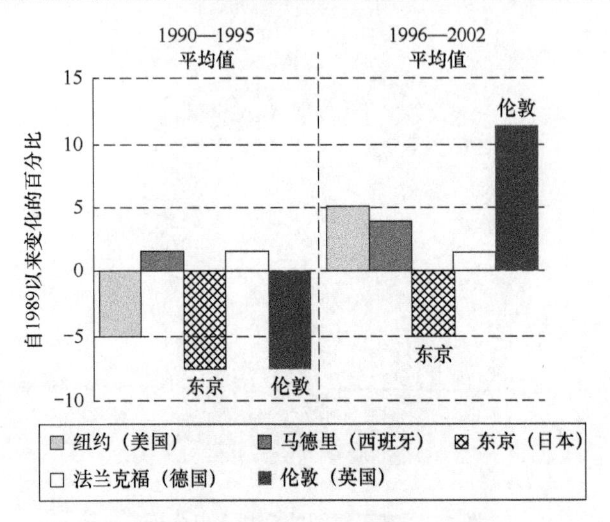

图 3-3　基于双向柱状图的 5 个城市平均房屋成本分析

3．适用场景

它适用于二维数据集，能够清晰地比较两个维度上的数据。柱状图利用柱子的高度来反映数据之间的差异，一般情况下用来反映分类项目之间的比较，也可以用来反映时间趋势。由于人的视觉对于高度之间的差异感知较敏感，因此对于二维数据之间的关系，效果很好。

例如，图 3-4 展示了 2011—2016 年手机端综合搜索的用户规模，用户规模每年都在明显上升，2016 年已经有接近 6 亿人在手机端使用搜索引擎。

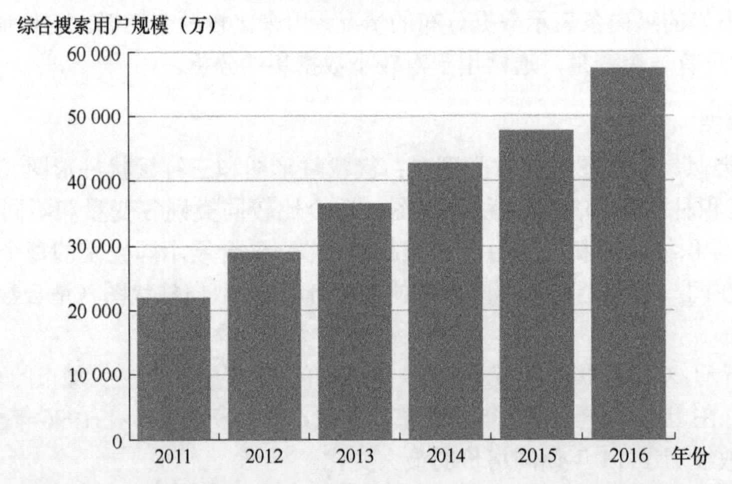

图 3-4　基于柱状图的 2011—2016 年手机端综合搜索用户规模分析

4．个性柱状图

柱状图除了使用垂直矩形的高度、数量等形式来展现数据之外，还可以用其他各种形状代替，以比较不同数值的大小。如图 3-5 所示，展示了 2016 年人口数量前五的省份的情况。

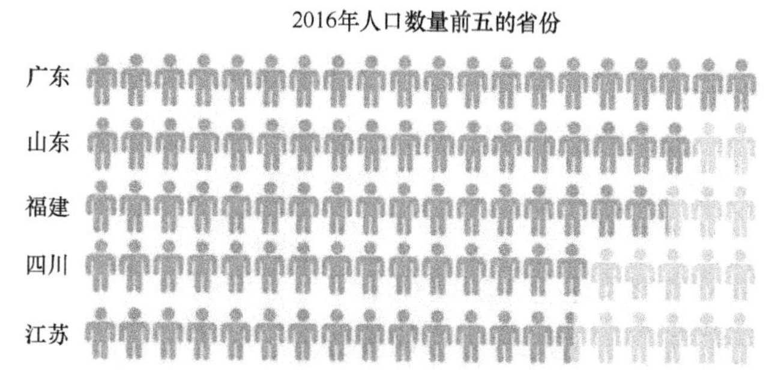

图 3-5　2016 年人口数量前五的省份

3.1.3　条形图

条形图（Bar Chart）往往用于显示各个项目之间的比较情况。排列在工作表的列或行中的数据可以绘制到条形图中。

1．基本类型

（1）簇状条形图和三维簇状条形图　它们适合比较多个类别的值，通常沿垂直轴组织类别，而沿水平轴组织数值。其中，三维簇状条形图以三维格式显示水平矩形，而不以三维格式显示数据。

（2）堆积条形图和三维堆积条形图　它们适合比较同类别各变量和不同类别变量的总和差异，即显示单个项目与整体之间的关系。

（3）百分比条形图和三维百分比条形图　此类图表适合比较各个类别的每一数值占总数值的百分比大小。

（4）双向条形图　它适合比较同类别的正反向数值之间的差异。

2．条形图和柱状图的区别

在各种统计图表中，条形图和柱状图在大数据分析中经常用到，条形图和柱状图用条或柱来显示数据，并且条或柱的长度与数据值成比例，两者都用于比较两个或者多个数据值。条形图和柱状图之间的区别在于：条形图面向水平方向，柱状图面向垂直方向。

3．注意事项

- 给条形加上色彩，可以获得更好的效果。例如，用条形图显示收入绩效能够提供丰富信息，但用层叠的色彩揭示盈利情况更能立刻带来洞见。
- 使用堆积条形或并排条形。把关联数据上下或左右并列显示能够深化分析，一次解决多个问题。
- 把条形图与地图相结合。把地图设置成具有筛选条件的功能，从而在单击不同地区时，条形图即可显示出来。
- 把条形放在轴的两侧。把正负数据点沿着连续轴标绘，是发现趋势的有效方式。

4．适用场景

（1）较长的数据标签　因为柱形图在类别轴上的空间有限，如果数据标签比较长，类别轴就可能看起来很凌乱。虽然可以将标签倾斜或者旋转来减少杂乱感，但是阅读起来仍然不是特别方便。而采用条形图时，相对而言，即使比较长的数据标签，也可以水平放置，既不凌乱也方便阅读。如图 3-6 所示，人们通过条形图可以快速发现当时美国选民对希拉里和特朗普的支持情况。

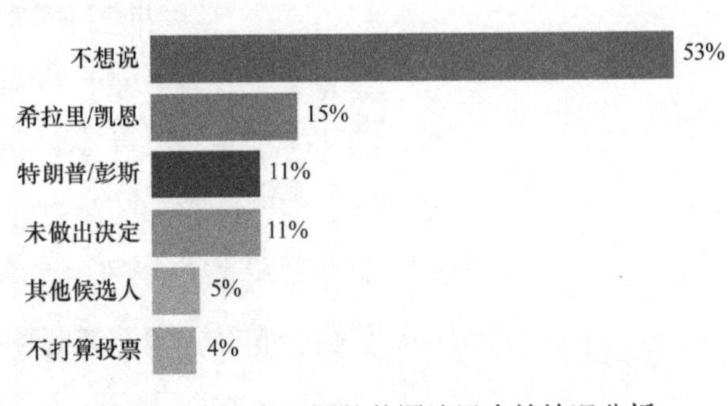

图 3-6　基于条形图的美国选民支持情况分析

（2）大量的数据集　对于 10 个左右的数据集，可以用柱状图显示，但是对于更大、更多的数量集，柱形图就无法满足要求。

3.1.4　散点图

散点图（Scatter Plot）一般用于发现各变量之间的关系，适用于存在大量数据点，而且结果更精准的场景。散点图通常也用于回归分析中，表示数据点在直角坐标系平面上，因变量随自变量而变化的大致趋势。散点图将序列显示为一组点，通常用于比较跨类别的聚合数据，用两组数据构成多个坐标点，考察坐标点的分布，判断两个变量之间是否存在某种关联或总结坐标点的分布模式。简单而言，散点图通过数据点在 X-Y 面上的位置来展现两个维度的变量。当一个个数据点形成一个整体的时候，变量的相关性就此显现。

散点图的值由点在图表中的位置表示，类别由图表中的不同标记表示。如果散点图中的点散布在从右上角到左下角的区域，表示两个变量有正相关关系。还有一些变量呈负相关，这时的点散布在从左上角到右下角的区域内。

1. 基本类型

（1）散点图矩阵　当同时考察多个变量间的相关关系时，若一一绘制它们间的简单散点图将十分麻烦。此时可利用散点图矩阵来同时绘制各组变量间的散点图，这样可以快速发现多个变量间的主要相关性，这一点在进行多元线性回归时会显得尤为重要（见图 3-7）。

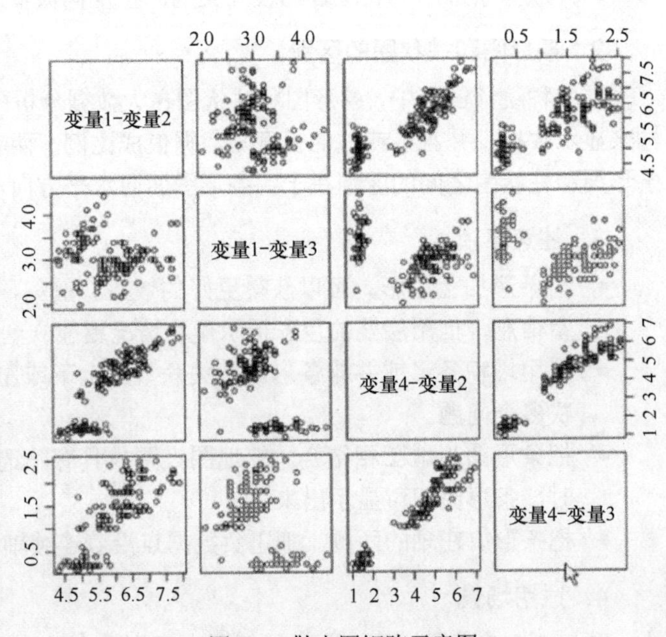

图 3-7　散点图矩阵示意图

（2）三维散点图　在散点图矩阵中虽然可以同时观察多个变量间的联系，但是两两观察时，有可能漏掉一些重要的信息。三维散点图就是在由三个变量确定的三维空间中研究变量之间的关系，由于同时考虑了三个变量，常常可以发现在二维图形中发现不到的信息。

2．注意事项

- 如果数据集中包含非常多的点（如几千个点），那么散点图便是最佳的图表类型。如果点状图中显示多个序列且看上去非常混乱，在这种情况下，应避免使用点状图，而应考虑使用折线图。
- 一般情况下，散点图以圆圈显示数据点，如果有多个序列，可考虑将不同序列表示为方形、三角形、菱形或其他形状。
- Y 轴应始于 0 值，否则就会压缩可视化的值（见图 3-8）。
- 可以引入更多变量，用散点大小和颜色对变量进行编码。
- 适当使用辅助线，可以更清晰地展现相关性。但是，辅助线也不宜太多，否则就会影响理解。

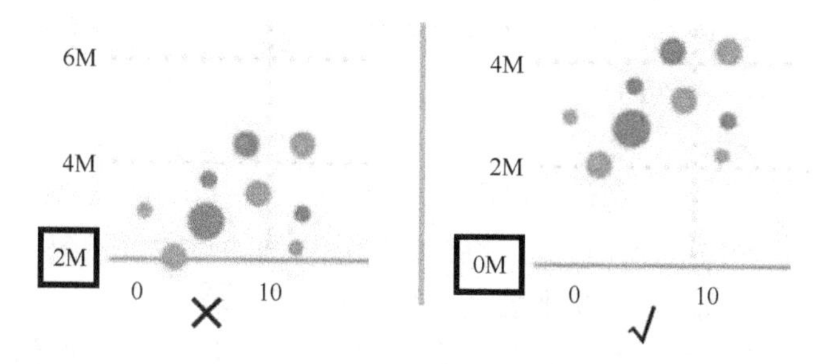

图 3-8　散点图绘制对比示意图

3．适用场景

散点图通常用于显示和比较数值，可以用来绘制函数曲线，从简单的三角函数、指数函数、对数函数到更复杂的混合型函数，都可以利用它快速准确地绘制出曲线，所以在教学和科学计算中会经常用到。

散点图适用于三维数据但其中只有两个维度需要比较的情况，以便展示其关系，以显示数据的趋势。当存在大量数据点时，散点图的作用尤为明显。

散点图中包含的数据越多，比较的效果就越好。例如，对于展现肺活量和自由潜水深度、地震震级和地震持续时间、收益和投入等关系，散点图都比较适合。

3.1.5　折线图

折线图（Line Chart）用于展示数据随时间（或其他有序系列）波动情况的变化趋势。在折线图中，数据是递增还是递减、增减的速率、增减的规律（周期性、螺旋性等）、峰值等特征都可以清晰地反映出来。所以，折线图常用来分析数据随时间的变化趋势，也可用来分析多组数据随时间变化的相互作用和相互影响。例如，可用来分析某类商品或是某几类相关商品随时间变化的销售情况，从而进一步预测未来的销售情况。在折线图中，水平轴（X 轴）一般用来表示时间的推移，而垂直轴（Y 轴）代表不同时刻的数据的大小。

最早的折线图很可能出现在一本手稿《黄道带的周期》（*De cursu per zodiacum*）的附录

里，只是发明者已无法考证。尽管如此，饼图和柱形图的发明者 William Playfair 还是将折线图发扬光大。William Playfair 在其著作《商业与政治图解集》（*Commercial and Political Atlas*）中首次使用折线图来表示国家的进出口量差别。

1. 基本类型

折线图分为普通折线图和带数据标记的折线图两类。普通的折线图用于显示随时间或其他有序系列发生的变化。折线图尤其适合有很多数据点并且它们的显示顺序很重要的情况。如果有很多数据类别或者数值是近似的，则应该使用不带数据标记的折线图。

2. 注意事项

- 有一个零基线：虽然有的折线图数据不一定始于零，但是零起点还是应该要有的。如果数据中的细小波动需要呈现，再进行 Y 轴刻度的删减也不迟。
- 直接将图例标注在折线附近：比起单独的图例，直接在折线旁边展现数据名称更为直白易懂（尤其是在折线比较多的情况下，直接标注有助于读者直接阅读）。
- 合理展现数据：数据点应占显示平面的 2/3 以上。
- 给折线下方区域涂上阴影：如果有两个或两个以上的折线图，在各自折线的下方涂上阴影，构成分区图，可便于看图人了解占比。
- 折线图与条形图相结合：例如，将给定股票日销售量的条形图与相应股票价格的折线图相结合，能够提供可视化组合，便于进一步考察。
- 折线太多时需要更换为其他图形：例如，当 X 轴有多于 5 个项目时推荐使用折线图，当不足 5 个项目时可以使用柱图；在一组折线图中，如果折线超过了 4 条，由于折线之间有重复的部分所以会看不清楚，那么可以拆分成两组折线图。

3. 适用场景

折线图适用于二维大数据集，尤其是那些趋势比单个数据点值更重要的场合。它还适用于多个二维数据集的比较，当存在许多数据点并且顺序很重要时，能够按时间（年、月、日）或类别显示趋势。例如，一个公司的销售部门想分析一下某月前 20 天的销售额和销售利润的变化趋势，根据变化趋势来制定下一步策略，则可以采用折线图。

图 3-9 所示为某网站在过去一周访问量的波动情况，从中可以看到数据和趋势（周五的晚上达到最高）。

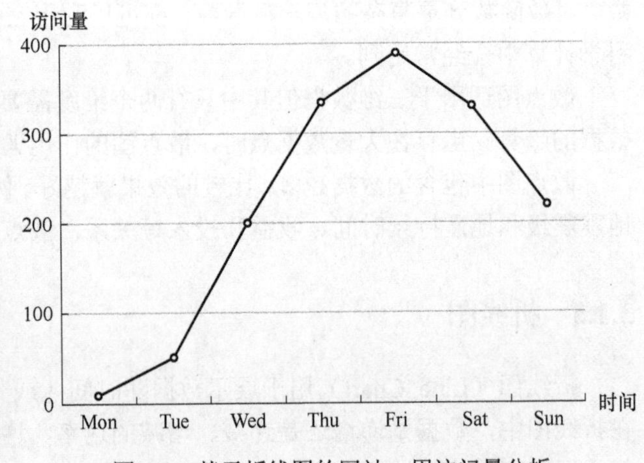

图 3-9　基于折线图的网站一周访问量分析

3.1.6　地图

地图就是依据一定的数学法则，使用地图语言、颜色、文字注记等，表达地球（或其他天体）上各种事物的空间分布、组合、联系、数量和质量特征及其在时间中的发展变化状态而绘制出的图形。

1. 基本类型

具体种类包括：气泡地图（用气泡大小展现数据量大小）、点状地图（用描点展现数据在区域内的分布情况）、轨迹地图（展现运动轨迹）和地理信息系统（Geographic Information System，GIS）地图（更精准的经纬度地图，需要有经纬度数据，可以精确到乡镇等小粒度的区域）

2. 注意事项

- 地图必须遵循一定的数学法则，能够准确地反映客观实体在位置、属性等要素之间的关系。
- 数据必须经过科学概括，缩小了的地图不可能容纳地面所有的现象。
- 地图必须具有完整的符号系统。地球上具有数量极其庞大的数据，包括自然与社会经济现象的地理信息。只有采用完整的符号系统，才能准确地表达各种现象。
- 可以与其他类型图表、图形结合。把地图与其他相关资料结合，然后将其用作筛选条件，可以更加深入地探查数据。

3. 适用场景

一切和空间属性有关的分析都可以用到地图，也就是说，想要展示事物的空间分布状态、其互相之间的联系以及其数量和质量特征，都可以用地图。地图可以让读者很直观地看清某个地区某些要素的具体的分布情况，适合展现呈面状但属分散分布的数据，比如人口密度等、各地区销量或者某商业区域店铺密集度等。

地图局限在于：数据分布和地理区域大小的不对称。通常，大量数据会集中在地理区域范围小的人口密集区，容易造成用户对数据的误解。

如图 3-10 所示是英国脱欧公投时各地投票率分析，颜色越深表示投票率越高，圆圈画出的是英国的主要城市。这张地图说明：小地方的投票意愿比大城市的强烈。

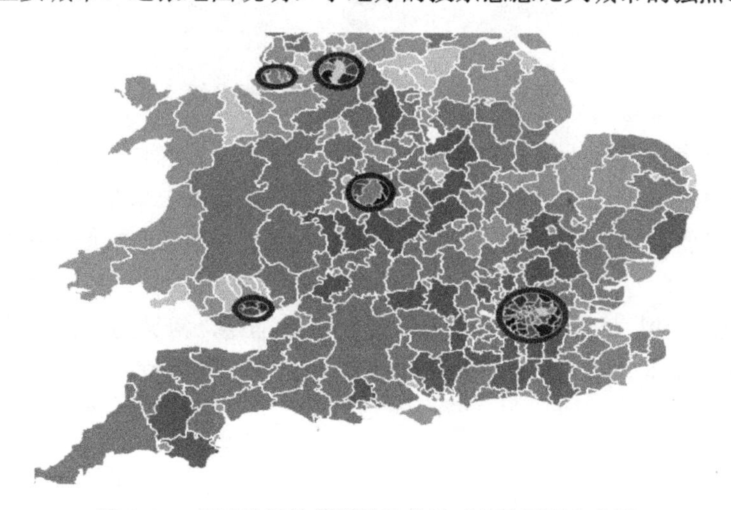

图 3-10　基于地图的英国脱欧公投时各地投票率分析

3.2 数据可视化的传统图表

3.2.1 雷达图

雷达图（Radar Chart）又被称为网络图、蜘蛛图、极坐标图或者星图。雷达图的每一条从中心开始的轴，都代表了一个变量，所有的轴都以等角等距的方式径向排列。相邻的轴通过网格线连接，组成多个多边形或者圆形（如图 3-11 所示）。它将多个系列的数据值映射到坐标轴上，以对比某项目不同属性的特点。雷达图擅长通过数据点围成的多边形形状，展示异常数值或者类别的综合表现。

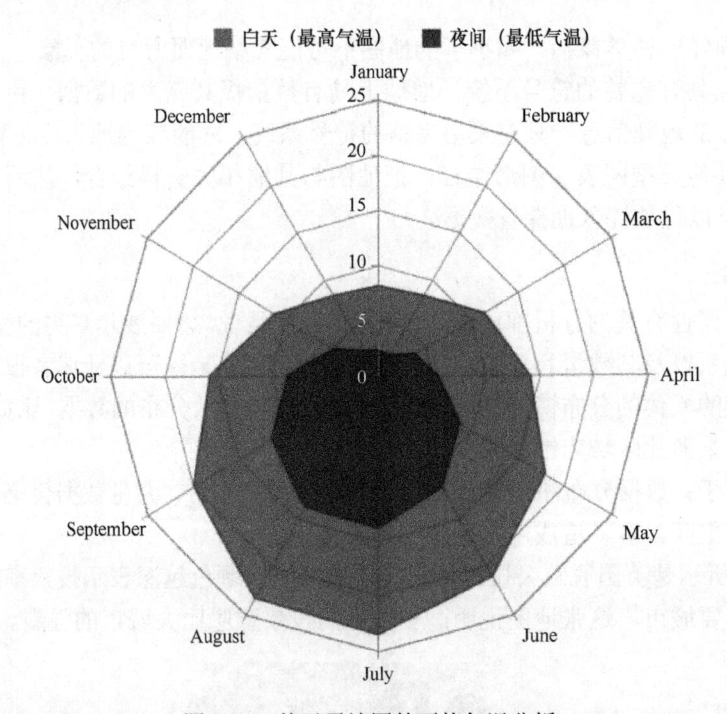

图 3-11 基于雷达图的平均气温分析

早期的雷达图是财务分析报表的一种。使用者想要一目了然地了解公司各项财务指标的变动情况以及好坏趋向，那么就会将比较重要的项目的数据集中画在一个圆形的图表上，即绘制成雷达图。从雷达图中，人们可以看出指标的实际值与参考值的偏离程度，从而为分析者提供有益的信息。

随着计算机的发展，雷达图已经不是原始的手工描绘，常见的办公软件等都已经可以自动生成雷达图，如微软的 Office、金山的 WPS 等。常见的大数据分析工具的图库里通常都有雷达图。

1. 基本类型

雷达图主要分为三种类型：标准雷达图、堆叠雷达图（Stacked Area Radar Chart）、百分比堆叠雷达图（Percent Stacked Area Radar Chart）。

（1）标准雷达图　当需要比较三个或三个以上参数，或是它们的综合情况时，标准雷达图就派上用场了。标准雷达图的各个轴表示各变量的值，把各变量的具体值所在的点连起来形成多边形。这类雷达图的使用非常普遍，既可以用于查看哪些变量具有相似的值，也可以寻找具有异常值的变量。

（2）堆叠雷达图　堆叠雷达图的原理与堆叠面积图相似，某一变量的值并非与纵坐标完全对应，而是通过同一轴上数据点之间的相对距离来表达的。根据多边形凸起的状况，堆叠雷达图不仅能展示出变量整体的变化，还能展示每个值与整体之间的关系。

（3）百分比堆叠雷达图　百分比堆叠雷达图与百分比堆叠面积图相似，用于展现每个类别的占比与整体的关系。

2．注意事项

- 类别与变量不适宜过多：在类别过多的情况下，多个多边形会增加雷达图阅读的难度，图形容易显得混乱，顶层的多边形会覆盖其他多边形，即使运用不同透明度来处理也很难克服。另一方面，变量过多会表现为轴的数量过多，数据点难以区分。这种情况下，建议用折线图进行数据可视化。
- 变量的排序不容轻视：除了按照时间排序外，在大多数情况下，雷达图的轴排序是没有意义的。但是由于多边形的面积和形状会根据轴的排序发生很大变化，所以为了避免产生视觉上的错误引导，变量的排序不能轻视。
- 注意变量的单位：由于每个轴可以代表不同的变量，所以每个轴所代表的变量单位可以不同。在这种情况下，跨轴比较是没有意义的，数据只能进行同轴比较。

3．适用场景

雷达图适用于多维数据（四维以上），且每个维度必须可以排序。但是，它有一个局限，如果分类过多或变量过多，会比较混乱。一般来说，雷达图适合的数据点最多为6个，否则无法辨别，因此适用场合有限。

前面的图3-11就展示了一年中某地的平均气温信息，浅色代表了白天的平均最高气温，深色代表了夜间的平均最低气温。12条轴分别代表了12个月份，轴上刻度的间距为5。人们不仅可以清晰地看到平均最高（低）气温的变化，还能比较出每个月最高与最低气温的差值。

3.2.2　面积图

面积图（Area Chart），又称区域图。将工作表的数据绘制到面积图中，可以强调数量随时间而变化的程度，也可用于引起人们对总值趋势的注意。通过显示所绘制的值的总和，面积图还可以显示部分与整体的关系。

如图3-12所示，它表达的是从1～6月两种产品的销量变化情况。通过面积图，可以很清楚地看到两种产品的销量变化以及对比情况。

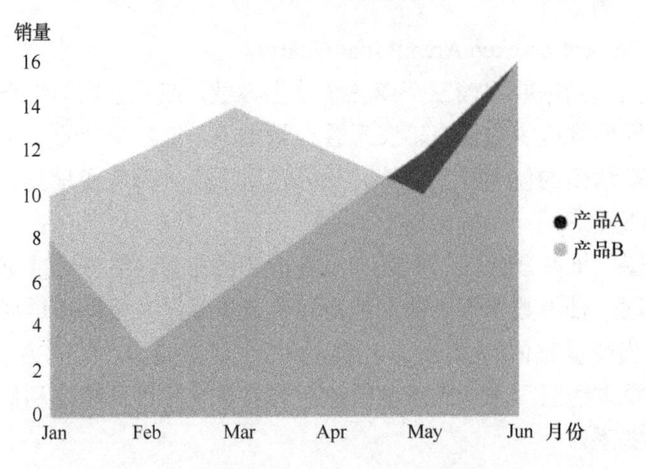

图 3-12　基于面积图的 1～6 月产品销量分析

1. 基本类型

（1）二维面积图　它用面积展示各种数值随时间或类别变化的趋势。

（2）堆积面积图　它显示每个数值所占大小随时间或类别变化的趋势，可强调某个类别交于系列轴上的数值的趋势线，适用于比较同类别各变量和不同类别变量总和之间的差异。

（3）百分比堆积面积图　它显示每个数值所占百分比随时间或类别变化的趋势，可强调每个系列的比例趋势线，适用于比较同类别的各个变量的比例差异。

（4）三维簇状面积图　它以三维形式显示各种数值随时间或类别变化的趋势。

（5）三维堆积面积图　它以三维形式显示每个数值所占大小随时间或类别变化的趋势。

（6）三维百分比堆积面积图　它以三维形式显示每个数值所占百分比随时间或类别变化的趋势。

2. 注意事项

面积图在可视化制作中越来越受欢迎，但如果没有合理的设计，它们表达的信息将很难传达出来，更别说被理解了。为了使数据表达能更加清晰，在设计面积图的时候，要确保以下几点：

- 使用透明色：在标准面积图中，要把数据的极大值和极小值都展现出来，必须确保数据在背景中不被遮挡，所以在数据顺序上要深思熟虑并且使用透明色。
- 纵坐标从 0 开始：在设计面积图的时候，要注意从纵轴的 0 刻度开始可视化设计。
- 对比类别的数量不要太多：为了更好地突出重点，对比的类别不宜太多，否则重点不突出，降低了易读性。区域最好不超过三片。
- 分类的间距应对等。
- 尽量不使用三维面积图。

3. 适用场景

面积图看上去就像层层叠叠的山脉，错落有致，常用于表达时序特征。

面积图和折线图都能描述时间序列，但与折线图不同的是，面积图中带有颜色的面积也可以进行量的表达，这种“面”的表达比“线”的表达更有感染力。

3.2.3　漏斗图

漏斗图（Funnel Chart）是一种直观表现业务流程中转化情况的图表形式，用梯形面积表示某个环节业务量与上一环节业务量之间的差异。漏斗图总是开始于一个 100%的数量，结束于一个较小的数量，在开始和结束之间包含着多个流程环节，各个环节存在着逻辑上的顺序关系。每个环节通常用一个梯形来表示，梯形的上底宽度表示当前环节的输入情况，梯形的下底宽度表示当前环节的输出情况，上底与下底之间的差值形象地表现了当前环节的“损耗”。一些漏斗底部还增加了“颈”，但底部的矩形除了美观并没有实际意义，不影响数据的表达。

漏斗图是对业务流程最直观的一种表现形式，通过漏斗图可以很快发现业务流程中存在的问题。在测试和改进后，漏斗图也可以很直观地说明业务流程的改进效果。

1．注意事项

（1）选择呈现有逻辑顺序的数据系列　无序的类别或者没有流程关系的变量，不适合使用漏斗图。因此，在表示无逻辑顺序的分类数据对比时，应该避免使用漏斗图，而是使用柱状图。同样，漏斗图也不适合表示占比情况，如果要表示占比情况，应使用饼图。

（2）保证数据量的正确呈现　由于漏斗图侧重于体现数据的转化过程，因此漏斗图中所有环节的流量都应是可以相互比较的，应使用同一个度量，即梯形底边长度来表示。如果梯形的高度也在改变，就会影响图表的可读性（也有特殊情况）。

（3）添加合适的标签或图例　给不同的环节标以不同的颜色，可以帮助用户更好地区分各个环节之间的差异。实际上，漏斗图呈现的数据并不一定总是递减的，比如在某个环节可能会出现数据的反弹或激增，这种“异常”的漏斗图是存在的，然而如果依然保持梯形高度一致，就会发现漏斗图变得不再像个“漏斗”了（见图 3-13 的左图）。

对于这种特殊的情况，可以通过增添适当的其他表达因素及标签来改善。比如用高度表示数据量大小，并在每个梯形的中部标注数值标签，以表示数值和梯形高度的关联（见图 3-13 的右图）。

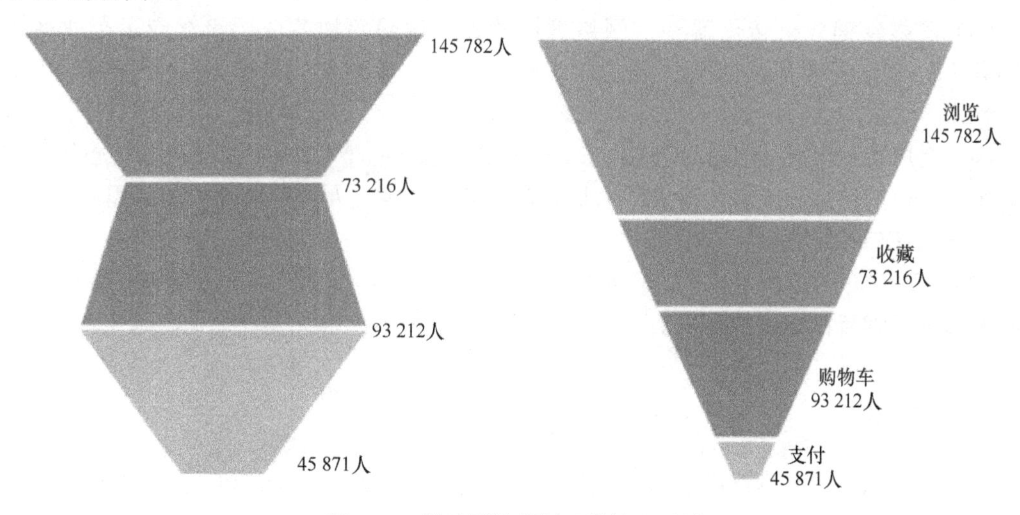

图 3-13　漏斗图的特例及其处理示例

2．适用场景

漏斗图适用于分析在时间或逻辑上存在顺序关系的多个业务环节，通过各环节业务数据的比较，能够直观地发现和说明问题所在。漏斗图还可以用来展示各步骤的顺序和转化率。几种典型应用场景如下：

（1）网站流量分析漏斗　在漏斗图的诸多应用场景中，最常见的就是网站流量漏斗。在网站流量分析中，漏斗图可以清楚显示用户访问的一系列步骤以及每一步的完成率，便于产品运营部门跟踪每一个页面或步骤的转换率。如图 3-14 所示，通过此图，人们可以将这几个环节转化过程中的每一步骤都监控到，不仅可以掌握每一环节的具体情况，还可以把握住整体的情况，寻找问题，从而将数据转化为业务价值。

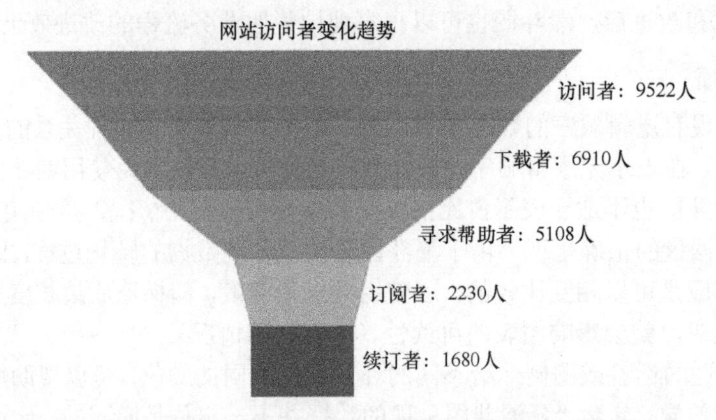

图 3-14　基于漏斗图的网站流量分析

（2）销售效果分析漏斗　销售效果分析漏斗可用于展示销售流程中每个环节的成功数量以及潜在损失。销售业务可分为拿到客户名单、建立客户联系，确认客户需求、立项、客户下单和回款等各个阶段。销售漏斗可以展示从商机（也有称为“成交机会”）到订单的转化率，从而确定当前销售流程中的瓶颈，帮助销售人员更加专注于薄弱环节。

（3）网络营销效果转化漏斗　网络营销效果转化漏斗的各个层级对应了企业网络营销的各个环节，反映了从展现、点击、访问、咨询，直到生成订单过程中的客户数量及流失情况。

（4）客户关系管理（Customer Relationship Management，CRM）漏斗　其核心作用在于了解企业客户的状态以及各阶段客户占比，有利于部门相关人员管理客户生命周期，实现客户的差异化管理和服务。

（5）招聘漏斗　招聘工作的过程数据可以用漏斗图进行分析，从而清晰地展示随着招聘流程的推进招聘目标完成的情况。

3.2.4　气泡图

气泡图可以看作是升级版的散点图。散点图通常用于表示一个二维数值，即用散点所在的 X、Y 坐标值表示数据的两个属性值；而气泡图在此基础上还可以多表现一个属性值，第三个属性值通过气泡数据点的大小来表现。

1．注意事项

- 确保标签清晰可见：所有标签都应该清晰明了，并容易识别出相应的气泡。
- 气泡大小适当：基于人类的视觉系统，应根据面积而不是直径来调整气泡。
- 不使用奇怪的形状：应避免添加过多的细节或使用不规则的形状，这可能会导致表达效果不准确。

2．适用场景

- 如果有三个数据系列，并且每个数据系列都包含一组值，那么就可以使用气泡图来代替散点图。本质上而言，气泡图是散点图的一种变体，用每个气泡的面积大小反映第三维。图 3-15 显示的是“卡特里娜”飓风的路径，三个维度分别为经度、纬度、强度。气泡的面积越大，代表台风强度越大。因为受众不善于判断面积大小，所以气泡图只适合不要求精确辨识第三维属性值的场合。

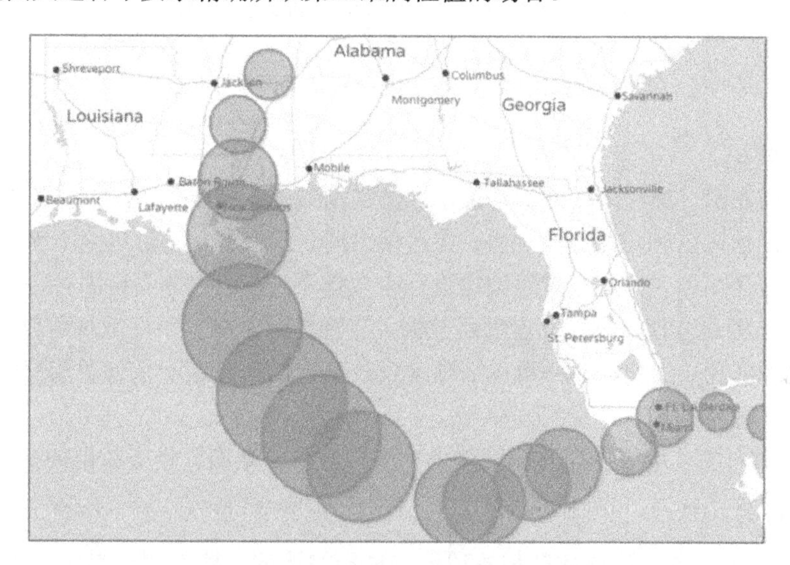

图 3-15　“卡特里娜”飓风的路径气泡图

3.2.5　瀑布图

瀑布图（Waterfall Plot）是由麦肯锡顾问公司所独创的图表类型，因为形似瀑布流水而得名。瀑布图具有自上而下的流畅效果，也可以称为阶梯图（Cascade Chart）或桥图（Bridge Chart）。这种图表采用绝对值与相对值结合的方式，展示各成分的分布构成情况。例如，展示某公司支出组成、某国家的收入组成等，都可以用组成瀑布图。如图 3-16 所示的瀑布图展示了 2018 年大年初一我国电影单日票房的组成。

瀑布图虽然看起来有点像隐藏了部分柱身的柱状图（在部分软件中确实是通过建立堆叠柱状图和辅助列的方式制作瀑布图），但是两者绝不只是外观上的差异。瀑布图通过巧妙的设置，使图表中数据的排列形状（称为浮动列）看似瀑布悬空，从而反映数据在不同时期或受不同因素影响的程度及结果，还可以直观反映出数据的增减变化。

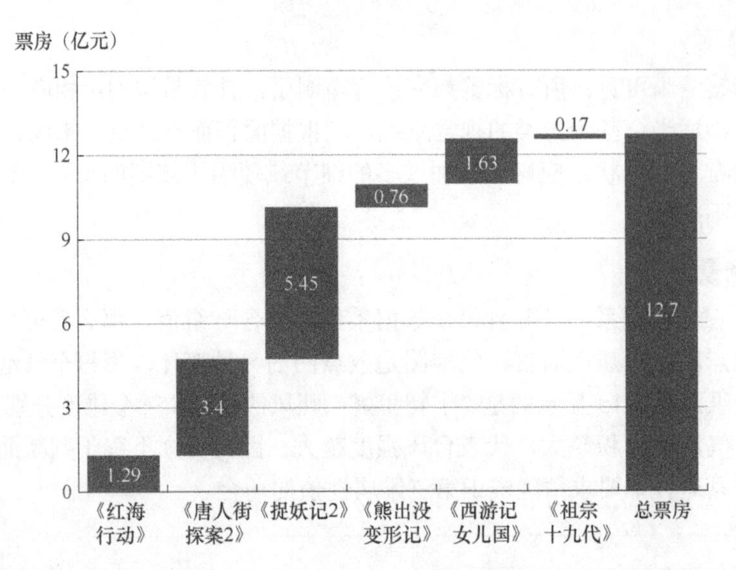

图 3-16　基于瀑布图的 2018 年大年初一我国电影单日票房的构成分析

1．基本类型

（1）组成瀑布图　这种瀑布图适合展示总分结构或序列变化。在体现总分结构的功能方面，组成瀑布图比饼图和树图更具优势。在运用饼图时，由于人眼对角度不够敏感，当各部分数据之间差异不大时，读者很难对数据进行有效排序。在运用分类树图时，数据量难以表示。而组成瀑布图通过柱体垂直高度展示数据，直观易辨，可以很好地规避以上的缺点。

（2）变化瀑布图　变化瀑布图可以清晰地反映某项数据经过一系列增减变化后，最终成为另一项数据的过程。

（3）堆叠瀑布图　堆叠瀑布图在变化瀑布图的基础上增加了各子数据的变化过程。

2．适用场景

瀑布图适合用于表达各项数据与各项数据总和的比例，或者用于显示各项数据间的比较。在实际的应用场景中，瀑布图常用于经营情况分析，解释从一个数字到另一个数字的变化过程。比如评估公司利润、比较产品收益、突出显示项目的预算变更、分析一段时间内的库存或销售情况、显示一段时间内产品价值变化等。

瀑布图适合于表达数个特定数值之间的数量变化关系，但是，如果各类别数据差别太大，则难以比较。

3.2.6　南丁格尔玫瑰图

南丁格尔玫瑰图（Nightingale Rose Diagram），简称玫瑰图，又名鸡冠花图（Coxcomb Chart）或极坐标区域图（Polar Area Diagram）。此图由世界上第一位真正意义上的女护士——弗罗伦斯・南丁格尔发明。如图 3-17 所示，这个玫瑰图展示了某商店销售的多种商品的销售额和利润情况。

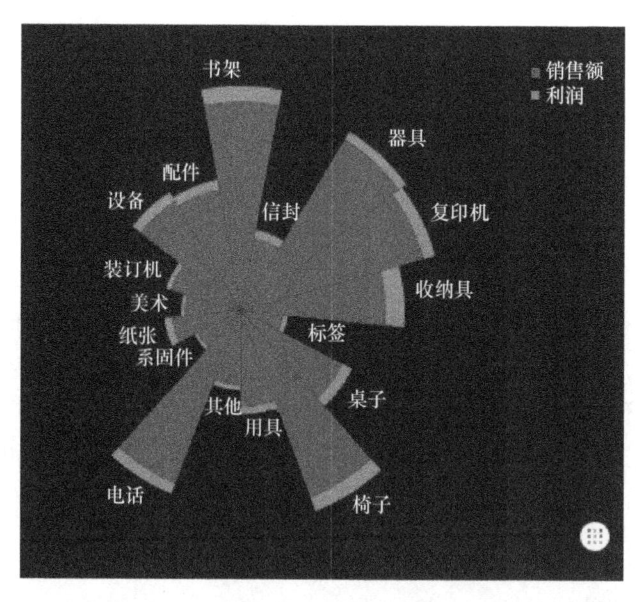

图 3-17　基于南丁格尔玫瑰图的各类产品销售额/利润分析

南丁格尔玫瑰图是将柱状图转化为更美观的饼图形式，它是极坐标化的柱状图。不同于饼图用角度表现数值或占比，南丁格尔玫瑰图使用扇形的半径来表示数据的大小，各扇形的角度则保持一致。

对照饼图，由于半径和面积是二次方的关系，南丁格尔玫瑰图会将数据的比例大小夸大，尤其适合对比大小相近的数值。对照柱状图，由于圆形是封闭图形，所以玫瑰图也适用于表示一个周期内的时间概念，比如星期、月份。

1. 注意事项

（1）适合展示类别比较多的数据　通过堆叠，玫瑰图可以展示大量的数据。对于类别过少的数据，则不太合适。在类别较少的情况下，可以使用扇形玫瑰图，不仅节省一定空间，还会使图表更加和谐漂亮。

（2）展示分类数据的数值差异不宜过大　在玫瑰图中，数值差异过大的分类会非常难以观察，图表整体也会很不协调。这种情况推荐使用条形图。

（3）将数据做排序处理　如果想要比较数据的大小，可以事先将数据进行升序或降序处理，避免当数据类别较多或数据间差异较小时不相邻的数据难以精确比较。为数据添加数值标签也是一种解决办法，但是在数据较多时难以达到较好的效果。

（4）层叠玫瑰图要慎用　像层叠柱状图一样，层叠玫瑰图也面临相同的问题，即堆叠的数据起始位置不同，如果差距不大则难以直接进行比较。

2. 适用场景

南丁格尔玫瑰图可在一个图表中集中反映多个维度方面的百分比构成数据，具有幅面小、信息量大、形式新颖、吸引注意力等优点。它适合商业杂志、财经报刊等媒体做信息图表用。

3.2.7 马赛克图

马赛克图（Mosaic Plot），也叫作不等宽柱状图 （Marimekko Chart），是一种用于展示不同分类的多变量数据大小的图表。根据不同变量，矩形方块会被填充不同的颜色，以区分数据。马赛克图强大的地方在于它能够很好地展示出两个或者多个分类型变量的关系。

1．基本原理

马赛克图在根据不同分类把矩形分割成柱时，就已经按照分类数据的数值比例进行了分割。如图 3-18 所示，数据分为 A、B 两类，其中 A 类占了 60%，B 类占了 40%。因此，A 类和 B 类的柱宽是不同的。根据变量——灰色和黑色，马赛克图对 A 类的柱子进行再分割，变量的数值体现在柱高上。因此，“灰色（30%）”的含义是，在占总体 60%的 A 类中，灰色占 A 类的 30%。

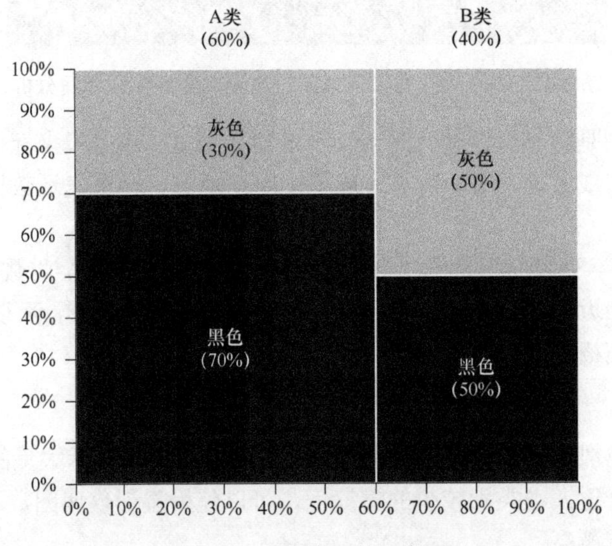

图 3-18 马赛克图的示意图

可视化爱好者制作了马赛克图的拆分过程，使得人们很容易理解马赛克图的作图原理。如图 3-19 所示，一个整体的矩形代表了所调查的 113 个人；根据不同分类，即发色，把这个矩形拆分成等高不等宽的若干小矩形；再根据另一变量，即眼睛颜色，把矩形拆分成等宽不等高的若干小矩形。最左上角的小矩形就代表了黑发、绿眼的人在所有人中的比例。

2．适用场景

马赛克图和堆叠柱状图、矩形树图的数据一样，含有层级关系。如果数据可以用列联表进行整理，则一般都可以考虑使用马赛克图。

如图 3-20 所示，是根据某机构列出的“一生要听的 1000 首歌”的歌曲数据描绘的马赛克图，数据主要有年份（year）和主题（themes）两个变量。横轴为年份[⊖]，从 1910s—2000s。

⊖ 在年份后加“s”，表示年代。如 1910s，表示 20 世纪 10 年代。

纵轴为主题（Heartbreak、Love，等）。在观察某一项数据所占的比重的时候，要比较它在横纵轴上的比例。比如在 1910s—1950s 之间，“people and place”这一主题所占的比例是最高的，但是就所有年份来说 1910s—1950s 这段时间的歌曲所占的比例很低，而 1960s 和 1970s 的歌曲所占的比例相对较高。

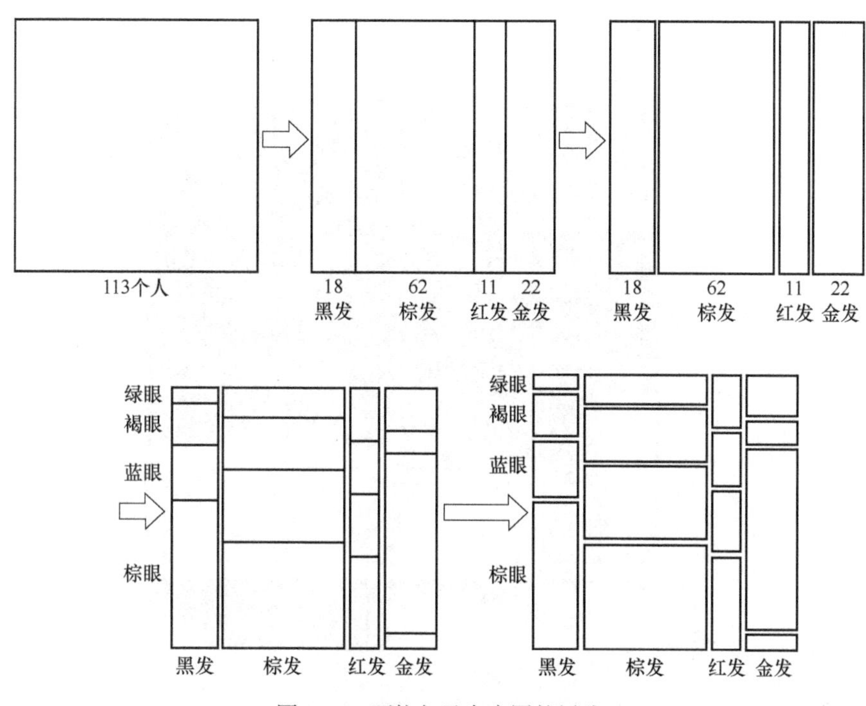

图 3-19　不均匀马赛克图的拆分

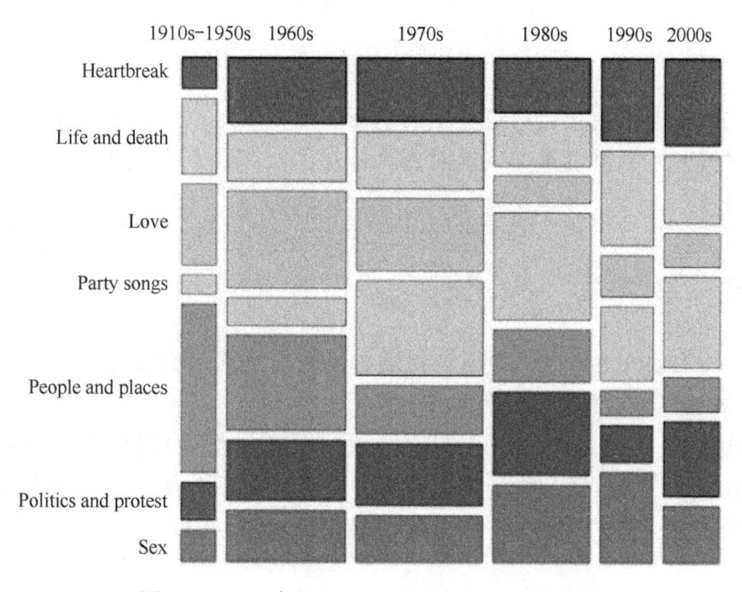

图 3-20　“一生要听的 1000 首歌”的马赛克图

如图 3-21 所示是泰坦尼克号幸存者的马赛克图。设计师首先通过“性别”对乘客进行了划分：下方对应的是女性，上方对应的是男性，可以看出泰坦尼克号上约 1/4 为女性，3/4 为男性；随后引入了“舱位”这个变量，从左至右依次为一等舱、二等舱、三等舱和船员；最后，“是否幸存”这一变量用不同的颜色表示：浅色为幸存，深色为未能幸存。明白这个逻辑后，图 3-21 就非常容易看懂：头等舱的女性具有最高的生存概率，总体而言约有 1/3 的乘客幸存（图中浅灰色区域所占比例）。

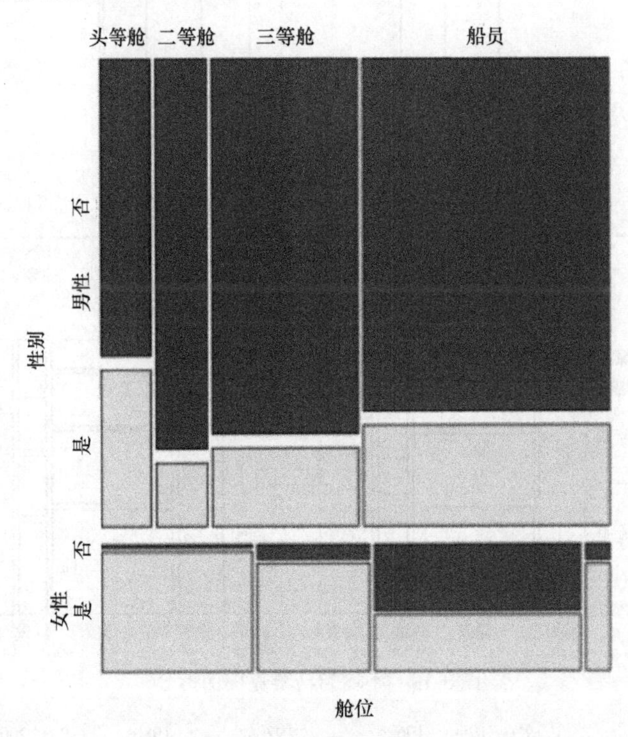

图 3-21　泰坦尼克号幸存者的马赛克图

通过以上的例子也能看出，马赛克图的主要缺点在于难以阅读和理解。当含有较多分类数据和变量的时候，人们也很难准确地对每个矩形的宽和高进行比较。所以，马赛克图较为适合提供数据概览。

3.2.8　树状图

树状图（Tree Diagram）也称为树枝状图，是枚举法的一种表达方式。它以数据树为图形表现形式，以父子层次结构来表示亲缘关系。

树状图主要是把分类总单位摆在图上的树枝顶部，然后根据需要，从总单位中分出几个单支，而这些分支又可以作为独立的单位，继续向下分类，以此类推。从树状图中，我们可以很清晰地看出分支和总单位之间的部分和整体的关系，以及这些分支之间的相互关系。

如果要处理的数据之间存在整体和部分的关系，在数据量很大的情况下，要想看清每个部分的具体情况，那么采用树状图会是一个很好的选择。

拿企业来说，每个公司都有属于自己的用户，为了使自己的产品可以更好地满足用户需要，可以将用户的角色、身份等资料导入分析，从而定位产品走向。

比如，想知道使用某个产品的用户集中在哪些省市并且显示各年龄的人数。如果只以简单的 Excel 列表形式来展示这些数据，显然不能明确用户的分布状况，只能做一个大致的了解。这就需要用树状图让其变得有章可循。如图 3-22 所示，总单位就是用户整体，即图中的总集，从用户这个大的概念分出用户省市的分支，将省市作为单独的总集来看，又可以分出不同的年龄，这样，不同省市的各年龄所对应的用户人数就可以很直观地看出来了。

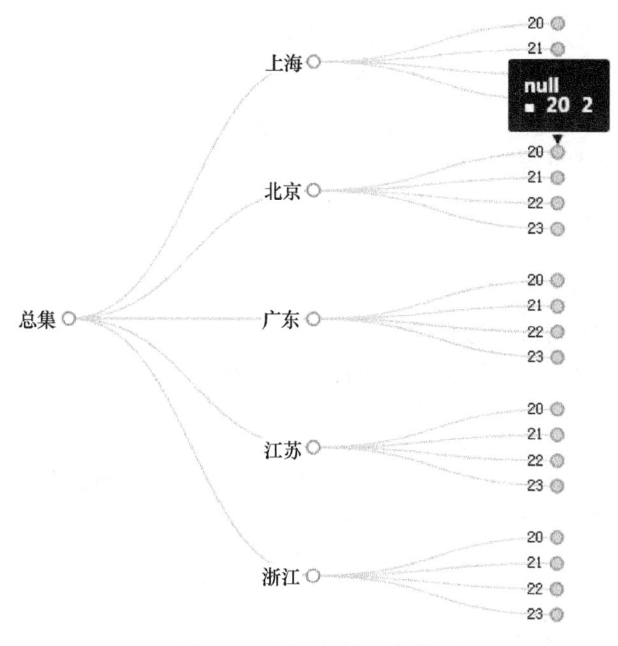

图 3-22　树状图的示意图

3.2.9　子弹图

子弹图（Bullet Graph）是一种将实际与目标完成情况做对比的图表，它的外形很像子弹射出后形成的轨道，所以叫作子弹图。子弹图在外表上有点类似条形图、柱状图，但是信息量比它们更多。

子弹图最初是由一位可视化专家 Stephen Few 开发的，他觉得仪表盘只能展示一个实际数值以及所处的范围，在有限的空间里，所能表达的信息量太少，空间利用率低。特别是对于“寸纸寸金”的纸媒来说，仪表盘非常不友好。所以，Stephen Few 就参考了柱状图，把仪表盘改良成现在的子弹图。

1．基本组成要素

在子弹图中，每一个条代表一个分类数据。相较于其他条形图，子弹图有独特的三大组成元素，如图 3-23 所示。

① 功能度量：展示主要数据值，为图表中间的条形。

② 比较度量：展示目标数据值，是一条与图表方向垂直的直线，用于与主要数据进行比较。

③ 分段颜色：用颜色表示等级，例如差、一般、良、优秀。一般情况下，等级不应超过 5 个。

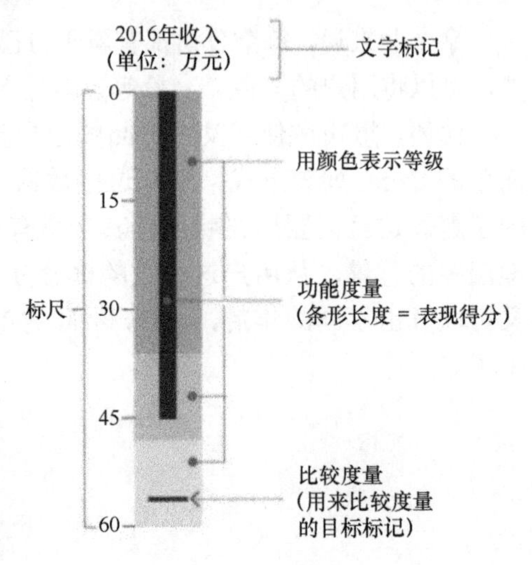

图 3-23　子弹图的组成

2．注意事项

- 子弹图能很好地表达正值和负值，例如收入和支出，既可以用正值来表示，也可以用负值来表示。
- 一般来说，子弹图中的每个分类数据都是独立的，拥有自己的标尺，突出的是自身的状况，不可以相互比较（这是子弹图和柱状图的最大不同）。
- 虽然同一个子弹图里的标尺是统一的，但是因为每个分类的表达目标是不一样的，所以尽管它们之间可以进行比较，但是意义不大。
- 当目标数据一致时，不同类的数据间就可以相互比较。

3．适用场景

子弹图是财务、销售等工作人员经常接触到的，无论是关键绩效指标（Key Performance Index，KPI）考核，还是公司的年收益，子弹图都能清晰地展示出实际情况是否达到销售目标、盈利目标。除此之外，子弹图还能用在别的领域，例如评估城市的交通状况。

通过子弹图，人们不仅可以看到实际数值的大小与等级，还能与目标值比较（是未达目标、达到目标，还是超过目标），如图 3-24 所示。

综上，子弹图无修饰的线性表达方式能够在狭小的空间中表达出丰富的数据信息，能更加合理地利用图表的空间。同时，子弹图通过优化设计还能表达多项同类数据的对比，让读者清楚地获知对比效果。

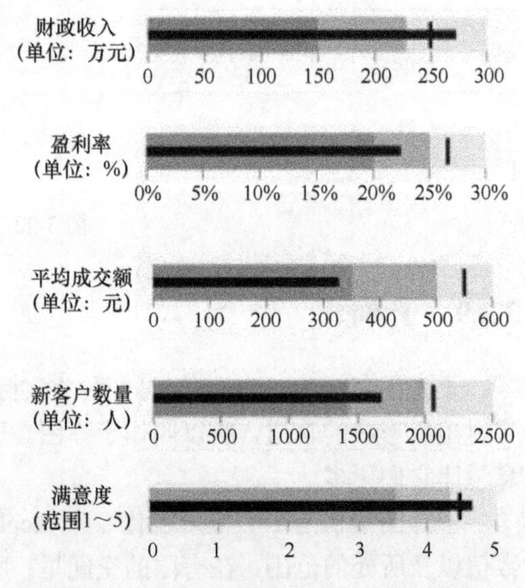

图 3-24　基于子弹图的年度企业 KPI 分析

3.2.10　甘特图

甘特图（Gantt Chart）又称为横道图、条状图（Bar Chart）。其内在思想简单：横轴表示时间，纵轴表示活动（项目），图中线条表示在整个任务期间计划和实际活动的完成情况。

它直观地表明任务计划在什么时候进行，以及实际进展与计划要求的对比情况。

1．发展历程

第一张类似甘特图的图表是在 19 世纪 90 年代中期由波兰工程师 Karol Adamiecki 设计的，他也是当时欧洲著名的管理研究员。Adamiecki 的相关作品用波兰语和俄语出版，在英语盛行、信息流通困难的年代鲜为人知。第一次世界大战期间，美国工程师和项目管理顾问亨利 • L.甘特（Henrry L. Gantt）设计了自己的版本，该图在西方国家广为流传，从而也最终由甘特的名字命名。

在工作效率和时间管理领域，甘特图绝对是元老级别的。但实际上，甘特图诞生之初并没有被用于项目管理和工作计划。在 20 世纪 20 年代，甘特图作为一种计划批量生产的生产规划工具而成熟，主要应用于生产管理系统。它将时间序列上的生产要求与各个项目部分连接起来，从而确定每日生产量。

甘特图的简单和易理解让其在战争年代非常受欢迎，然而纸质图表和生产计划板的不方便，也导致了信息处理的限制性，当时的人们在改进甘特图上遇到了困难，甘特图不适用于当时的大规模生产的复杂性。

20 世纪 60 年代，甘特图作为项目规划和管理的补充方法作用变得日益突出。随后，微型计算机和个人计算机的兴盛刺激了甘特图的复兴。随着不断的优化和资源的填充，甘特图的生命力依然旺盛，一直被企业沿用到今天。

2．适用场景

互联网时代，甘特图广泛应用于开发、设计、测试等工作的进度安排，个人也可以用它来管理课程计划等。

作为时间类数据可视化的利器，除了展示计划，甘特图作为一种控制工具，还可以帮助管理者发现实际进度偏离计划的情况。如图 3-25 所示，实际项目开始和结束的时间都有可能与计划出现偏差，因此可以采用并列式的线条来表示。

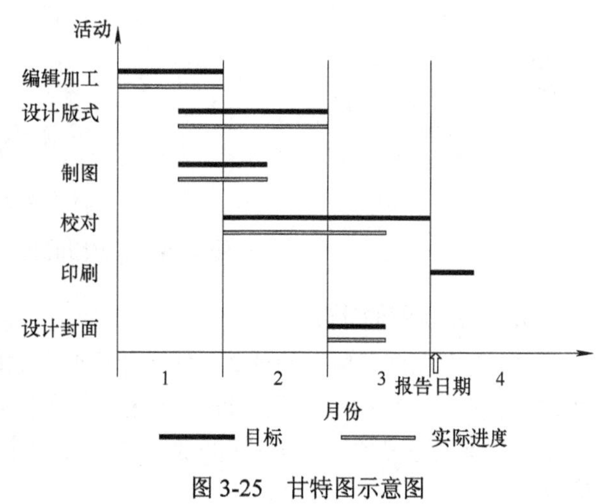

图 3-25　甘特图示意图

综上，甘特图侧重的是对整个项目进度的管理，对于项目管理中时间、成本和范围的控制具有局限性。因此，甘特图更适用于由少数活动组成的小型项目计划或大中型复杂项目计划的初期编制阶段。

3.2.11　直方图

直方图（Histogram）是一种在连续间隔或者特定时间段内将数据分布情况可视化的图表，经常被用在统计学领域。简单来说，直方图描述的是数据出现的频次，例如把年龄分成

“0～5，5～10，…，80～85”17 个组，统计一下 0～85 岁人口的年龄分布情况。直方图有助于人们知道数据的分布情况，直观地看到如众数与中位数的大致位置、数据是否存在缺口或者异常值（注：众数是指一组数据中出现次数最多的数据值，众数可能是一个数，也可能是多个数。中位数是指可将数值集合划分为相等的上下两部分的那个数值）。

1．发展历程

一般认为，直方图最早是由数理统计学家 Karl Pearson 引入的，1891 年他在文章“Contributions to the Mathematical Theory of Evolution II：Skew Variation in Homogeneous Material”中，运用直方图展示了均质材料中的偏差。随后，他也统计了欧洲 250 位君主的在位时间，以每 3 年为一个区间，发现在位时间在 9～12 年的君主数量最多（众数）。除此之外，没有人的在位时间是在 51～54 年，整体来说，在位时间长的君主很少。

2．基本类型

根据数据分布状况不同，直方图展示的数据有不同的模式，包括对称单峰、偏左单峰、偏右单峰、双峰、对称多峰以及多峰（见图 3-26）。

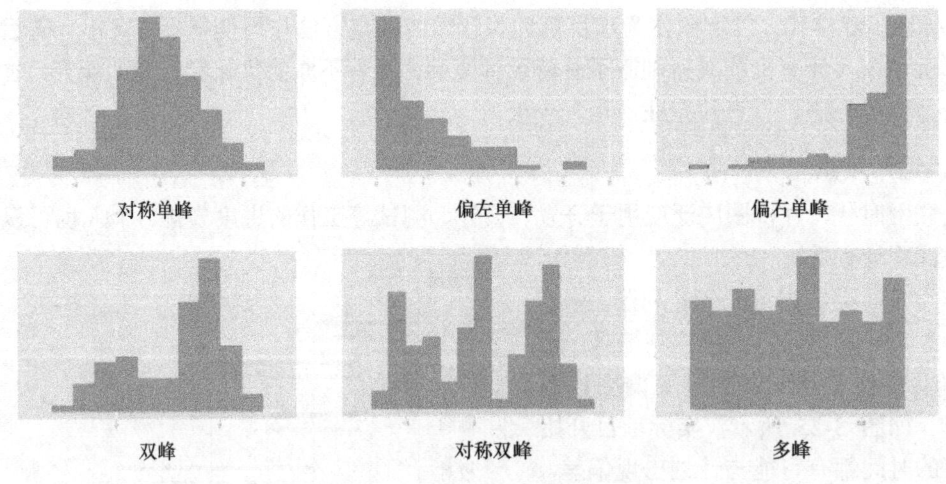

图 3-26　直方图的基本类型示意图

3．与柱状图的比较

（1）直方图展示数据的分布，柱状图比较数据的大小　这是直方图与柱状图最根本的区别。举个例子，有 10 个苹果，每个苹果的重量不同。如果使用直方图，就展示了重量在 0～100g 的苹果有多少个，100～200g 的苹果有多少个；如果使用柱状图，则展示每个苹果的具体重量。

所以直方图展示的是一组数据中，在所划分的区间里，这些数据的出现频率，但是人们不知道在一个区间里，单个数据的具体大小。图 3-27 展现了游客在博物馆的游览时间，其中，将近 40%的游客仅逗留了 0～10min。但是无法知道在这些游客中，每个人具体的游览时间是多少。而在柱状图里，人们能看到的是每个数据的大小，并且可以进行比较。例如，图 3-28 所示比较了在 12 种展览中参观者的平均参观时间。

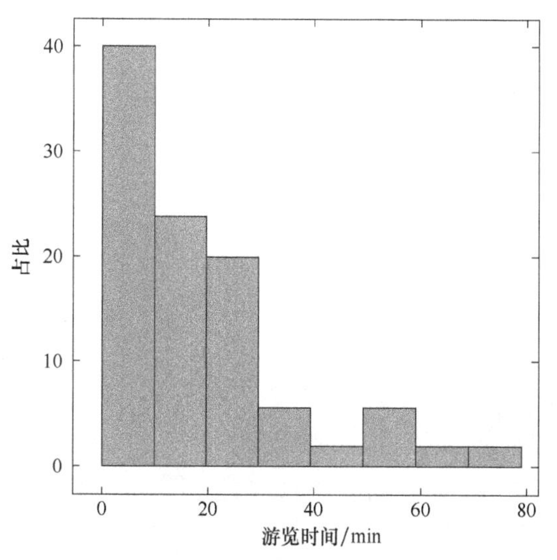

图 3-27　基于直方图的游客参观时间分析

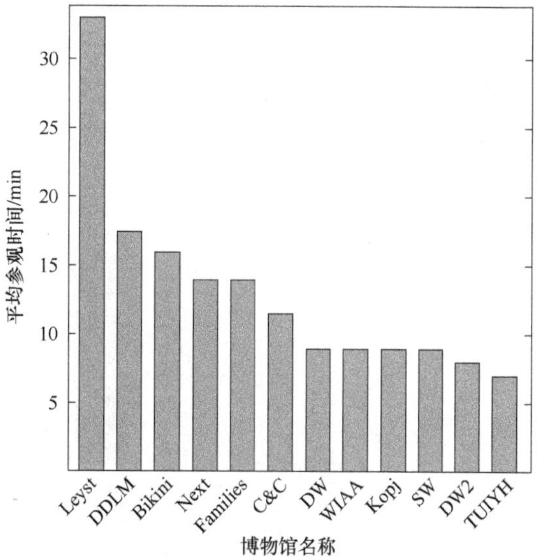

图 3-28　基于柱状图的参观者参观时间分析

（2）直方图的 X 轴为定量数据，柱状图的 X 轴为分类数据　图表的原理就决定了 X 轴在直方图与柱状图中的用法是不一样的。在直方图中，X 轴被分为一个个区间，这些区间通常表现为数字（见图 3-29 左图），例如代表苹果重量的“100～150g，150～200g，…”。而在柱状图中，X 轴上的变量是一个个分类数据，如不同的国家名称（见图 3-29 右图）。

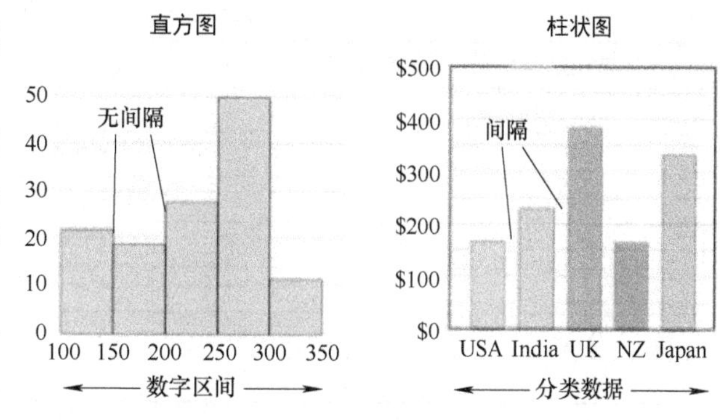

图 3-29　直方图与柱状图对比分析

可以说，直方图上的每根柱子都是不可移动的，X 轴上的区间是连续的、固定的。而柱状图上的每根柱子是可以随意排序的，有的情况下需要按照分类数据的名称排列，有的情况下则需要按照数值的大小排列。

（3）直方图柱子无间隔，柱状图柱子有间隔　因为直方图中的区间是连续的，因此柱子之间不存在间隔；而柱状图的柱子之间是存在间隔的。还有一个值得注意的地方，在直方图中，第一根柱子应该和 Y 轴有一定的间隔，即使都是从“0”这个值开始的，因为 X 轴与 Y 轴上“0”的意义不同；而且很多直方图上的区间并不是从 0 开始的（见图 3-30）。

（4）直方图柱子宽度可不一，柱状图柱子宽度须一致　柱状图柱子的宽度因为没有数值含义，所以宽度必须一致。但是在直方图中，柱子的宽度代表了区间的长度，根据区间的不同，柱子的宽度可以不同，但理论上应为单位长度的倍数。

例如，美国人口普查局调查了 12.4 亿人的上班通勤时间（见表 3-1），由于通勤时间在 45～150min 的人数太少，因此区间不再像其他区间那样以 5min 为组距，而是改为 45～60min、60～90min、90～150min 几个大区间。

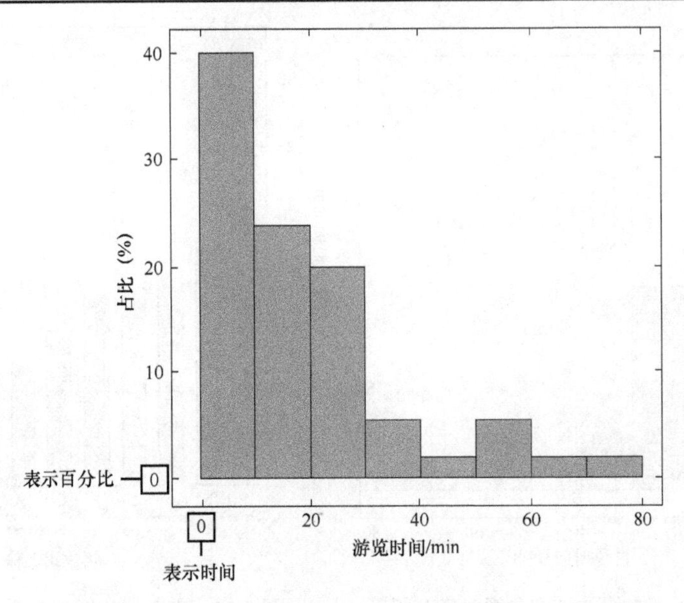

图 3-30　直方图坐标轴起点示意图

表 3-1　12.4 亿人的上班通勤时间分布一览表

区间起点	区间终点	组距	人数（万人）	人数/组距（万人/min）
0	5	5	4180	836
5	10	5	13 687	2737
10	15	5	18 618	3723
15	20	5	19 634	3926
20	25	5	17 981	3596
25	30	5	7190	1438
30	35	5	16 369	3273
35	40	5	3212	642
40	45	5	4122	824
45	60	15	9200	613
60	90	30	6461	215
90	150	60	3435	57

如图 3-31 所示，可以看到，Y 轴的数据就是表 3-1 中的“人数/组距”，每个柱子的面积相加就等于调查的总人数，于是柱子的面积就有了意义。

4．注意事项

（1）注意组距　组距会影响直方图呈现出来的数据分布，因此在绘制直方图的时候需要多次尝试改变组距。

（2）X 轴上为左闭右开区间　一般来说，X 轴上的区间遵循“左闭右开”的原则，即在一个“$a \sim b$”的区间里，数据 x 应满足“$a \leqslant x < b$”。

（3）注意 Y 轴所代表的变量　Y 轴上的变量可以是频次（数据出现了多少次）、频率（频次/总次数）、频率/组距，不同的变量会让直方图描述的数据分布意义不同。

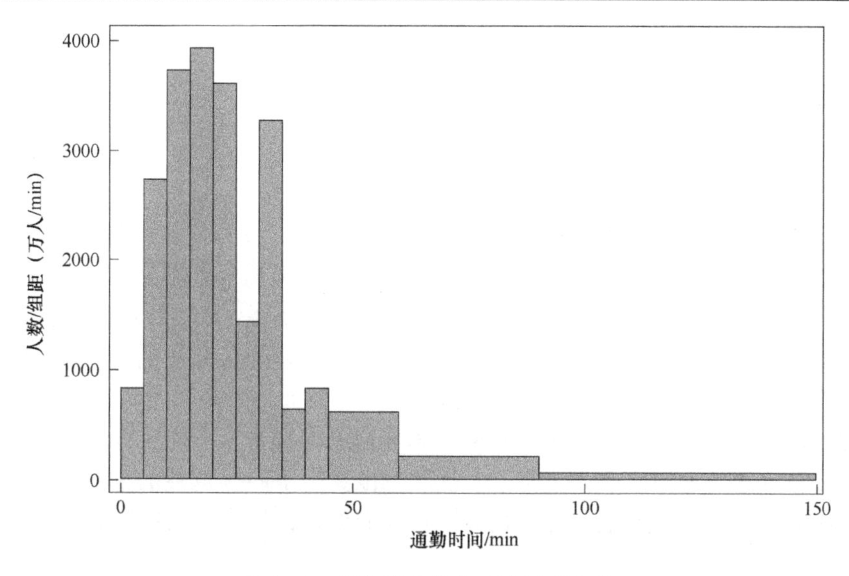

图 3-31　基于直方图的通勤时间分析

3.2.12　箱线图

箱线图（Box-Plot）又称为盒须图、盒式图或箱形图，是一种用作显示一组数据分散情况的统计图，因形状如箱子而得名。1977 年，美国著名数学家 John W. Tukey 首先在他的著作《探索性数据分析》（*Exploratory Data Analysis*）中介绍了箱线图。箱线图最初是为科研工作量身打造的，在诸多论文中都可以看到箱线图的使用。它主要用于反映原始数据分布的特征，还可以进行多组数据分布特征的比较，常用于质量管理。

1．基本结构

在箱线图中，箱子的中间有一条线，代表了数据的中位数。箱子的上下底，分别是数据的上四分位数（也叫第三四分位数）和下四分位数（也叫第一四分位数）（注：下四分位数是最小值与中位数之间的数据的中位数，上四分位数是最大值与中位数之间的数据的中位数）。上下边界则代表了该组数据的最大值和最小值。有时候箱子外部会有一些点，可以理解为数据中的“异常值”（见图 3-32）。

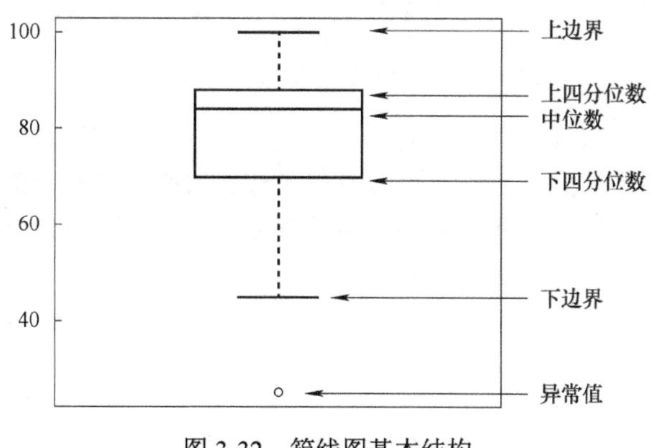

图 3-32　箱线图基本结构

箱线图的绘制方法是：先找出一组数据的最大值、最小值、上四分位数、中位数、下四分位数；然后，连接两个四分位数画出箱子；再将最大值和最小值与箱子相连接，并画出中位数线。

2．基本功能

箱线图包含的元素虽然有点复杂，但也正因为如此，它拥有许多独特的功能：

（1）直观明了地识别数据中的异常值　箱线图可以用来观察数据整体的分布情况，利用中位数、下四分位数、上四分位数、上边界、下边界等统计量来描述数据的整体分布情况。通过计算这些统计量，生成一个箱体图，箱体包含了大部分的正常数据，而在箱体上边界和下边界之外的，就是异常数据。

（2）判断数据的偏态和尾重　对于标准正态分布的大样本，中位数位于上下四分位数的中央，箱线图的方盒关于中位数线对称。中位数越偏离上下四分位数的中心位置，分布的偏态性越强。异常值集中在较大值一侧，则分布呈现右偏态；异常值集中在较小值一侧，则分布呈现左偏态。

（3）比较多批数据的形状　箱体的上下底，分别是数据的上四分位数和下四分位数，这意味着箱体包含了50%的数据。因此，箱子的高度在一定程度上反映了数据的波动程度。箱体越扁说明数据越集中，端线（也就是"须"）越短也说明数据集中。

3．适用场景

箱线图更多用于多组数据的比较，相对直方图不仅节省了空间，还可以展示出许多直方图不能展示的信息。目前，箱线图常用于质量管理、人事测评、探索性数据分析等统计分析活动，分析不同学年、不同科目的学生成绩也是箱线图的常见应用场景。例如，图3-33中，可以看到产品B的质量明显较好，而产品C的质量完好率大部分在80%以下。

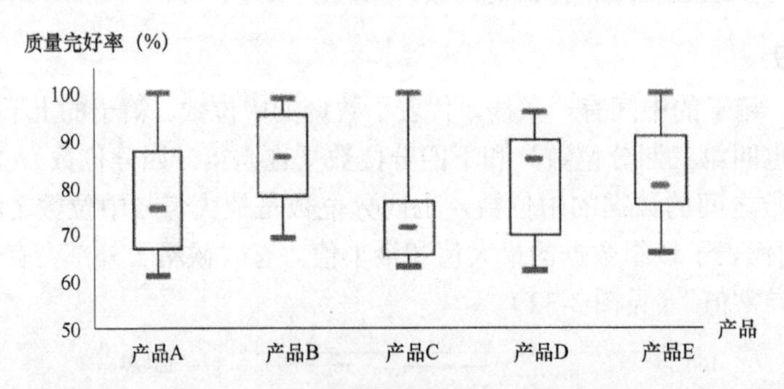

图3-33　基于箱线图的产品质量分析

有时候，箱体被压得很扁，甚至只剩下一条线，同时还存在着很多异常值。这些情况的出现，有两个常见的原因：第一，样本数据中存在特别大或者特别小的异常值，这种离群的表现，导致箱体整体被压缩，反而凸显出来这些异常；第二，样本数据特别少，因此箱体受单个数据的影响被放大了。

3.2.13　韦恩图

韦恩图（Venn Diagram），也叫文氏图、维恩图、范氏图，是用于显示集合重叠区域的关系图表，常用于数学、统计学、逻辑学等领域。通过图形与图形（通常是圆形或者椭圆形）之间的重叠，韦恩图表示集合与集合之间的相交关系，或者是不同集合交叉的可能性（见图 3-34）。

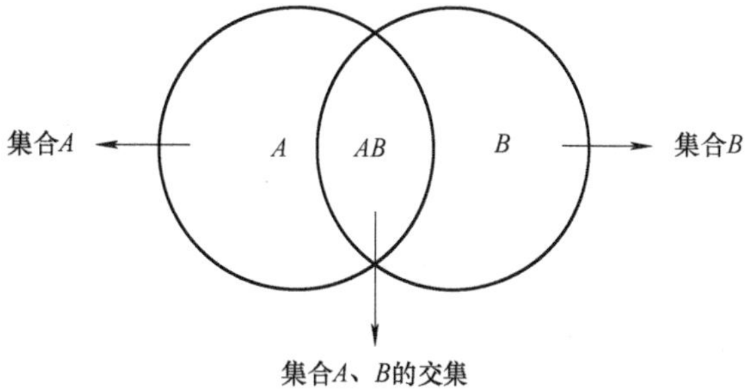

图 3-34　韦恩图的基本组成要素

1．发展历程

早在 13 世纪，哲学家和逻辑学家 Ramon Llull 就曾使用过类似韦恩图的图表。直到 18 世纪，瑞士数学家 Leonard Euler 发明了欧拉图（Euler Diagram）。欧拉图与韦恩图稍有不同，是韦恩图的前身。

又经过了 100 多年的发展，在 1880 年，英国逻辑学家约翰·韦恩（John Venn）在论文中详细阐述了欧拉图与韦恩图的区别，韦恩图正式出现。之后的学者在应用和阐述该图的时候，则用上“韦恩图”的名字。

2．基本类型

根据集合的数量，韦恩图可以分为多种类型。随着集合数量的增加，所展现出来的重叠部分也越多、越复杂（见图 3-35）。

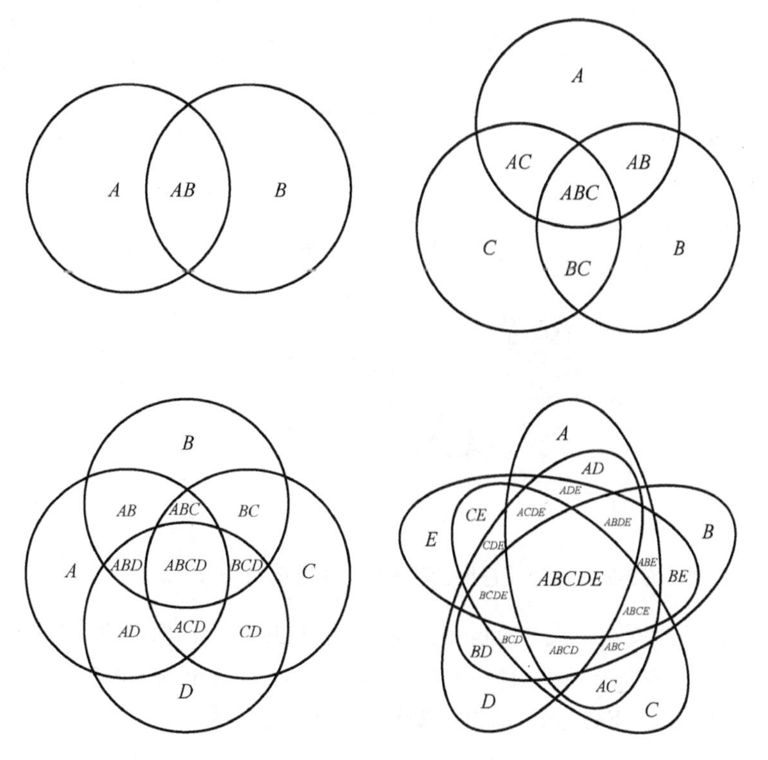

图 3-35　韦恩图的基本类型

3．注意事项

- 韦恩图在所能展示的集合数量上有一定的限制，一般来说，集合数量超过 5 个就会降低图表的易读性，读者难以看到重叠部分到底是有哪些集合。
- 韦恩图一般不会带有任何数据量，没有数据大小的含义。因此要注意，韦恩图只能作为关系的描述，而不太适宜进行数值的对比。

4．适用场景

韦恩图通过可视化集合的相交关系，帮助我们寻找集合的共同点和差异点。除了可以用来挖掘有趣的联系外，韦恩图还可以用在政治议题上。例如英国选民在大选的时候，总是觉得不同政党的主要政策大同小异。图 3-36 则利用四个矩形，展示了英国四个政党的主要政策，相交重叠的部分则是各政党间相同的政策主题。

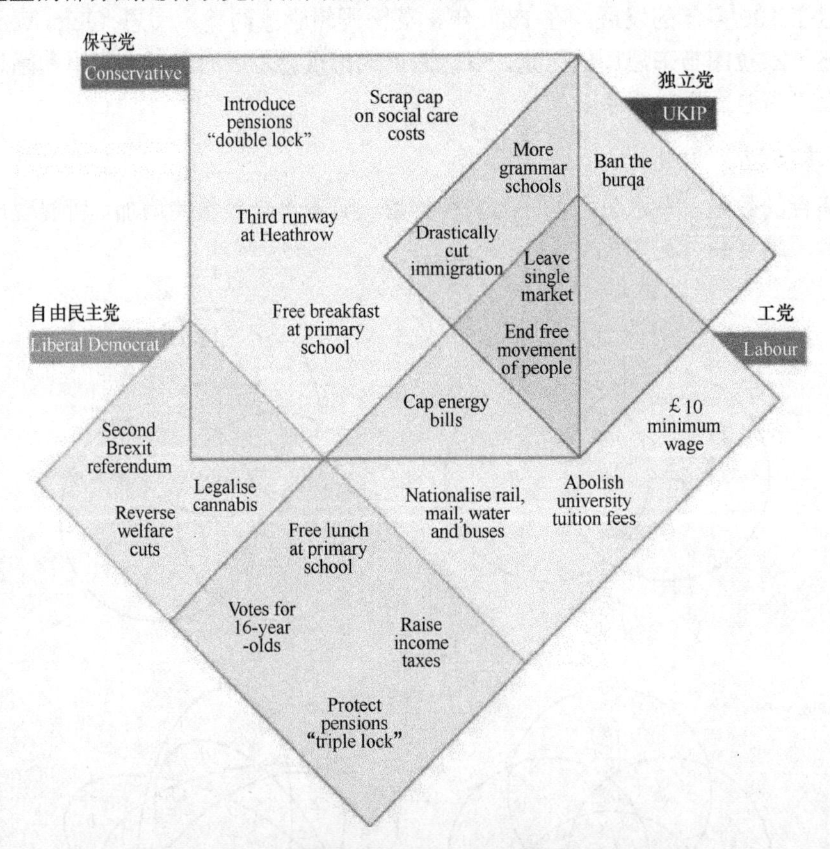

图 3-36　基于韦恩图的英国政党主要政策分析（2017）

可以清晰地看到，英国工党（Labour）、独立党（UKIP）和保守党（Conservative）的主要政策中都有“Leave Single market”和“End free movement of people”，而工党也有自己独有的政策，包括“Nationalise rail，mail，Water and buses”等。

虽然韦恩图的图形大小一般不代表数据大小，但有时也可以大致进行数值比较。2010 年，美国有超过 70 万患病的老年人居住在辅助医疗院。研究发现，住在医疗院的老年人大多患阿尔茨海默病、高血压和心脏病等慢性疾病，且有部分老年人所患疾病不止一种。

韦恩图就能很好地展示 7 种慢性病各自的占比，以及同时患有两种病的比例。如图 3-37 所示，既患阿尔茨海默病，又患高血压的就有 24%，是最常见的两种同时患有的疾病。根据不同的比例大小，集合圆圈的大小也不同。另外，交互设计能让我们主动探索不同慢性疾病之间的关系，也有利于医学者研究同时治疗两种慢性疾病的方案。

韦恩图如果运用在产品领域，则可以清楚地看到产品之间的共同点以及各自独有的优势。如果产品制作时间短、成本低，就有可能是低质量的；如果制作时间短、成本低、质量好，这样的产品则是最理想的（如图 3-38 所示）。

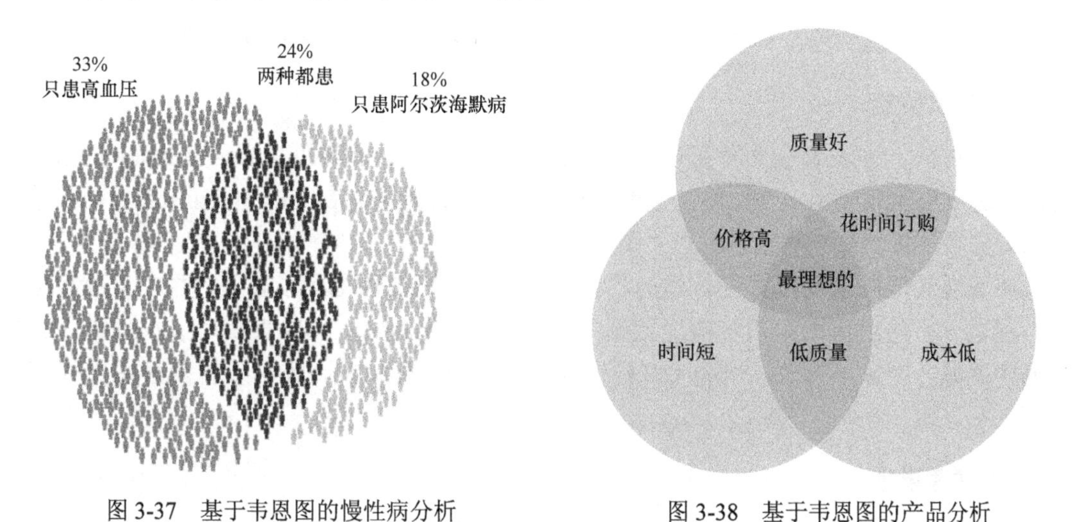

图 3-37　基于韦恩图的慢性病分析　　图 3-38　基于韦恩图的产品分析

3.2.14　复合图

复合图就是指以两个或两个以上的图表组合在一起来展现数据的图表类型。有些时候人们所掌握的数据包含的信息太多，只通过单一的图表不能很好地展现数据所表达的信息。如果在图表上既想表达数据的趋势，又想表现出数据间比较的效果，此时，就可以选择复合图。图 3-39 就复合使用了柱状图和折线图。

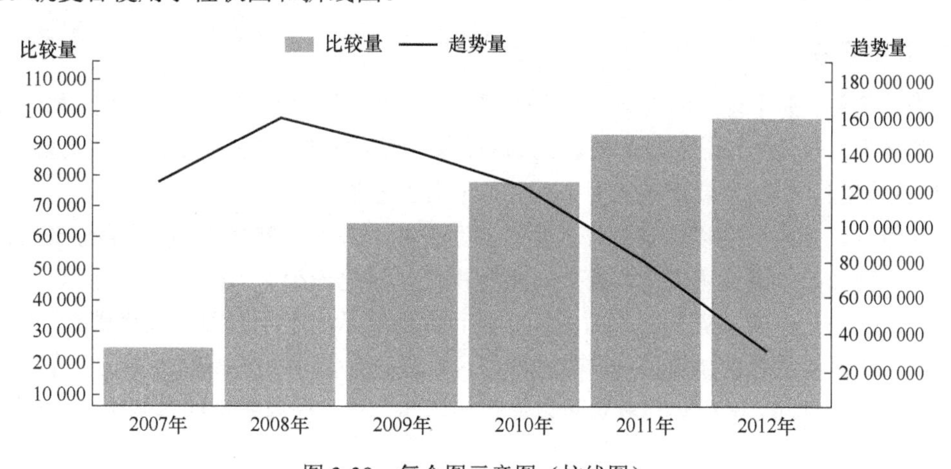

图 3-39　复合图示意图（柱线图）

3.3 数据可视化的新型图表

3.3.1 热力图

热力图（Heat Map）也可以称为热图、热量表（Heat Table）、密度表（Density Table），主要用于展示数据的分布情况。标准的热力图将两个连续数据分别映射到 X、Y 轴，第三个连续数据映射到颜色。一种形象的定义是，热力图是三维柱状图的俯视图。

1. 发展历史

“热力图”一词的诞生最早可以追溯到 1991 年，由软件设计师 Cormac Kinney 提出并注册，当时用来实时显示一个二维的金融市场的信息。1994 年，Leland Wilkinson 发明了第一个基于聚类分析的高分辨率彩色热力图。

随着现代地图学及数据统计学的不断发展，热力地图也得到了普及，并成为最常见的热力图之一。热力地图又叫等值线地图（Choropleth Maps），可以直观地显示测量值在整个地理区域（国家、省份、州、人口普查区等）内的变化情况，也可以显示区域内的变化程度。

2. 注意事项

- 应使用简单的地图轮廓，过宽的区域间隙会分散读者的注意力。
- 适当选择颜色，热力图通常用其专有的彩虹色系或渐变色，原则是符合读者的认知习惯。
- 谨慎使用样式，地图中过多的分类图案会分散读者的注意力，而且还会引起适得其反的效果，使区域分布情况变得杂乱模糊。
- 选择适当的数据范围，以便实现均匀的数据分布。必要情况可以使用符号“+”或“−”来扩展高低范围。

3. 适用场景

凭借着简单、易于理解的特点，热力图被不断普及。作为地理信息系统中某种现象聚集度的直观展示方式，热力图在城市规划、人口迁移、景区监控等方面起了越来越重要的作用，是位置大数据服务中的重要组成，对人们的衣食住行都有帮助。

一般而言，热力图是以特殊高亮的形式显示分析对象的“热度”，它通常有自己的颜色表达系统，例如，一般红色表示最密集、橙色次之、绿色最少。

例如，针对景点的人流量，热力图能非常直观地展示出不同时间段人流量的分布情况，景区可以由此设置最佳的游览路线。交管部门可以通过热力图评估不同区域的人车流量，以更好地布局交通设施。出租车驾驶员可以通过叫车热力图，提前到达叫车需求密集区域以等待接单（见图 3-40）。

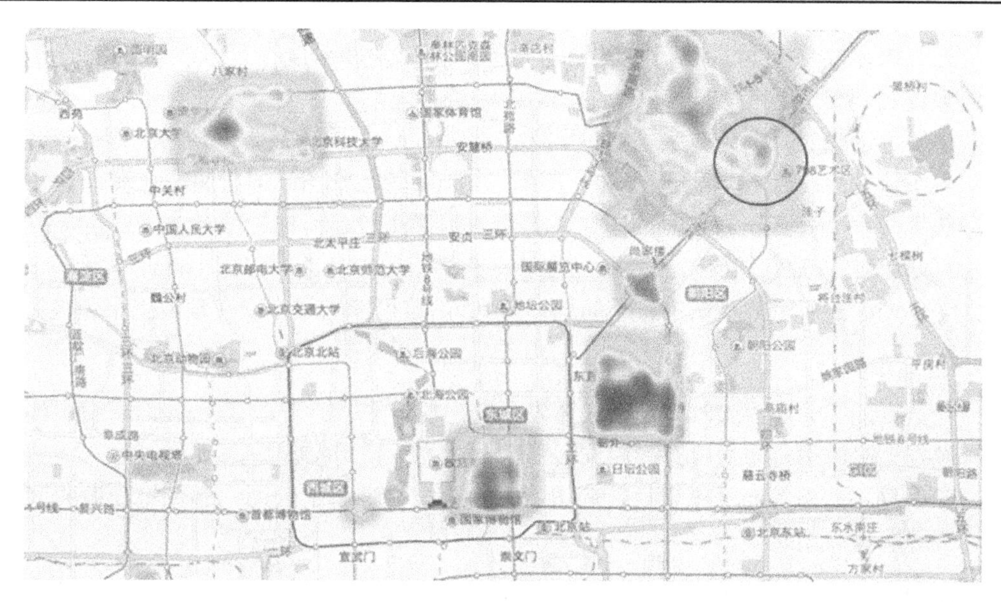

图 3-40　热力图的示意图

3.3.2　词云图

词云（Word Cloud），又称文字云、标签云（Tag Cloud）、关键词云（Keyword Cloud），它是文本数据的视觉表示，由词汇组成类似“云”的彩色图形。相对其他诸多用来显示数值数据的图表，词云图的独特之处在于可以展示大量文本数据。做词云图的方法是先将语料库分解成单独的词汇，并计算它们出现的次数，然后再将原始语料库中出现的次数映射为词汇（或词汇所在的气泡）的大小或颜色。即使读者不知道原始语料库的任何内容，词云也非常直观且易于解释。

词云中每个词的大小取决于其在文章中出现的频率，频率越高，在文字云图中显示越大，因此可以直观反映文章中文字的密度及重要性。

1. 发展历史

词云图的历史并没有线图和饼图那么悠久，在 20 世纪 90 年代，作为早期 Web 2.0 网站和博客的一个普遍特征，词云图被广泛用作各种信息资源（如博客和小门户）的导航工具，帮助突出显示具有快速访问链接的最受欢迎标签。

2004 年，照片共享平台 Flickr 开始使用词云图。用户上传到 Flickr 的图片添加了一些标签，词云图使用户能够找到所有带有相同标签的照片。另外，Flickr 在首页上展示一些最受欢迎的标签和关键字，用户只需单击某个标签，不必搜索就可以链接到相关内容。

随着互联网的不断普及和发展，词云图变得越来越流行，开发人员逐渐意识到词云的重要性——其不仅仅可以为网站定义关键字元数据和导航，也是展示文本数据的绝佳方式。由此，词云图演变成一种专用的数据可视化工具。

2. 词云图与柱状图的比较

- 词云适合大量数据，柱状图适合少量数据。

- 词云展示文字更为直观，柱状图需要借助坐标轴和刻度才可以表示文字的分类和数据。
- 词云可以映射更多分类字段到文字样式上，柱状图只能映射一个分类字段到颜色上。
- 从统计的角度来看，词云图等价于单变量频率的柱状图，词云图能让观众对各个词的重要程度有直观和大概的印象，但无法精确比较；而柱状图包含更多信息，读者可以通过 Y 轴获知准确的频率。此外，在词云图中，单词的大小既体现频率，也体现单词中的字符数（图中较长的单词较大），这可能导致观众在理解上出现混乱。

3．注意事项

- 当数据的区分度不大时使用词云图没有突出的效果。
- 数据太少时很难布局出好看的词云图，此时推荐使用柱状图。
- 频率并不总是等同于重要性，应该联系上下文去理解词云图，避免将分散的词汇主观臆断地联系起来。

4．适用场景

词云图适用于非常大的语料库以查询词汇和发现潜在主题。

词云图凭借着简单易用的特点和酷炫的可视化效果，通常用于描述网站上的关键字元数据（标签），或可视化自由格式文本。图 3-41 这幅词云图显示了某机构对互联网上与奶茶相关的热评进行分析的结果，可以看到，“红茶玛奇朵”可谓是该爆款单品。

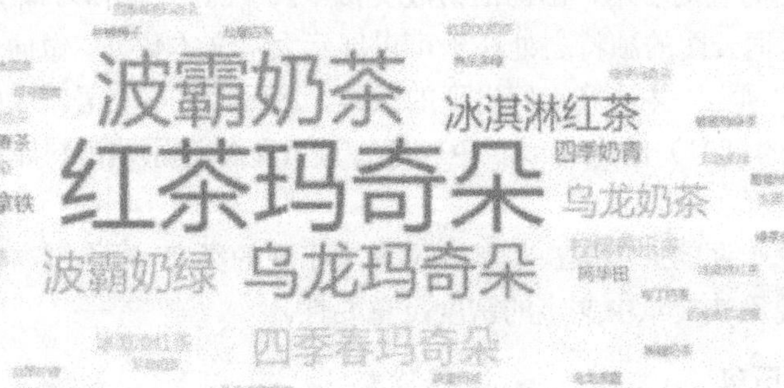

图 3-41　基于文字云的奶茶热评分析

除此之外，结合地图，还可以生产特殊词云，使得一些与位置点相关的文本信息在地图上展示出来。这种结合地图的词云图的特殊之处在于，词汇的大小并不与其频次直接相关，而是与词汇所处地区的区域大小有关。

3.3.3　桑基图

桑基图（Sankey Diagram）是一种特定类型的流程图，由一定宽度的曲线集合表示，主要由边、流量和节点组成，其中边代表了流动的数据，流量代表了流动数据的具体数值，节点则代表了不同分类。边的宽度与流量成比例地显示，边越宽，数值越大（见图 3-42）。

1. 发展历程

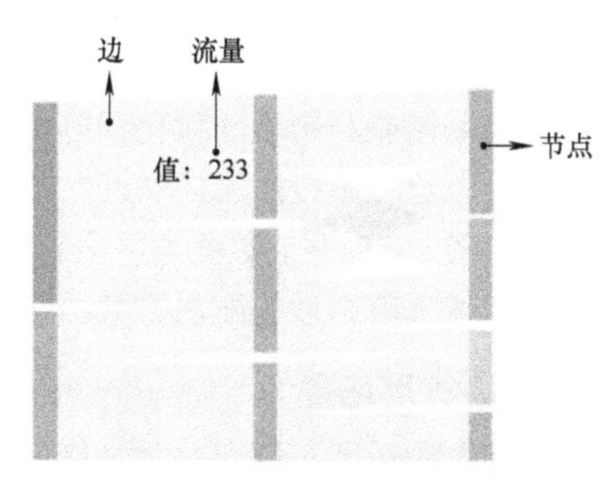

图 3-42　桑基图组成示意图

最著名的桑基图是查尔斯·约瑟夫·米纳德绘制的 1812 年拿破仑俄国战役地图。这张战役地图将桑基图叠加到地图上，是一张流程图与地图结合的图表。1898 年，爱尔兰船长马修·亨利·菲尼亚斯·里亚尔·桑基（Matthew Henry Phineas Riall Sankey）使用了这种类型的图表展示了蒸汽的能源效率。与此同时，这种图也以这位船长的名字命名为“桑基图”。

美国能源信息署（Energy Information Administration，EIA）在每年的“年度能源回顾”中，都会使用大量的桑基图来说明各种形式的能源在一年里的生产和消耗情况。具体包括：美国全年原有的各种能源（包括煤炭、天然气、原油、核电等）以及数量，还描述了这些能源有多少用于居民、商业、工业、交通、出口等。

随着可视化运用越来越广泛，桑基图的使用也拓展到各个领域。美国总统唐纳德·特朗普（Donald Trump）非常喜欢用 Twitter 来攻击各个机构和个人，包括 CNN、希拉里，甚至是自己所在的共和党的参议员。Stef W. Kight 就用了一个桑基图形象地展示了特朗普在 2017 年 1 月 20 日到 10 月 11 日，都在 Twitter 上攻击了谁以及次数。右上角的边所代表的媒体，一共被特朗普攻击了 89 次（包括 NYT 被攻击 17 次、CNN 被攻击 13 次、NBC 被攻击 12 次），成为特朗普的“最爱”（见图 3-43）。

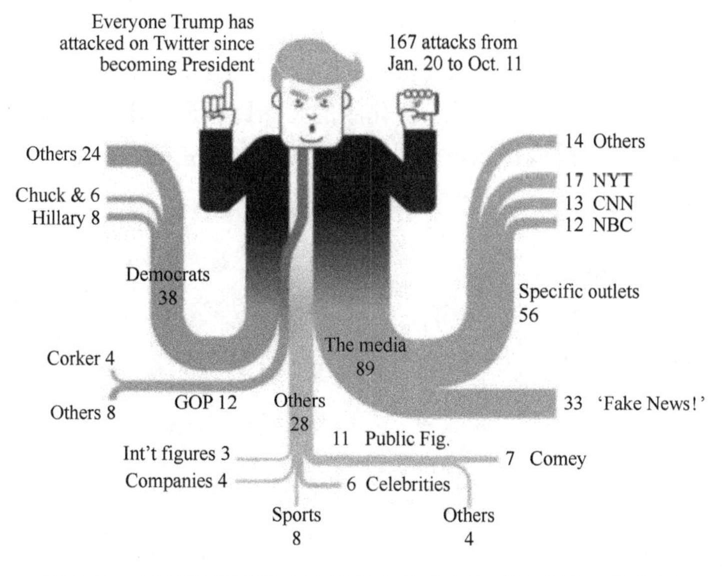

图 3-43　基于桑基图的“特朗普在推特上最爱攻击谁”的分析

2. 注意事项

桑基图与能量（如能源、费用、流量等）息息相关。桑基图通常用于可视化这些能量的转移，也可以用来确定各部分流量在总体中的大概占比情况。无论数据怎么流动，桑基图的总数值保持不变，坚持数据的“能量守恒”。

桑基图能利用不同颜色很好地把不同的分类数据区分开来。不同的节点就像发卡一样，把多如发丝的边按照流向“束”起来。大量数据经过不同的节点再分类后重新出发，流向下一个分类。有时候，数据太多会导致不同的边相互重叠，从而降低了桑基图的易读性。此时，需要注意采用合适的配色方案，以区分不同的分类数据。

3．适用场景

桑基图适用于展现分类维度间的相关性，以流的形式呈现共享同一类别的元素数量，比如展示特定群体的人数分布、数据的流向等。但是，它不适用于边的起始流量与结束流量不同的场景，例如使用手机的品牌变化这种场景，就不适合采用桑基图。

3.3.4 弦图

弦图（Chord Diagram）是一种可视化数据关系的图表，它展示了数据之间带有权重的关系。弦图的名称来自几何学中的术语“弦”（chord）。在几何学中，圆的“弦”是指端点均落在圆上的线段。

关于弦图的起源目前还无从考证，一般能够找到的最早的弦图使用案例是在2007年纽约时报的一张信息图“Close-Ups of the Genome”，它用弦图的形式展现了人类与其他四种动物的基因组的相似程度。所以，尽管弦图的名字与几何学密切相关，但最初开始使用弦图的却是生物学家。

1．基本类型

（1）非彩带弦图　非彩带弦图（Non-ribbon Chord Diagram）是弦图的简化版，圆周上的每一个节点分布均匀，不带有权重关系。简化版的弦图比较适合用于展现如人物关系、信件往来等关系类的信息。比起排成直线，按圆周排列的非彩带弦图显得更加直观，而且减少了对空间占用（见图3-44）。

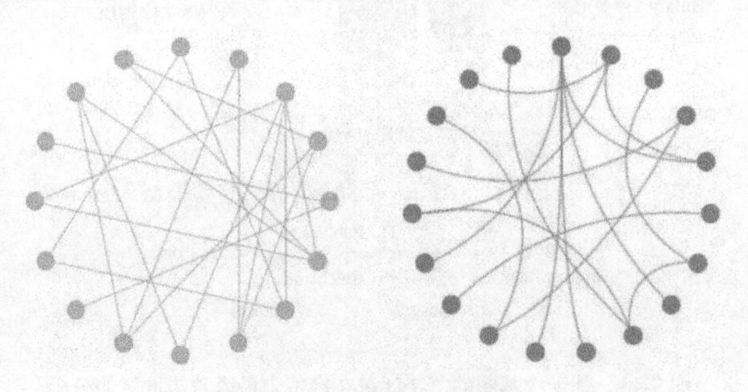

图3-44　非彩带弦图示意图

（2）弦图　在弦图中，数据围绕圆周径向布置（节点），数据点之间的关系通常绘制为连接两个数据点的弧（边）。因为弦图所表达的数据关系可以带有权重，所以边的宽度会粗细不一。如图3-45所示，各个节点所占圆弧长度的关系代表了数据之间的比例；根据“缎带”的颜色以及是否与圆弧接触可以区分数据的类别，缎带的粗细也表现出了数据流动的关系。

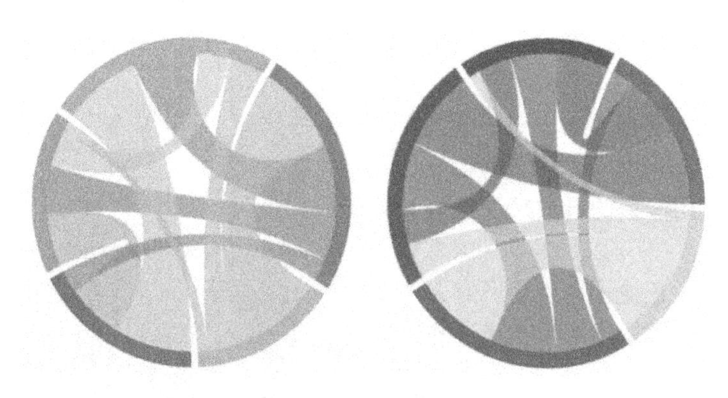

图 3-45　弦图示意图

2．注意事项

- 用节点及连线宽度来展现数据之间的大小关系。
- 当数据量比较大的时候，可以通过一些交互性设计的辅助使图表更具可读性。
- 数据量过大会导致弦图的可读性降低，数据排列的顺序对弦图呈现效果影响较大。

3．适用场景

非彩带弦图适合反映大体量数据之间的关系，带有美观的呈现方式和良好的视觉效果，并且有较大的空间利用率；但是，由于节点是量子化的，所以不适合直观地展现节点之间的权重关系。

弦图则有助于发现数据之间的关系，适用于比较数据集或不同数据组之间的相似性，表达大量复杂数据。

3.3.5　矩形树图

矩形树图（Tree Map）把树状结构转化为平面矩形的状态，虽然长得一点都不像“树”，但却能表示数据间的层级关系，还可以展示数据的权重关系。

20 世纪 90 年代初，为了找到一种有效了解磁盘空间使用情况的方法，马里兰大学人机交互实验室的 Ben Shneiderman 教授和他的团队通过调整树状图，发明了矩形树图。1999 年，Martin Wattenberg 在 SmartMoney 上发布了“市场智能货币地图”，他用矩形树图展示了美国股市中几百家公司的数据。图中矩形的面积与公司的市值相对应，颜色则代表自上次收市以来股价的变化情况。矩形树图也由此逐渐被用于可视化财务数据。在 Marcos Weskamp 创建了展示新闻头条的矩形树图之后，矩形树图开始被主流媒体使用。

矩形树图具有展示带有权重的树状数据的优势。而且相对于树状图，矩形树图能更有效地利用空间。与其他通过长度来比较占比大小的图表相比，矩形树图通过面积就能清晰地比较数据的占比关系。

1．注意事项

（1）擅长可视化带权重的数据关系　在展示不带有权重的层级关系数据时，使用矩形树图会显得层次不清。例如，在展示公司的部门组成时，运用矩形树图会模糊层次关系（但树状图就能清晰地表达）。

（2）矩形面积要适当　当小矩形所代表的类别占比太小时，文本会变得很难排布（此时，可以采用提示工具，显示矩形所代表的数据；或者给小矩形编号，用注释的方式来说明矩形所要代表的数据）。

（3）只用于表达正值　由于矩形的大小不能为负值，所以矩形树图中矩形大小代表的变量只能是正值。

（4）专注展示占比关系　作为表示占比的图表类型，矩形树图无法展示占比随时间变化的情况。如果要展示占比的幅度变化，堆叠柱状图和百分比堆叠面积图都是不错的选择。

2．适用场景

矩形树图把具有层次关系的数据可视化为一组嵌套的矩形，所有矩形的面积之和代表了整体的大小，各个小矩形的面积表示每个子数据的占比大小——矩形面积越大，表示子数据在整体中的占比越大。最简单的矩形树图只展示一个类别的数据占比，每个矩形的面积代表了各数据在整体中的比重。图 3-46 就是利用了这类矩形树图，清楚地展现了“双一流”学科的建设情况。

图 3-46　基于矩形树图的中国“双一流”学科建设情况分析（资料来源：澎湃网）

矩形树图还可以用来表示两个层级的数据结构，不同类别的数据通常用不同颜色展示。

3.3.6　河流图

河流图（Stream Graph）通过“流动”的形状展示不同类别的数据随时间的变化情况。它有时候也叫作主题河流图（Theme River），是堆积面积图的一种变形。但不同于堆积面积图，河流图并不是将数据描绘在一个固定的、笔直的轴上（堆积图的基准线就是 X 轴），而是将数据分散到一个变化的中心基准线上（该基准线不一定是笔直的）（见图 3-47）。

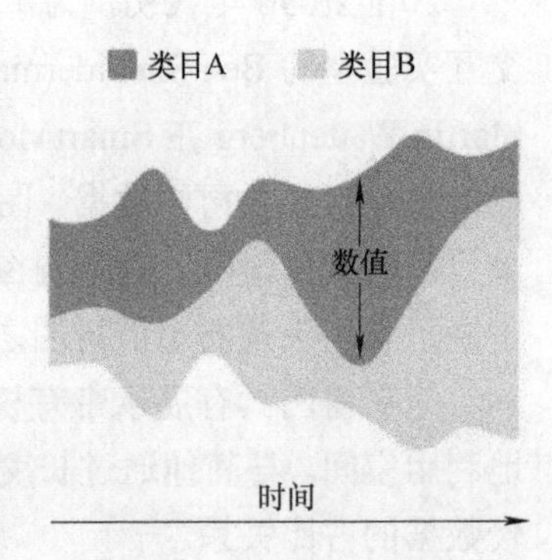

图 3-47　河流图示意图

河流图适合展示多类别及波动幅度大的数据，图表形象生动、外表美观。图 3-48 描述了 2010 年 9 月的某一个星期内纽约市民拨打“311”市民服务专线所投诉的问题。其中，噪声

（NOISE）所占区域面积最大，因此噪声是最常反映的问题，路灯（STREETLIGHTS）和街道设施（STREET CONDITIONS）次之。噪声问题在深夜 10 点至 12 点的睡眠时间段里投诉特别多。整体而言，多数问题的投诉时间则集中在上午 11 点至晚上 7 点。

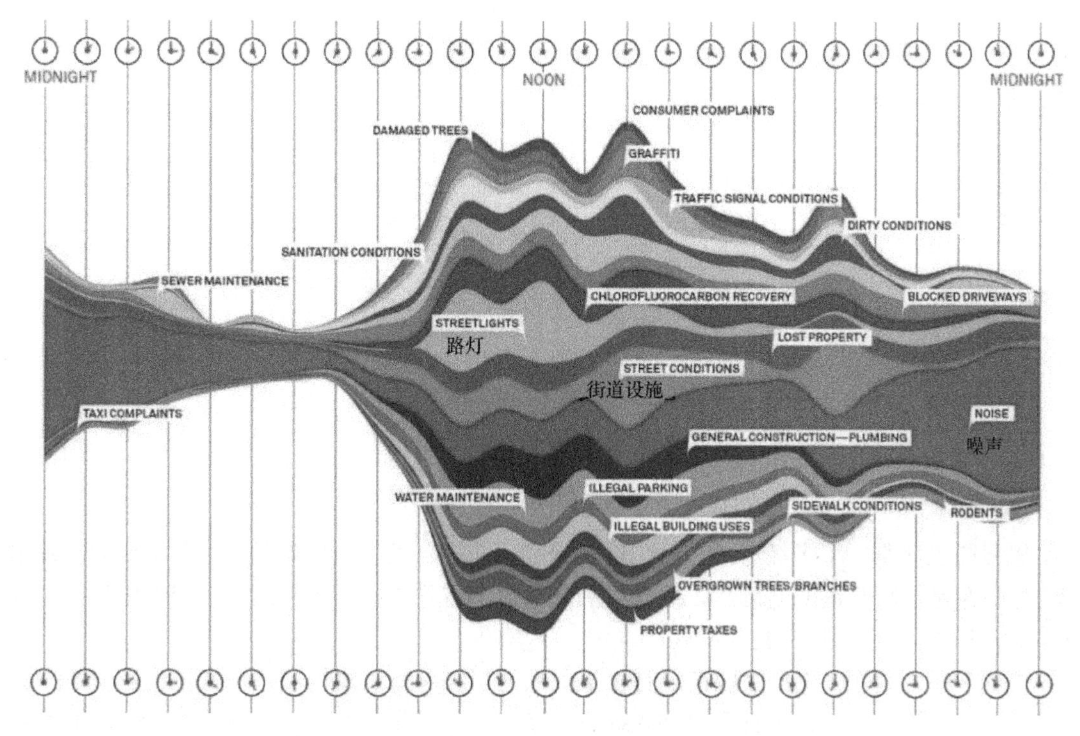

图 3-48　基于河流图的某一周纽约市民投诉问题分析

3.3.7　旭日图

旭日图（Sunburst Chart）是饼图的变形，简单来说它是多个饼图的组合升级版。饼图只能展示一层数据的占比情况，而旭日图不仅可以展示数据的占比情况，还能厘清多级数据之间的关系。

在旭日图中，一个圆环代表一个层级的分类数据，一个环块所代表的数值可以体现该数据在同层级数据中的占比。一般情况下，内层数据是相邻的外层数据的父类别，最内层圆环的分类级别最高，越往外，分类越细越具体。因此，旭日图也称为太阳图（长得确很像太阳，层级关系也很像地球的内部结构）。也有说法是旭日图是圆环图的子集，其实可以这样理解，因为当数据不存在分层时，旭日图就相当于圆环图。

图 3-49 展示了圣裘德儿童研究医院基于 3347 位患癌儿童的患病情况，并分析了他们所患的 17 种癌症情况。这 17 种癌症位于旭日图的第二层，分别属于造血系统恶性肿瘤（HM）、固体肿瘤（ST）和脑肿瘤（BT）这三种癌症类型，其中患造血系统恶性肿瘤（HM）的比重最大，有 46.2%。第三层则为引起癌症的不同原因的占比情况。当鼠标指针移动到环块上时，被查看的环块颜色会被突出，其他环块则会变成统一的灰色。在交互功能的加持下，旭日图可以更加顺畅和清晰地展示大量数据。

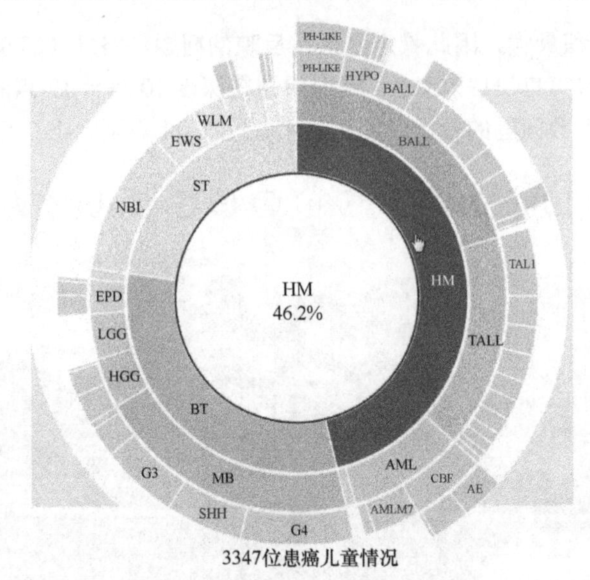

图 3-49　基于旭日图的患癌儿童情况分析

旭日图虽然是一个多级饼图，但在展示层级关系这一点上，与矩形树图非常相似。最基础的旭日图是在树状图的基础上，把树状的层级关系转化为圆环的形式。相较于树状图，旭日图的圆形结构更节省空间。

不同于矩形树图，旭日图能把没有权重关系的层级关系清晰地展示出来，且可容纳的层级关系更多。除此之外，旭日图允许"缺口"存在。不同分类下，一些层的数据可以不用再细分，即旭日图的圆环不一定每个都是完整的。可以说，在可视化层级数据方面，旭日图和矩形树图都表现优秀，而旭日图的适用范围要比矩形树图略大一些。

3.3.8　仪表盘

仪表盘是模仿汽车速度表的一种图表，常用来反映预算完成率、收入增长率等比率性指标。它简单、直观，人人会看，会使人体验到决策分析的商务感觉。仪表盘的缺点在于只适合展现数据的累计情况，不适用于分析数据的分布特征等。

例如某公司想要查看各地区的销售情况，通过驾驶舱仪表盘方式，可以一目了然地查看销售任务完成率，如图 3-50 所示。制作仪表盘时需要注意两点：第一，注意绩效表现区域的划分，一般利用两个边缘值来划分三个区域；第二，警戒区域（用红色表示）出现在左侧还是右侧和指标的业务属性相关，例如跳出率越高越接近警戒区域，所以警戒区

图 3-50　基于仪表盘的销售任务完成率分析

域在右侧。

3.3.9　玉玦图

玉玦图（Radial/ Circle Bar Chart）也可以称为径向/环形柱状图，是柱状图在极坐标下的表现，用法同普通柱状图类似。它用于不同类别之间的比较，用角度来映射数值大小。

作为柱状图的变形，玉玦图也有分组玉玦图、堆积玉玦图、分面玉玦图等变形形式。

1. 基本组成要素

一个完整的玉玦图包含两个基本构成元素：一个是玦环，即用角度表示数值；另一个是文本，用于显示数值和分类名（见图 3-51）。

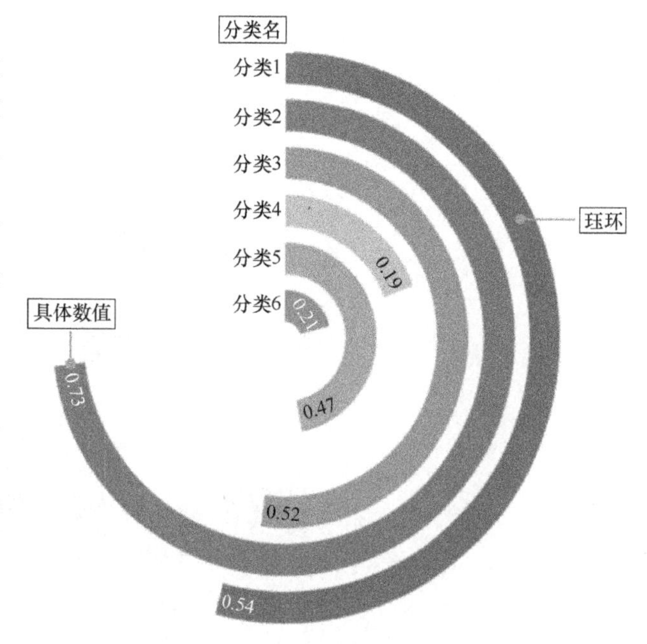

图 3-51　玉玦图的基本组成要素

2. 注意事项

玉玦图有半价反馈效应：视觉上半径越大的玦环会看起来更大，半径小的则看起来更小。由于玉玦图是用角度表示每个玦环数值的大小，角度是决定性因素。所以，哪怕外侧（半径大的）玦环的数值小于内侧（半径小的）玦环，外侧的每个玦环也有可能比里面的玦环更长，这会造成误解。所以，使用玉玦图时必须进行排序（见图 3-52）。

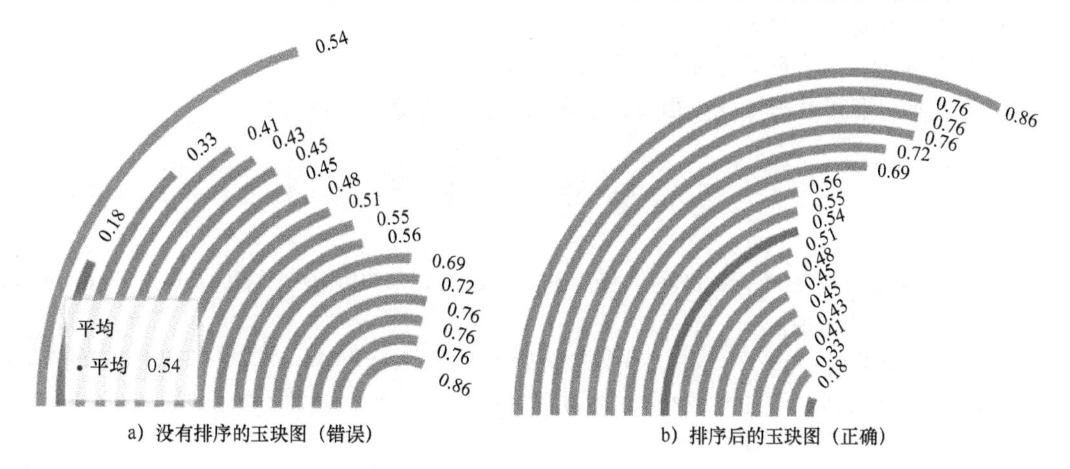

a）没有排序的玉玦图（错误）　　b）排序后的玉玦图（正确）

图 3-52　玉玦图错误/正确对比图

从这一点来说，因为人们的视觉系统更善于比较直线，所以笛卡儿坐标系（直角坐标系）更适合比较各个分类的数值，而玉玦图更多的是一种审美上的需求。

3．适用场景

玉玦图由于是柱状图的变形，兼具了实用性和美观性，应用非常广泛。基本上，所有适合用柱状图来表达的数据都可以转化为玉玦图。例如，新华网的一项调查显示，尽管空巢老人、留守儿童是高危“孤独患者”，但“空巢青年”也非常容易陷入孤独的困境。如图 3-53 所示的玉玦图非常清晰地展现了“空巢青年”面临的八大困境，其中“缺乏感情寄托”最为严重，有 57.9%的“空巢青年”都没有自己的精神家园。

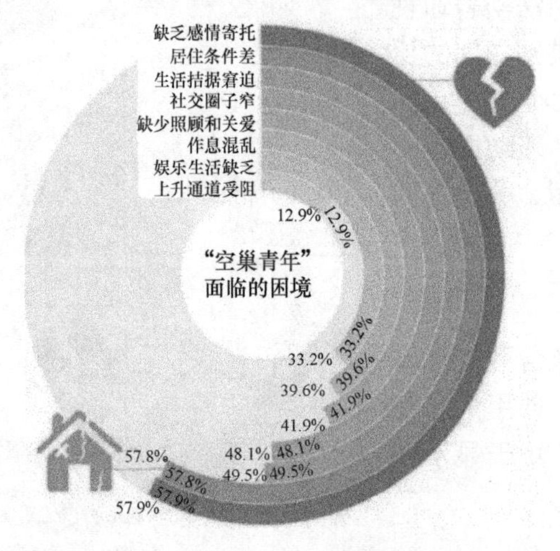

图 3-53　基于玉玦图的“空巢青年”困境分析

习　题

1．结合自己的专业，调研数据可视化的各种图表在本领域的应用现状。

2．查询某个知名可视化作品，分析它采用了哪些数据可视化图表方式。

3．调查并构建自己的数据可视化图表示例。

4．调查解释更多的数据可视化新型图表。

5．思考如何利用数据可视化图表，展现所在院校发布信息的特征。

参 考 文 献

[1] kevin_leee. 数据可视化-Mosaic Plot（马赛克图） [EB/OL]. （2016-06-25）[2019-09-2]. https://www.jianshu.com/p/7b896793196b.

[2] 小镝. 展现层级数据，马赛克图如何呈现泰坦尼克号幸存者分布[EB/OL]. （2018-07-30）[2019-07-29]. https://mp.weixin.qq.com/s?__biz=MzA5NzIyNzI1MA%3D%3D&idx=1&mid=2650905116&sscen=21&sn=45bb3c0d4cfa22c87da767554831af16.

[3] SEGEL E, HEER J. Narrative visualization: Telling stories with data[J]. IEEE transactions on Visualization and Computer Graphics. 2011, 16（6）: 1139-1148.

[4] STEPHEN F, PERCEPTUAL E. Are Mosaic Plots Worthwhile? [EB/OL]. （2014-03-17）[2019-08-11]. https://www.perceptualedge.com/articles/visual_business_intelligence/are_mosaic_plots_worthwhile.pdf.

第 4 章 数据可视化的设计要素

导读案例

伦敦地铁系统交通图的诞生

1933 年的伦敦地铁系统交通图是英国当时最知名的设计之一，被公认为世界级的设计经典。这张新版地铁系统交通图的出现，改变了自地图诞生以来的历史面貌，开创了现代地图的一种新模式。

地铁建造在地下，乘客们最关心的信息是有哪些线路以及站点的分布顺序等，所以地铁线路图一般更偏向于可读性和设计感。这同时也就带来了缺点：线路图上的直线对应的实际轨道并不是直线的，站点的相对位置和距离也不符合实际情况。但是如果按照真实地理信息来绘制地铁线路图，又会发现，线路或密集或稀疏，各个站之间的距离也大相径庭，画出来的图可读性非常差。在 1908 年的版本中，每个站点都按照真实地理比例来放置，导致伦敦市中心被一大堆杂乱的点淹没，而城郊只有少量斑点，换乘的标志也不清晰，每条线路都画成了一条代表它真实走向的曲线，标出了它上方的街道和十字路口。它就像一只鸟的 X 光片，虽然是极其真实的呈现，但却让乘客彻底晕头转向（见图 4-1）。

19 世纪的 20 年代初，烦琐复杂、视觉传达功能性低下的早期伦敦地铁系统交通图已经开始不能满足日益发展的伦敦地铁系统和城市格局变化带来的密集人流的需要了。

1931 年，Beck 开始制作他的原型设计。一开始，Beck 把地图现存的蜿蜒曲折的弧线改成直线——水平、垂直和 45°角。他还扭曲了比例，把站台等距放置，移除了上方的街道网络。这样处理后得到了稀疏的、类似电路板的设计图。为了提升易读性，他还抛弃了精确的地理关系，创造了一种“放大镜效果”，不匀称地放大了伦敦市中心的区域。这种手法“恰如其分”地呈现了区域内高密度的地铁站分布，以一种更加优美的方式，让乘客们理解快速发展的城市丛林。这种放大手法让伦敦的城郊看起来更接近市区的商业中心。事实上，这些郊区基本上就是兴起于地铁的扩张。Beck 的地铁图让它们看起来离市中心更近，向人们展示从城郊到市区有多么方便，从而促使更多人搬到郊区去。

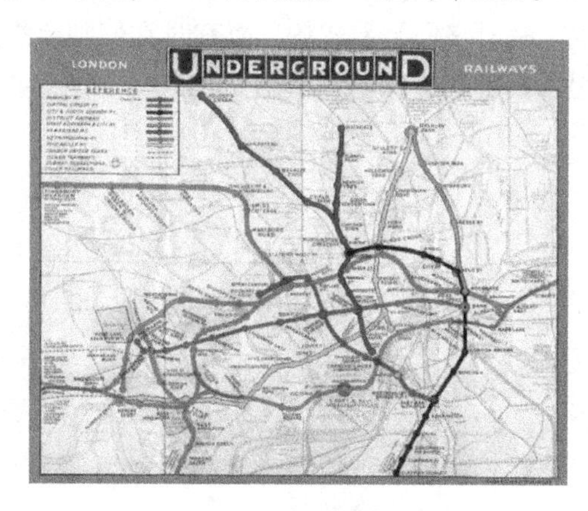

图 4-1　1908 年的伦敦地铁线路图

1933 年 1 月，通过多次不断完善的新版伦敦地铁系统交通图首次发行（见图 4-2）。同年 3 月，它以一张海报的形式发布，不久之后便成为全伦敦地铁的新标准。它也启发了世界各地的类似设计，1939 年，悉尼率先采用了 Beck 风格的交通图。

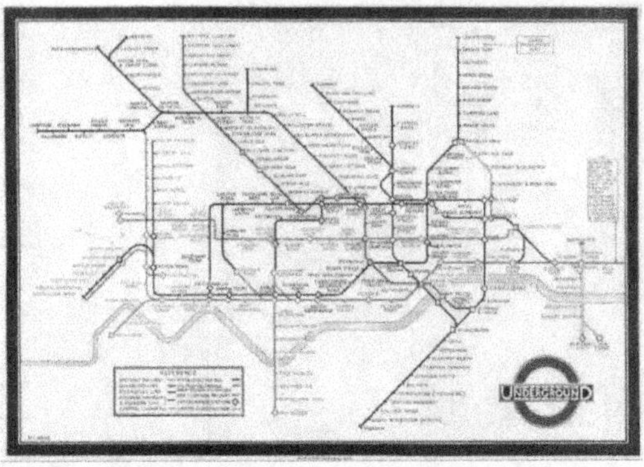

虽然现在地铁系统已经在全世界得到了发展，但地铁路线图仍然基本遵循 Beck 早在 80 多年前提出的设计原则。Beck 的地铁图具有三个比较明显的特点：第一，以颜色区分路线；第二，路线大多以水平、垂直、45°角三种形式来表现；第三，路线上的车站距离与实际距离不成比例关系。

图 4-2　1933 年伦敦地铁线路图

本章知识要点

- 理解和掌握数据可视化的设计组件
- 理解数据可视化的设计原则
- 熟悉和掌握图表的选择
- 理解和掌握图表设计规范
- 熟悉数据可视化的配色方案设计、字体设计
- 理解数据可视化的应用场景设计

4.1　数据可视化的设计组件

基于数据的可视化组件可以分为四种：视觉隐喻、坐标系、标尺以及背景信息（见图 4-3），不同组件组合在一起构成图表。有时它们直接显示在可视化视图中，有时它们形成背景图，这取决于数据本身。不论在图的什么位置，可视化都是基于数据和这四种组件创建的。有时它们是显式的，而有时它们则会组成一个无形的框架。这些组件协同工作，对一个组件的选择会影响到其他组件。

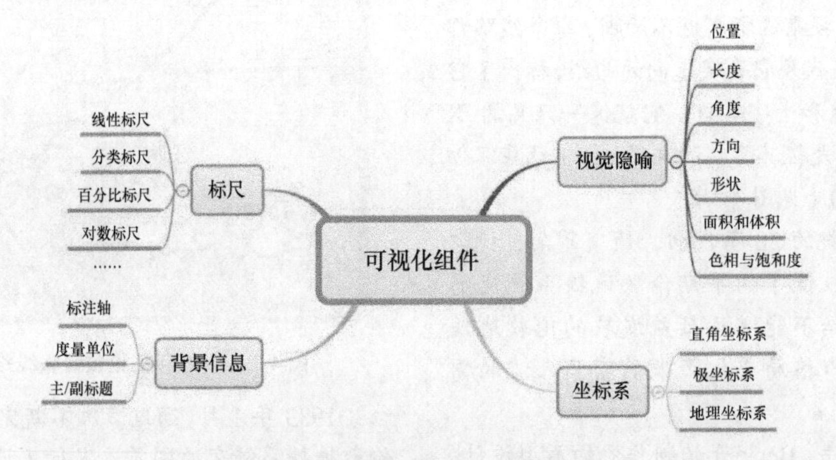

图 4-3　数据可视化的设计组件

（1）视觉隐喻　用形状、颜色和大小来编码数据，选择什么取决于数据本身和目标。

（2）坐标系　用散点图映射数据和用饼图映射数据是不一样的。散点图中有 X 坐标和 Y 坐标，饼图采用极坐标系。

（3）标尺　用来度量数据和相互比较。

（4）背景信息　如果可视化产品的读者对数据不熟悉，则应该阐明数据的含义以及读图的方式。

4.1.1　视觉隐喻

隐喻（Metaphor）是指用某种表达方式体现某个事物、想法、事件且使它们之间具有某种特殊关联或者相似性的方法。视觉隐喻是隐喻的一种，是在视觉上将目标物体/形象与另一领域的（源）物体进行相似性对比，常用于广告、平面设计等。如图 4-4 所示，采用咖啡杯、蒸气和颜色，对不同种类咖啡的成分进行可视化隐喻，再加上具体成分的文字，使得读者一目了然地了解各类咖啡的异同。

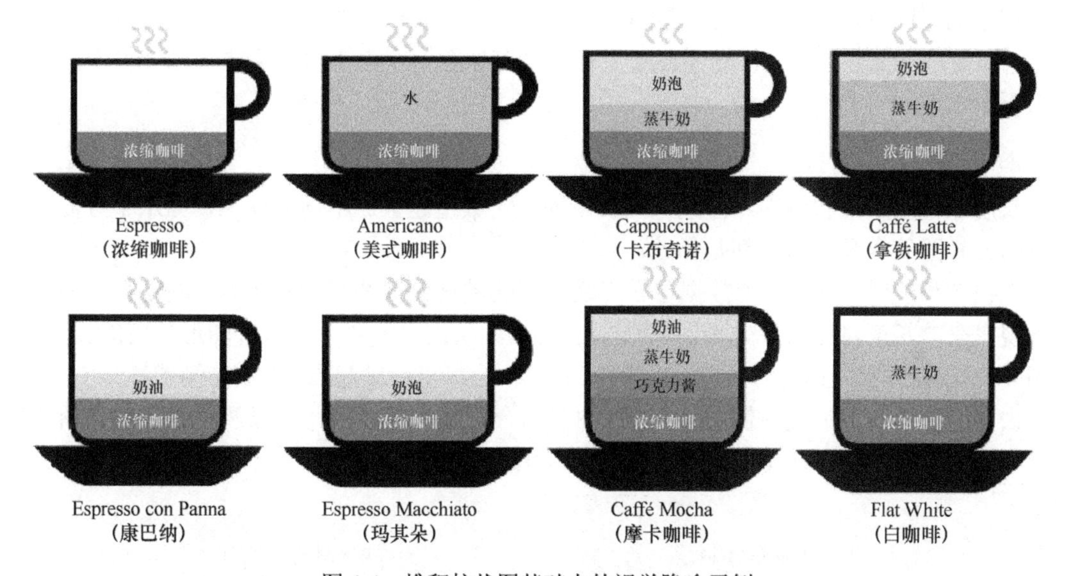

图 4-4　堆积柱状图基础上的视觉隐喻示例

可视化最基本的形式就是把数据简单地映射成彩色图形，它的工作原理就是大脑倾向于寻找某种模式，使得人们可以在图形和它所代表的数字间来回切换。人们必须确定数据的本质并没有在这样的反复切换中丢失，如果不能映射返回数据，可视化图表就只是一堆无用的图形。

所以，所谓视觉隐喻，就是在可视化数据的时候，用形状、大小和颜色等来编码数据。必须根据目的来选择合适的视觉隐喻，并正确使用它。而这又取决于用户对形状、大小和颜色的理解。换言之，可视化数据就是根据数值，用标尺、颜色、位置等各种视觉隐喻的组合来表现数据。深色和浅色的含义不同，二维空间中右上方的点和左下方的点含义也不同。

1. 位置

用位置做视觉隐喻时，要比较给定空间或坐标系中数值的位置。观察散点图的时候是通过观察一个点的 X 坐标和 Y 坐标以及与其他点的空间关系来确认数据点的分布和趋势。如图 4-5 所示，散点图里数据的规律主要有以下四种：上升、下降、群集和离群。

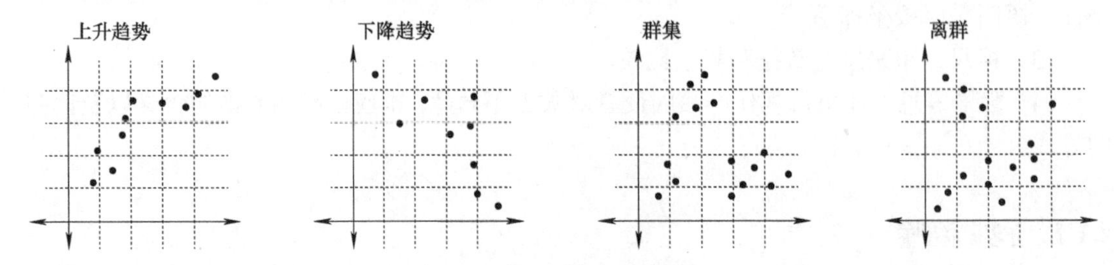

图 4-5　散点图里的数据规律

只用位置做视觉隐喻的一个优势就是，它能比其他视觉隐喻占用更少的空间。使用者可以在一个 X-Y 坐标平面里画出所有数据，每一个点都代表一个数据。与其他既要用尺寸大小又要比较数值的视觉隐喻不同，坐标系中所有的点都一样大，然而，绘制大量数据之后，你一眼就可以看出趋势、群集和离群值。

这个优势同时也是劣势。观察散点图中的大量数据点时，很难分辨出每一个点分别表示什么。即便是在交互图中，仍然需要使鼠标指针停留在一个点上以得到更多信息，而点重叠时会更不方便。

2. 长度

长度通常用于柱状图中，柱越长，表示的绝对数值越大。不同方向上，如水平方向、垂直方向或者圆的半径方向上都是如此。

在决定长度时，存在一个数据与长度之间转化的比例尺和起始点问题，确定得不好会导致呈现出来的长度对比效果失真。换言之，在制作柱状图时需要注意保持图形长度的真实性。如图 4-6 所示的两个柱状图，左边的图形以 34%作为纵坐标轴起点，导致左侧的柱长度变短，看上去左侧柱的长度只是右侧的 1/5，扭曲了两个柱的长度关系。这显然违背了图形图表追求真实准确的可视化表达本意。而右图中的纵坐标从 0 开始，数值差异看上去就没有那么夸张了。

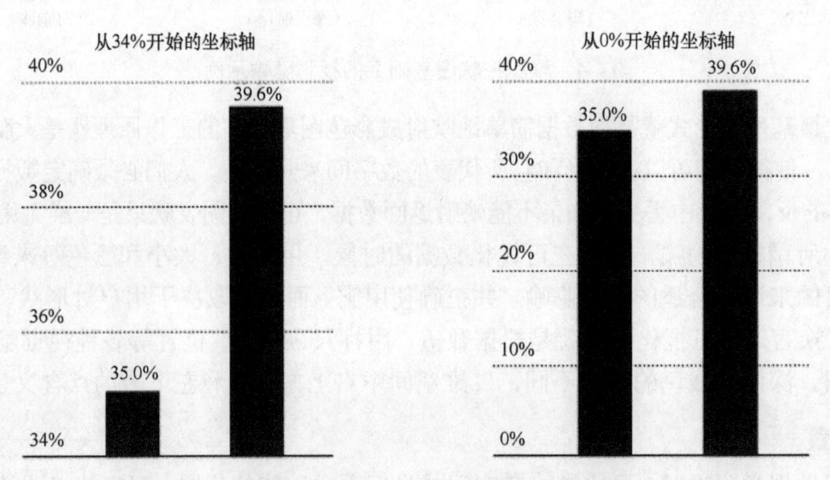

图 4-6　错误的柱状图（左）与正确的柱状图（右）

3. 角度

饼图和环形图都是角度元素在图表里的应用类型，但二者又有所不同。圆环图和饼图同样能表现部分和整体的关系，除此之外圆环图还可以通过弧长的大小直接而明确地看出部分之间的大小关系，从功能性上看，圆环图要优于饼图。

角度的取值范围是 0°～360°，构成一个圆。0°～360°之间的任何一个角度，都隐含着一个能和它组成完整圆形的对应角，这两个角被称作共扼。这就是通常用角度来表示整体中部分的原因。尽管圆环图常被当作是饼图的近亲，但圆环图的视觉隐喻是弧长，因为可以表示角度的圆的中心部分被切除了（见图 4-7）。

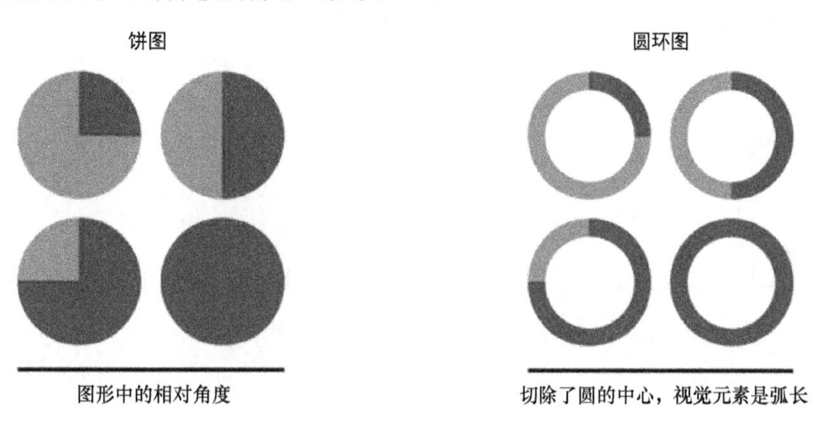

图 4-7 饼图与圆环图视觉隐喻

4. 方向

方向和角度类似。角度是相交于一个点的两个向量的夹角，而方向则是坐标系中一个向量的方向。方向是一种对趋势的描述，方向在图表中的应用以折线图最为典型。如图 4-8 所示，通过方向可以看到增长、下降和波动等趋势。

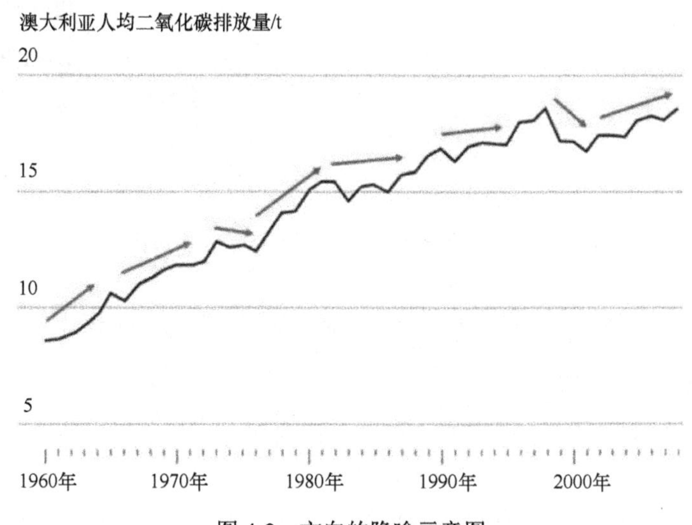

图 4-8 方向的隐喻示意图

但是方向其实是一个不够准确的度量元素，就像指针，自身只能表示上下左右的倾向，想要准确表示具体指向则需借助标尺或者参考线。

人们对变化大小的感知在很大程度上取决于方向中的斜率，而斜率又取决于标尺。例如，可以放大比例让一个很小的变化看上去很大，同样也可以缩小比例让一个巨大的变化看上去很小。一个经验法则是，缩放可视化图表，使波动方向基本都保持在 45° 左右。如果变化很小但却很重要，就应该放大比例以突出差异。相反，如果变化微小且不重要，那就不需要放大比例使之变得显著了。

换言之，相同的数值，如果标尺有差别，那么方向的斜率也会出现显著差异，所以在处理多组数据的方向性时最好统一横、纵轴（见图 4-9）。

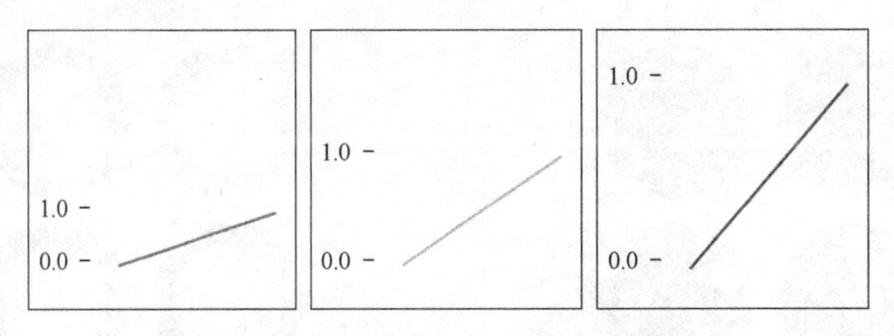

图 4-9　标尺不同造成同一线条斜率不同

5．形状

形状主要用于在分析多组数据时区分不同的对象和分类，以及数值的类型、系列和组别。例如，在散点图里使用三种形状来表现三个各自离散的数据群。如图 4-10 所示，散点图和折线图中使用了多种形状。

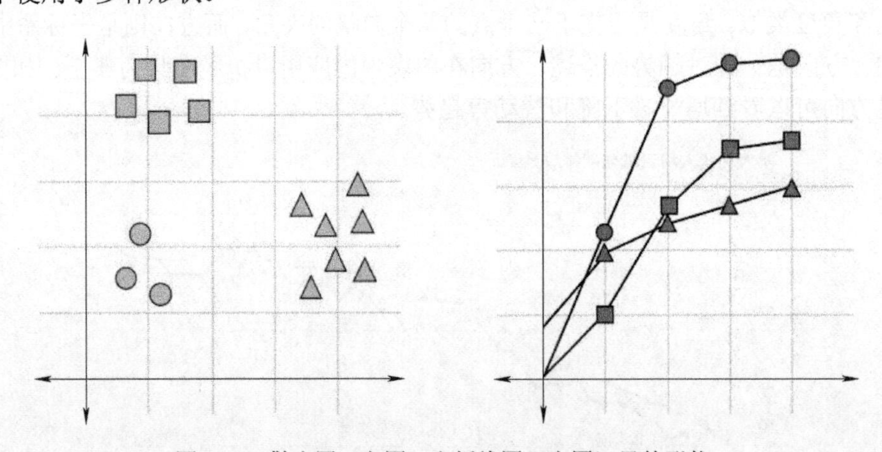

图 4-10　散点图（左图）和折线图（右图）里的形状

6．面积和体积

大的图形通常代表大的数值。长度、面积、体积都可以表示数值的大小，也可以更为详细地标出图标和图示的大小。一定要注意所使用的是几维空间。

最常见的错误就是只使用一维（如高度）来度量二维、三维的物体，却保持了所有维度的比例。这会导致图形过大或者过小，无法正确比较数值（见图 4-11）。

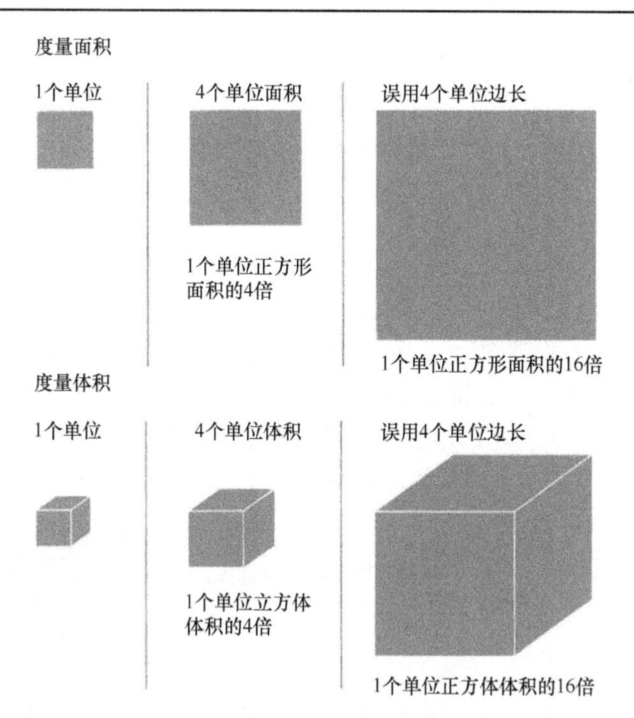

图 4-11　面积和体积错误使用示意图

7. 饱和度和色调

颜色的视觉隐喻分两类：色相和饱和度。两者可以分开使用，也可以结合起来用。色相就是通常所说的颜色，如红色、绿色、蓝色等。不同的颜色有利于表示不同类别数据，每个颜色代表一个分组。饱和度是一个颜色中色相的量。假如选择红色，高饱和度的红就非常浓，随着饱和度的降低，红色会越来越淡。同时调整色相和饱和度，就可以用多种颜色表示不同的分类，使每个分类有多个等级。

颜色要素在图表里最典型的应用是热力图，通过填色，热力图能用颜色的饱和度和色相差别来展示数值在特定地理区域（或者页面区域）的分布（见图 4-12）。

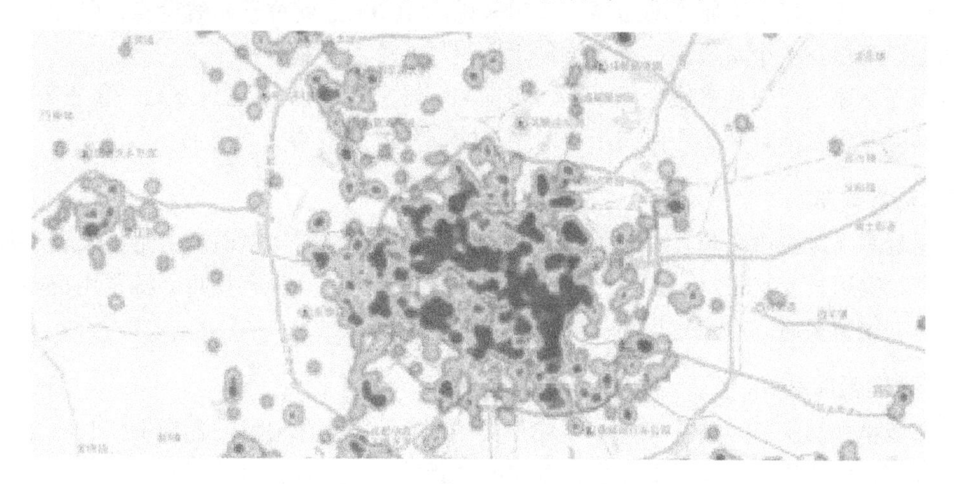

图 4-12　热力图的分析示例

颜色能给数据增添背景信息，它不依赖于大小和位置，可以一次性编码大量的数据。不过，要时刻考虑到色盲人群，确保所有人都可以解读这些图表。据统计，有将近 8%的男性和 0.5%的女性是红绿色盲，如果只用这两种颜色编码数据，这部分读者会很难理解可视化图表。此时，可以组合使用多种视觉隐喻。

4.1.2 坐标系

编码数据的时候，总得把图形放到一定的位置。需要有一个结构化的空间，还有指定图形和颜色画在哪里的规则——这就是坐标系，它赋予 X-Y 坐标面或经纬度以意义。有几种不同的坐标系，如图 4-13 所示的三种坐标系几乎可以满足所有的需求，它们分别是直角坐标系（也称为笛卡儿坐标系）、极坐标系和地理坐标系。

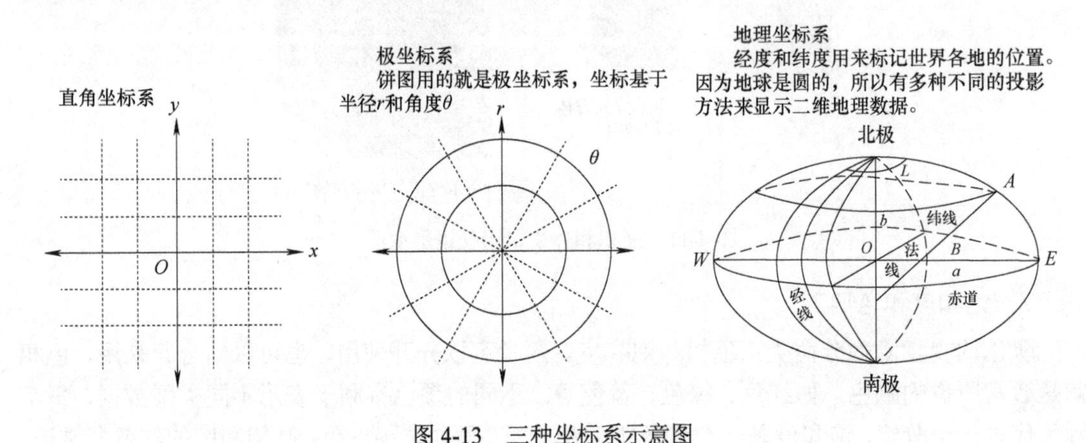

图 4-13　三种坐标系示意图

1．直角坐标系

直角坐标系是最常用的坐标系（与条形图或散点图对应）。通常可以认为坐标就是被标记为（x, y）的 X-Y 值对。坐标的两条线垂直相交，取值范围从负到正，组成了坐标轴。交点是原点，坐标值指示到原点的距离。举例来说，（0, 0）点就位于两线交点，（1, 2）点在水平方向上距离原点 1 个单位，在垂直方向上距离原点 2 个单位。

直角坐标系还可以向多维空间扩展。例如，三维空间可以用（x, y, z）三值对来替代（x, y）。可以用直角坐标系来画几何图形，以使在空间中画图变得更为容易。

2．极坐标系

极坐标系（对应饼图等）由一个圆形网格构成。极坐标图表中通常用角度来表示数据的大小，有时也用长度来表示，如半径和弧线的长度。极坐标系没有直角坐标系用得多，但在角度和方向很重要时它会更有用。

3．地理坐标系

位置数据的最大好处就在于它与现实世界的联系，能结合实际位置带来即时的环境信息和关联信息，也就是说用地理坐标系可以映射位置数据。位置数据的形式有许多种，但通常都是用纬度和经度来描述，有时还包含高度。纬度线是东西向的，标记地球上的南北位置。

经度线是南北向的，标记地球上的东西位置。高度可被视为第三个维度。相对于直角坐标系，纬线就好比水平轴，经线就好比垂直轴。

4.1.3　标尺

坐标系指定了可视化的维度，而标尺则指定了在每一个维度里数据映射到哪里。标尺有很多种，也可以用数学函数来定义自己的标尺，但是基本上不会偏离图 4-14 中所展示的标尺：数字标尺、分类标尺和顺序标尺。标尺和坐标系一起决定了图形的位置以及投影的方式。

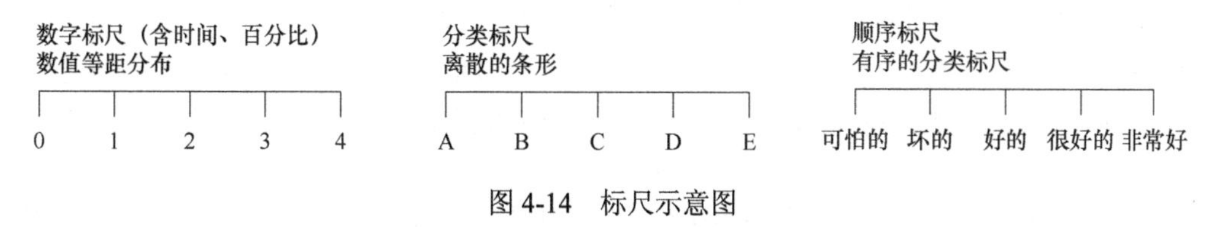

图 4-14　标尺示意图

4.1.4　背景信息

背景信息（有助于更好地理解与数据相关的 5W 信息，即何人、何事、何时、何地、为何）可以使数据更清晰，并且能正确引导读者，甚至在时过境迁之后，通过背景信息也可以清晰明确地提醒读者图形所希望传达的信息。

有时背景信息可以直接画出来，有时它们隐含在媒介中。可以用描述性的标题来让读者知道它们将要看到的是什么。例如，一幅呈上升趋势的汽油价格时序图，将其命名为“上升的油价”，可以更准确地表达出图片的信息。还可以在标题底下加上引导性文字，描述价格的浮动。

4.2　数据可视化的设计原则

数据可视化设计的好坏，直接决定了信息是否能以正确的、恰当的方式呈现。因此，在开始数据可视化之前，必须明确一些重要的原则。

4.2.1　基础的美学原则

视觉是获取信息最重要的通道，超过 50%的人脑功能用于视觉的感知。人脑对美的感知没有绝对统一的定义标准，但是有一定的规律可循。要遵守美学原则，可以从构图、布局与色彩等角度探索（见图 4-15）。

1．构图美——稳定的构图

与心理需求相似，视觉也有“向往稳定”的需求，稳定的画面可以使人们获得安定和舒适感。可视化设计呈现在高分辨率的大屏上，对画面的平衡感要求也更高。设计师对画面的合理组织和安排，以及设计元素自身平衡的物理属性共同构成平衡的画面感。

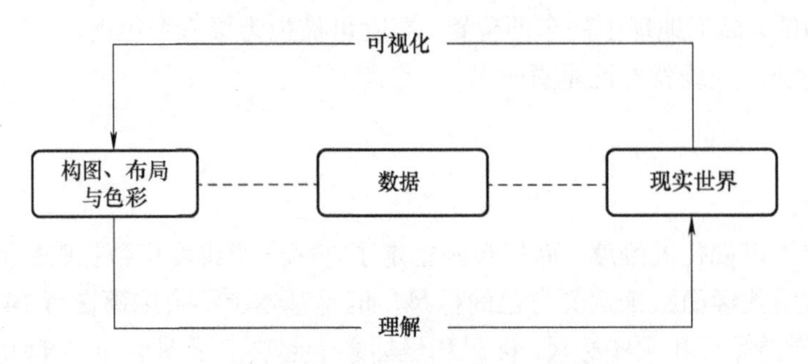

图 4-15　美学原则与数据可视化关系示意图

更准确地说，画面的构图形状、视点的选择、构图的平衡感、色彩的平衡感都会影响整个可视化画面的稳定感。具体而言，稳定的构图至少需要满足聚焦、平衡和简单这三个因素。

（1）聚焦　设计者必须通过适当的技术手段将用户的注意力集中到可视化结果中最重要的区域。如果设计者不对可视化结果中各元素的重要性进行排序，并改变重要元素的表现形式使其脱颖而出，则用户只能以一种自我探索的方式获取信息，从而难以达到设计者的意图。例如，在一般的可视化设计中，设计者通常可以利用人类视觉感知的前向注意力，将重要的可视化元素通过突出的颜色编码进行展示，以抓住用户的注意力。

（2）平衡　平衡原则要求可视化的设计空间必须被有效利用，尽量使重要元素置于可视化设计空间的中心或中心附近，同时确保元素在可视化设计空间中的平衡分布。如图 4-16 所示，左图中的点几乎都分布在了右上角，平衡性缺失，影响了视图的美观。相对而言，右图的构图则比较合理（通过改变横轴起始点实现）。

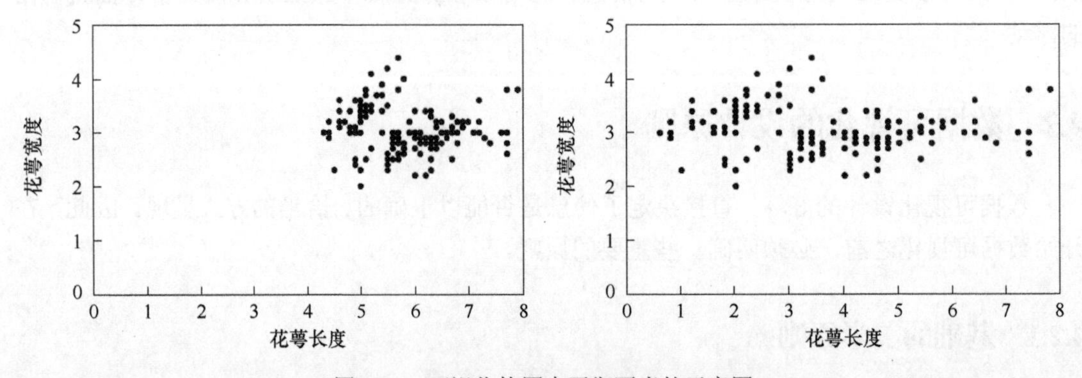

图 4-16　可视化构图中平衡要素的示意图

（3）简单　简单原则要求设计者既要尽量避免在可视化项目中使用过多造成混乱的图形元素，也要尽可能不使用过于复杂的视觉效果（如带光照的二维柱状图等）。在过滤多余数据信息时，可以使用迭代的方式进行，即过滤掉任何一个信息特征时都要衡量信息的损失，力求找到可视化结果美学性与表达信息量的最佳平衡。

2. 布局美——合理的信息布局

格式塔原则在用户体验设计，特别是可视化大屏的界面设计布局中非常关键。利用格式塔原则指导信息布局，可以帮助用户一眼就找到他们想要的内容并理解。

合理的信息布局可以借鉴第 2 章介绍的格式塔原则。如图 4-17 所示，具体原则包括：Proximity（接近）、Similarity（相似）、Closure（闭合）、Common fate（共同命运）、Continuation（连续）、Simplicity（简单）、Symmetry（对称）、Figure-ground（主体/背景）等。

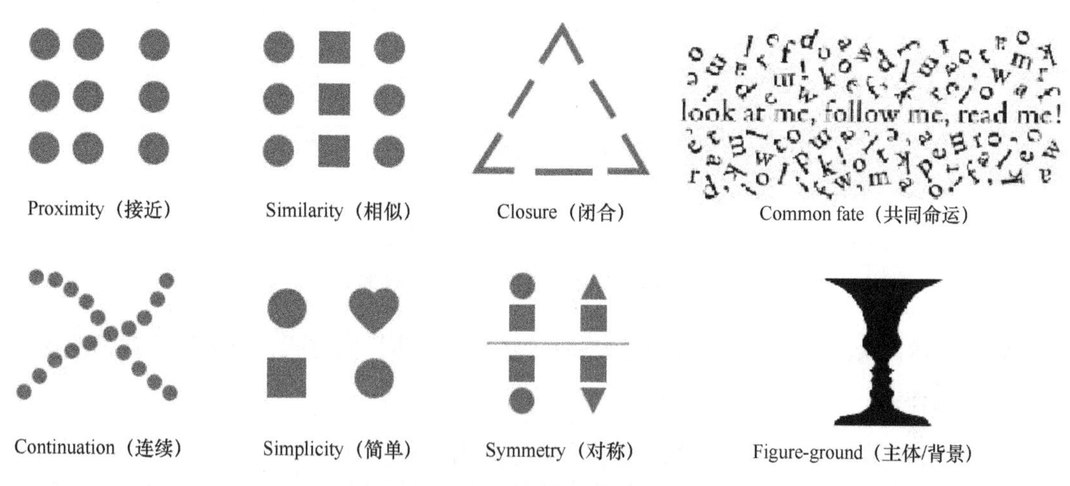

图 4-17　格式塔原则示意图

3. 色彩美——适宜的色彩情感

在数据可视化设计中，色彩是最重要的元素之一。合理利用色彩的情感可以增强可视化设计的感知效果，调动观赏者的情绪。

色彩情感是指不同波长色彩的光信息作用于人的视觉器官，通过视觉神经传入大脑后，经过思维与以往的记忆及经验结合产生联想，从而形成一系列的色彩心理反应。

不同的色彩会给人带来不同的心理感受，如：红色代表着喜庆、热情、欢乐、爱情、活力等。但是，很多时候红色也与灾难、战争、愤怒等消极情绪联系在一起；蓝色会给人带来友好、和谐、信任、宁静、希望等积极的情感体验，有时也会给人以冷酷、无情的心理感受。紫外光色、蓝色给人以科技感、未来感、前卫感；红、黄、绿等给人以青春、活力之感；可以造成“高端感”的有黑色、灰色+渐变/光照等。在色彩搭配上可以选择“同色系”配色，画面显得更丰富，也可以选择“非同色系”配色，画面会更加多彩。

4.2.2　正确的可视化故事

对可视化故事的提炼和视图的精心规划是数据可视化的首要任务。与功能型产品从用户的使用场景出发略微不同，数据可视化设计还需要重点关注数据本身。通过分析、挖掘数据，提炼数据中所隐藏的可视化故事，然后根据叙述故事的要求，确定正确的视图。简单的数据可视化故事用一个基本的可视化视图就可以展现；对于复杂的可视化故事，可以规划多个视图，通过多个视图有层次、有顺序地展示数据所包含的重要信息，表达出相应的可视化故事。

1. 数字化叙事

好的可视化设计能让人有一见钟情的感觉，知道眼前的东西就是自己想看到的，而不是直接把数据转换成图表。找到数据和它所代表事物之间的关系。按照“数字化叙事”去做设计，这是全面分析数据的关键，同样还是深层次理解数据的关键（见图 4-18）。

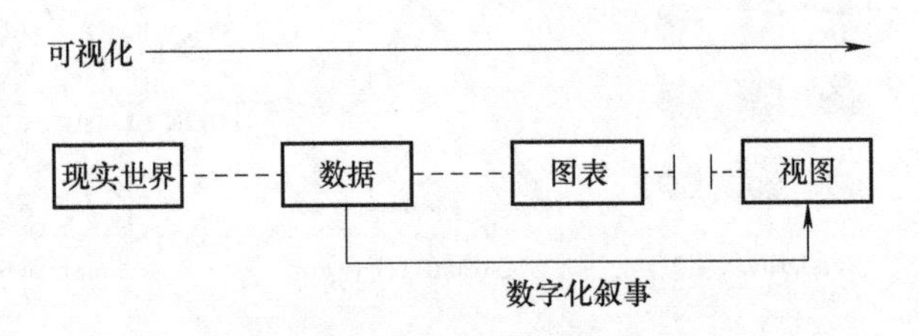

图 4-18　可视化核心：数字化叙事

如图 4-18 所示，优秀的作品都会以这种“数字化叙事”的方式，告诉用户数据的意义。

2. 不断迭代

当然，好的数据可视化图表都是通过不断迭代优化出来的。判断是不是一个好的图表可以按照以下步骤去做：第一步，有什么数据？第二步，用户想知道什么？第三步，选择什么样的数据可视化的表现方法；第四步，看到了什么，有意义吗？每一个问题的答案都取决于前一个答案，不断地去自问自答，思考每个环节有没有问题，这样才能做出最好的设计（见图 4-19）。

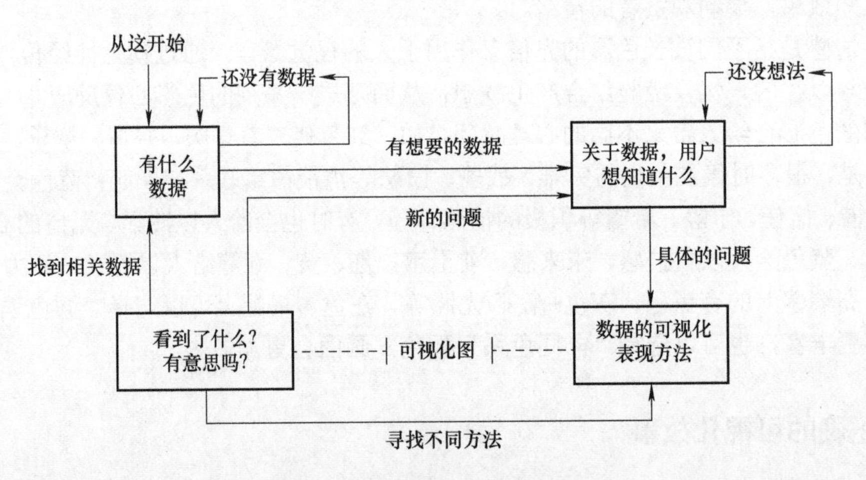

图 4-19　数据可视化的迭代过程

4.2.3　合理的信息量

一个好的可视化应当展示合适的信息。有两种极端情况：过多或者过少的数据信息展示。第一种极端情况是可视化设计者想传递的信息量过多，在增加可视化视觉负担的同时，还会使观赏者难以理解、重要信息淹没在众多的次要信息之中，从而无法快速准确地叙述想表达的故事。另一种极端情况是可视化设计者高度精简了信息，片段的信息无法串联形成可视化故事，让用户形成了认知障碍，无法衔接相关数据。合理的信息展示，有利于向用户清晰地叙述可视化故事。合理的信息展示需要筛选信息密度，使信息展示量恰到好处，同时区分信息主次，使信息显示主次分明。信息筛选如图 4-20 所示。

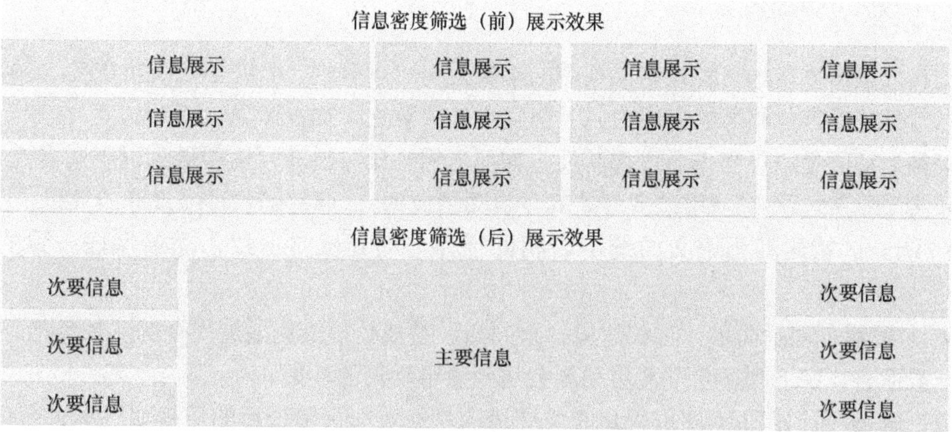

信息密度筛选（前）展示效果

信息展示	信息展示	信息展示	信息展示
信息展示	信息展示	信息展示	信息展示
信息展示	信息展示	信息展示	信息展示

信息密度筛选（后）展示效果

次要信息	主要信息	次要信息
次要信息		次要信息
次要信息		次要信息

图 4-20　信息筛选示意图

4.2.4　恰当的可视化交互

数据可视化设计在需要用户交互操作时，要保证操作的引导性与预见性，做到交互之前有引导，交互之后有反馈，使整个可视化故事自然、连贯。此外还要保证交互操作的直观性、易理解性和易记忆性，降低用户的使用门槛。因此，需要了解受众、了解数据和保持简单。

1．了解受众

呈现数据前首先要做的是思考谁将查看这些数据，为找到合适的数据可视化方法，了解受众非常关键。尽管数据可视化通常是一种简化数据的方法，受众可能仍然存在不同的知识背景，需要为此做好准备。如果数据可视化的目标是专业受众，那么可以使用更适合的方法及专业术语来解读数据。

2．了解数据

除了知道目标受众，还需要了解数据的内涵。如果不完全明白数据，那么将无法有效地将其传达给受众。另外，没有人能够从数据中提取所有信息，所以，需要找到关键信息，并以一致的方式进行呈现。最后，还需要确定数据的正确性。

3．保持简单

近年来，数据可视化发展迅猛，有很多工具和系统可供使用。人们可以接触到不同的独特工具、方法和技术，但并不意味着都需要使用。换言之，需要保持数据可视化方法简单明了，不要包含太多的数据信息或使用过多花哨的技术。拥有过多元素的可视化实际上会偏离数据，也会影响最终效果。数据可视化的好处是直观地呈现大量的数据，如果可视化看起来不够简单、明了、直观，那么就需要重新审视是否使用了错误的数据呈现方法，或包含了太多冗杂的信息。

4.2.5 巧妙的动画效果

动画效果可以增加可视化结果视图的丰富性与可理解性，增进与受众的交流，还可以增强重点信息或者整体画面的表现力，吸引受众的注意力，加深印象。

但是，动画使用不当也会适得其反。如何巧用动画与过渡，需要做到以下几点：

- 适量：动画不宜使用过多（尤其是自动播放的），避免陷入过度设计的危机中；
- 统一：相同动画语义的统一、相同行为与动画保持一致，尽量保证一致的用户体验；
- 易理解：动画简单、时长适量、易判断、易捕捉，避免增加受众的认知负担。

一般而言，在下列场景中使用动画会达到事半功倍的效果。

（1）辅助不同视图/不同可视化视觉通道的变换　如果筛选后的可视化信息密度仍然较大，那么设计者通常会设计多个视图用于展示，不同视图之间的切换可以使用过渡动画，有助于用户跟踪不同视图的元素变换。

当可视化视觉通道（数据量、表现形式或状态）发生变化时，为了减轻视图变化给用户带来的冲击，避免用户在变化中迷失，可以使用动画的形式进行过渡。

（2）可视化细节　包括运动、闪烁、虚拟物体的动作等动画效果，很容易吸引观赏者的注意力。当有重要信息需要观赏者快速捕捉时，可以选择突出这些细节。

总的来说，数据可视化的根本目的是更好地分享和传达数据信息。可视化的定义在不同人的眼中是不一样的。作为一个整体，可视化的广度每天都在变化，但是这是一个新的领域，它可以使人们用一种全新的方式去认识世界，改变人们对数据的呈现和思考方式，这也正是数据可视化设计的基本理念。

4.3 数据可视化的视觉设计

4.3.1 数据可视化视觉设计的实质

单独看数据可视化的组件并没有那么神奇，它们只是漂浮在虚无空间里的一些几何图形而已。如果把它们放在一起，就得到了值得期待的完整的可视化图形。例如，在一个直角坐标系里，水平轴上用分类标尺，垂直轴上用线性标尺，长度作为视觉隐喻，这时就得到了条形图；在地理坐标系中使用位置信息，则会得到地图中的某个点；在极坐标系中，半径用百分比标尺，旋转角度用时间标尺，面积作为视觉隐喻，可以画出极区图（即南丁格尔玫瑰图）。

从本质而言，可视化是一个抽象过程，是把数据映射到了图形上。从技术角度看，这很容易做到。难点在于，要知道什么形状和颜色是最合适的、画在哪里以及画多大。

因此，数据可视化视觉设计的实质，就是完成从数据到可视化的飞跃。具体而言，如图 4-21 所示，采用可视化编码，生成符合目标客户视觉感知特征的图形，并准确刻画被可视化数据的一些特征。因此，视觉隐喻、坐标系、标尺和背景信息都是原材料。视觉隐喻是人们看到的主要部分，坐标系和标尺可使其结构化，创造出空间感，背景信息则赋予了数据以生命，使其更贴切，更容易被理解，从而更有价值。

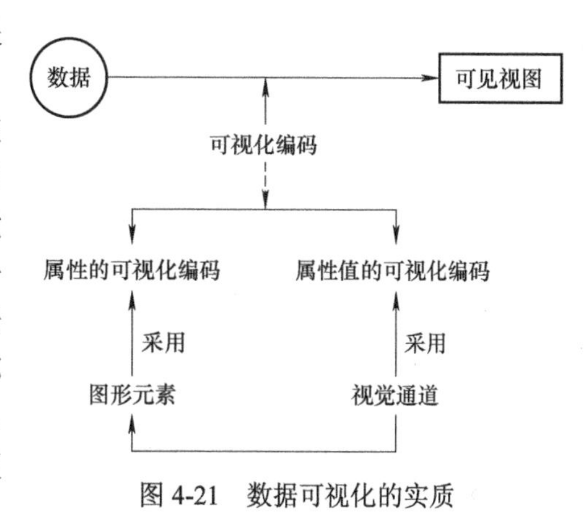

图 4-21　数据可视化的实质

4.3.2　数据可视化的视觉设计原理

数据可视化的视觉设计就是用图形讲数据的过程，其基本原理如图 4-22 所示。

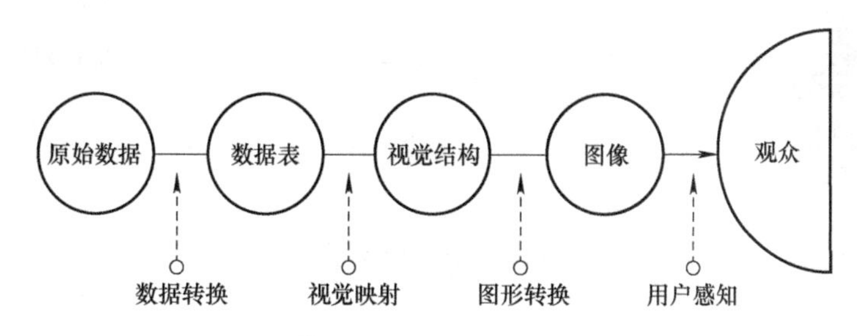

图 4-22　数据可视化视觉设计的基本原理

1. 数据转换

数据转换是可视化工作的第一步，可以通过 Excel 等工具将原始数据整理并转换为数据表格。原始数据通常都会有冗余或者残缺，含有噪声和误差，这些往往会使数据的模式和特征被隐藏。通过去噪、数据清洗、提取特征等数据处理操作，可以将数据变换为可处理模式。

2. 视觉映射与图形转换

简单来说，这就是给既有数据选择合适的图表，用图形语言来展现数据关系的过程。视觉元素的有序组合可以体现数据的特征，这里视觉元素可以称为视觉通道。听起来可能会抽象，但其实它的内涵很简单，例如：

- 折线图把数据特征映射为方向；
- 柱状图把数据特征映射为长度；
- 饼图把数据特征映射为角度；
- 环形图把数据特征映射为弧长；
- 面积图把数据特征映射为多边形的面积。

常见的视觉映射方式见图 4-23。

视觉元素	度量尺度	释义	典型应用
	位置	数据在空间中的位置	散点图
	长度	图形的长和高	柱状图、直方图、条形图
	角度	向量的旋转	饼图、环形图
	方向	空间中向量斜度	折线图
	形状	符号类别	图表标记
	面积	二维图形的大小	面积图、气泡图、矩形树图
	体积	三维图形的大小	三维立体图表
	色相与饱和度	色调的强度	热力图

图 4-23　视觉映射示意图

3. 用户感知

1985 年，贝尔实验室的统计学家威廉·克利夫兰和罗伯特·麦吉尔发表了关于图形感知和方法的论文，其研究焦点是确定人们理解视觉通道（不包括形状）的精确程度，最终得出了从最精确到最不精确的视觉通道排序清单（见图 4-24），即：

位置 →长度 →角度 →方向 →面积 →体积 →饱和度 →色相

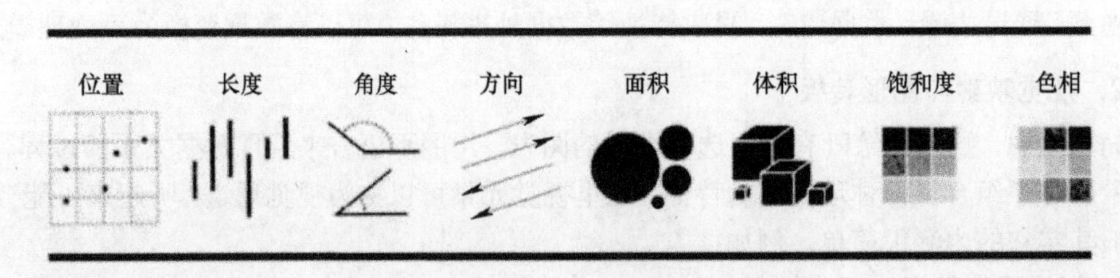

←精确的　　不精确的→

图 4-24　视觉通道的精确性

现在很多可视化规范都沿用这份清单，清单显示在可视化设计中，“位置”是最为精确的元素，“长度”次之。由此可知，柱状图对数据的表现更为准确，人们也更容易理解柱状图，而热力图则很难给出精确的信息。

视觉隐喻识别的精确性也是设计师和数据分析师们跳出传统图表的类型框架，创造各式各样的新颖可视化作品的理论基础。落实到图表的制作上，就是合理而准确地选择图表类型。

4.4　数据可视化的图表设计

各种图表类型都有通用的样式，更多地考虑如何选择常用图表来呈现数据，以达到数据可视化的目标。基本流程包括：①明确目标，选择维度→②梳理数据，选择图表→③规范图表，突出关键信息→④图表排布设计→⑤动效设计。

4.4.1　图表维度的选择

首先要明确数据可视化的目标，即通过数据可视化要解决什么样的问题、探索什么内容或陈述什么事实，然后分辨哪些是有价值或值得关注的维度，从而选择数据展示的视角。基本图表的可用维度如表 4-1 所示。

表 4-1　基本图表的可用维度

类型	第 1 维度	第 2 维度	第 3 维度	第 4 维度	第 5 维度
柱状图	X 轴	Y 轴	颜色	宽窄	形状
饼图	面积	颜色	—	—	—
折线图	X 轴	Y 轴	虚实	颜色	—
条形图	X 轴	Y 轴	颜色	宽窄	形状
散点图	X 轴	Y 轴	面积	颜色	形状
地图	经度	纬度	颜色	形状	面积

4.4.2　图表基本类型的选择

Andrew Abela 整理的“图表类型选择指南”，将图表所能展示的关系分为四类（见图 4-25）。可以根据目标选择合适的图形去展示需要可视化的数据。

1. 比较型图表

比较型图表可以展示多数据之间的相同和不同之处，也可以展示单个数据在时间上的变化趋势，是基于时间或分类维度来进行对比的图表，通过图形的颜色、长度、宽度、位置、角度、面积等视觉变量来对比数据。典型的比较型图表有柱状图、条形图、折线图、雷达图等。图 4-26 为《华尔街日报》发布的 2015 年全球市值排名前十的证券交易所。各证券交易所的市值是一种对比关系，选用条形图的方式可以让数字信息展示得更为清晰直观。

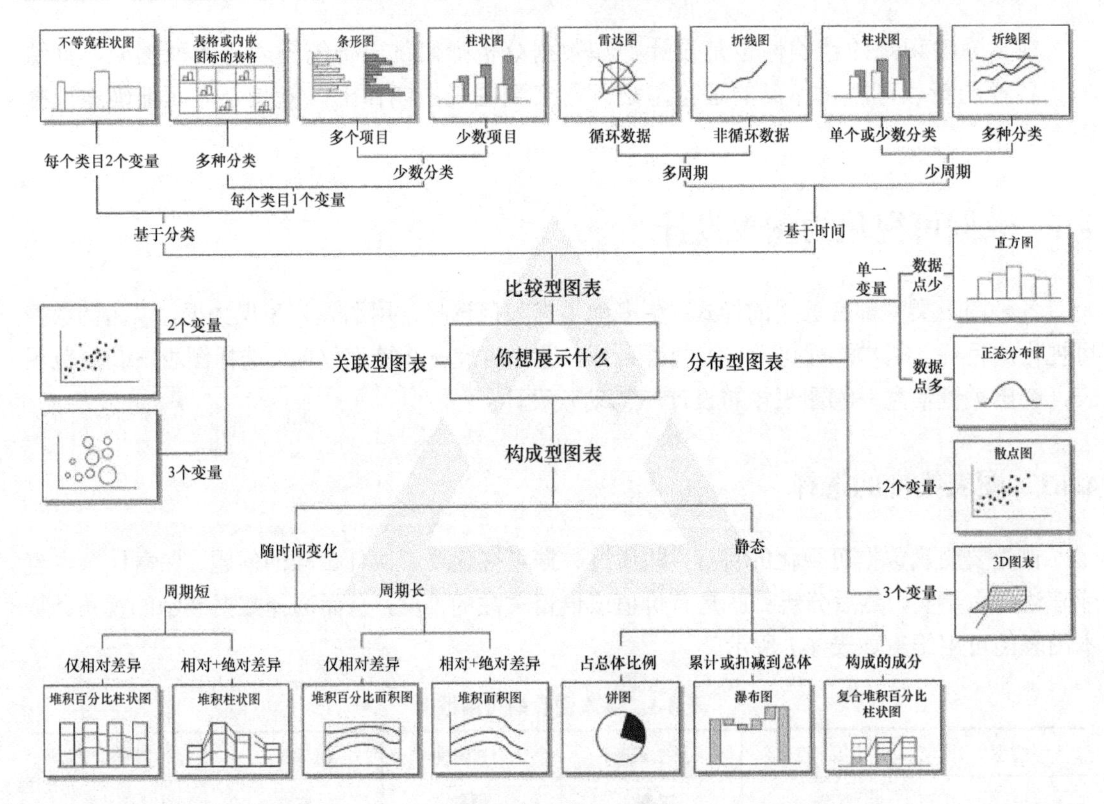

图 4-25　选择图形指南

2．分布型图表

分布型图表通常用于展示连续数据分布情况，通过图形的颜色、大小、位置、长度的连续变化来展示数据的关系。散点图、直方图、正态分布图、曲面图等表现方式都能体现数据的分布关系。图 4-27 是一个正态分布图，被称为“智商钟形曲线”（IQ Scale Bell-Curve），它显示不同 IQ（智商）的人数分布情况。在 60～100，人数呈现递增分布，达到 100 后，人数随着 IQ 的递增开始下降，只有很小一部分超过 140。

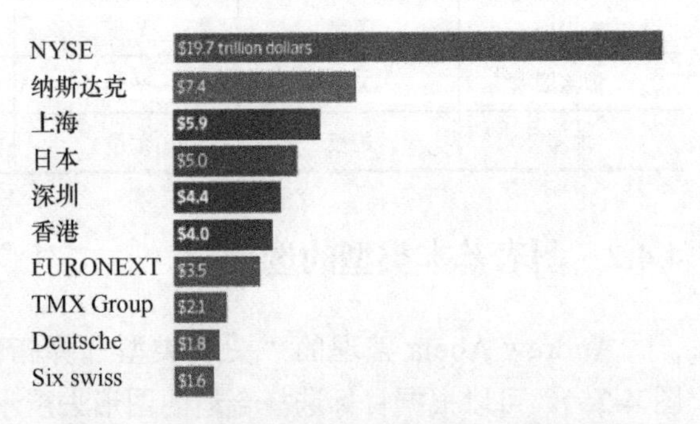

图 4-26　《华尔街日报》公布的 2015 年全球市值排名前十的证券交易所（单位：万亿美元）

3．构成型图表

构成型图表，顾名思义就是在同一维度展现结构、组成、占比关系的图表，它可以是静态的，也可以是随时间变化的。最典型的构成型图表就是饼图、环状图，还有百分比堆积柱状图、条形图、面积图。图 4-28 为 2016 年 ComScore 统计的某地区流媒体电视设备销量占比。构成关系的数据通常会采用圆形图，通过圆弧长度和扇形的面积大小来展示构成情况。

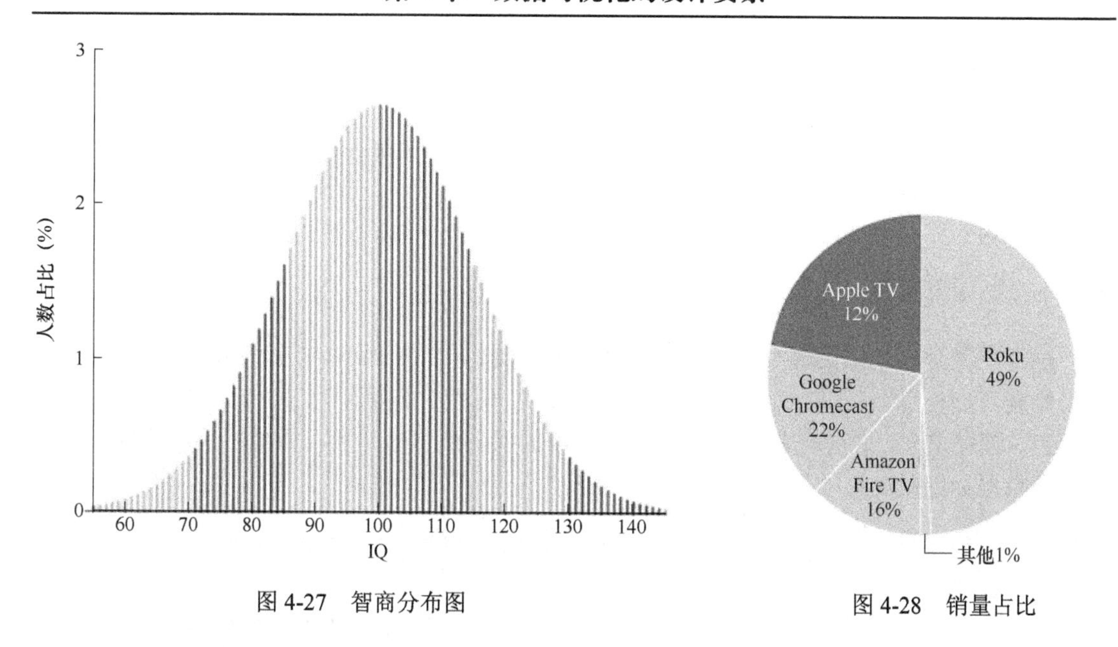

图 4-27　智商分布图

图 4-28　销量占比

4．关联型图表

关联型图表是一种用于展示数据之间存在关系的图表，如散点图、气泡图主要通过图形的颜色、位置、大小来展示数据的关联性。图 4-29 为《纽约时报》的文章推广与浏览量关系的可视化展示，该图采用气泡图的表现方式，直观地展示了文章放在首页与否带来的浏览量情况。气泡图中的数据以圆泡的形式展示在由 X 轴与 Y 轴构成的直角坐标系上，使用气泡的大小、密度来代表强度，用颜色来区分分类，通过这些视觉方式清晰地呈现了数据间的影响程度，从而快速地找到最合适的推广方式。

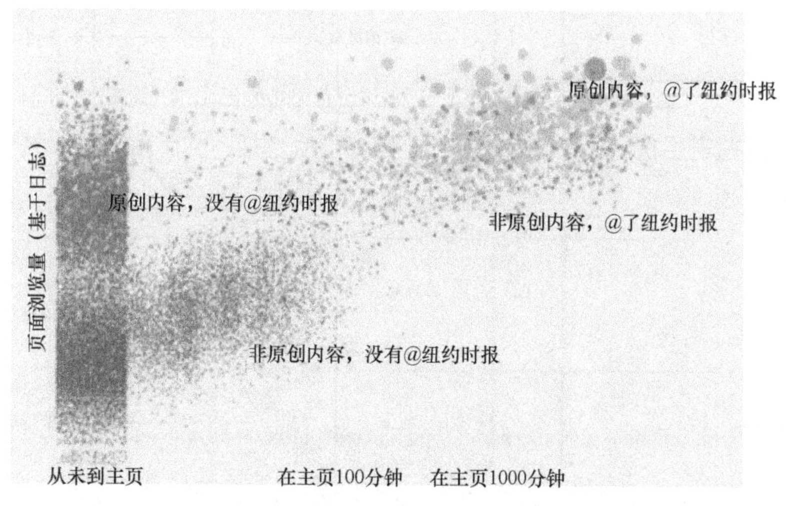

图 4-29　《纽约时报》的文章推广与浏览量关系的可视化展示

综上所述，选择图表的具体做法包括：

- 为了表现数据的变化和发展趋势可使用折线图。
- 关于不同类别的数据比较，可以使用横向或竖向柱状图，注意最大值和最小值的控制。

- 体现不同类别间的比例关系时，可以使用饼图。
- 强调数量随着时间变化的程度时，可以使用面积图。
- 强调两个变量或多个变量与整体的对比时，可以使用独立的饼图。
- 数据过于复杂的时候，可以使用复合图表进行绘制。

4.4.3 规范图表设计

规范图表是指规范图表设计的基本构成要素。如图 4-30 所示，图表的基本构成元素包括：标题（副标题）、图例、网格线、数据列、数据标签、坐标轴（X、Y）、X 轴标签、Y 轴标签、辅助信息。根据结构的不同，会相对增加或减少一些元素，如饼图只需要标题、数据列、数据标签就能把数据呈现清楚。

图 4-30　图表基本构成元素示意图

其次要注意图表层次。如图 4-31 所示，图表层次包括：文字信息层、视觉图形层、坐标网格层。

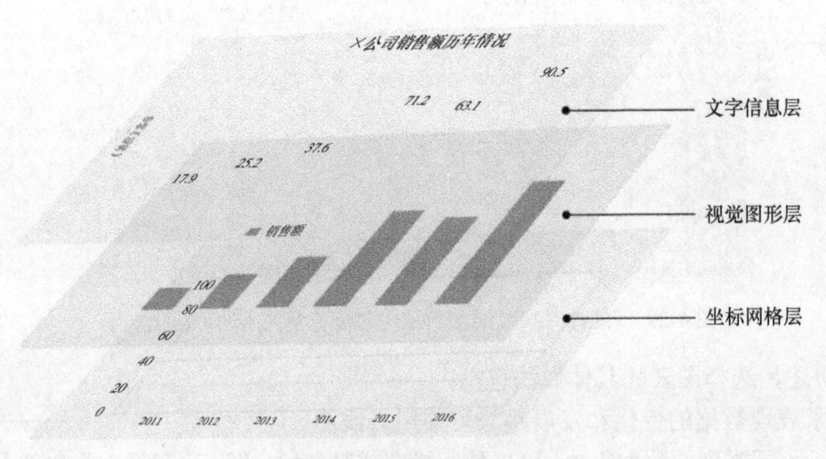

图 4-31　图表层次示意图

与此同时，还需要在图表中突出关键信息，即根据可视化展示的目标，通过对重要信息添加辅助线或更改颜色等手段，进行信息的凸显，将用户的注意力引向关键信息，帮助用户理解数据意义。

以 CPU 使用率监控为例，可视化的目标就是检测 CPU 的使用情况，特别是异常使用情况。所以，图 4-32 中将 100%最高临界线用特殊的颜色和线形标记出来，提醒用户识别异常的使用段。

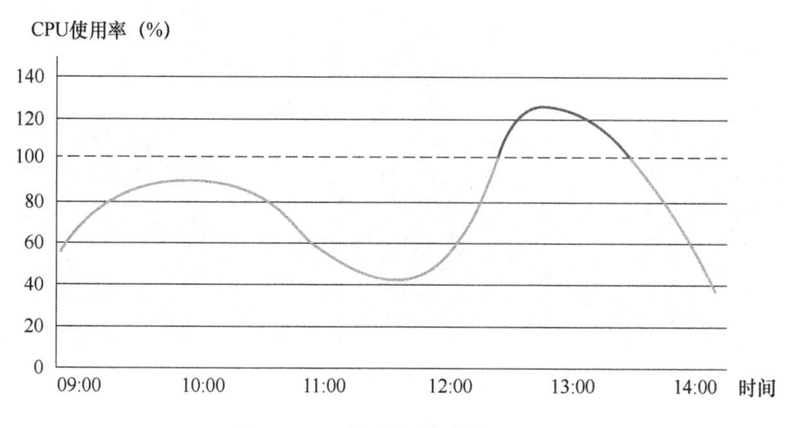

图 4-32　CPU 使用率监控可视化

4.4.4　图表排布

在可视化展示中，往往有多组数据要展示。可以通过信息的构图来突出重点，在主信息图和次信息图之间的排布和大小比例上进行调整，明确信息层级及信息流向，使用户在获取重要信息的同时达到视觉平衡。如图 4-33 所示，常用的图表排布方式主要有四种。

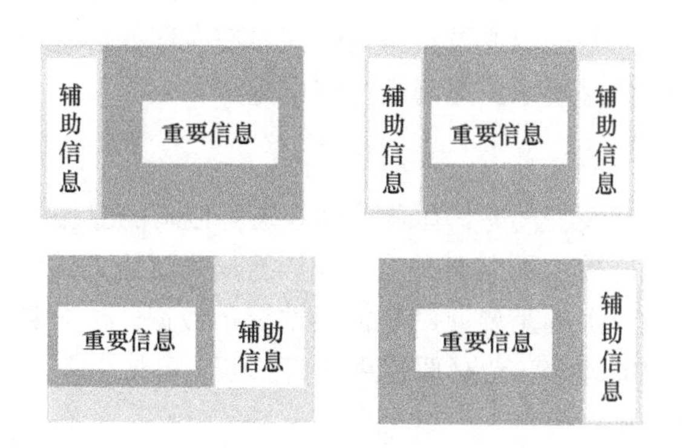

图 4-33　图表排布的四种方式

如图 4-34 所示，该图以地图的形式展示出扶贫的概况信息，两边排布扶贫的具体内容信息，在构图上突出主次，并在主要信息的背景上做动画处理，进一步加强信息层级及视觉流向的引导。

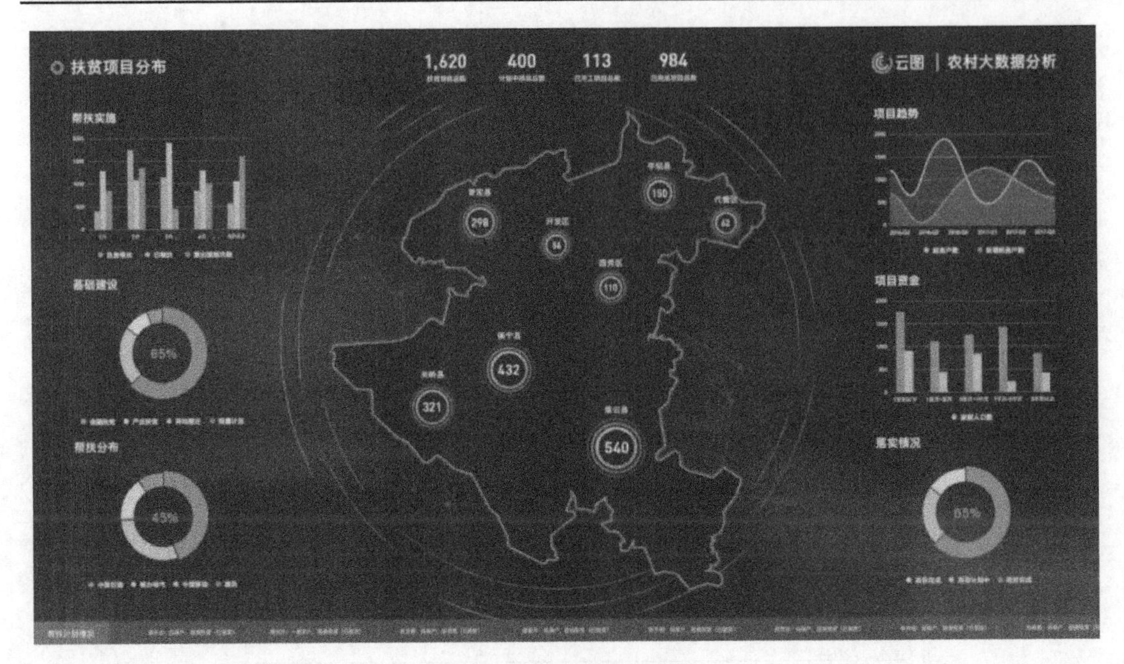

图 4-34　图表排布示例

资料来源：搜狐网

4.4.5　动画效果设计

目前越来越多的可视化展示的数据都是实时的，所以动画效果在可视化项目中的应用越来越广泛，动画效果设计起到了承载更多信息和丰富画面效果的重要作用。

1．信息承载

在可视化设计中，经常会遇到有非常多的数据信息需要展示在一个大屏幕上。遇到这种情况，需要对信息进行合并整理或通过动画的方式，在有限的屏幕空间里承载更多的信息，使信息更加聚合，同时使信息展示更加清晰，突出重点。

2．画面效果

动画效果可以增加细节及空间感，背景动画效果可使画面更加丰富。单个图表的出场动画，可使画面平衡而流畅，减少了图表在出现或数据变化时给人的生硬刻板感。

数据可视化动画在设计上的重要原则是恰当地展示数据。动画要尽量简单，复杂的动画会使用户对数据产生错误的理解。动画要使用户可预期，可使用多次重复动画，让用户看到动画从哪里开始到哪里停止。

4.5　数据可视化的配色方案设计

由于图表的特殊性，数据可视化的配色要求有自身特点，要充分考虑到特殊人群的颜色识别能力，要有可辨识性。

4.5.1　配色原则

1. 色调与明度的跨度都要大

要确保配色非常容易辨识与区分，它们的明度差异就一定要够大。明度差异需要全局考虑。但是，有一组明度跨度大的配色还不够。配色越多样，用户越容易将数据与图像联系起来。如果能利用好色调的变化，用户接受起来就能更加轻松。明度与色调的跨度越大，所能承载的数据也就越多。

2. 使用渐变

渐变色能让可视化图表感觉自然，同时又可以保有足够的色调与明度差异。

3. 使用配色工具

网上关于配色的免费资源非常多，可以辅助设计出靓丽的可视化效果，例如：

- ColorHunt——高质量配色方案，能够快速预览，特别适合只需要 4 种颜色的场合；
- Kuler——Photoshop 中的配色工具，Adobe 系列软件；
- Chroma. js——一个微型的 JavaScript 库，适用于各种颜色处理，可实现各种颜色的转换和色阶处理；
- Color brewer——地图配色工具，如果对基于地图的可视化配色方案感到困惑，这个工具非常实用。

4. 通用配色技巧

关于配色，还有一些小技巧可供参考，例如：遵循客户既定的品牌风格；根据数据描述的对象来定（如果数据描述的是咖啡，则可以考虑使用咖色系）；使用与季节或节日相关的主题色彩；如果没有好的思路，就多使用万能的“灰色”和阴影。

4.5.2　背景色定义

配色体系分为深色底、浅色底、彩色底的图表设计。背景色的选择与可视化展示的设备相关。

1. 首页背景色

如果设备是计算机，首页普遍用黑色（深色）作为底色，可以减少屏幕拖尾，观众也不会觉得刺眼。所有图表的配色都需要以深色背景为基础，保证可视化图的辨识度，色调与明度变化也需要有跨度。

2. 中小屏背景色

中小屏幕（例如手机屏幕）显示选择范围就比较广，浅色、彩色、深色均可以做出很好的设计，但是相比之下，浅色底会使数据更加突出。中小屏的浅色、深色、彩色设计，如图 4-35 所示。

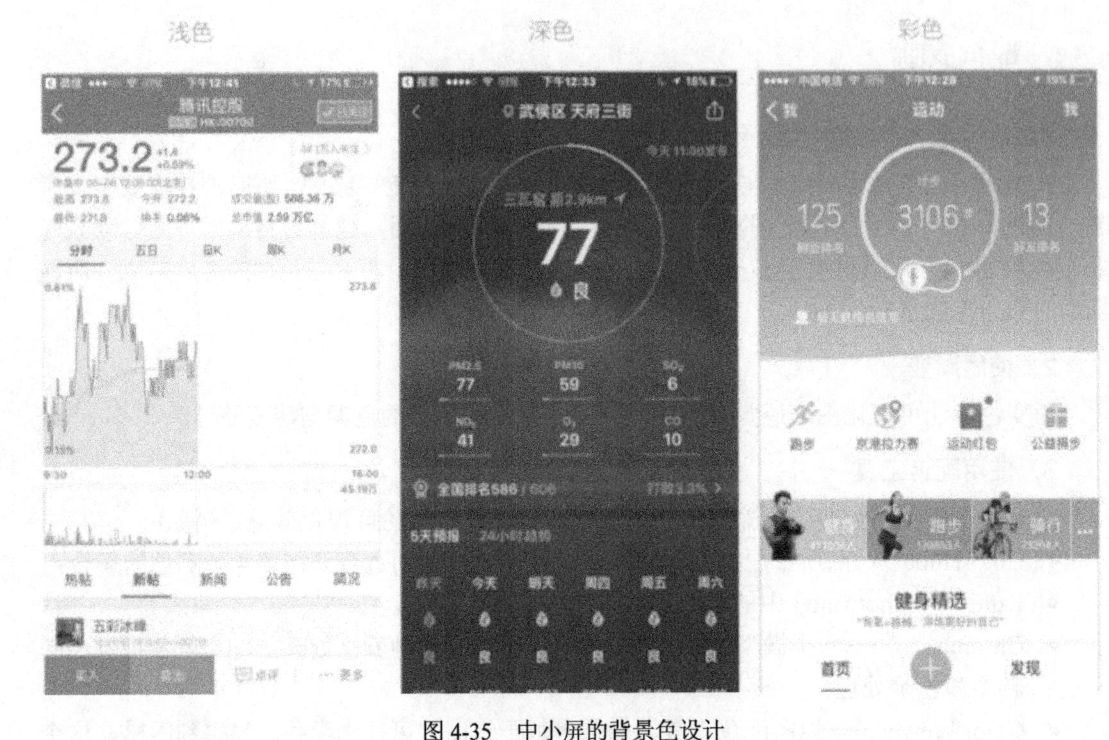

图 4-35　中小屏的背景色设计

4.5.3　图表色定义

在图表的颜色运用方面，色彩是最直接的信息表达的方式，往往能比图形和文字更加直观地传递信息，不同颜色的组合也能体现数据的逻辑关系。

1．色彩辨识度

要确保配色非常容易辨识与区分。对于使用单一色相的配色，明度跨度一定要足够大。可以在灰度模式下测试配色方案的辨识度。

2．色彩跨度

多色相的配色在数据可视化中是相当常见的，多色相的配色使用户容易将数据与图像联系起来。利用色调的变化可以有效地传达数据信息。

3．带明度信息的色环

当使用的颜色较少时，应避免使用相近的色相（同类色和相近色）。尽量选择对比色或互补色，这样可以使不同属性的数据在图表中展示得更加清晰。例如：美国大选，使用红色和蓝色两种对比色，将选票结果清晰地展示于地图上，如图 4-36 所示。

当图表需要的颜色较多时，建议最多不超过 12 种颜色。通常情况下人在不连续的区域内可以分辨 6～12 种不同颜色。过多的颜色对传达数据信息没有作用，反而会让人迷惑。

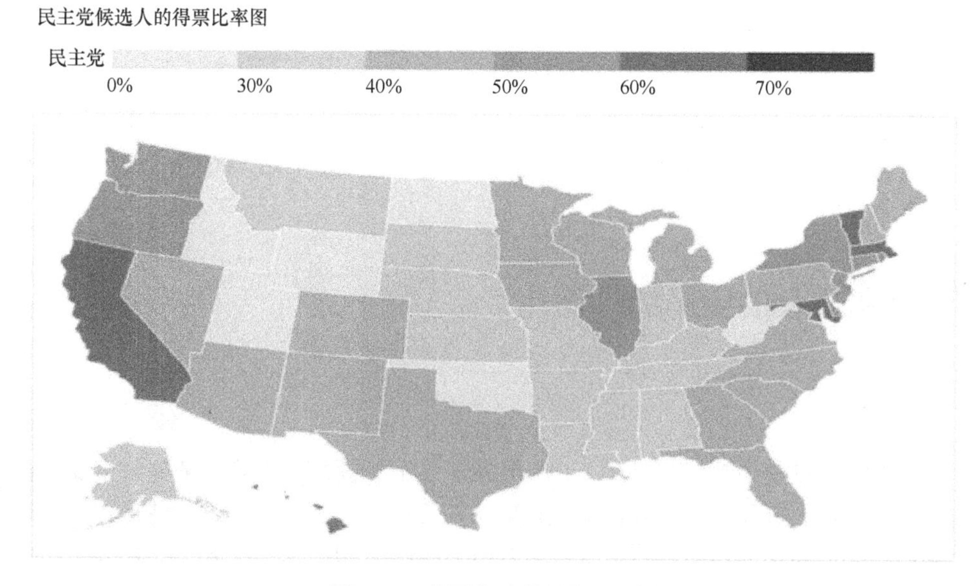

图 4-36　美国大选结果色环示例

4.6　数据可视化的字体设计

文字是数据可视化的核心内容之一。为了更加清晰、精确地传达信息，增加信息的可读性，对字体选择、字体大小和字体间距等都要精心设计。

4.6.1　字体选择

1．辨识度

在用户界面（User Interface，UI）的设计中，使用无衬线字体是业界的共识，但是对于数据可视化设计而言，字体大小的跨度可以非常大，所以在无衬线字体中需要选择辨识度更高的字体。大的宽度比值和较高的 x-height 值的字体具有更高的辨识度，而选择字母容易辨识且不会产生歧义的字体也会有利于数据的可视化设计。

2．更加灵活的字体

字体需要更加灵活，应该支持尽可能多的场景。数据可视化项目经常显示在不同大小、不同种类的终端上，需要选择合适的字体使得在低分辨率的小屏和超大屏幕上都能很好地展示数据。

4.6.2　字体大小

文字的可读性对数据可视化起着至关重要的作用。需要设置小字体的极限值，以保证在最小的界面上显示时也不影响观众对文字的辨认与阅读。

4.6.3 文字间隔

除了注意字母和中文字之间的间隔外，中西文混排时，还要注意中文和西文间的间隔。一般排版的情况都是中文中混排有西文，所以需要在中西文之间留有间隔，帮助用户更快速地扫视文字内容。

4.7 数据可视化的应用场景设计

4.7.1 大屏

大屏，是指通过整个超大尺寸的 LED 屏幕来展示关键数据内容。随着许多企业的数据积累和数据可视化的普及，大屏数据可视化需求正在逐步扩大。例如，一些像监控中心和指挥调度中心这样需要依据实时数据快速做出决策的场所，以及像企业展厅、展览中心之类以数据展示为主的展示场所，还有像电商平台在大促活动时对外公布实时销售数据作为广告公关手段，等等，而具体的展示形式又可能分为带触摸等交互式操作的展示，或只是做单向的信息展示，等等。

总结已有的优秀的数据可视化大屏，它们往往具有一些共同的视觉特征：

- 高级感、符合可视化主题的颜色搭配；
- 具有很强的空间感，且信息承载能力强；
- 高精度材质构建出的模型，光影效果写实；
- 有丰富的粒子流动、光圈闪烁等动画效果。

2018 年，淘宝“双十一”购物狂欢节现场，采用实时数据大屏带给观众更加准确、震撼和清晰的体验（见图 4-37）。

图 4-37　2018 年淘宝“双十一”现场大屏

4.7.2 网页

目前应用于数据可视化方面的网页技术可以说是琳琅满目，如 D3.js、Processing.js、Three.js、ECharts（来自百度 EFE 数据可视化团队）等，这些工具都能很好地实现各类图表样式。其中，Three.js 作为 WebGL 的一个第三方库，相对更侧重于 3D 方向的展示。

4.7.3 视频

有数据显示，人的平均注意力集中时间已从 2008 年的 12s 下降到 2015 年的 8s，这并不奇怪。在面对越来越多的信息来源时，人会自然倾向于选择更快捷的方法来获取信息，而人类作为视觉动物天生就容易被移动的物体吸引，所以视频也是数据可视化的有效展示手段之一，并且视频受到展示平台的限制更小，可以应用的场景也更广。不过因为其不可交互的特性，视频展示更适合将数据与更真实、更艺术的视觉效果相结合，预先编排成一个个引人入胜的故事向用户娓娓道来。

4.7.4 虚拟现实等综合场景

可惜，仅有以上这些展示方式是不够的，人眼仅仅透过平面的屏幕来接收信息仍然存在着限制，虚拟现实（Virtual Reality，VR）、增强现实（Augmented Reality，AR）、全息投影……这些当下最火热的技术已经被应用到游戏、房地产、教育等各行各业，可以预见的是数据可视化也能与这些技术擦出有趣的火花，比如带来更真实的感官体验和更接近现实的交互方式，使用户可以完全“沉浸”到数据之中。可以想象一下，当人们以全方位的视角去观看、控制、触摸这些数据时，这种冲击力自然比面对一个个仅仅配着冷冰冰的数字的柱状图要强得多。而在不远的未来，触觉、嗅觉甚至味觉，都可能成为接收数据和信息的感知方式。

综上，数据可视化是一门同时结合了科学、设计和艺术的复杂学科，其核心意义始终在于清晰地叙述和艺术化地呈现，这些需要依靠数据分析师和设计师的精心策划，而不仅仅是依靠炫酷的效果。只有这样才能最终达到帮助用户理解数据和做出决策的目标，才能发挥数据可视化巨大的价值和无限的潜力。

习　题

1．结合自己的专业，寻找本领域的可视化作品，分析它的设计组件。
2．调查分析本领域可视化作品的设计原则。
3．根据所在领域的可视化作品，简述数据可视化的实质。
4．对比历年淘宝“双十一”现场大屏，分析它们的异同。
5．思考如何利用数据可视化改进所在学校的新闻报道。

参 考 文 献

[1] 蘑菇的温室. 微话题　地铁行驶轨迹，根本不是线路图画的那样[EB/OL].（2017-07-18）[2019-10-12]. https://www.sohu.com/a/158228445_99901594.

[2] 李海平. 1933 年伦敦地铁系统交通设计规划的诞生[J]. 艺术百家，2013（7）：122-124.

[3] 程远. 伦敦地铁图背后的天才设计师 Harry Beck[EB/OL].（2016-03-21）[2019-05-19]. https://www.uisdc.com/maps-of-london-underground.

[4] Nemo.数据可视化设计（2）：可视化设计原则[EB/OL].（2019-05-09）[2019-08-01]. http://www.woshipm.com/data-analysis/2317120.html.

第5章

数据可视化的实现与优化

导读案例

基于形状空间投影的时间序列数据可视化探索

时间序列数据是很常见的一种数据形式，甚至可以说，日常见到的大部分都是时间序列数据，比如说一切价格的变动（衣食住行、股票等）。时间序列数据可以看成是一组按时间记录的数据。

基于形状空间投影的时间序列数据可视化探索，其基本思路并不复杂，如果把数据点中每条数据所对应的类别表示成一条数据轴，那么就可以构造一个高维空间；然后按时间顺序，把数据点连接起来，这样一组时间序列数据就可以表示为一条在高维空间中的线。关键的问题是如何观察这条高维曲线。

可以通过三步来可视化这条高维曲线：第一步，对这条高维曲线采样。采样太少，有可能丢掉一些重要信息，而太多则会产生很多噪声。第二步，将采样过的高维曲线分段，以方便接下来对每段曲线特性的研究。这些小段可以有重叠。分段的大小、重叠程度也是由用户交互指定。第三步，用主成分分析（Principal Component Analysis，PCA）的方法把曲线投影到二维空间，以显示和研究曲线特性。

如图5-1所示，心电图的二维可视化，每个粗点代表了一个记录，这些点按时间顺序用细线连接。由于每个记录包含了多条数据，读者无法直接在高维空间里观察这条线。但是如果用PCA方法把这组时间序列数据投影到二维空间上，就可以清楚地看到有6个圈，每个圈用不同的颜色区分。可以比较清楚地看出有一个圈的某一部分跟其他圈不一样（图5-1中方框部分），这样就可以找到心电图中的异常。

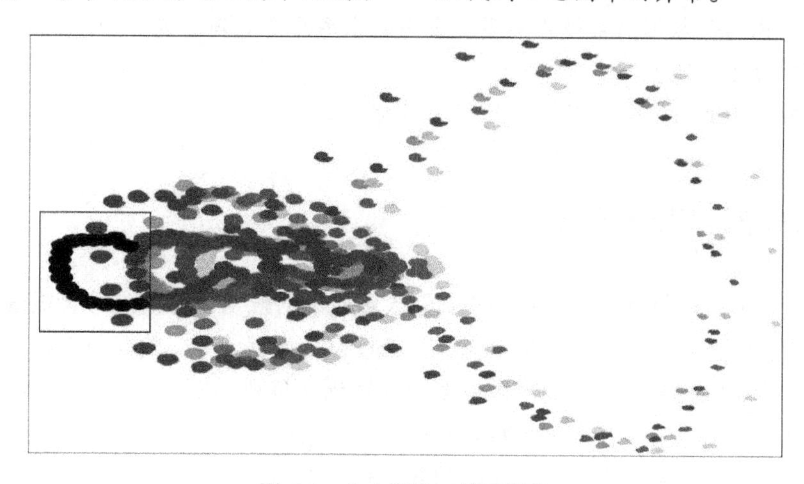

图5-1　心电图的二维可视化

这样的可视化主要是通过对高维数据进行投影，帮助读者发现异常，但是可视化本身并不能提供对数据的直接解释，对异常的解释还是要回到原来的数据。如图 5-2 所示，左图是美国 100 年来道琼斯指数的相关数据的可视化，从右到左代表从早期到现代。这个可视化本身并不对应于原始数据中的任何曲线，所以很难有直观的解释，但是可以方便读者发现一些有趣的现象，比如在早期，道琼斯指数变化比较有规律，而现代的变化则变得难预测。而对具体的异常，比如出现在方框里的异常，通过查看原始的数据（显示在图 5-2 右侧的方框中），可以看到原来出现了一次大跌，然后又涨上来了。

通过上述两个例子不难发现，基于形状空间投影的时间序列数据可视化探索，就是将时间序列数据画成不同的图形，并在其中找出特殊的形状以挖掘信息。

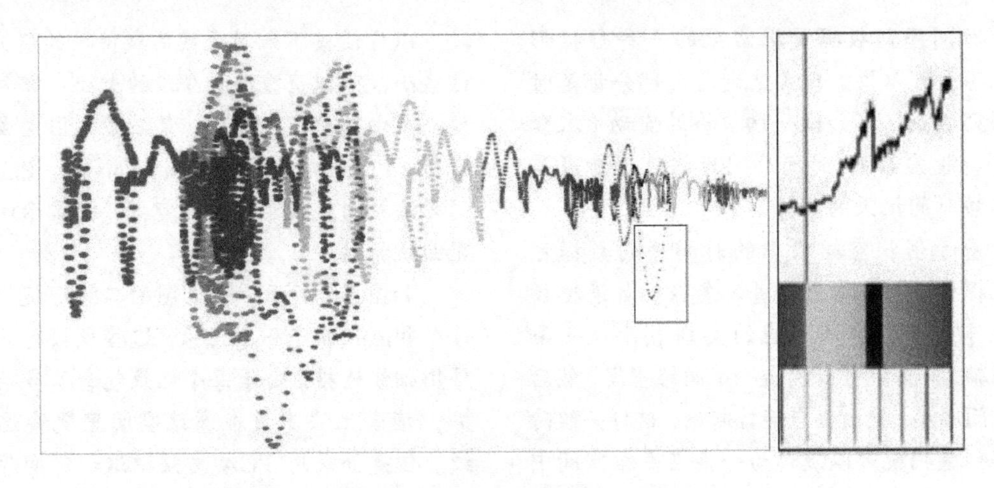

图 5-2　美国 100 年来道琼斯指数相关数据的可视化

本章知识要点

- 熟悉和掌握数据可视化的基本步骤
- 理解和掌握数据可视化的各种实现方法
- 熟悉不同类型数据的可视化实现，掌握基本图形的实现要点
- 理解数据墨水比原则
- 熟悉和掌握数据可视化的优化思路与具体措施

5.1　数据可视化的基本步骤

可视化的结果可能只是一个条形图表，但大多数的时候可视化的过程会很复杂，因为数据本身可能就是很复杂的。数据可视化的一般流程包括数据收集、数据分析和清理、可视化设计，以实现从抽象的原始数据到可视化图像的转化（见图 5-3）。

在数据可视化历史上，诸多学者提出了自己对数据可视化步骤的观点，形成各具特色的可视化模型，大致分为顺序模型、反馈模型和循环模型三大类。

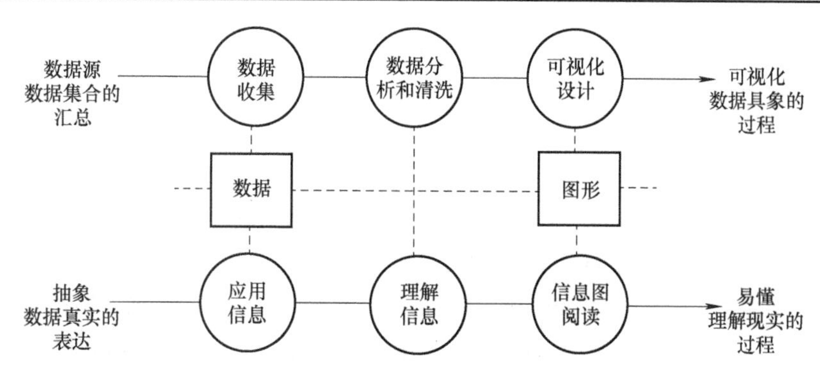

图 5-3　数据可视化的基本过程

5.1.1　顺序模型

Ben Fry 在他的著作《可视化数据》里把数据可视化的流程分为了七步：获取、分析、过滤、挖掘、表示、修饰、交互。为了使这个流程更便于理解，本书将其归纳为三个核心步骤：原始数据的转换、数据的视觉转换，以及界面交互（见图 5-4）。

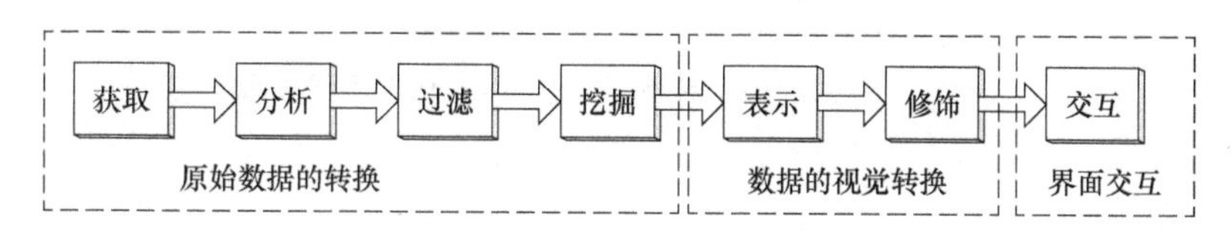

图 5-4　基于 Ben Fry 理论的顺序模型

1．原始数据的转换

原始数据的转换包括数据的获取、分析、过滤和挖掘。第一步是获取数据，即数据采集或数据收集，既可以从网络抓取，也可以出自储存于本地端的文件；第二步是数据分析，也就是用结构图表明数据的意义，只有知道数据的意义才能有助于后续的数据过滤；第三步是数据过滤，留下有用的数据，删除多余数据；第四步，通过数据挖掘从杂乱无章的数据中寻找某种规律，从而为之后的数据表示提供有组织的原材料。原始数据的转换过程可繁可简，取决于需处理对象的类型和复杂程度。

2．数据的视觉转换

数据的视觉转换包括数据的表示和修饰。数据的表示，是指选择一个基本的视觉模型，用它将表述出来，相当于一个草图。这个步骤基本决定了可视化效果的雏形，需要结合数据的维度考虑合适的表示方法，可能采取列表、树状结构或其他；同时，这也是对前面数据转换过程的审查和检验，特别是数据的获取和过滤。所以，数据的表示是可视化过程中一个关键性的步骤。数据的修饰，是指改善前述草图，尽可能地使之变得更清晰、有趣。这一步骤就像对草图上色，突出重点，弱化一些辅助信息，使数据的表示既简单清晰，又内涵丰富、实用美观。

3．界面交互

界面交互是指数据可视化中的交互设计。“交互”提供了一种让用户对内容及其属性进行操作的方便途径。交互的操作者，可能是负责数据可视化的工程师，也可能是使用该可视化的用户，有些情况下他们可能是同一人。譬如，当对某一属性进行研究时，用户可以隐藏其他属性，专注于某一特定区域的研究。而对于三维空间的可视化效果，用户可以通过交互操作进行视角的变化，从而对数据有更全面的认识。

不仅如此，用户的心理感受和变化也值得注意。之前的所有步骤主要由计算机完成，而在交互阶段，用户地位由被动变主动，由接受转为去发现、去思考，界面交互提供了他们控制数据和探索数据的可能，这才能在真正意义上将计算机智能和人的智慧结合起来。

除了 Ben Fry 之外，Haber 和 McNabb 提出的可视化流水线模型也是顺序模型的典型代表。如图 5-5 所示，从数据空间到可视化空间，数据分析、过滤、映射和绘制这些步骤可以确保原始数据变成为图像数据。

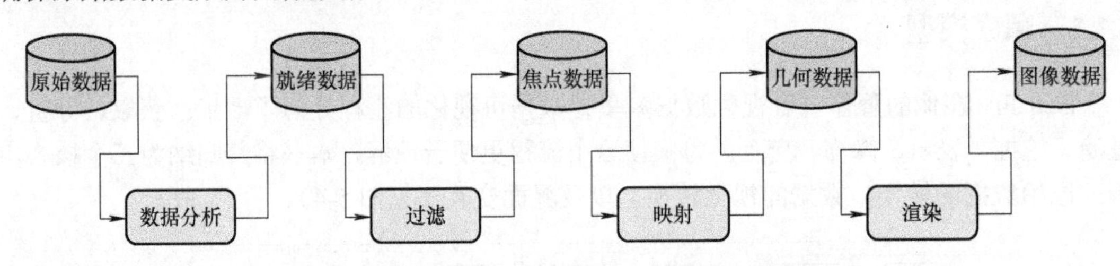

图 5-5　Haber 和 McNabb 提出的可视化流水线模型

5.1.2　反馈模型

顺序模型体现了数据可视化的核心步骤，但是，没有体现各个步骤之间的交互作用。因此，学者们纷纷将简单线性的顺序模型改进为增加了回路的反馈模型。欧洲学者 Daniel Keim 提出了一个典型的可视化反馈模型，它的起点是输入的数据，终点是提炼的知识。从数据到知识有两条途径：交互的可视化方法和自动的数据挖掘方法。这两条途径的中间结果分别是对数据的交互可视化结果和从数据中提炼的数据模型，用户既可以对可视化结果进行交互的修正，也可以通过调节参数来修正模型。从数据中洞悉知识的过程，也主要依赖两条主线的互动与协作（见图 5-6）。

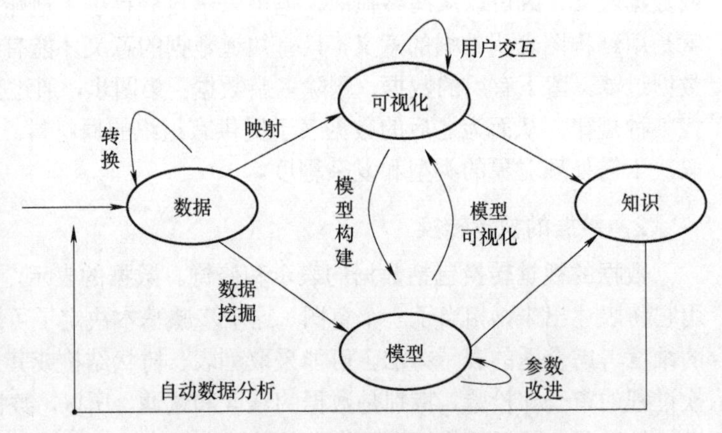

图 5-6　Daniel Keim 的可视化反馈模型

数据可视化分析的核心步骤包括以下四个方面：

1. 数据表示与转换

数据可视化的基础是数据表示与变换。为了能有效地可视化、分析和记录，输入数据必须从原始状态转化为一种便于计算机处理的结构化数据表示形式。这些结构通常本来就存在，需要研究出有效的数据提炼或简化方法以最大限度地保持信息和知识的内涵及联系。有效表示海量数据的主要挑战在于采用具有可伸缩性和可扩展性的方法，以便忠实地保持数据的特征和内容。此外，应将不同类型、不同来源的信息统一表示，才能让数据分析人员及时聚焦于数据的本质。

2．数据的可视化呈现

可视化需要将数据以一种直观、容易理解和操作的方式呈现给用户。数据可视化向用户传播了信息，而同一个数据集可能对应多种视觉呈现形式，即本书第 2 章讲述的视觉编码。数据可视化的核心内容是从巨大的多样性空间中选择最合适的编码形式。

3．用户交互

对数据进行可视化和分析的目的是解决目标任务。有些任务可明确定义，有些任务则更广泛或者一般化。目标任务通常可分成三类：生成假设、验证假设和视觉呈现。数据可视化可以用于从数据中探索新的假设，也可以证实相关假设与数据是否吻合，还可以帮助数据专家向公众展示其中的信息。交互是通过可视化的手段辅助分析决策的直接推动力。有关人机交互的探索已经持续很长时间，但适用于海量数据可视化的智能交互技术，如任务导向的、基于假设的方法还是未解的难题，其核心挑战是新型的可支持用户分析决策的交互方法。这些交互方法涵盖底层的交互方式与硬件、复杂的交互理念与流程，更需要克服不同类型的显示环境和不同任务带来的可扩充性难点。

4．分析推理

分析推理技术是用户获取深度洞悉的方法，它能够直接支持情景评估、计划、决策。在有效的分析时间内，可视分析必须提高人类判断的质量。可视分析工具必须能处理不同的分析任务，如：

- 很快地理解过去和现在的情况和趋势。
- 监控当前的事件，发现突发的警告信号和异常事件。
- 确定事件发生指标。
- 在危机时刻提供决策支持。

类似地，Card、Machinlay 和 Shneiderman 描述的可视化模型，也可归属于反馈模型。如图 5-7 所示，用户在任何阶段都可以进行交互反馈。

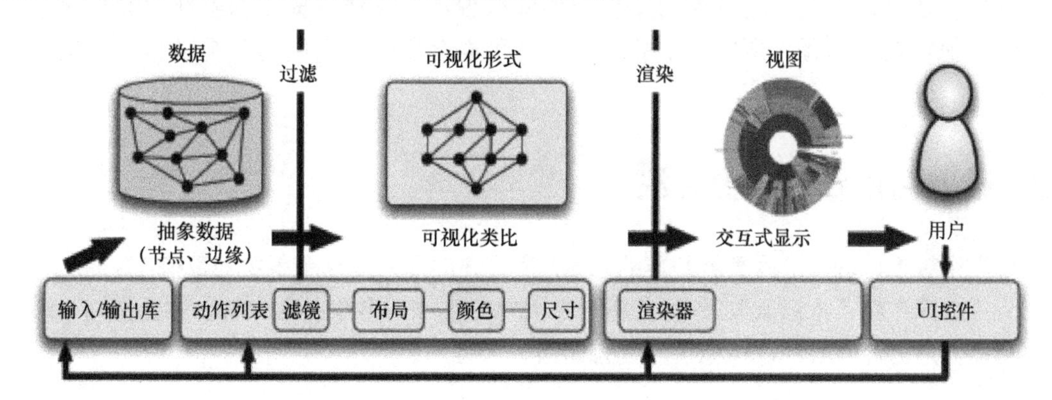

图 5-7　Card、Machinlay 和 Shneiderman 的可视化模型

5.1.3 循环模型

随着可视化技术的深入发展，人们逐渐意识到了“用户交互”和“信息反馈”在可视化中的重要地位，因此 Sacha 等人建立了信息可视化和分析过程中的意义建构循环模型。如图 5-8 所示，循环模型包含左边计算机的部分和右边分析师的部分。在计算机部分中，数据被绘制为可视化图表，同时也通过模型进行整理和挖掘。在分析师的部分中，提出了三层循环：探索循环、验证循环和知识产生循环。

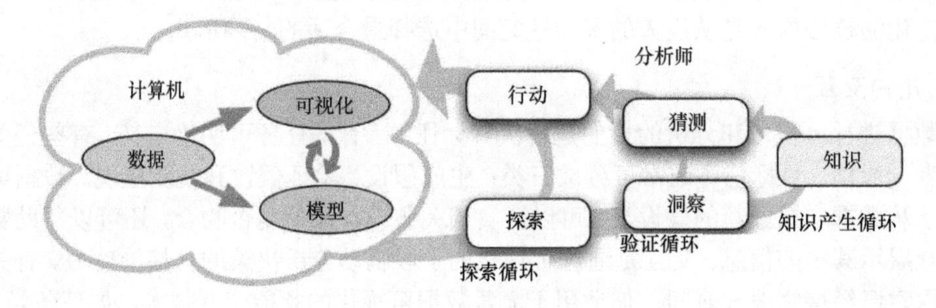

图 5-8 可视分析中的知识产生模型

1．探索循环

探索循环描述了分析师如何与可视化分析系统进行交互，以产生新的可视化模型和分析数据。分析师通过互动和观察反馈来探索数据。探索循环产生的结果并不一定与分析目标有关，但也可以洞察解决其他任务或发现新的分析方向。

2．验证循环

验证循环用于引导探索循环确认假设或者是形成新的假设。为了验证具体的假设，需要进行验证性分析，验证循环会揭示假设是否为正确的结果。在问题域背景中，当分析师从验证循环的角度进行搜索时，他们就可以得到答案。验证可能会导致新的假设，需要进一步调查。

3．知识产生循环

分析师通过他们在问题领域的知识来形成猜测，而且通过提出和验证假设来获取新的知识。他们在问题领域所获取的新知识，有可能会影响在后续的分析过程中提出的新的假设。

5.2 数据可视化的实现方法

可视化对象可拆分成两类最基本的元素：所描述的事物及这个事物的数值，可将其分别定义为“指标”和“指标值”。例如，在一个性别分布中，男性占比 30%，女性占比 70%，那么指标就是男性、女性，指标值对应为 30%、70%。

5.2.1　指标值图形化

一个指标值就是一个数据，将数据的大小可以以图形的方式表现出来，比如用柱状图的长度或高度表现数据大小，这也是最常见的可视化形式。

传统的柱状图、饼图有可能会带来审美疲劳，如果想创新，可以尝试从图形的视觉样式上下点功夫，常用的方法就是将图形与指标的含义关联起来。例如，全球电信设备商市场份额的饼图中，用代表中国的红色来表示所占市场份额，图形与指标的含义（国旗主要色）相吻合（见图 5-9）。

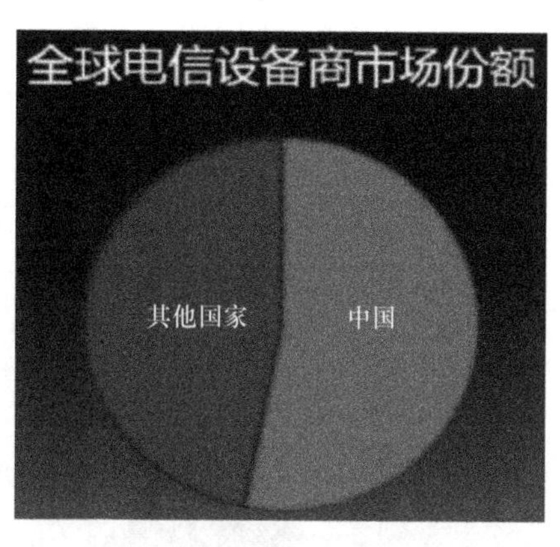

图 5-9　全球电信设备商市场份额

5.2.2　指标图形化

一般用与指标含义相近的图标来表现，使用场景也比较多，如图 5-10 所示。

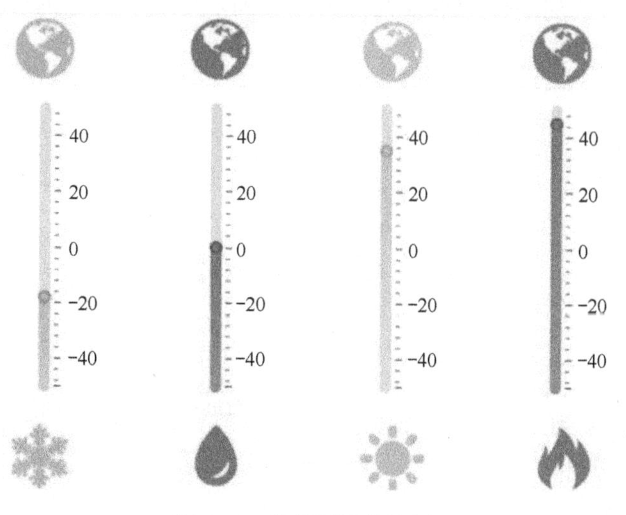

图 5-10　指标图形化示例

5.2.3　指标关系图形化

当存在多个指标时，挖掘指标之间的关系，并将其图形化表达，可提升图表的可视化深度。常见的有以下两种指标关系图形化方式：

1. 借助已有的场景来表现

联想自然或社会中有无场景与指标关系类似，然后借助此场景来表现。例如，支付宝的年度账单中，在描述付款最多的三项时，借助领奖台场景进行表现，如图 5-11 所示。

2. 构建场景来呈现

指标之间往往具有一些关联特征，如从简单到复杂、从低级到高级、从前到后，等等。如果无法找到已存在的对应场景，则可以通过构建场景来呈现。例如，百度统计流量研究院中的学历分布，指标分别是小学、初中、高中、本科等，它们之间是一种越爬越高、从低等级到高等级的关系，那么这种关系可以通过构建一个台阶去表现，如图 5-12 所示。

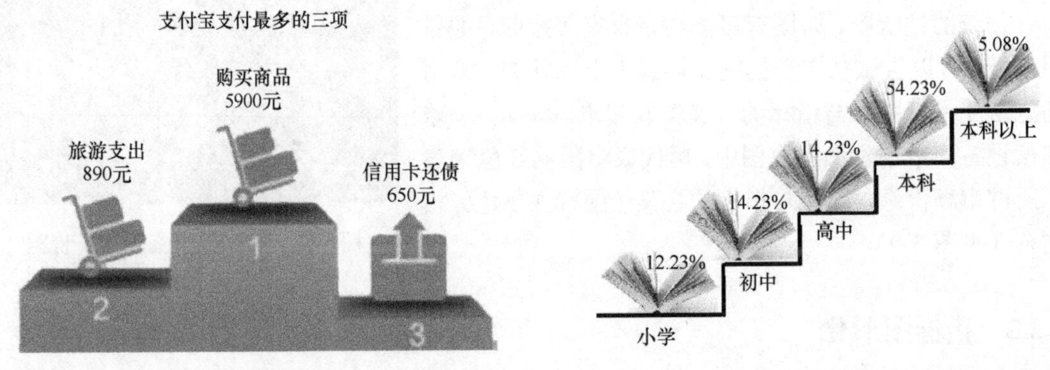

图 5-11　借助已有场景实现指标关系图形化示例　　图 5-12　构建场景实现指标关系图形化示例

综上，可以用图 5-13 形象化地展现如何对指标、指标值和指标关系进行图形化处理的过程。

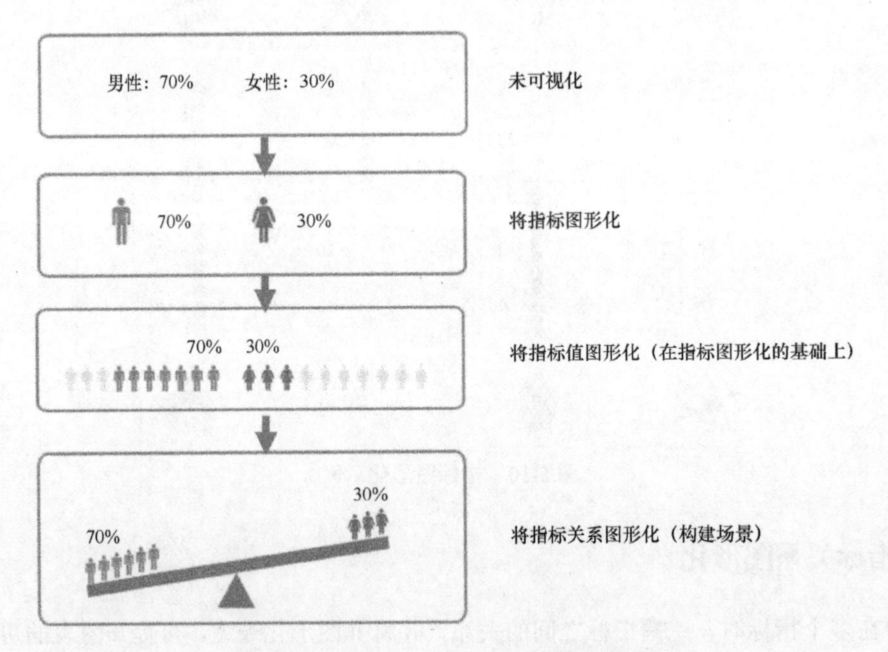

图 5-13　性别分布线性可视化过程示意图

5.3　数据可视化的具体实现

数据可视化可以借助于图形化的手段，快速抓住要点信息，清晰、高效地传达与沟通信息。针对不同类型的数据，应该选择合适的展现方式。根据功能划分，可以将其分为比较类、分布类、占比类、关联类、地图类和时间类六大类（见图5-14）。

图5-14 按照功能划分的六大类数据示意图

5.3.1 比较类数据的可视化实现

比较类数据的可视化，就是通过可视化方法显示值与值之间的不同和相似之处。一般而言，可以使用图形的长度、宽度、位置、面积、角度和颜色来比较数值的大小，通常用于展示不同分类间的数值对比，不同时间点的数值对比等。

1．常用图形

比较类数据的可视化，常用图形包括柱状图（条形图）、气泡图、子弹图、漏斗图等（见图5-15）。其中，柱状图等用长度作为视觉暗示，有利于数值型数据的直接比较；柱形堆叠图等，显示对比分类型数据的占比情况；矩形树图能展示下一级分类的子类统计，可实现维度的下钻；子弹图能显示和表现数据，其功能类似于条形图，但可以加入更多视觉元素，提供更多补充信息；雷达图有利于比较多个变量，可用于查看哪些变量具有相似数值，或者每个变量中有没有异常值。

图5-15 比较类数据可视化的常用图表

2．其他图形

除了图5-15显示的常用图形外，还有一些相对比较小众的图形，包括象形图、平行坐标图、径向柱图等，它们也非常适合用于比较类数据的可视化。

（1）象形图 象形图（Pictogram Chart），也称为象形统计图，它是通过图案来显示数据量的一种图表类型。这种图形可以让人更全面、形象地了解小型数据集，而且所用图案含义通常符合数据主题或类别。如图5-16所示，在关于人口数据的比较中使用了人物图案。一个图案可以表示一个或多个单位（例如，图中每个图案表示10个人）。通过了解列或行中的图案多少，可以对数据集的每个类别进行比较。

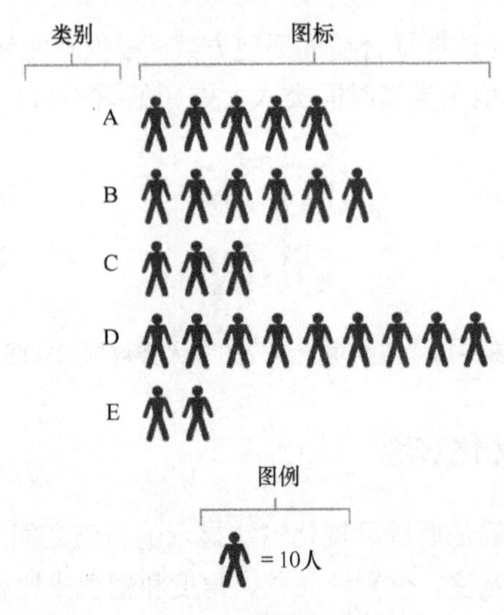

图 5-16　象形图示例

象形图通过使用图案，克服语言、文化和理解水平方面的差异。使用象形图时有两点要注意：避免用于大型数据集，令人难以计数；避免只显示部分图案，令人搞不懂它们到底代表什么。

（2）平行坐标图　平行坐标图（Parallel Coordinates Plots）是一种能显示多变量数值数据的图表类型，最适合用来在同一时间比较许多变量，并表示它们之间的关系。例如：比较具有相同属性的一系列产品（图 5-17 比较了不同型号汽车的参数指标）。

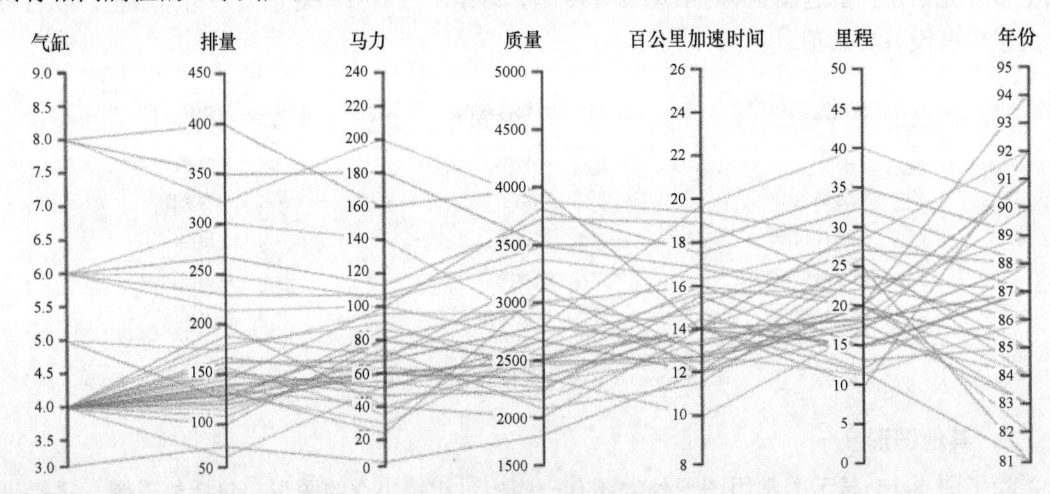

图 5-17　平行坐标图示意

在平行坐标图中，每个变量都有自己的轴线，所有轴线彼此平行放置，各自可有不同的刻度和测量单位，也可以统一处理所有轴线以保持所有刻度的间隔均匀。以这些轴线为基础绘制一系列直线穿越所有轴线来表示不同数值（见图 5-18）。

轴线排列的顺序可能会影响读者如何理解数据，其中一个原因是相邻变量之间的关系会比非相邻的变量更容易进行比较。因此，重新排列轴线可以帮助了解不同变量之间的模式或相关性。平行坐标图的缺点是容易变得混乱，当数据密集时更加难以辨认。解决这个问题的最好办法是通过一种名为“Brushing”的互动技术，突出显示所选定的一条或多条线，同时淡化所有其他线条，让人们能更集中研究感兴趣的部分，并滤除干扰数据。

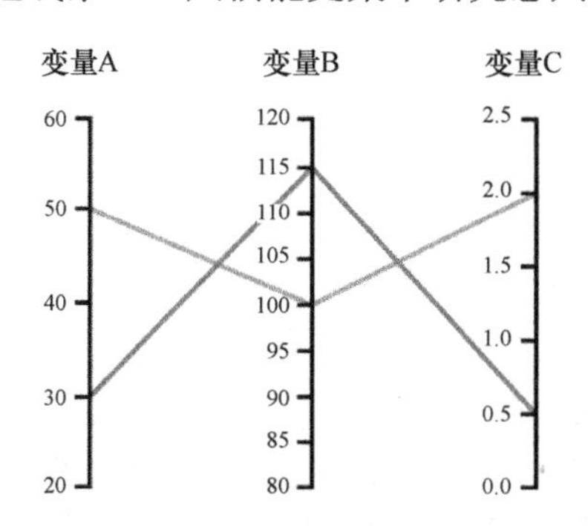

数据			
	变量A	变量B	变量C
项目1	50	100	2.0
项目2	30	115	0.5

图 5-18　根据表格数据绘制平行坐标图

（3）径向柱图　径向柱图也称为圆形柱图或星图，它是一种使用同心圆网格来绘制条形图的图表类型。每个圆圈表示一个数值刻度，而径向分隔线（从中心延伸出来的线）则用作区分不同类别或间隔（如果是直方图）。

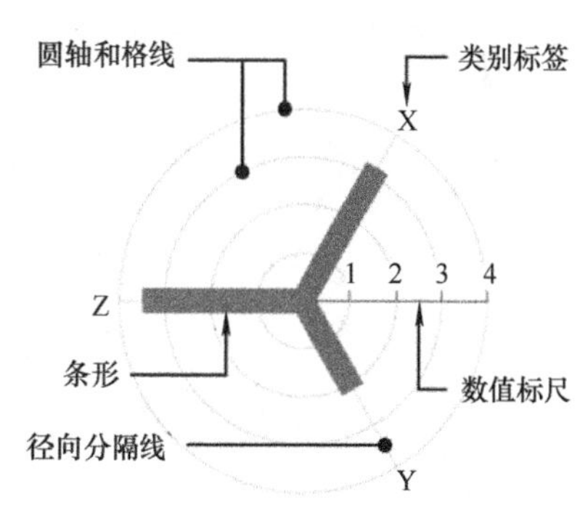

图 5-19　径向柱图示意图

如图 5-19 所示，刻度上较低的数值通常由中心点开始，然后数值会随着每个圆形往外增加，但也可以把任何外圆设为零值，这样里面的圆就可用来显示负值。条形通常从中心点开始向外延伸，但也可以以别处作为起点来显示数值范围（如跨度图）。此外，条形也可以像堆叠式条形图那样堆叠起来。

5.3.2　分布类数据的可视化实现

分布类数据的可视化，就是通过可视化图表显示数据的频率。由于数据分散在一个区间或分组，所以使用图形的位置、大小、颜色的渐变程度来表现数据的分布，通常用于展示连续数据上数值的分布情况。按照功能分，分布类数据的可视化可以分为两种：第一种，显示频率及数据在某时间段内的分布、分组状况；第二种，按人口年龄和性别显示分布。如图 5-20 所示，常见的图表包括箱线图、气泡图、热力图等。

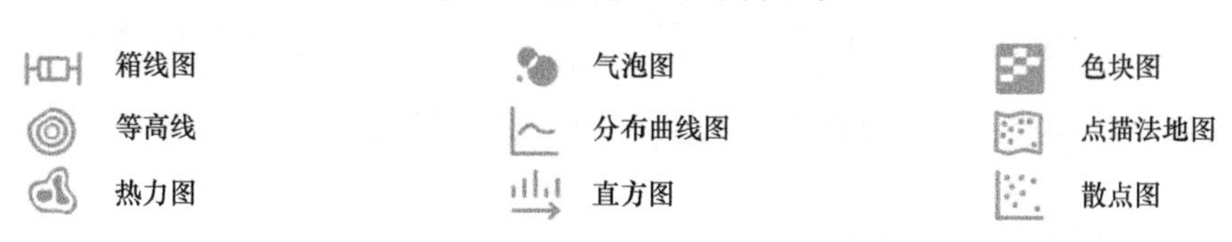

图 5-20　分布类数据可视化的常用图表

在本书第 3 章的基础图表介绍中，很多图已经涉及，下面再介绍几种不常见的适合分布类数据可视化的图表。

1．小提琴图

小提琴图用于显示数据分布及其概率密度。如图 5-21 所示，这种图表结合了箱线图和密度图的特征，主要用来显示数据的分布形状。中间的黑色粗条表示四分位数范围，从其延伸出的细黑线代表 95%置信区间，而白点则为中位数。箱线图在数据显示方面受到限制，简单的设计往往隐藏了有关数据分布的重要细节。例如，使用箱线图时，不能了解数据分布是双模还是多模。小提琴图可以显示更多详情，但它们也可能会包含较多的干扰信息。

2．人口金字塔

人口金字塔，也称为“年龄性别金字塔”，是彼此背靠背的一对直方图（每边代表一个性别），显示所有年龄组和男女人口的分布情况，如图 5-22 所示。人口金字塔最适合用来检测人口结构。举个例子，底部较宽、顶部狭窄的金字塔表示该群体具有很高的生育率和死亡率；相反，顶部较宽、底部狭窄的金字塔则代表出现人口老龄化，而且生育率低。除此之外，人口金字塔也可用来推测人口的未来发展。如果人口出现老龄化，而且生育率低，最终会导致没有足够多的后代来照顾老人的社会问题。其他理论包括“青年膨胀”，即社会存在大量 16～30 岁的青年（特别是男性），容易导致社会动荡、战争和恐怖主义。因此，人口金字塔对生态学、社会学和经济学等领域都相当有用。

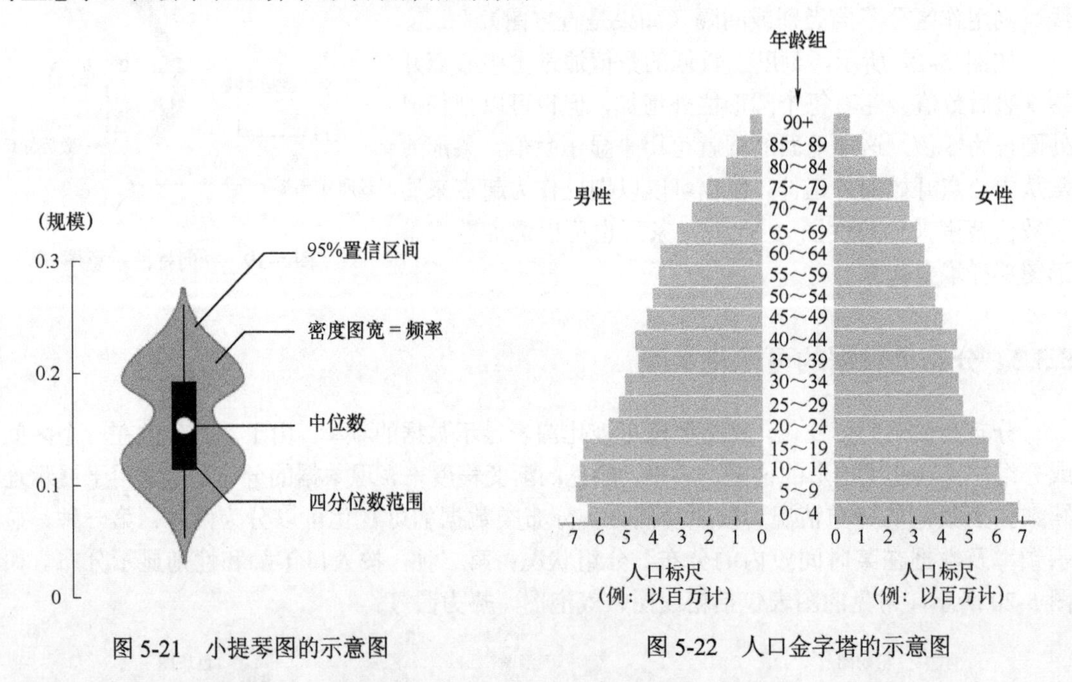

图 5-21　小提琴图的示意图

图 5-22　人口金字塔的示意图

多个人口金字塔放在一起更可用于比较各国或不同群体之间的人口模式差异。

5.3.3　占比类数据的可视化实现

占比类数据的可视化实现，就是通过可视化的方法显示同一维度上的占比关系。这种占比关系可以分为两种：数值之间的比例关系，部分对整体的比例关系。前者特别适合采用南丁格尔玫瑰图、词云图等展现；后者适合采用饼图、环图、桑基图等进行展现。

除了上述常用图形外，还有一些相对比较小众的图形，例如比例面积图、点阵图表等，也非常适合用于占比类数据的可视化实现。

1. 例面积图

比例面积图非常适合用来比较数值和显示比例（尺寸、数量等），以便快速、全面地了解数据的相对大小，而不必使用刻度（见图 5-23）。

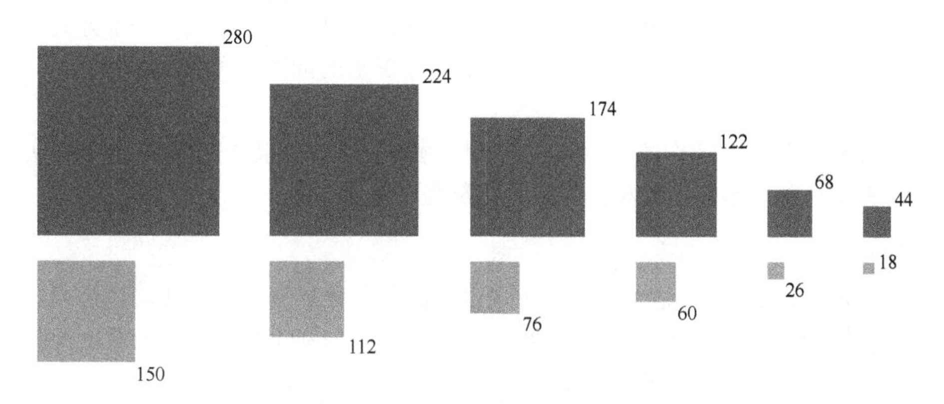

图 5-23 比例面积图示意图

虽然比例面积图通常使用正方形或圆形，但其实也可以使用任何形状，只要所使用的形状面积可以用来表示数据即可。这种比例面积图的常见技术错误是，使用长度来确定数值大小，而非计算形状中的空间面积。

2. 阵图表

点阵图表（Dot Matrix Chart），是一种以点为单位显示离散数据的图表类型。图中每种颜色的点表示一个特定类别，并以矩阵形式组合在一起。点阵图表适合用来快速检视数据集中不同类别的分布和比例，并与其他数据集的分布和比例进行比较，让人更容易找出当中隐藏的模式（见图 5-24）。当只有一个变量或类别时（所有点都是相同颜色），点阵图表相当于比例面积图。

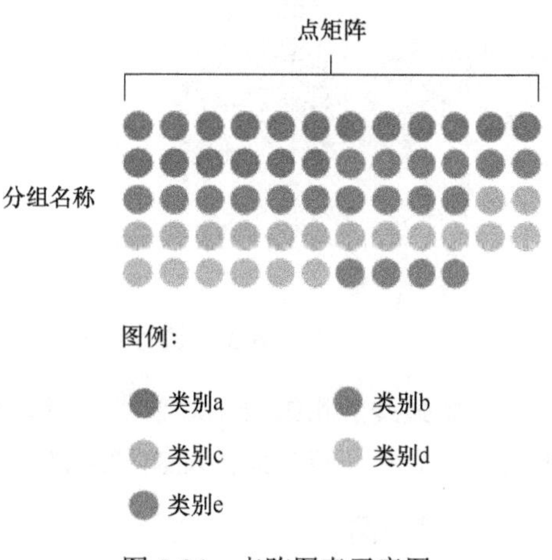

图 5-24 点阵图表示意图

5.3.4 关联类数据的可视化实现

关联类数据可视化的目的是要显示数据之间的相互关系。常见图形包括矩阵树图、韦恩图、桑基图、弦图等，它们通过使用图形的嵌套和位置来表示数据之间的关系，通常用于表示数据之间的前后顺序、父子关系及相关性。

按照功能进一步细分，关联类数据的可视化实现可以分为三种：显示数据之间的关系（热力图、韦恩图等）、查找相关性（散点图、气泡图、马赛克图等）、显示层次结构关系（旭日图、树形图等）。

除了上述常用图形外，还有一些相对比较小众的图形，诸如圆堆积图、弧线图、网络图等，也非常适合用于关联类数据的可视化实现。

1. 堆积图

圆堆积图（Circle Packing），也称为“圆形树结构图”，是树形结构图的变体，适合表现层次结构关系。使用圆形（而非矩形）一层又一层地代表整个层次结构：每个分支由一个圆圈表示，而其子分支则以圆圈内的圆圈来表示。每个圆形的面积也可表示数值大小。可用颜色对数据进行分类。

虽然圆堆积不及树形结构图般节省空间（因为圆圈内会有很多空白），但是它实际上比树形结构图更能有效显示层次结构，效果也更漂亮（见图 5-25）。

2. 线图

弧线图（Arc Diagram）是二维双轴图表以外的另一种数据表达方式，适合显示数据之间的关系。在弧线图中，节点（Nodes）将沿着 X 轴（一维轴）放置，然后再利用弧线表示节点与节点之间的连接关系（见图 5-26）。

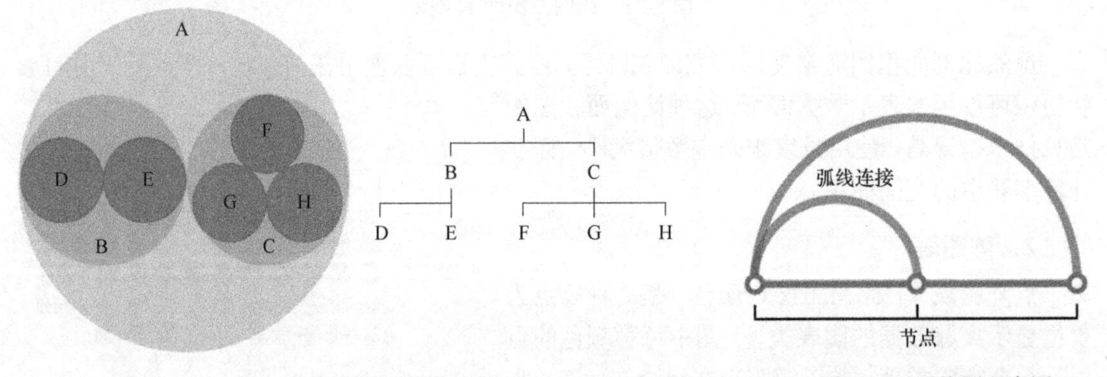

图 5-25　圆堆积图示意图

图 5-26　弧线图示意图

每条弧线的粗细表示源节点和目标节点之间出现关联的频率。弧线图的缺点在于：不能很清楚地显示节点之间的结构和连接，而且过多连接也会使图表难于阅读。

3. 网络图

网络图，也称为“网络地图”或“节点链路图”，适合显示数据之间的关系，如图 5-27 所示。这种图表使用节点（或顶点）和连接线来显示数据之间的连接关系，并帮助阐明实体之间的关系类型。节点通常是圆点或小圆圈，但也可以使用图标。节点之间的连接关系通常以简单的线条表示，但在某些网络图中，并非所有节点和连接都有相同属性，故可借此来显示其他变量，如通过节点大小或连接线的粗细来表示数值比例。

网络图可分为不定向网络图和定向网络图：不定向网络图仅显示实体之间的连接，而定向网络图则可显示连接是单向还是双向（通过小箭头）。网络图数据容量有限，并且当节点太多时会形成类似“毛球”的图案，使人难以阅读。

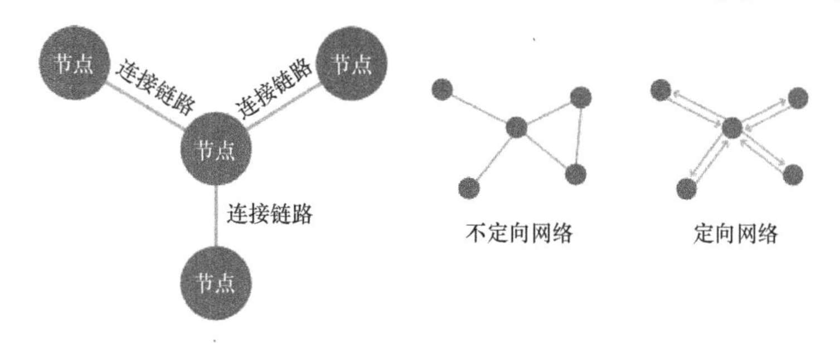

图 5-27　网络图的示意图

5.3.5　地图类数据的可视化实现

地图类数据的可视化实现，是指使用地图作为背景，通过图形的位置来表现数据的地理位置，通常来展示数据在不同地理区域上的分布情况。一般而言，比较常见的地图类可视化图表有 5 种：气泡地图、地区分布图、连接地图、点示地图和流向地图等。

1．气泡地图

气泡地图，其实就是气泡图和地图的结合，它以地图为背景，在上面绘制气泡，将圆（即气泡）展示在一个指定的地理区域内，气泡的面积代表了数据的大小（见图 5-28）。气泡地图适合用来比较不同地理区域的数据，而不会受区域面积的影响。气泡地图的主要缺点在于：过大的气泡可能会与地图上其他气泡或区域出现重叠。另外，当数值字段表达的不是一个区域的总值，而仅仅是个取样值（气温、降水等）时，不适合使用带气泡的地图（适合用热力图）。

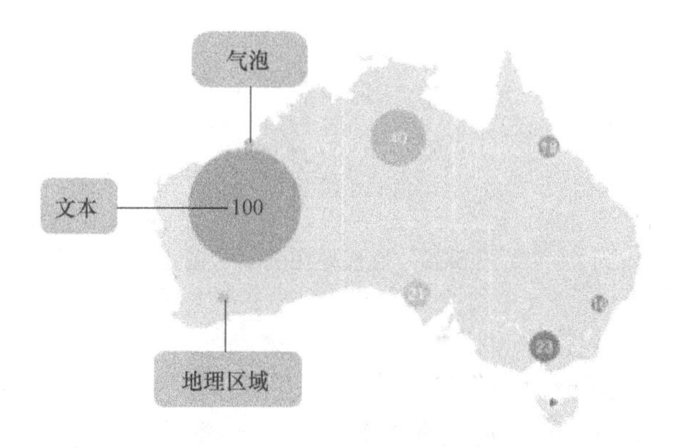

图 5-28　气泡地图的示意图

2．地区分布图

地区分布图通常用来显示不同地理分区或区域（不同颜色或图案）的数据变量之间的关系，并把所显示位置的数值变化或模式进行可视化处理（见图 5-29）。人们在地图上的每个区域用不同深浅度、色相的颜色来表示数据变量。可以从一种颜色渐变成另一种颜色、单色调渐变，甚至动用整个色谱。使用颜色的一个缺点是无法准确读取或比较地图中的数值。此外，较大的地区会比较小区域更加显眼，从而影响读者对颜色数值的感知。绘制地区分布图时的常见错误是：用原始数据值（如人口）进行展示，而不是使用归一化值（如每平方公里的人口）。

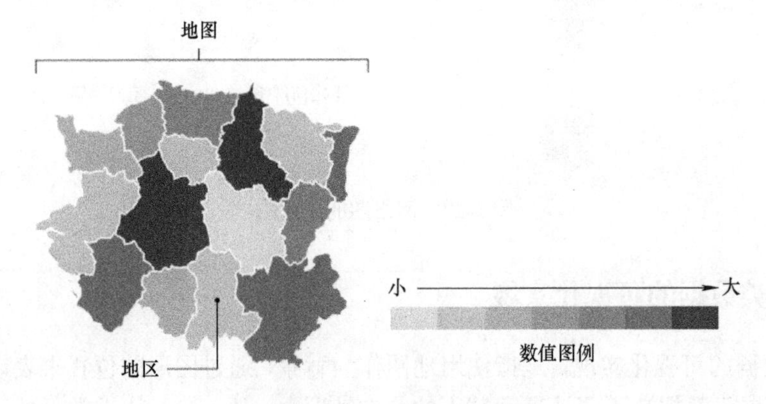

图 5-29　地区分布图的示意图

3. 连接地图

连接地图，就是用直线或曲线连接地图上不同地点的一种图表。此外，通过观察连接地图上的连线分布或集中程度，可以了解数据的空间格局（见图 5-30）。

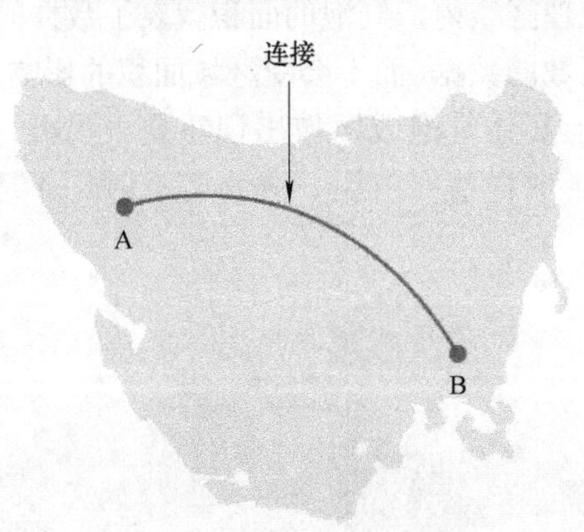

图 5-30　连接地图的示意图

4. 点示地图

点示地图也称为“点示分布图”或“点示密度图”，是指在地理区域上放置相等大小的圆点，以检测该地域上内的空间布局或数据分布的图表类型。点示地图分为两种：一对一（每点代表单一计数或一件物件）和一对多（每点表示一个特定单位，如“1 点 = 10 棵树”）。点示地图非常适合用来查看物件在某地域内的分布状况和模式，而且容易掌握，能提供数据概览，但在检索精确数值方面的表现则不太理想（见图 5-31）。

5. 流向地图

流向地图，是指在地图上显示信息或物体从一个位置到另一个位置的移动及其数量的图表类型，通常用来显示人物、动物和产品的迁移数据。单一流向线所代表的移动规模或数量由其粗细度表示，有助于显示迁移活动的地理分布。流向地图的绘制方法是：从原点出发，再往外绘制“流向线”。箭头可用于表示方向，显示是流入还是流出。建议将流向线合并或捆绑在一起并避免彼此重叠，有助于减少地图上的视觉混乱（见图 5-32）。

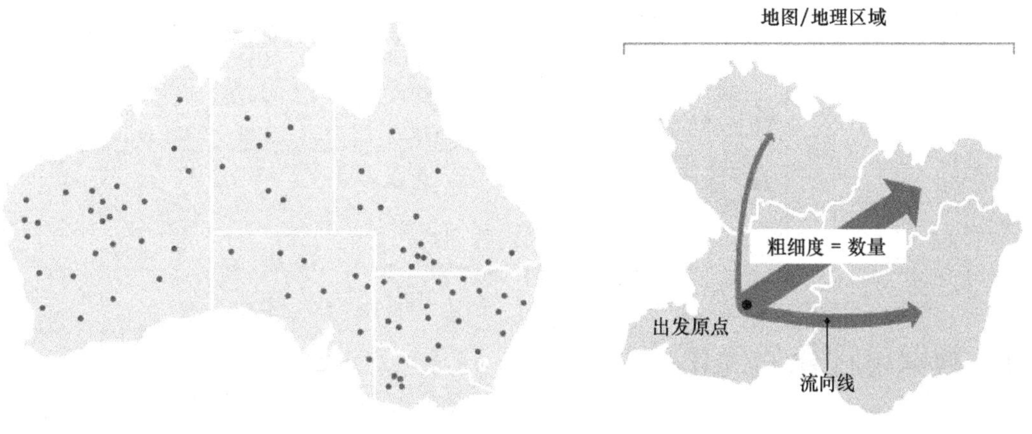

图 5-31　点示地图的示意图　　　图 5-32　流向地图的示意图

5.3.6　时间类数据的可视化实现

时间类数据的可视化实现，是指通过可视化的方法显示以时间为特定维度的数据，从而表现出数据在时间上的分布，通常用于观察数据在时间维度上的趋势和变化。比较常见的可视化图表包括甘特图、线图、面积图、堆积面积图、螺旋图等。按照功能分，时间类数据的可视化可以分为两种：第一种，显示某时间段内的数据趋势或变化；第二种，显示某时间段内事件的发生顺序。后者往往采用时间线和时间表。

1. 时间线

时间线是以时间顺序显示一系列事件的图表类型。某些时间线甚至按时间长度的比例绘制，而其他的则只按顺序显示事件。时间线的主要功能是传达与时间相关的信息，用于分析或呈现历史事件。

如图 5-33 所示，如果是按比例绘制的时间线，人们可以通过查看不同事件之间的时间间隔，了解事件发生是否遵循某种模式。时间线也可以与图表相结合，显示定量数据随时间的变化。

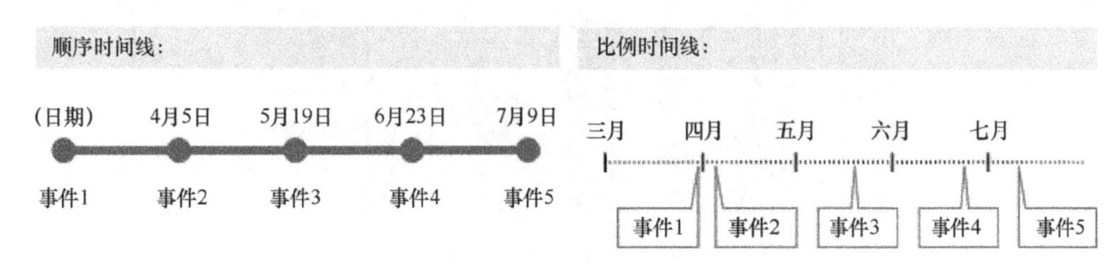

图 5-33　时间线的示意图

2. 时间表

时间表（Timetable）可用作计划事件、任务和行动的管理工具。如图 5-34 所示，使用表格按时间顺序或字母顺序组织数据，能帮助用户快速查找。时间表的典型应用是显示列车和其他交通工具的到达和离开时间。

	星期一	星期二	星期三	星期四	星期五	星期六	星期天
07:00	事件A		事件B		事件C	事件D	事件E
08:00		事件F		事件G	事件H		
09:00			事件I				事件J
10:00	事件K			事件L	事件M	事件N	
11:00			事件O		事件P		

	▼时					
类别A	08:35	08:48	09:03	09:15	09:50	10:23
类别B	09:27	10:32	11:11	12:00	14:10	15:59
类别C	07:13	11:03	13:47	16:10	18:00	22:22

图 5-34　时间表的示意图

5.4　数据可视化的优化

5.4.1　数据墨水比原则

著名的视觉设计大师——爱德华·塔夫特曾在其经典著作《数量信息的视觉显示》（*The Visual Display of Quantitative Information*）中首先提出并定义了数据墨水比（data-ink ratio）的概念：即一幅规范的图表其绝大部分笔墨都应该用于展示数据信息，数据发生变化则笔墨也跟着相应变化。数据笔墨是指图表中不可去除的核心，是用来展示数据信息的非多余的部分。

数据墨水比=图表中用于数据的墨水量/总墨水量

=图表中用于数据信息显示的必要墨水比例

=1−可被去除而不损失数据信息的墨水比例

数据墨水比的值越高，说明图表中越多的视觉编码被用于传递真正的信息，而不是出现冗余，或者用于描述一些其他的东西。如图 5-35 所示，这张展示食物热量的图表就是一个典型的反面案例：毫无意义的纹理背景，加粗显示的文字和坐标轴，五颜六色的柱状图，各种立体阴影效果，重复呈现的信息……很容易让人产生视觉疲劳。

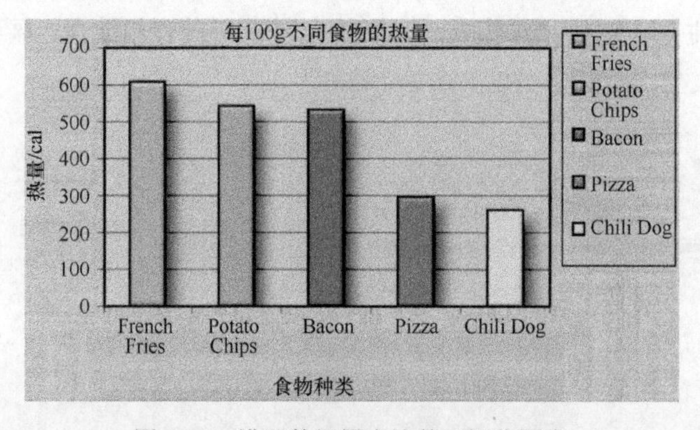

图 5-35　错误数据墨水比的可视化图表

对于一幅图表而言，曲线、柱、条、扇区等用来显示数据量的元素，它们对于数据墨水比起着至关重要的作用，而那些网格线、坐标轴、填充色等元素则显得并非必不可少。

因而要想最大化图表的数据墨水比，达到最佳的视觉可视化效果，在那些并非必不可少的图表元素上，还有很大的取舍空间，即要减少和弱化非数据元素，同时增强和突出数据元素。根据以上原则，提升图片的数据墨水比可以分为三步：

第一步，去除所有不必要的非数据元素，即去除不必要的填充色、渐变、三维效果、网格线、图表区和绘图区的边框线等非数据元素，如图 5-36 所示。

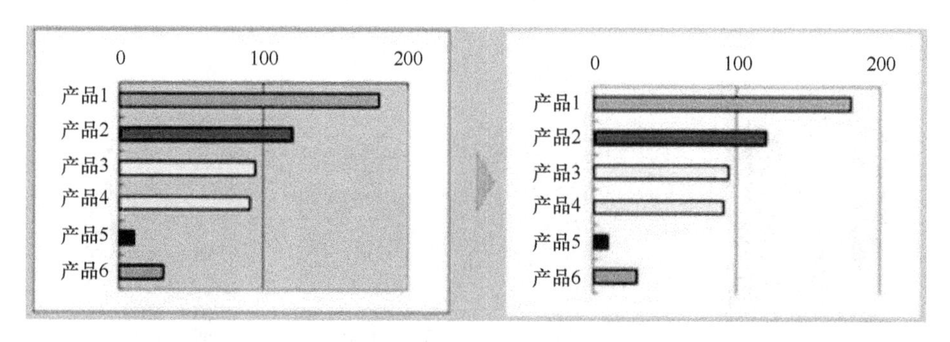

图 5-36　去除不必要的非数据元素

第二步，淡化和统一剩余非数据（必要保留）元素，即将必须保留的非数据元素，如坐标轴、网格线、填充效果、表格边框线等进行淡化和统一化处理，如图 5-37 所示。

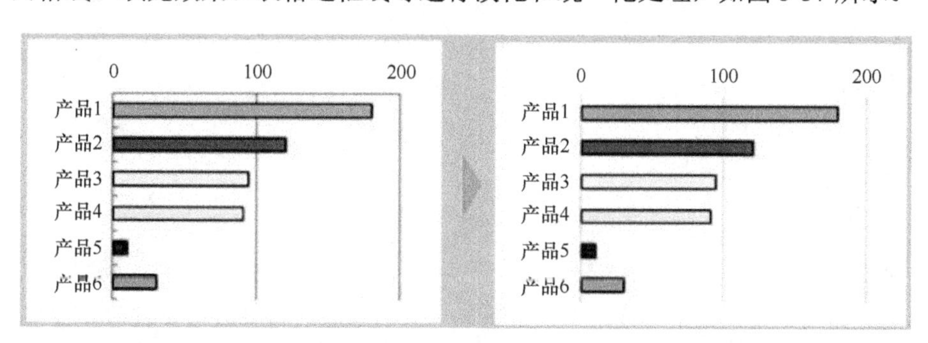

图 5-37　淡化和统一剩余非数据（必要保留）元素

第三步，为了避免数据系列过多造成信息量过载和视觉焦点分散，对最重要的数据元素加以强调，如图 5-38 所示。

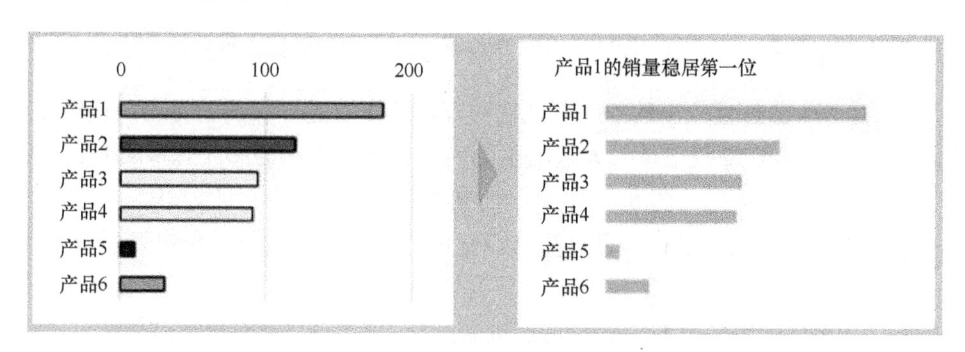

图 5-38　突出最重要的元素

5.4.2 整体优化措施

1. 以更细化的形式表达数据

首先，对比一个相对简单的静态可视化图表（见图 5-39，不安全流产率百分比估计）和一个更复杂的动态可视化图表（见图 5-40，1986 到 2013 年间 172 个国家和地区的移动电话数量、固话数量和互联网容量）。

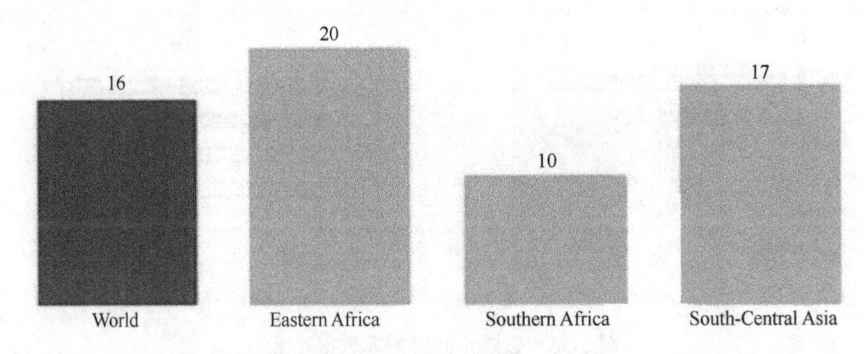

图 5-39 不安全流产率百分比估计（SciDev.Net, 2016）

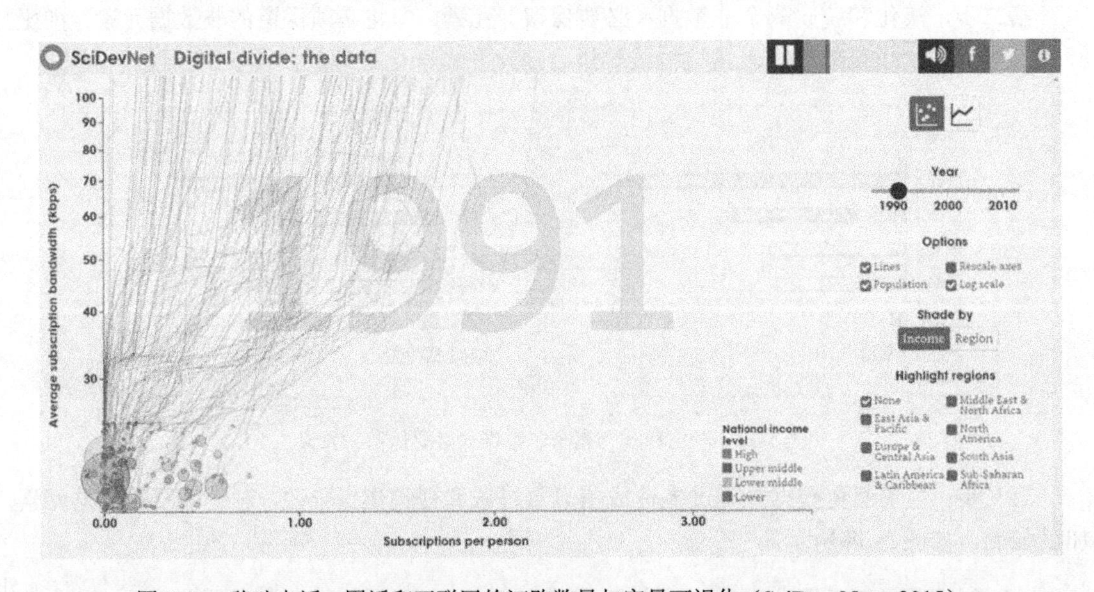

图 5-40 移动电话、固话和互联网的订购数量与容量可视化（SciDev. Net，2015）

图 5-39 是一个数据量较少的静态可视化图表，可以通过柱状图的对比快速得到信息；而显而易见的，图 5-40 的数据量大大超出了图 5-39，不仅有一百多个国家和地区的数据变化，还包含不同的年份对比（图 5-40 中显示的是 1991 年）。

更庞杂的数据量，要求设计者通过更加细化的方式来呈现数据，所以可以看到图 5-40 以折线图为基础，结合了气泡的动态变化、语音说明，还包括让读者通过交互操作来选择展示哪些数据，才得以恰当和全面地展示这份数据，从而更完整地讲述一个故事。

2. 以更全面的维度理解数据

“随着大数据技术成为我们生活的一部分，我们应该开始从一个比以前更大更全面的角度来理解事物。”这句话来自《大数据时代》一书，作者的原意是在大数据时代应该舍弃对数据精确性的要求，而去接受更全面但是也更复杂的数据，这同样可以用来形容未来在数据可视化方面可以进步的方向。

众所周知，人类的视觉认知能力是有限的，类似图 5-41 这样的高密度可视化图形，每个节点代表一个维基（Wiki）页面，每一条线代表页面之间的连接（维基百科链接结构可视化）。虽然看似丰富和具有“艺术感”，可中间重叠连接的数据往往导致图形变得复杂和难以理解。

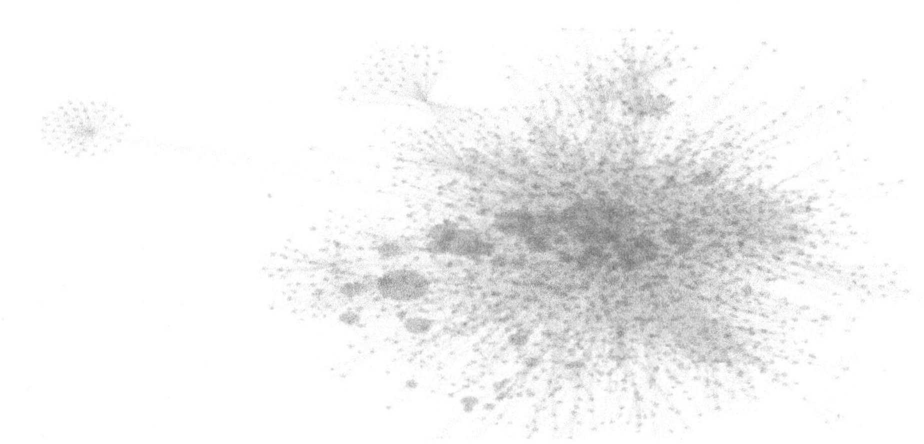

图 5-41　维基百科链接结构可视化

如今，用户已逐渐不再满足于平面和静态的数据可视化视觉体验，而是越发想要“更深入”去理解一份数据，传统的数据可视化图表已不再是唯一的表现形式，随着现代媒介和技术的多样化，能够感知数据的方式也更加多元。

3. 以更美的方式呈现数据

艺术和数据可视化之间一直有着很深的联系，随着数据的指数级增长和技术的日趋成熟，一方面，用户们对可视化的美学标准提出越来越高的要求；另一方面，艺术家和设计师们也可以采用越来越具创造性的方式来表现数据，使可视化更加具有冲击力。纵观历史，随着用户接受并习惯了一种新的发明后，接下来就是对其进行优化和美化，以符合时代的要求，数据可视化也是如此，因为它正在变得司空见惯，良好的阅读体验和视觉表现将成为其与同类竞争对手区分的特征之一。

5.4.3　图表优化的实现

1. 图表优化的通用思路

注重在配色、字体、布局等方面的细节规范、美化与调整，具体包括：

- 尽量使用成熟的配色，因为颜色的明度过高或者过低，都会直接影响图表的专业程度。

- 尽量使用辨识度比较高的字体（如微软雅黑），避免使用衬线字体、书法字体（见图 5-42）。

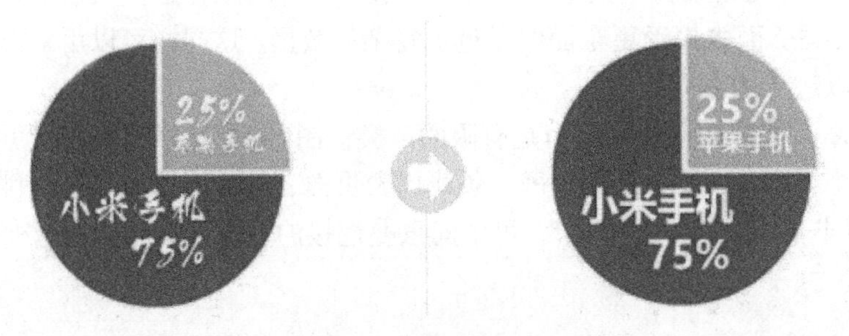

图 5-42　选择合适的字体

- 设计规整平衡的版式，通过对比、紧密、重复、对齐等排版原则，提升图表的观看体验（见图 5-43）。

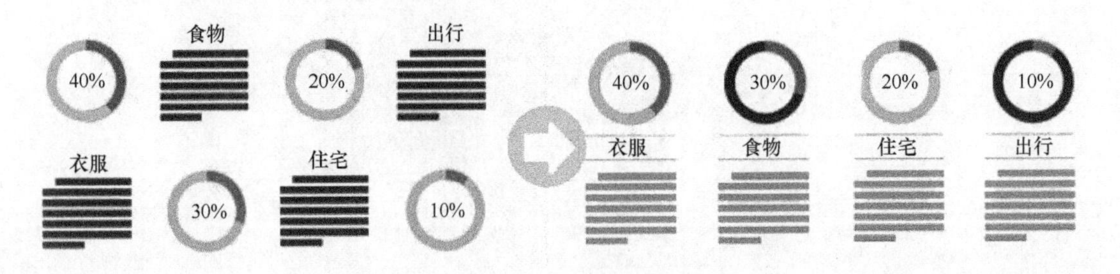

图 5-43　选择合适的版式、布局

- 尽量淡化网格线，去除多余的网格线，因为网格线过多或过密都会影响主要信息的传递效率（见图 5-44）。

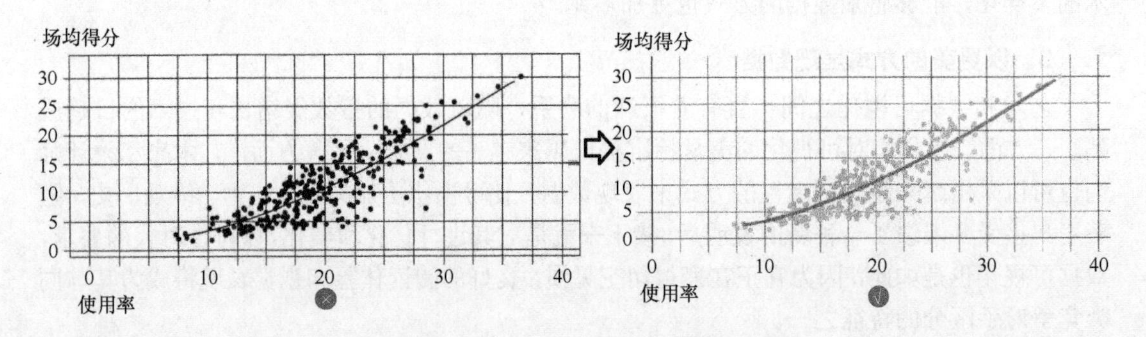

图 5-44　淡化网格线对比示意图

- 纵坐标的标题尽量横向排列，避免出现斜向或者旋转的文字，影响阅读的图表速度（见图 5-45）。
- 尽量避免使用 3D 图，因为 3D 图表有时会造成理解上的偏差，使数据展示不准确。可以把 3D 图表改为 2D 图表（见图 5-46）。

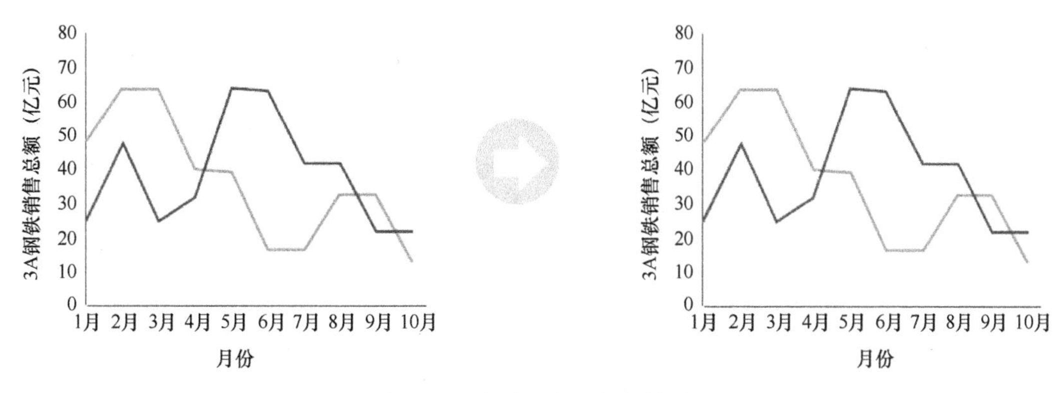

图 5-45　纵坐标标题横向排列

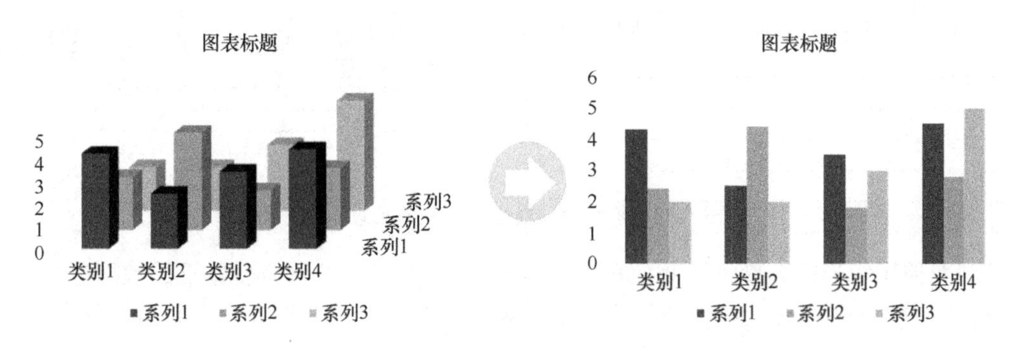

图 5-46　避免使用 3D 图

- 突出图表想要表达的重点。例如，在标题中写明观点，可以帮助受众高效理解图表；也可以在图形上直接标注出重点信息，避免受众猜测图表的意思（见图 5-47）。

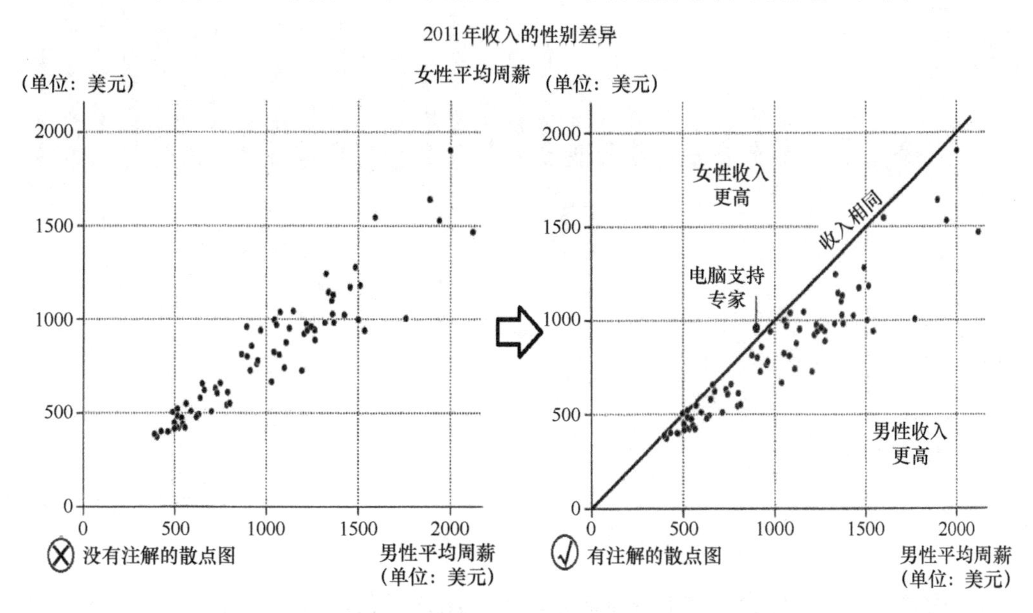

图 5-47　在图表中直接标出重点（通过添加注解的方式）

2．柱状图的优化

可以通过加粗柱形，使受众直接接收想传递的信息；严格控制颜色数量，因为颜色过多不但起不到强调的作用，反而会使图表过于花哨；当横坐标不是时间序列时，按照数量大小排列柱状图，有助于受众加深印象；简化纵坐标轴标签，不要出现过多的零，同时需要标明单位；拒绝斜向的横坐标标签，因为这样不仅不利于阅读，还占据了过多的图表版面（见图 5-48）。

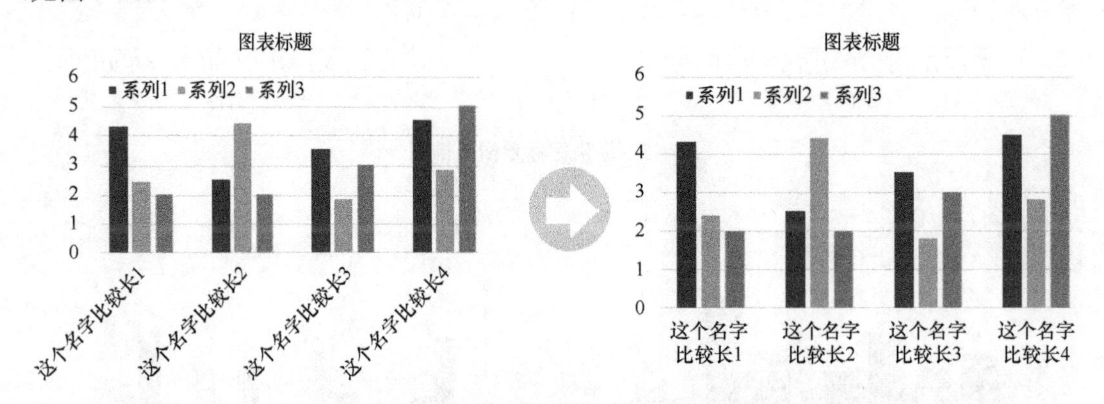

图 5-48　拒绝斜向横坐标标签的示意图

柱状图使用矩形的高度（宽度）来对比分类数据的大小，非常方便临近的数据进行大小的对比，但不适合展示连续数据的趋势。图 5-49 本想展示某只股票在一个月内的价格走势，但是效果不尽人意，不如折线图直观。

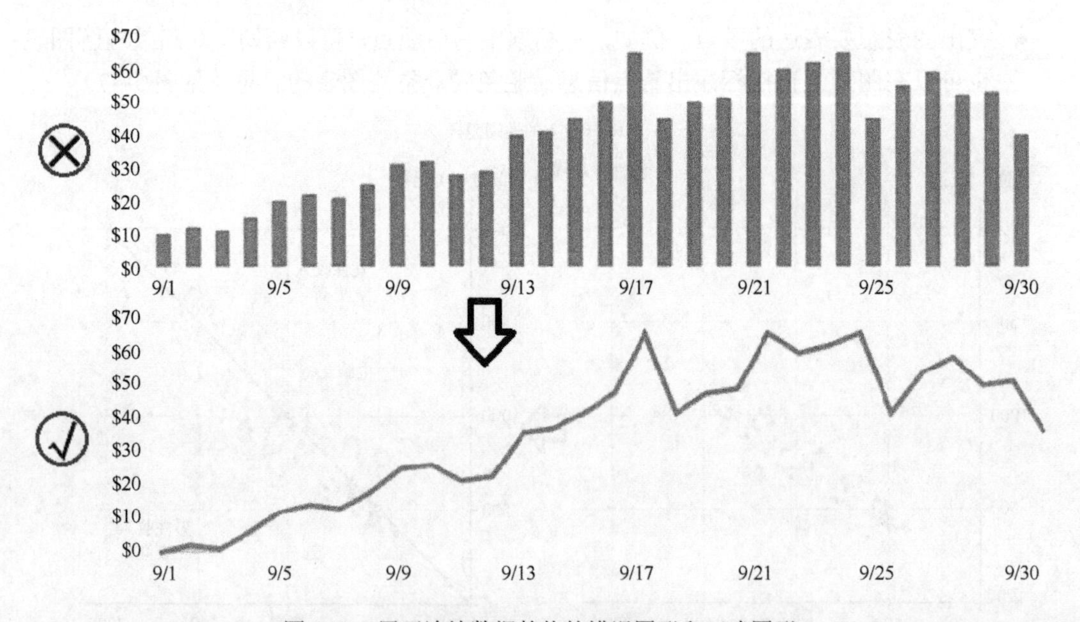

图 5-49　展示连续数据趋势的错误图形和正确图形

与之相对，在表示分类对比的数据时，应该使用柱状图，而不是折线图（见图 5-50）。

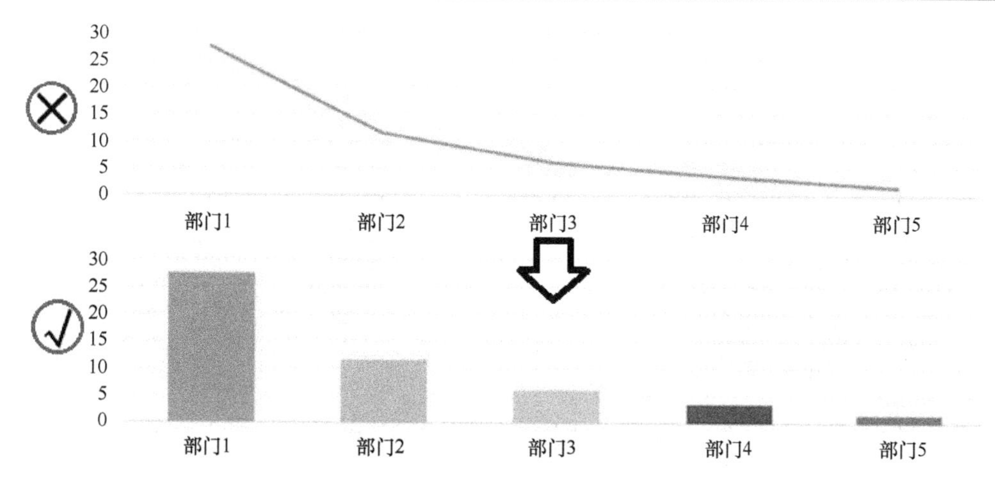

图 5-50　展示分类对比数据的错误图形和正确图形

3．折线图的优化

直接在折线旁边标出类别名称，避免受众逐个去找对应的折线和名称，因为这样经常会出错；如果折线过多，可以拆分成多个折线图分开展示，因为线条过多时，除了可以表现数据有很多类别之外毫无用处（见图 5-51）；折线图适合表现时间序列上的趋势变化，对于非时间类别的数据，显示效果并不理想，应该尽量避免；合适的场景下可以把线条适当加粗，提高数据墨水比，帮助受众加深印象；谨慎使用虚线，因为虚线一般表示预测值。

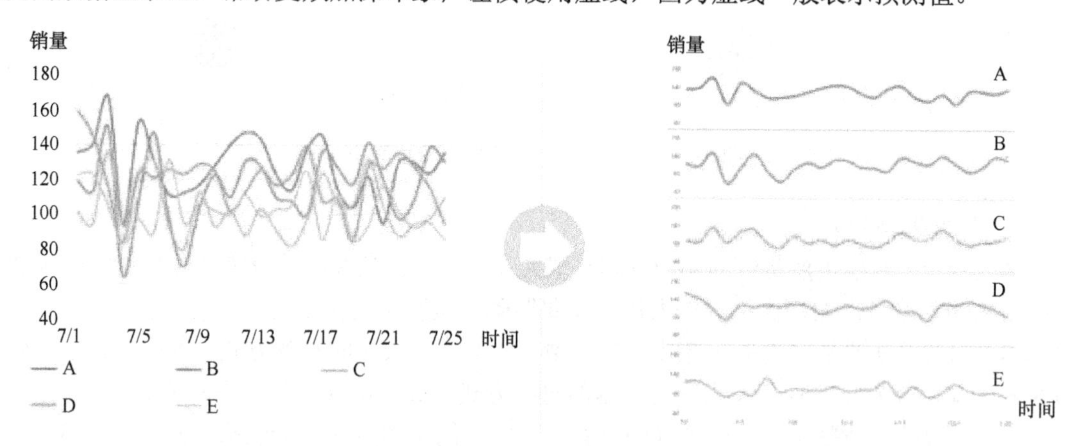

图 5-51　折线图中线条太多时应分开展示

4．扇形图的优化

注意控制没有意义的颜色，避免图表过于花哨；可以使用同色系的颜色，通过深浅表现数据大小，用不同颜色突出某一数量；控制扇形的数量，因为如果扇形数量太多会影响扇形之间的大小对比，一般而言，扇形数量以 2～7 个为宜；可以按照顺时针方向进行大小排序，改善扇形图的显示效果；为避免受众逐个查找对应的扇形与名称，可以直接在扇形内部标上名称；尽量不把扇形完全分离，因为分离的作用是为了强调，否则，毫无意义（见图 5-52）。

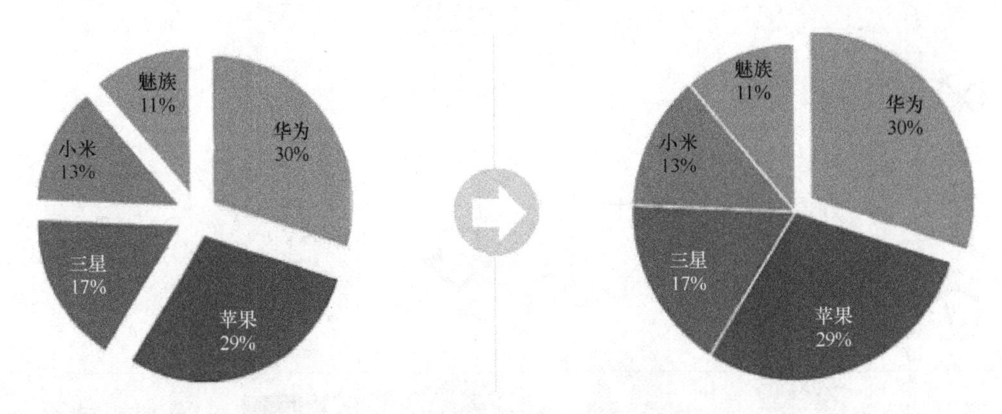

图 5-52　扇形一般不宜完全分离

5. 其他图形的优化

谨慎使用气泡半径表示大小，因为这样会造成气泡大小差距悬殊，不利于数据的正确呈现（见图 5-53）；对于面积图、气泡图和雷达图，可以适当调整透明度，避免遮挡。

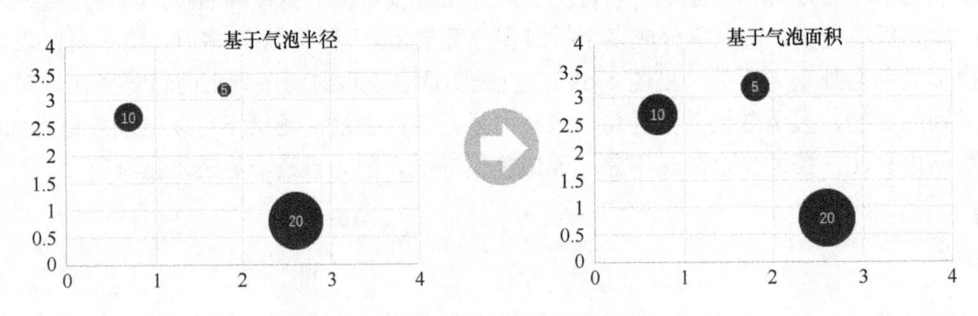

图 5-53　谨慎使用气泡图宽度表示大小

6. 数据表格的优化

时至今日，表格仍然是可视化的基本构成元素之一，它在人们的日常基础交流中收集和组织了大部分信息。如何优化这些表格，需要明确一些基本的做法：

（1）对齐至关重要　对齐是指表格中，数字、文字、表头的对齐方式。其中，数字最好右对齐，文字最好左对齐，表头应与数据的对齐方式一致，不要使用居中对齐。

（2）一致的有效数字相当于更好的对齐　有一种简单的方法能让表格看起来更整齐，那就是保持一致的有效数字（一般情况下指小数点后的位数），这样每一列数据中小数点后的位数就都是一样的。表格中的数字不是越精确越好，需要多少有效数字就显示多少位，不必太多。

（3）短小简洁的标签　使用标签辅助数据很重要。这些辅助的内容使数据表格能获得更多读者，适用范围很广。

（4）清晰简洁的标题　给数据表格一个清晰简洁的标题与其他设计同样重要。一个好的标题可以让表格"适配"更多环境。

（5）统一单位并正确标注　一般来说，表格中每一行或列的数据都使用同一单位，因此，与其在每一个格数据后面都写单位，不如在每行或列的标题上标出单位。

（6）简洁的表头 表头越短越好，长表头会占用很多视觉空间。

（7）尽可能少装饰 表格优化时，应减少表格的痕迹，并避免遗失掉表格精确的结构，方法之一是尽可能减少表格的装饰——也就是说无论何时都不要给表格的元素增加装饰。

（8）合适的分隔线 如果对表格中的数据使用了合适的对齐方式，分隔线就会很多余。即便要使用分隔线，也应该把颜色尽量减淡，不能妨碍快速浏览。

水平分隔线的用处是最大的，因为它可以显著减轻长表格在垂直方向的视觉重心，加快大量数据的对比工作，以及有助于看清时间趋势。

（9）合适的背景 当指示不同领域的数据时，背景是最有用的，例如，区别单个数据与总和或平均数。当我们要突出显示数据，给数据提供额外的信息内容，或提示变化时，也可以不用背景，而使用图形元素例如 ＊、 † 或△来代替。

另外，表格应该是单色的。若通过其他颜色来获得有组织性的内容或增加含义，则会增加曲解和犯错误的可能性，这样还会给那些具有视觉损伤的人带来辨认困难。

习 题

1．结合自己的专业，分析要实现本领域数据可视化应该采用何种程序更为合适，并简述理由。

2．举例说明数据可视化的实现方法。

3．搜索所在领域的可视化作品，简述它们展现了哪些类型数据的可视化。

4．搜索所在领域的可视化作品，分析它们的数据墨水比。

5．搜索所在领域的可视化作品，思考如何进行优化。

参考文献

[1] 陈为，沈则潜，陶煜波．数据可视化[M]．北京：电子工业出版社，2013.

[2] 简书．数据可视化基本套路总结[EB/OL]．（2017-08-16）[2019-06-23]．https://www.jianshu.com/p/1f9db668a8c2.

[3] CARD S K, MACKINLAY J D, SHNEIDERMAN B. Readings in information visualization: using vision to think[C]. Readings in information visualization. Morgan Kaufmann Publishers, 1999:647-650.

[4] LEESPER．一图胜千言：数据可视化不完全总结[EB/OL].（2018-12-29）[2019-09-24]．https://www.jianshu.com/p/35c90303bcda.

[5] 视物 致知．基于形状的时变数据研究[EB/OL].（2011-05-06）[2019-09-11]．http://www.vizinsight.com/2011/05/%E5%9F%BA%E4%BA%8E%E5%BD%A2%E7%8A%B6%E7%9A%84%E6%97%B6%E5%8F%98%E6%95%B0%E6%8D%AE%E7%A0%94%E7%A9%B6/.

[illegible]

习题

[illegible]

参考文献

[illegible]

工 具 篇

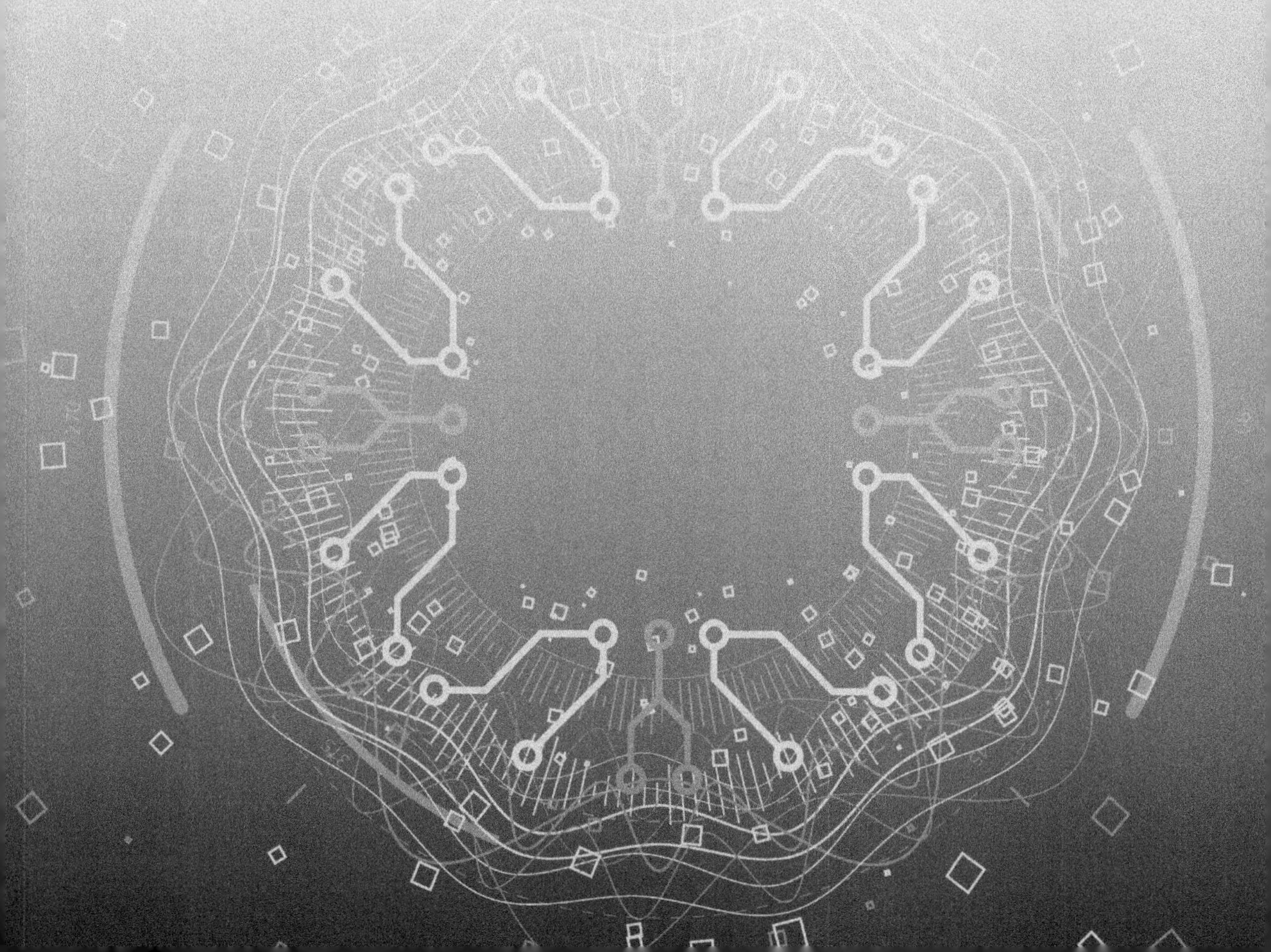

第6章

数据可视化的基本工具

导读案例

新数据研究需要新工具

今天我们使用的许多传统图表，如折线图、条形图和饼图等都是由威廉姆·普莱费尔（William Playfair）发明的。他在1786年出版的《商业和政治图解》（*The Commercial and Political Atlas*）一书中，首次以条形图的形式呈现了进出口贸易统计数据（见图6-1的左图），图6-1的右图则是最早的饼图之一。当然，这些图表都是手工绘制在纸上的。

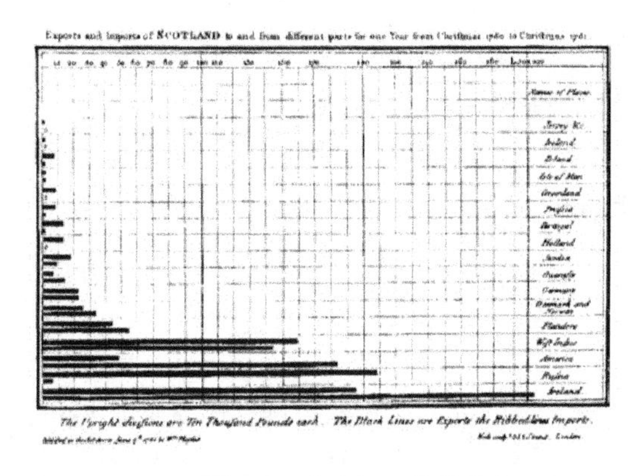

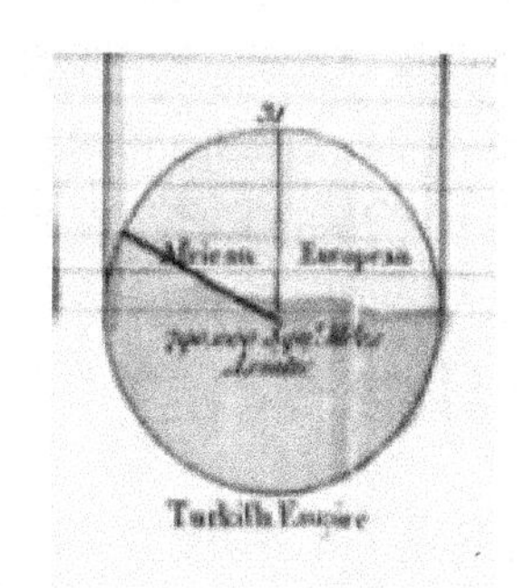

图6-1　威廉姆·普莱费尔（William Playfair）发明的条形图和饼图

技术的进步也让数据的量和可用性得到了极大的改善，这反过来也给了人们新的可视化素材，以及新的工作和研究领域。

例如，世界银行以易于下载的方式提供了许多数据，可帮助用户了解整个世界的发展状况。图6-2是世界各地平均寿命图，该图显示，世界上大多数地区的平均寿命总体在增加，而其中曲线的大回落表示某些地区发生了战争和冲突。

从方法论的角度看，平均寿命图是调整过的多重时序图，它们使数据变得更有意义。

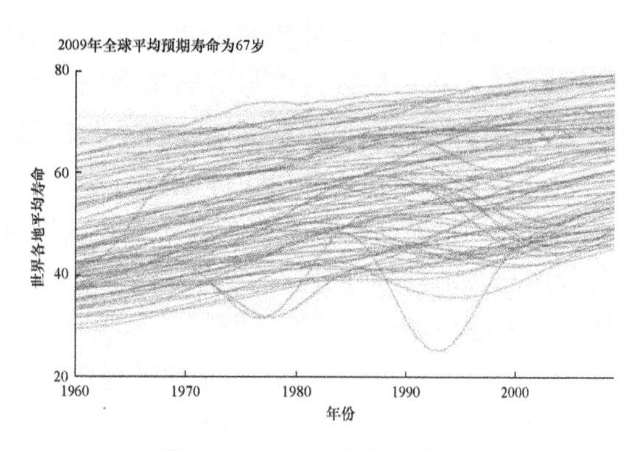

图6-2　世界各地的平均寿命

只要足够仔细，就能找到关于任何事物的数据。斯蒂芬·冯·沃利（Stephen von

Worley）用一份数据文档算出了美国某个地点到最近的麦当劳的距离，并在地图上展示了出来。如图 6-3 所示，一个区域的颜色越亮，就意味着那里的人越能尽快吃到“巨无霸”。

像 Twitter 和 Facebook 这些流行的社交媒体网站，提供了关于人们谈论及关注内容的新的信息来源，很容易通过应用程序接口（Application Program Interface，API）获取数据。大量的数据使类似于上面的大数据分析成为可能。当然，不断增长的新数据类型需要比纸笔更强大的新工具来帮助探索研究。

图 6-3　斯蒂芬·冯·沃利的“麦当劳的距离”（2010）

本章知识要点

- 熟悉和掌握 Excel 的可视化工具
- 熟悉常见的科学计量可视化工具
- 熟知其他各种常见的数据可视化工具
- 熟悉和掌握魔镜软件的操作界面与操作流程
- 理解和掌握 CiteSpace 的安装与使用
- 熟悉和了解 E-chart 的基本架构与基本操作

6.1　可视化工具概述

数据可视化工具种类繁多，为了满足并超越客户的期望，数据可视化工具应该尽可能具备下述特征：

- 能够处理不同种类型的传入数据
- 能够应用不同种类的过滤器来调整结果
- 能够在分析过程中与数据集进行交互
- 能够连接到其他软件来接收输入数据，或为其他软件提供输入数据
- 能够为用户提供协作选项

目前，业界存在着无数专门用于大数据可视化的工具。为了更好地使用这些工具，从难易程度和实用功能划分，本书将这些工具分为入门级可视化工具（如 Excel）、科学计量可视化工具和高级分析工具三个层次。高级分析工具进一步分为：第一，不需要编程语言的可视化工具；第二，基于 JavaScript 的可视化工具；第三，基于其他语言的可视化工具；第四，地图类可视化工具；第五，其他类别的可视化工具。

6.1.1　入门级可视化工具

对于数据可视化而言，入门级工具非 Excel 莫属。Excel 是目前广受欢迎的办公套件

Microsoft Office 的主要成员之一，该软件通过工作簿（电子表格集合）来存储数据和分析数据。Excel 可生成诸如规划、财务等数据分析模型，并支持通过编写公式来处理数据和通过各类图表来显示数据。它在数据管理、自动处理和计算、表格制作、图表绘制及金融管理等许多方面都有独到之处。

在 Excel 2016 后，更是增加了内置 Power Query 插件、管理数据模型、预测工作表、Power Privot、Power View 和 Power Map 等数据查询分析工具。

Excel 的数据可视化，除了最常见的标准图表之外，还可以通过 REPT 函数、迷你图、条件格式、动态透视图和 Power Map 三维地图这五种方式来实现。

1. REPT 函数

REPT 函数可以根据指定次数重复文本（数字、字母、字符串、图形等），具体的表达式为：REPT（要重复的内容，重复次数）。

如图 6-4 所示，通过 REPT 函数实现图形人物填充的步骤为：第一步，先将 A 列和 C 列的单元格字体更改为“Webdings”（除了第一行）；第二步，在 A2 单元格内输入“char(128)”，会发现单元格返回一个小人，将公式下拉使得 A3、A4 单元格也返回一个小人；第三步，在 C2 单元格内输入 “=REPT(A2,B2)”，将公式下拉使得 C3、C4 单元格得到各自结果。

	A	B	C
1	图形	重复次数	人物填充图
2		4	
3		7	
4		8	
5			

图 6-4　REPT 函数实现图形人物填充的示意图

如图 6-5 所示，通过 REPT 函数实现正负条形图的步骤为：第一步，先将 C、D 两列的字体调整为“Britannic Bold”（除了第一行外）；第二步，在 C2 单元格内输入公式：“=IF (B2＞0,REPT("|",B2),"")”，并将单元格字体颜色调整为蓝色，同时对齐方式选择“右对齐”，然后将公式下拉；第三步，在 D2 单元格内输入：“=IF(B2＜0,REPT("|",ABS(B2)),"")”，单元格颜色调整为红色，对齐方式选择“左对齐”，然后将公式下拉即可。

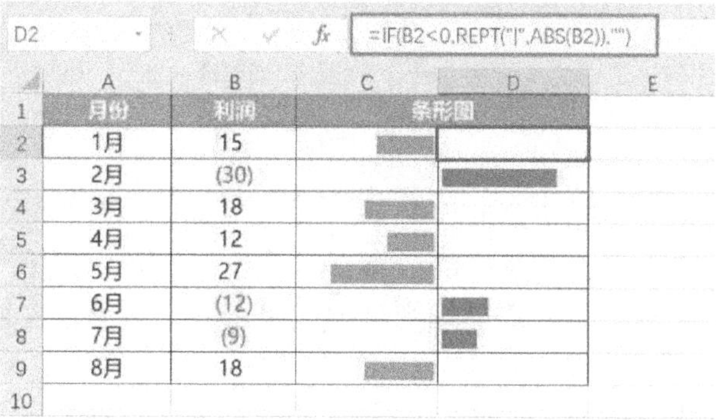

D2　　=IF(B2<0,REPT("|",ABS(B2)),"")

	A	B	C	D	E
1	月份	利润	条形图		
2	1月	15			
3	2月	(30)			
4	3月	18			
5	4月	12			
6	5月	27			
7	6月	(12)			
8	7月	(9)			
9	8月	18			
10					

图 6-5　REPT 函数实现正负条形图的示意图

如图 6-6 所示，通过 REPT 函数实现柱状图的步骤为：第一步，将 B3:E3 单元格字体调整为“Britannic Bold”；第二步，在 B3 单元格内输入：“=REPT("|",B2)”；第三步，设置单元格格式，选择“对齐”，将文本方向调整到 90°，单击“确定”按钮；第四步，将公式右拉即可，也可以通过修改单元格字体的颜色来修改柱状图的颜色。

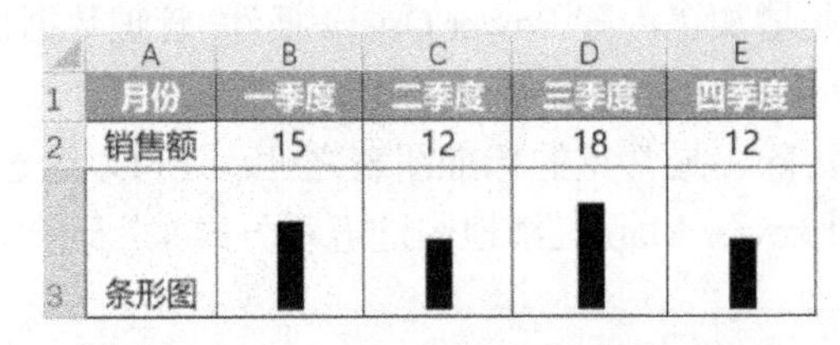

图 6-6　REPT 函数实现柱状图的示意图

2. 条件格式

条件格式，就是让符合条件的单元格显示为预设的格式。根据条件使用数据条、色阶和图标集，可以突出显示相关单元格，强调异常值。

在 Excel 菜单中，一个完整的条件格式称为一条规则（即“条件+格式=规则”）。Excel 条件格式预设了 5 种类型的规则：“突出显示单元格规则”“项目选择规则”“数据条”“色阶”和“图标集”（见图 6-7）。

除了预设的 5 种类型，还可以通过“新建格式规则”来创建新规则。单击“新建格式规则”，如图 6-8 所示，可以创建 6 种规则。这 6 种规则，其实可以分为三类：第一类，实现单元格内可视化（即基于各自值设置所有单元格的格式）；第二类，实现数值的突出显示（即新建格式规则中的第 2～5 项）；第三类，使用公式控制格式（即使用公式确定要设置格式的单元格）。

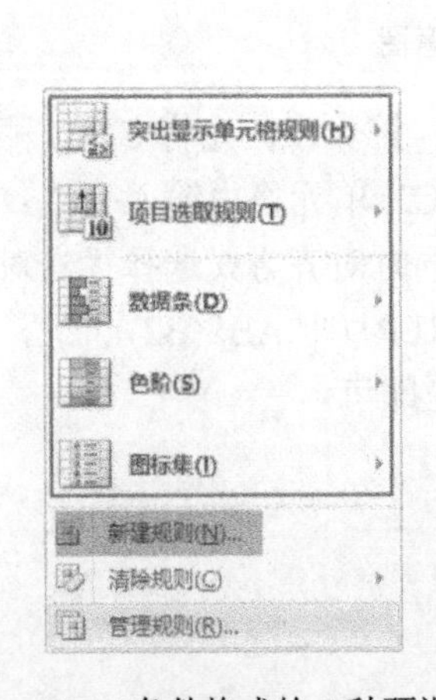

图 6-7　Excel 条件格式的 5 种预设规则

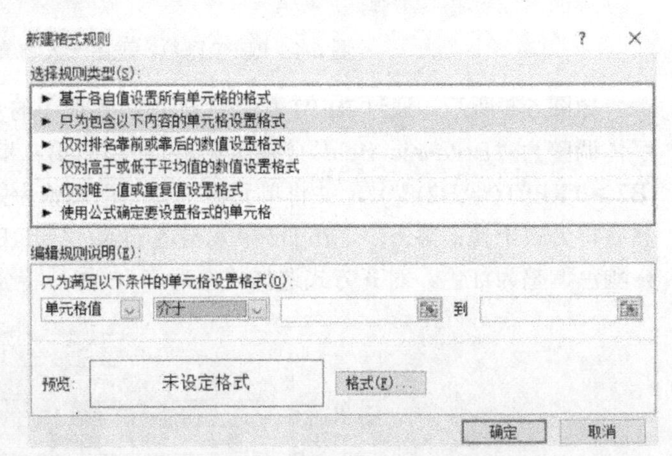

图 6-8　Excel 条件格式的“新建格式规则”

例如，想在数据表中突出不及格的成绩，具体操作步骤为：第一步，选中需要设置条件格式的数据区域，然后在“选择规则类型”中点选“只为包含以下内容的单元格设置格式”，第二步，将条件设置为：单元格中的值小于 60；第三步，单击“格式”按钮，并设置格式为字体加粗、红色。此时，小于 60 的成绩就会自动显示为所设置的格式（见图 6-9）。

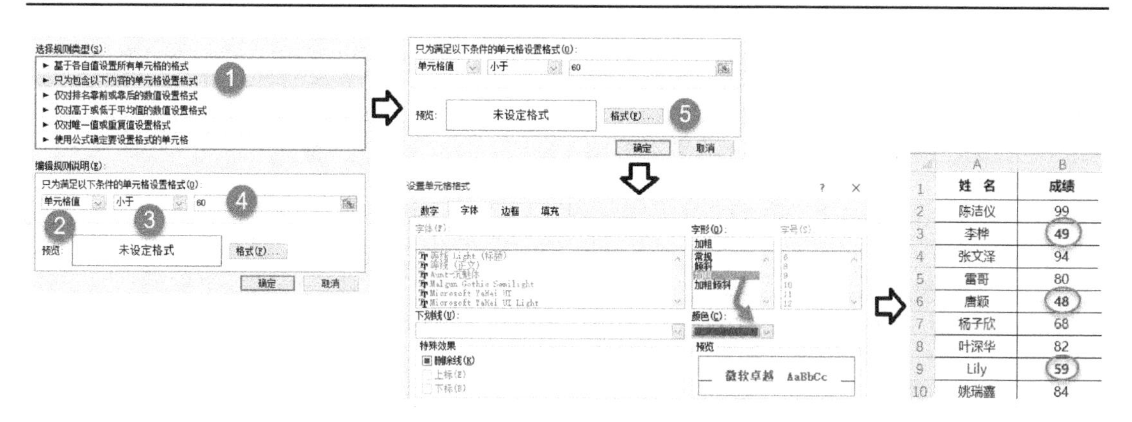

图 6-9　在数据表中突出不及格成绩的操作示意图

3. 迷你图

Excel 迷你图就是放置在单个单元格中的小图表，它可以在单元格中以图表的方式来呈现数据的变化情况。如果有多组数据需要分别查看数据趋势，而分别作图又很麻烦、将多个数据图放在同一个表格又显得杂乱，此时就可以考虑使用 Excel 的迷你图功能。

例如，当需要查看一家公司 10 款产品 1～6 月份的盈利趋势时，可以使用此功能快速查看各款产品的盈利小趋势（见图 6-10）。

X公司多款产品1~6月份盈利情况

盈利	一月	二月	三月	四月	五月	六月	迷你图		
							折线	柱形	盈亏
A产品	54	-75	36	83	27	128			
B产品	29	60	-50	-89	49	68			
C产品	98	4	46	-7	-60	-69			
D产品	98	34	39	-85	34	-90			
E产品	23	34	99	-80	-4	-40			
F产品	35	-2	34	-100	-90	34			
G产品	-3	35	34	-2	-90	39			
H产品	68	39	54	-39	-23	-3			
I产品	76	35	45	90	43	54			
J产品	34	125	-45	89	-82	23			

图 6-10　Excel 迷你图示意图

Excel 迷你图可以提供所选数据集的直观表示，同时还可以快速查看和分析多个数据系列的关系和趋势，使得数据的趋势变化更清晰。如图 6-11 所示，Excel 2010～2016 版提供三种类型的迷你图：柱形图（Column）、折线图（Line）和盈亏图（Win/Loss）。其中，折线图和柱形图都可以显示数据值的高低变化，盈亏图只显示正负关系，不显示数据值的高低变化。另外，盈亏图当中的红色表示负值。

4. 动态透视图

动态透视图，就是通过 Excel 的数据透视表和数据透视图，实现多维数据的汇总与可视化。其中，数据透视表是一种可以快速汇总大量数据的交互式方法，可用于深入分析数值数据和回答有关数据的一些预料之外的问题。数据透视表从 Excel 2010 开始增加了切片器功能，从 Excel 2013 开始增加了日程表功能。切片器和日程表都可以更快速直观地实现对数据的筛选操作。图 6-12 显示了 Excel 动态透视图的生成过程。

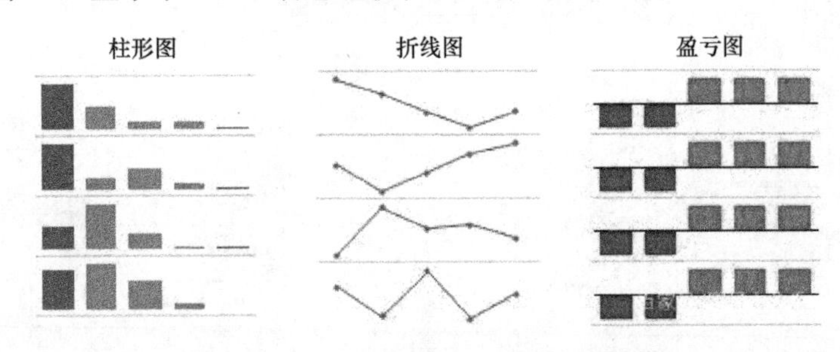

图 6-11　Excel 提供的三种类型的迷你图

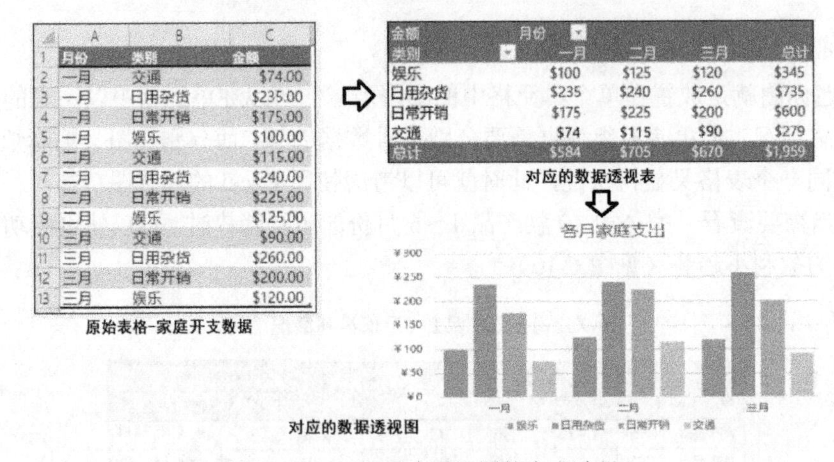

	A	B	C
1	月份	类别	金额
2	一月	交通	$74.00
3	一月	日用杂货	$235.00
4	一月	日常开销	$175.00
5	一月	娱乐	$100.00
6	二月	交通	$115.00
7	二月	日用杂货	$240.00
8	二月	日常开销	$225.00
9	二月	娱乐	$125.00
10	三月	交通	$90.00
11	三月	日用杂货	$260.00
12	三月	日常开销	$200.00
13	三月	娱乐	$120.00

金额	月份			
类别	一月	二月	三月	总计
娱乐	$100	$125	$120	$345
日用杂货	$235	$240	$260	$735
日常开销	$175	$225	$200	$600
交通	$74	$115	$90	$279
总计	$584	$705	$670	$1,959

图 6-12　Excel 动态透视图的生成过程

如果说数据透视表可以汇总、分析、浏览和呈现数据，那么数据透视图就是通过对数据透视表中的汇总数据添加可视化效果来对其进行补充，以便用户轻松查看比较、模式和趋势。借助数据透视表和数据透视图，用户可以对企业中的关键数据做出明智决策。此外，还可以连接外部数据源（例如 SQL Server 表、SQL Server Analysis Services 多维数据集、Azure Marketplace、Office 数据连接文件、XML 文件、Access 数据库和文本文件），创建数据透视表，或使用现有数据透视表创建新表。

数据透视图为关联数据透视表中的数据提供其图形表示形式，数据透视图也是交互式的。创建数据透视图时，会显示数据透视图筛选窗格。可使用此筛选窗格对数据透视图中的基础数据进行排序和筛选。对关联数据透视表中的布局和数据的更改，将会立即体现在数据透视图的布局和数据中，反之亦然。

数据透视图显示数据系列、类别、数据标记和坐标轴（与标准图表相同）。也可以更改图表类型和其他选项，如标题、图例的位置、数据标签、图表位置等。

需要强调的是，数据透视图与标准图表之间有一定的差异：第一，在“行/列方向”方面，与标准图表不同的是，数据透视图不能通过“选择数据源”对话框来切换数据透视图中行与列的方向。但是，可以通过旋转关联数据透视表的“行”和“列”标签来达到相同的效果。第二，在图表类型方面，可以将数据透视图更改为除 XY（散点图）、股价图或气泡图之外的任何图表类型。第三，在源数据方面，标准图表可以直接链接到工作表单元格，而数据透视图则基于关联数据透视表的数据源。因此，不能在数据透视图的“选择数据源”对话框中更改图表数据范围。第四，在格式方面，刷新数据透视图时，将保留大多数格式（包括添加的图表元素、布局和样式），但是不会保留趋势线、数据标签、误差线，以及对数据集执行的其他更改。最后，虽然不能直接调整数据透视图中的数据标签大小，但可以通过增大文本的字体大小来有效地调整标签大小。

5．Power Map 三维地图

Excel 可以说是典型的入门级数据可视化工具，但同时，它也支持 3D 的可视化展示。Microsoft Power Map for Excel 是一种三维数据可视化工具，它可以用新的方式查看信息。Power map 可以帮助读者发现在传统的二维表格和图表中可能无法看到的问题。

Power Map 的第一次出现是作为 SQL Server 2014 的新特性而被提及，其前身就是 GeoFlow。GeoFlow 可以支持的数据规模最高可达 100 万行，并可以直接通过 Bing 地图引擎生成可视化 3D 地图。

在 Power Map 下可以很容易地将基于地址的信息转变成酷炫的 3D 模式地图图表，并且也可以基于时间维度来观察数据随时间而发生的变化。新版本 Power Map 提供 Bing 地图自动数据采集功能，并可生成更为人性化的细节分类。目前，Power Map 已经开放了 Create Video 功能，可以将 3D 画面演示过程记录下来。这样，使用 Power Map，不仅可以将地理和临时数据绘制在一个三维的地球或自定义地图上，随着时间的推移而显示，还可以创建可与其他人共享的可视教程。

Power Map 窗口包括 5 个主要部分：第一个部分，地图可视化区域。这是 Power Map 的核心功能，在这里可以展现和分析带有地理图形的数据。第二个部分，任务面板。在这个区域中，将设定地理数据和用于展现的各类数据。第三个部分，演示编辑区。此部分可以将多个场景制作成幻灯片、电影或者视频。第四个部分，Power Map 功能区。主要用于提供地图显示的各类选项，加入各类元素，来增强效果。该部分包括演示、场景、图层、地图、插入、时间、视图等功能模块。其中，演示模块包括播放演示、创建视频和捕获屏幕三个功能；场景模块包括新场景、主题和场景选项三个功能；图层模块包括刷新数据和形成功能；地图模块包括地图标签、平面地图、查找位置和自定义区域四个功能；插入模块包括二维图表、文本框和图例三个功能；时间模块包括日程表、日期和时间功能；视图模块包括演示编辑器、图层窗格和字段列表三个功能。第五个部分，Power Map 信息条。主要提供地图表示过程中的时间进度、计算情况等状态。

6.1.2　科学计量可视化工具

科学计量学是应用数理统计和计算技术等数学方法对科学活动的投入（如科研人员、研究经费）、产出（如论文数量、被引数量）和过程（如信息传播、交流网络的形成）进行定量分析，从中找出科学活动规律性的一门分支学科。

在过去的十年里，至少有 10 款应用比较广泛的科学计量软件，分别是：Bibexcel、Bicomb、CiteSpace、HistCite、NetDraw、Pajek、SATI、SPSS、Ucinet 和 VOSviewer。

1. Bibexcel

Bibexcel 是由瑞典于默奥大学信息研究小组欧莱·皮尔逊教授设计开发的一款文献计量学工具。它的设计宗旨是辅助用户分析书目数据，或者格式相近的自然语言文本，最终进行文献计量学分析工作（见图 6-13）。由 Bibexcel 产生的数据可导出至 Excel，并具有极大的包容性，可以很方便地与其他软件进行数据交换，如：Pajek、Excel 和 SPSS 等。

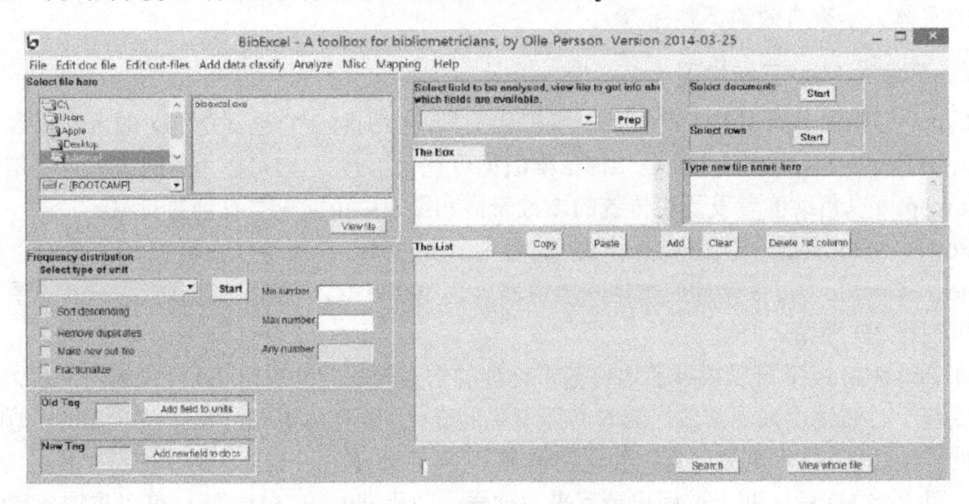

图 6-13　Bibexcel 的操作界面

Bibexcel.exe 软件及其帮助文件可以从 Bibexcel 官方网站下载。

在 Windows 运行环境中，将下载后的执行文件 Bibexcel.exe 存储到任意目录下，双击即可运行。在安装过程中，如果提示需要安装附加内容，可按照提示从网上下载。

2. Bicomb

书目共现分析系统（Bibliographic Item Co-Occurrence Matrix Builder，简称 Bicomb）由中国卫生政策支持项目（HPSP）资助，中国医科大学的崔雷教授开发，其主要功能是对生物医学文献数据库中的书目文献信息进行快速扫描、准确提取并归类存储、统计计算、矩阵分析等（见图 6-14）。软件下载地址为 http://202.118.40.8/bc/index.html。

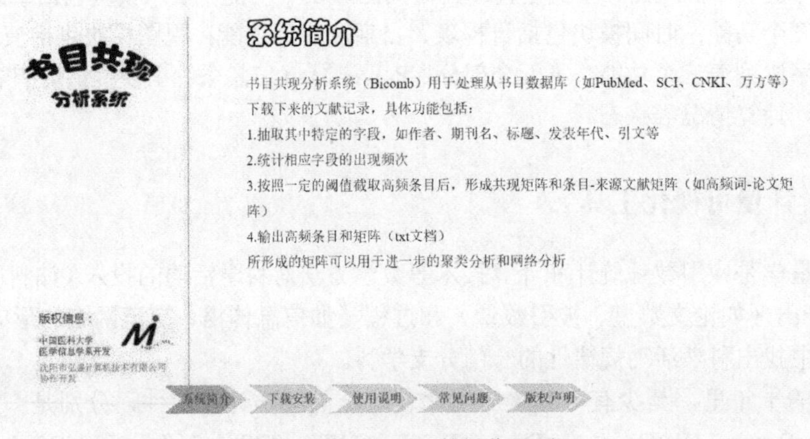

图 6-14　Bicomb 的操作界面

作为文本挖掘的基础工具，Bicomb 可对国际上权威的生物医学文献数据库（PubMed）、科学文献索引（Science Citation Index，SCI）、中国知网（CNKI）和万方数据等数据库中的文献记录进行读取分析，并允许用户对系统功能进行修改、增加等拓展。具体功能包括：

- 抽取其中特定的字段，如作者、期刊名、标题、发表年代、引文等。
- 统计相应字段的出现频次。
- 按照一定的阈值截取高频条目后，形成共现矩阵和条目–来源文献矩阵（如高频词–论文矩阵）。
- 输出高频条目和矩阵（txt 文档）。

因为 Bicomb 的统计功能将利用 Microsoft Excel 生成报表，所以计算机中需要具备 Microsoft Office 办公软件系统。

3．CiteSpace

CiteSpace 是由美国雷德赛尔大学信息科学与技术学院的陈超美博士与大连理工大学的 WISE 实验室联合开发的科学文献分析工具。它主要用于对特定领域的文献进行计量，以探寻出学科领域演化的关键路径及知识转折点。

4．HistCite

HistCite，即 History of Cite，直译为引文历史，或者叫引文图谱分析软件。该软件由加菲尔德开发，能够用图示的方式展示某一领域不同文献之间的关系。HistCite 可以快速帮助用户绘制出一个研究领域的发展历史，定位出该领域的重要文献，以及最新的重要文献。其主要操作界面如图 6-15 所示。

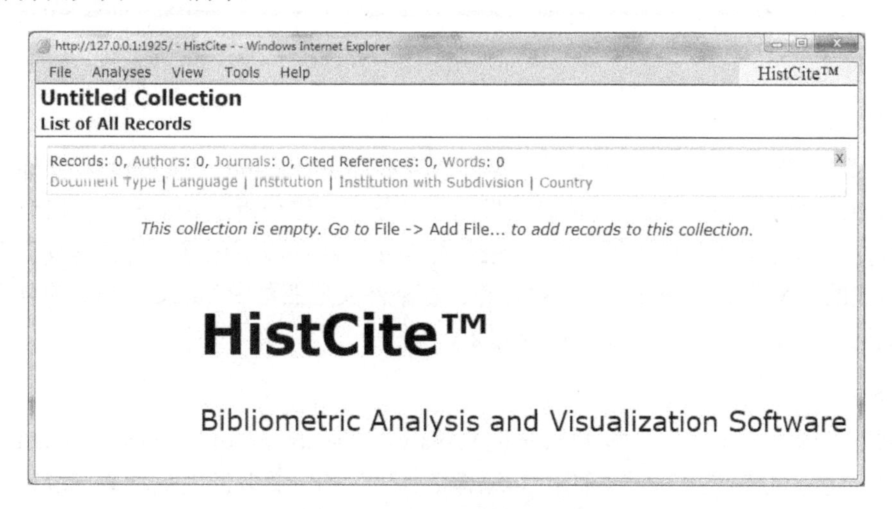

图 6-15　HistCite 的操作界面

最初使用该软件需要交一定的费用，现在用户只需签署一份 HistCite 最终用户许可协议（HistCite End User License Agreement），并提交用户的姓名、所在机构与电子邮箱地址，即可进行任何非商业用途的使用。软件的最新试用版本可以从 http://science.thomsonreuters.com/scientific/m/HistCiteInstaller.msi 下载。虽然软件的使用非常简单，但如何从软件给出的图谱中得出有价值的信息，以及不同图谱展示的内在含义，还需要做一些深入的研究。

5. NetDraw

NetDraw 由美国肯塔基州立大学商学与经济学院管理系 S.Borgatti 教授开发，是一款免费的社会网络分析软件，由 Analytic Technologies 公司提供（操作界面见图 6-16）。NetDraw 简单易学，容易操作。软件的下载地址为 https://download.cnet.com/NetDraw/3000-2076_4-10662553.html。

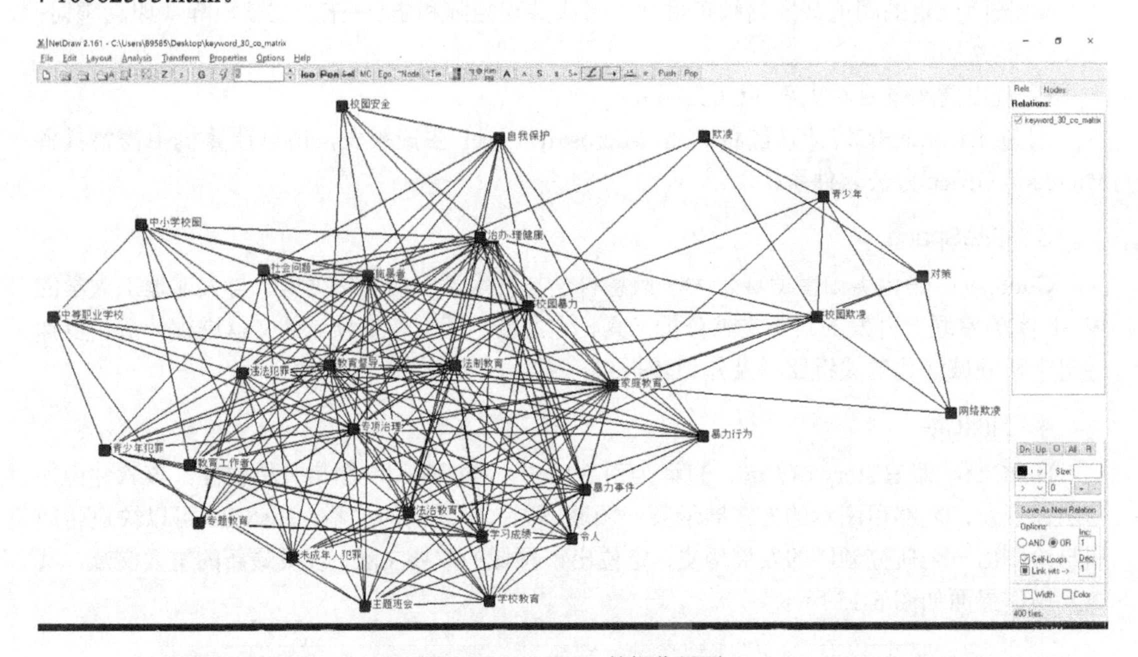

图 6-16　NetDraw 的操作界面

6. Pajek

Pajek 是 1996 年 11 月由弗拉迪米尔·巴塔盖尔吉（Vladimir Batagelj）和安德烈·姆尔瓦尔（Andrej Mrvar）使用 Delphi 语言开发的大型复杂网络分析工具，是用于研究目前所存在的各种复杂非线性网络的有力工具。Pajek 在 Windows 环境下运行，用于具有上千乃至数百万个节点的大型网络的分析和可视化操作。在斯洛文尼亚语中 Pajek 是蜘蛛的意思。软件的下载地址为：http://mrvar.fdv.uni-lj.si/pajek/。

7. SATI

文献题录信息统计分析工具（Statistical Analysis Toolkit for Informetrics， SATI），是国内学者刘启元等利用.NET 平台，使用 C#编程语言设计的一款开源的免费数据统计与分析辅助工具。软件旨在通过对期刊全文数据库题录信息的处理，利用一般计量分析、共现分析、聚类分析、多维尺度分析、社会网络分析等数据分析方法，挖掘和呈现出美妙的可视化数据结果。

该软件的官方网站为 http://sati-online.cn/#!/。在安装该软件前，需要确保计算机已经安装.NET Framework 4。因为是由国内学者开发，所以有关软件的一切说明都是中文，方便国内学者学习和使用。目前，SATI 桌面版的最新版本为 SATI 3.2（主界面见图 6-17），与此同时，SATI 还提供了在线分析版本 SATI 4.0。

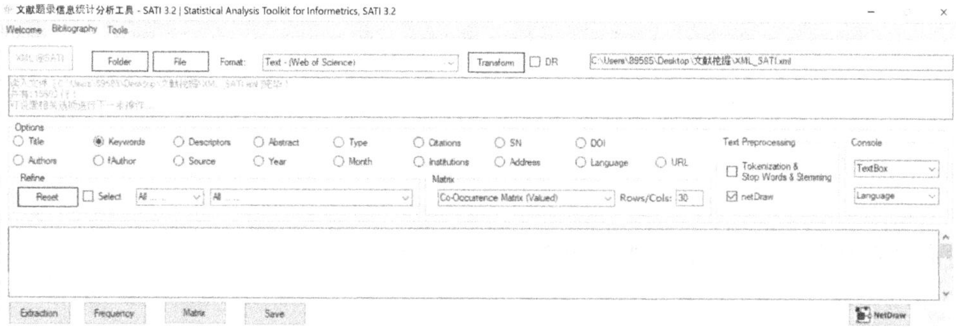

图 6-17　SATI 3.2 桌面版的主界面

8. SPSS

SPSS（Statistical Product and Service Solutions），即“统计产品与服务解决方案”软件。2010 年，随着 SPSS 公司被 IBM 公司并购，各子产品家族名称前面不再以 PASW 为名，修改为统一加上 IBM SPSS。目前，SPSS 是 IBM 公司所推出的一系列用于统计学分析运算、数据挖掘、预测分析和决策支持任务的软件产品及相关服务的总称。SPSS 的最新版本为 SPSS 26.0（主界面见图 6-18），已支持 Windows、Mac OS X、Linux 及 UNIX 等多个主流操作系统。

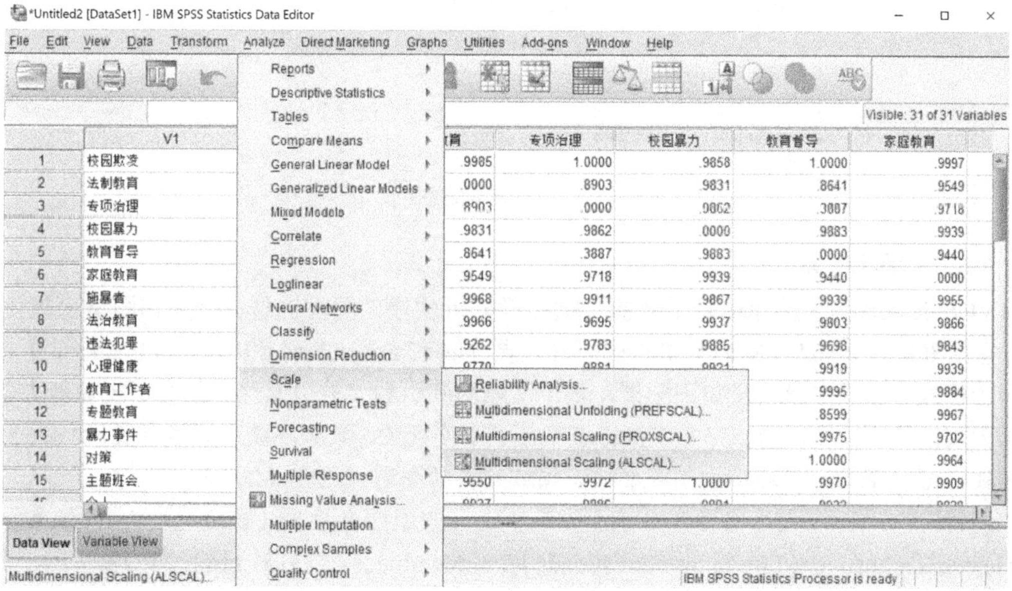

图 6-18　SPSS 的主界面

9. UCINET

UCINET（University of California at Irvine Network），是由加州大学欧文（Irvine）分校的一群网络分析者编写的。现在对该软件进行扩展的是由斯蒂芬·博加提（Stephen

Borgatti）、马丁·埃弗里特（Martin Everett）和林顿·弗里曼（Linton Freeman）组成的团队。

UCINET 网络分析集成软件包括一维与二维数据分析的 NetDraw，还有正在发展应用的三维展示分析软件 Mage 等，同时集成了 Pajek 用于大型网络分析的 Free 应用软件程序（见图 6-19）。利用 UCINET 软件可以读取文本文件、KrackPlot、Pajek、Negopy、VNA 等格式的文件。社会网络分析法包括中心性分析、子群分析、角色分析和基于置换的统计分析等。另外，该软件包还具有很强的矩阵分析功能，如矩阵代数和多元统计分析。它是目前最流行的，也是最容易上手、最适合新手的社会网络分析软件之一（主界面见图 6-19）。

UCINET 软件的官方下载地址为 http://www.analytictech.com/downloaduc6.htm，可免费试用 60 天。

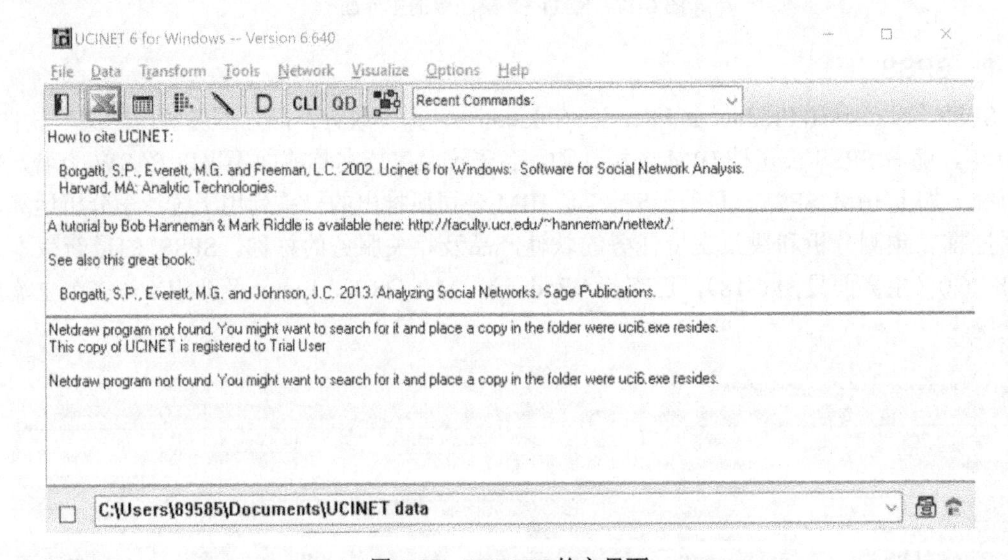

图 6-19　UCINET 的主界面

10. VOSviewer

VOSviewer 是一款免费且专业的文献计量分析软件，同时也是一个知识图谱可视化工具，它由莱顿大学 CWTS 研究机构的研究人员 Nees Jan van Eck 和 L. Waltman 开发，主要用于构建和查看文献计量知识图谱，基于文献的共引和共被引原理，具有可视化能力强、适合大规模样本数据的特点，并支持标签视图、密度视图、聚类视图和分散视图四种视图浏览方式，可以帮助用户轻松绘制各个知识领域的科学图谱（见图 6-20）。

运行 VOSviewer 前，需要在系统上安装 Java 8.0 或更高版本（安装地址为 https://www.oracle.com/technetwork/java/javase/downloads/jdk8-downloads-2133151.html）。VOSviewer 软件的下载地址为 https://www.vosviewer.com/download。

上述 10 种适用于科学计量的可视化工具，按照功能分，可以分为几类：知识图谱专用工具，如 Bibexcel、HistCite、CiteSpace、Bicomb、SATI；通用工具，如统计分析软件如 SPSS，社交网络分析工具，如 Pajek 和 Ucinet，可视化工具，如 VOSviewer、NetDraw 等。这些工具的数据来源各有不同，具体情况如表 6-1 所示。

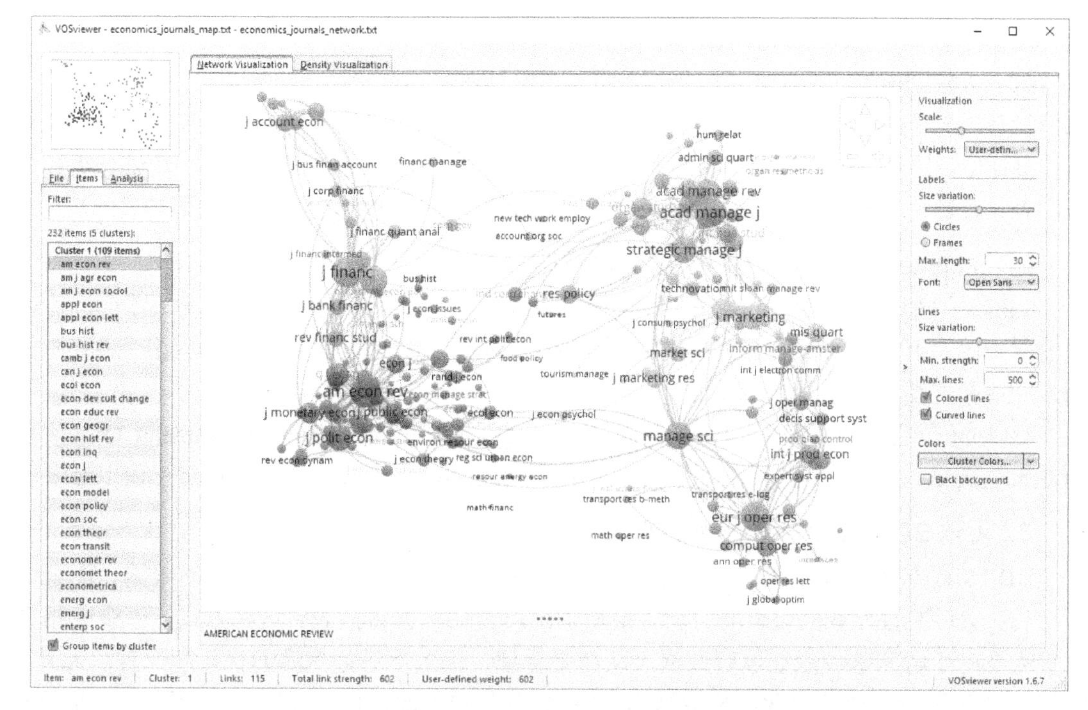

图 6-20　VOSviewer 的主界面

表 6-1　10 种科学计量可视化软件数据来源要求一览表

数据来源	单次下载数据量（条）	可导出文件格式	支持该数据库的软件
CNKI	500	.xls，.doc，.txt（编码格式为 UTF-8），.net，.cnt，.eln	Bicomb、CiteSpace、SATI、Ucient
万方	100	.dox，.txt（编码格式为 UTF-8），.net	Bicomb、SATI
CSSCI	50	.txt（编码格式为 ANSI）	Bibexcel、CiteSpace、SATI、Ucient、VOSviewer
WoS	500	.txt（编码格式为 UTF-8），.txt（编码格式为 Unicode），.bib，.html	Bibexcel、Bicomb、CiteSpace、HistCite、SATI、Ucient、VOSviewer
其他数据库	—	—	Bicomb、CiteSpace、Pajek
其他软件产生的文件	—	—	NetDraw、SPSS、Ucient、VOSviewer
自建数据	—	—	NetDraw、SPSS、Ucient、Pajek

6.1.3　不需要编程语言的高级可视化工具

1. 国云大数据魔镜

国云大数据魔镜（官方网址为 http://www.moojnn.com/），拥有数据可视化效果库和数据源连接库，1000 多种数据挖掘算法、行业模型和海量数据的实时计算，帮助企业提升数据的价值。大数据魔镜为企业提供从数据清洗处理、数据仓库、数据分析挖掘到数据可视化展示的全套解决方案，同时针对企业的特定需求，提供定制化的大数据解决方案，从而推动企业实现数据智能化管理，增强核心竞争力，使其利润最大化。

国云大数据魔镜已经实现了包括仪表盘、多酷炫图表类型支持、数据源支持、数据安全、部门管理、全景分析、权限管理，数据共享、数据源接入库、最大可视化效果库、自动构建数据挖掘模型、路径规划、智能分析、大数据魔镜移动 BI 平台、动态酷炫图表、跨表分析和多源图表、海量大数据处理、数据仓库、多平台数据源支持、增值和定制化模块等丰富的功能。

2．Tableau

Tableau（官方网址为 https://www.tableau.com/zh-cn），不仅可以制作图表、图形，还可以绘制地图，用户可以直接将数据拖拽到系统中，不仅支持个人访问，还可以通过团队协作同步完成数据图表的绘制。

Tableau 产品包括 Tableau Desktop、Tableau Server、Tableau Public、Tableau Online 和 Tableau Reader 等多种。其中，Tableau Desktop、Tableau Server、Tableau Reader 使用最多。

3．海致 BDP（Business Data Platform）

BDP（官方网址为 https://www.bdp.cn/home.html）通过将日常办公所需的数据、图表进行上传，然后经过专业的整合与分析，最后输出可视化数据或图表。这种方式便于企业相关负责人及时了解和掌握企业运营数据，从而更合理、高效地进行资源的优化和配置。此外，BDP 能够实现一键连通企业内部数据库、Excel 及各种外部数据，在同一个云平台上进行多维度、细颗粒度的分析，亿行数据、秒级响应，同时 BDP 还支持移动端实时查看和分享，以此全面激活企业内部数据。

4．Visual.ly

Visual.ly（官方网址为 https://visual.ly/）是一个专门制作信息图表的可视化工具。它提供了一个模板选项，可以将图表链接到用户的 Facebook 或 Twitter 账户。使用 Visual.ly 制作信息图并不复杂，它是一个自动化工具，可以让用户快速而简易地插入不同种类的数据，并通过图形把数据表达出来。用户只要注册 Visual.ly，并登录其网站便可以制作自己的信息图。

目前，Visual.ly 主要面向两类对象：一是对数据分析有需求的企业，二是对宣传推广和产品营销有需求的品牌。对于前者而言，Visual.ly 的服务主要是制作一目了然的视觉化内容，协助企业理解其发展状况，整理思路，做出决策；而后者则更依赖于 Visual.ly 的视觉内容进行产品营销，提升品牌知名度。Visual.ly 服务的内容既包括信息图，又包括交互式图表、PPT、视频、网页设计、微内容等。

5．iCharts

iCharts（官方网址为 https://www.icharts.in/）是一款可视化云服务工具，可以方便地制作出高分辨率的可视化与信息图。iCharts 有很多种图表，用户可以定制适合自己的方案。它可以利用谷歌文档、Excel 表格等数据，实现元素互动。iCharts 是一款免费软件，但是用户也可以付费，获取附加功能。

6．Visualize Free

Visualize Free（官方网址为 http://www.visualizefree.com），是一款基于 InetSoft 开发的视觉分析工具，它适合直观地浏览和处理目前标准办公制图软件不能处理的数据。

7．RAWGraphs

RAWGraphs（官方网址为 https 为//rawgraphs.io/），是一个开放源码的数据可视化框架，其目标是让每个人都能轻松地可视化复杂数据。RAWGraphs 最初旨在提供电子表格应用程序（如 Microsoft Excel、Apple 数字、OpenRefine）和矢量图形编辑器（如 Adobe Illustrator、Inkscape、Sketch）之间缺少的链接。该项目由米兰理工大学（Politecnico di Milano）的密度设计研究实验室主导和维护，被许多人视为数据可视化领域最重要的工具之一。

8．Infogram

Infogram（官方网址为 https://infogr.am/），是一个支持在线制作响应式信息图表设计的工具，用户可免费而轻松地组合各种图表样式，根据显示器屏幕的大小实现自动调整并适应的阅读效果，简单拖拽即可完成。Infogram 拥有超过 35 个交互式图表和 550 多个地图，包括饼图、条形图、列表和词云等。

9．ChartBlocks

ChartBlocks（官方网址为 https://www.chartblocks.com），号称“世界上最简单的统计图生成器应用程序之一，几分钟内就可设计并共享统计图”，是英国的一家公司开发的制作统计图表的线上工具，不需要专业的软件技能就可以轻松制作出漂亮的图表。ChartBlocks 无法取代专业的 Excel 等办公软体，但是它可以专注于帮助用户在线上快速简单地制作出漂亮的统计图表，并将其运用到自己的简报、网页或报告文件中。

ChartBlocks 几乎可以从任何来源导入数据，它可以使用统计图生成器来建立几乎任何类型的统计图，也可以使用统计图设计工具把统计图变成用户想要的模样（从颜色、大小和字体，到添加网格和变更图轴上的数字字号）。ChartBlocks 推出了中文版的在线服务，网址为 https://www.chartblocks.com/zh。

6.1.4　基于 JavaScript 的高级可视化工具

1．ECharts

ECharts（官方网址为 https://ECharts.baidu.com/），是一个使用 JavaScript 实现的开源可视化库，可以流畅地运行在计算机和移动设备上，兼容当前绝大部分浏览器（IE 8/9/10/11、Chrome、Firefox、Safari 等），底层依赖轻量级的矢量图形库 ZRender，提供直观、交互丰富、可高度个性化定制的数据可视化图表。

ECharts 提供了常规的折线图、柱状图、散点图、饼图、K 线图，用于统计的盒形图，用于地理数据可视化的地图、热力图、线图，用于关系数据可视化的关系图、树图、旭日图，多维数据可视化的平行坐标，还有用于商业智能（Business Intelligence，BI）的漏斗图、仪表盘，并且支持图与图之间的混搭。

除了已经内置的包含了丰富功能的图表，ECharts 还提供了自定义系列，只需要传入一个 renderItem 函数，就可以从数据映射到任何用户想要的图形。此外，这些图形都能和已有的交互组件结合使用，而不需要操心其他事情。

2．AntV

AntV（官方网址为 https://antv.alipay.com/zh-cn/index.html#__products），即蚂蚁金服的数

据可视化工具，致力于提供一套简单方便、专业可靠、无限可能的数据可视化最佳实践方案。AntV 解决方案主要包含以下工具库。

- G2：数据驱动的高交互可视化图形语法。
- G6：专注解决流程与关系分析的图表库。
- F2：适合对性能、体积、扩展性要求严苛场景下使用的移动端图表库。
- 一套完整的图表使用和设计规范，致力于提供一套简单方便、专业可靠、无限可能的数据可视化最佳实践。

3. Google chart

Google chart（官方网址为 https://developers.google.com/chart/），是由谷歌公司开发的大数据可视化工具。该工具将生成的图表以 HTML5 或 SVG[1]的形式呈现，因此它们可与任何浏览器兼容。Google Chart 对 VML[2]的支持确保了其与旧版 IE 的兼容性，并且可以将图表移植到最新版本的 Android 和 iOS 上。更重要的是，Google Chart 结合了来自 Google 地图等多种 Google 服务的数据。由它生成的交互式图表不仅可以实时输入数据，还可以使用交互式仪表板进行控制。

Google Chart 提供了大量的可视化类型，从简单的饼图、时间序列一直到多维交互矩阵都有。它可供调整的图表选项有很多，可以根据需要对图表进行深度定制。

4. Chart.js

Chart.js（官方网址为 https://www.chartjs.org/），是一个简单、面向对象、为设计者和开发者准备的图表绘制工具库。单纯由 JavaScript 编写的图表资料库，可提供简单的方法来增加互动性图表来表达网站或网站的应用程式。Chart.js 支持的图形类型包括 Line（线形图）、Bar（柱状图）、Radar（雷达图）、Doughnut（中空饼图）、Pie（实心饼图）、Bubble（气泡图）、Scatter（散点图）、Area（面积图）等。

5. D3.js（Data-Driven Documents）

D3.js（官方网址为 http://d3js.org），是目前最受欢迎的可视化工具之一，并用于很多表格插件中。D3.js 是一个 JavaScript 库，利用现有的 Web 标准，通过数据驱动的方式来实现数据可视化。D3.js 允许开发者将任意数据绑定在文档对象模型（Document Object Model，DOM）之上，然后再应用数据驱动转换到文档中。例如，用户可以使用 D3.js 从一个数组中生成一个 HTML 表格。或者使用同样的数据来创建一个带有平滑过渡和互动功能的交互式 SVG 柱状图。

D3.js 并非一个旨在涵盖所有功能的整体框架，相反，D3.js 解决的问题核心是基于数据的高效文档操作，提供非凡的灵活性，体现出诸如 CSS3、HTML5 和 SVG 等 Web 标准的功能。D3.js 的速度非常快，使用最小的开销支持大型数据集以及交互与动画的动态行为。D3.js 的函数风格允许通过各种组件和插件的形式进行代码的重用；能够轻松地兼容大多数浏览器，同时避免对特定框架的依赖。

---

[1] SVG 是一种图像文件格式，它的英文全称为 Scalabie Vector Graphics，意思为可缩放的矢量图形。——编辑注

[2] VML 是 The Vector Markup Language（矢量可标记语言）的缩写。——编辑注

6. FusionCharts

FusionCharts（官方网址为 https://www.fusioncharts.com/），是 Flash 图形方案供应商 InfoSoft Global 公司开发的可视化工具。FusionCharts 可用于任何网页的脚本语言，如 HTML、.NET、ASP、JSP、PHP、ColdFusion 等，此外还提供互动性和强大的图表。

FusionCharts 能够提供 90 多种图表，带有 JavaScript 应用程序接口，可以很容易地集成 AJAX 或者 JavaScript。用户可以在服务端建立复杂的图像，然后再推给客户端，从而有效降低服务器负载。FusionCharts 支持基于 Flash/JavaScript 的 3D 图表，提供服务器端应用程序接口，支持成千上万的数据点。另外，使用 LinkedCharts 在几分钟内就可以无限级地向下钻取图表，每一级都可以显示不同的图表类型和数据，而实现这些并不用编写任何额外代码。

7. Highchart.js

Highchart.js（官方网址为 https://www.highcharts.com.cn/），是 Highcharts 系列软件之一，它是一个用纯 JavaScript 编写的图表库，能够很便捷地在 Web 网站或是 Web 应用程序上添加有交互性的图表，并且供个人学习、个人网站和非商业项目免费使用。Highcharts 支持的图表类型有直线图、曲线图、区域图、柱状图、饼状图、散状点图、仪表图、气泡图、瀑布流图等多达 20 种图表，其中很多图表可以集成在同一个图形中形成混合图。

Highcharts 系列软件是由专业的图表软件厂商 HIGHSOFT 开发的，第一个版本是在 2009 年发布的，目前已经有三款成熟的图表软件及相关的云服务。它在全球范围内客户众多，包括 72 个全球 100 强企业，国内的知名企业包括阿里巴巴、支付宝、中国移动等也都在使用 Highcharts 系列软件。

8. ZingChart

ZingChart（官方网址为 https://www.zingchart.com），是一个基于 HTML5 Canvas 开发的优秀的图表库。ZingChart 的功能非常强大，提供自定义图表类型和主题，拥有多尺度、交互性、完整的应用程序接口，支持多种数据类型，支持鼠标交互及数据钻取。用户只需编写很少的代码（甚至不编写代码）就可以快速构建自己的作品。

9. Flot

Flot（官方网址为 http://www.flotcharts.org/），是一个纯粹的 jQuery JavaScript 绘图库，它可以在客户端即时生成图形，使用非常简单，支持放大缩小以及鼠标追踪等交互功能。该插件支持 IE 6/7/8/9、Firefox 2.x+、Safari 3.0+、Opera 9.5+及 Konqueror 4.x+等浏览器。

Flot 的优点是用户可以访问大量的调用函数，这样就可以运行自己的代码。设定一种风格，可以让用户在悬停光标、单击、移开光标时展示不同的效果。比起其他制图工具，Flot 可以给予用户更多的灵活空间。

10. Gephi

Gephi（官方网址为 https://gephi.org/），是进行社会图谱数据可视化分析的工具，它不但能处理大规模数据集，并且还是一个可视化的网络探索平台，用于构建动态的、分层的数据图表，创建出漂亮的可视化效果，还支持清除和整理数据。

Gephi 是一款开源软件，允许扩展开发。Gephi 是在 Netbeans 平台上开发的，开发语言是 Java，并且使用 OpenGL 作为可视化引擎。依赖于它的应用程序接口，开发者可以编写自己感兴趣的插件，创建新的功能。

6.1.5 基于其他语言的高级可视化工具

1．R

R（官方网址为 https://www.r-project.org/），主要用于统计分析、绘图等，它是基于 GNU 操作系统的一个自由、免费、源代码开放的软件，也是一个用于统计计算和统计制图的优秀工具。R 作为一种统计分析软件，是集统计分析与图形显示于一体的。它可以运行于 UNIX、Windows 和 Macintosh 等操作系统上，而且还嵌入了一个非常方便实用的帮助系统。

相比于其他统计分析软件，R 有以下特点：第一，R 是完全免费、开放源代码的软件，任何人都可以在它的网站及其镜像中下载相关文档资料。标准的安装文件本身就带有许多模块和内嵌统计函数，安装好后可以直接实现许多常用的统计功能。第二，R 是一种可编程的语言，语法很容易学会和掌握。它的更新速度比一般统计软件（例如 SPSS、SAS）快得多。第三，所有 R 的函数和数据集都是保存在程序包里面的，只有当一个包被载入时，它的内容才可以被访问，一些常用、基本的程序包已经被收入了标准安装文件中。第四，R 具有很强的互动性。

2．WEKA

WEKA（官方网址为 https://www.cs.waikato.ac.nz/ml/weka/），全名“怀卡托智能分析环境”（Waikato Environment for Knowledge Analysis），是一个能根据属性来分类和集群大量数据的优秀工具，Weka 不但是数据分析的强大工具，还能生成一些简单的图表。换言之，WEKA 作为一个公开的数据挖掘工作平台，集合了大量能承担数据挖掘任务的机器学习算法，包括对数据进行预处理、分类、回归、聚类、关联规则，以及在新的交互式界面上的可视化。

3．NodeBox

NodeBox（官方网址为 https://www.nodebox.net/），是一款建立在 Python 语言基础上的开源免费图形软件，它允许用户创建静态和交互的视觉效果。用户需要掌握 Python 代码才能使用。它可以简单快速地调整变量，用户可以立即看到结果。

4．Processing

Processing（官方网址为 http://processing.org/），起源于麻省理工学院媒体实验室（Media Lab）的 Design By Numbers 项目，最初的目标是用来形象地教授计算机科学的基础知识，之后逐渐演变成可用于创建图形可视化项目的一种环境，实现对各类数据的可视化。

Processing 是交互式可视化处理工具的典范，它能让用户使用更简单的代码，再循序编译成 Java。Processing.js 工具可以使用户网页在没有 Java 应用程序的情况下运用 Processing，其 Objective-C 端口使用户能够在 iOS 平台上使用它。它是一个可以运用在所有平台上的桌面应用，近几年来网上已经有大量实例和代码。

5．JpGraph

JpGraph（官方网址为 https://jpgraph.net/），是一个面向对象的图形工具。它完全用 PHP 编写，可以在任何 PHP 脚本中使用（PHP 的 cgi/apxs/cli 版本都可以）。

JpGraph 使得作图变成了一件非常简单的事情，用户只需从数据库中取出相关数据，定义标题、图表类型等，其余的工作可由 JpGraph 自动完成。也就是说，只需掌握为数不多的 JpGraph 内置函数（可以参照 JpGraph 附带例子），就可以画出非常炫目的图表。

6.1.6　地图类高级可视化工具

1．CartoDB

CartoDB（官方网址为 https://cartodb.com/），是一个开源且允许用户在 Web 上存储和虚拟化地理数据的工具。它通过灵活的方式让开发者更容易地创建地图和设计自己的应用，轻易地把表格数据和地图关联起来。比如，当用户输入一个地址字符串后，CartoDB 就可以将其转换为经度和纬度，还可以在地图上标记出来。CartoDB 有五个免费的表，其他的需要按月度付费使用。只要用户上传数据，CartoDB 就能自动检测出地理数据，然后分析文件中其他的信息并提出一系列地图格式建议，以供用户选择与修改。它对于缺乏编程基础又想尝试可视化的人士非常适合，不过很多功能还是需要花一点时间来掌握的。

该工具吸引了十几万用户，将世界上有趣的主题变成互动性强、好玩的可视化作品。

2．InstantAtlas

InstantAtlas（官方网址为 https://www.instantatlas.com/），是一个可以制图的数据映射工具，让信息分析师和研究者得以创建交互式动态分配图报告，并结合统计数据和地图数据来优化数据可视化效果。InstantAtlas 帮助人们以有效和高效的方式展现有关领域的数据，从而帮助决策。

3．My Maps

My Maps（官方网址为 https://www.google.com/maps/about/mymaps/），是一款谷歌提供的简易且用途广泛的地图可视化工具，非常适合新手使用，只要用户的数据表包含一栏地址信息或全球卫星定位系统（GPS）的坐标数字就可以。

用户可以在地图上把某个特定的区域用不规则的图形圈出来，还可以添加向导资料等。

4．BatchGeo

BatchGeo（官方网址为 https://www.batchgeo.com/），也是一款易用且好用的工具。用户只需要用复制粘贴的方式导入数据表，系统便会自动识别出表中的地址或 GPS 信息，然后在地图上的相应位置做出标注。与 My Maps 相比，BatchGeo 的功能较少，但如果用户需求仅仅是在地图上标注多个地点，则 BatchGeo 完全胜任有余。

5．MapShaper.org

MapShaper.org（官方网址为 https://mapshaper.org/）所适用的数据形式不再是一般人都能看懂的表格，而是特定文件，包括 shapefiles（文件名一般以.shp 作为扩展名）、geoJSON

（一种开源的地理信息代码，用于描述位置和形状）及 topoJSON（geoJSON 的衍生格式，主要用于制作拓扑形状）。

对于需要自定义地图中各区域边界和形状的制图师，MapShaper 是个极好的入门级工具，其简便性也有助于地图设计师随时检查数据是否与设计图相吻合，修改后还能够以多种格式输出，进一步用于更复杂的可视化。

6．Fusion Tables

Fusion Tables（官方网址为 http://www.fusiontables.com/），属于 Google Drive 产品中的一项应用，是一个功能庞杂的制图工具（不仅仅用于地图），包括 CSV 和 Excel 在内的常见数据表格式都适用。

Fusion Tables 最大的特点之一是可以融合不同的数据集，而其在地理信息编码上的功能也十分突出，用于记录地理信息的锁眼标记语言（Keyhole Markup Language，KML）是其常用格式。另外，该应用还提供色彩选项来呈现用户数据。

7．Leaflet.js

Leaflet.js（官方网址为 https://leafletjs.com/），是一个专门用于制作移动端交互地图的 JavaScript 函数库。所谓函数库，简单来说就是一堆预先编写好的程序模块，可以实现特定的功能，程序员在需要时从“库”里调用相应的模块即可，不必再重复编写大段的代码，以节省时间。而 Leaflet.js 就是一个用 JavaScript 程序语言来绘制地图的“库”。

Leaflet.js 是由 CloudMade 团队开发的一种微小的地图框架，小巧而轻便，用来创建对移动页面友好的地图应用。Leaflet 和 Modest Maps 都是开源的，用户可以根据自己的需求灵活运用它们。该工具的突出特点是具有强大的备份功能。

8．Mapbox

Mapbox（官方网址为 https://www.mapbox.com/），是一款功能超级强大的专业制图工具，可以制作独一无二的地图，从马路的颜色到边境线都可以自行定义。它是一个收费的商业产品，Airbnb、CNN、Pinterest 等机构都是其客户。

通过 Mapbox，用户可以保存自定义的地图风格，并应用于前面提到的 JavaScript 或 CartoDB 等产品。另外，它还有专属的 JavaScript 函数库。

9．Polymaps

Polymaps （官方网址为 http://polymaps.org/），也是一种地图库，可直接用于数据可视化。Polymaps 在地图风格化方面有独到之处，拥有类似 CSS 样式表的选择器，允许创建独特的地图风格。Polymaps 有点像 JavaScript 版本的 Modest Maps——Modest Maps 只能进行基础的地图绘制，而 Polymaps 却有内置功能，例如等值区域（choropleth）和气泡图。另外，Polymaps 可以通过可缩放矢量图形（SVG）来显示数据。

10．OpenLayers

OpenLayers（官方网址为 https://openlayers.org/），是一个用于开发 WebGIS 客户端的 JavaScript 包，用于实现标准格式发布的地图数据访问。OpenLayers 支持的地图来源包括 Google 、Yahoo、微软等，用户还可以用简单的图片地图作为背景图，与其他图层叠加。

除此之外，OpenLayers 实现访问地理空间数据的方法都符合行业标准，如支持 Open GIS 协会制定的 WMS（Web Mapping Service）和 WFS（Web Feature Service）等网络服务规范。

11．Weave

Weave（官方网址为 https://www.getweave.com/），是一款开源的数据地图制作工具，由可视化和感知研究学院（IVPR）和开放指标联盟（OIC）合作开发。该软件基于网络运行，可以处理各种数据源的数据，部署环境需要 Java 和 Flash，可连接到其他开源统计平台。

12．Exhibit

Exhibit（官方网址为 http://www.simile-widgets.org/exhibit/），是一款开源数据地图制作工具，由麻省理工学院开发。用户可轻松地绘制出交互地图，还有其他基于数据的可视化内容，比如名人的出生地。

13．Kartograph

Kartograph（官方网址为 http://kartograph.org/），是一个简单而轻量级的交互式地图构建工具，可以用于构建没有谷歌地图或任何其他地图服务的交互式地图应用程序。实际上，Kartograph 是两个库，一个用来生成漂亮的 SVG 地图，另一个用来帮助用户创建跨所有主要浏览器运行的交互式地图。

14．Highmaps

Highmaps（官方网址为 https://www.highcharts.com.cn/demo/highmaps），是一款基于 HTML5 的优秀地图组件。Highmaps 继承了 Highcharts 简单易用的特性，利用它可以方便快捷地创建用于展现销售情况和选举结果等其他与地理位置关系密切的交互性地图图表。Highmaps 可以单独使用，也可以作为 Highcharts 的一个组件来使用。

6.1.7　其他类别的高级可视化工具

1．Dygraphs

Dygraphs （官方网址为 http://dygraphs.com/），是一个开源的 JavaScript 库，它可以产生一个可交互式的、可缩放的曲线表，用来显示大密度的数据集（比如股票、气温等），并且可以让用户来浏览和解释这些曲线图。

2．Highstock

Highstock（官方网址为 https://www.highcharts.com.cn/demo/highstock），是一个基于 JavaScript 编写的股票图表控件，可以开发股票走势或大数据量的时间轴图表。它包含多个高级导航组件，可以预设置数据的时间范围，还有日期选择器、滚动条、平移、缩放等功能。

3．Timeline

Timeline（官方网址为 http://www.simile-widgets.org/timeline/），是一个用于可视化时间数据的 Web 插件，是麻省理工学院计算机科学与人工智能实验室的一个开源项目，其作用是通过简单的设置将各类信息沿着时间轴直观地展示出来。Timeline 的可视化效果非常直观，支持 Linux 及 Windows 系统。

4．Tangle

Tangle（http://worrydream.com/Tangle/），是一个用于创建反应式文档的 JavaScript 库。当用户尝试描述一个复杂的相互作用或方程式时，在交互式图形中转动任何一个旋钮，都会影响所有链接图表中的数据。这样就创建了一个实时反馈循环，使用户能够更直观地理解复杂的方程，帮助用户交互地探索各种可能性。

5．Word2Art

Word2Art（官方网址为 http://word2art.com/），是一个提供免费在线制作词云图的软件，用户只需要输入想要的词汇即可一键生成，同时也可以自定义字体样式、背景颜色、文字云样式、大小等参数。

Word2Art 可生成 PNG、SVG、EPS 文件，并支持生成应用程序图标、桌面壁纸、手机壁纸等格式的图片。

6．微词云（Mini Tag Cloud）

微词云（官方网址为 https://minitagcloud.com/），是一款非常实用、简单的在线词云图生成工具，用户可以自定义文字云的内容、形状、样式、字体、配色、主题，并且支持导出质量很高的 PNG 和 JPG 图片，也支持导出可以二次设计的 SVG 和 EPS 格式文件。微词云可以轻松制作出非常漂亮和有创意的文字云，这些文字云可以应用在很多场景和地方，包括：庆祝节日、毕业纪念、文章配图、商业图标、二维码、头像、海报、商品等。

7．BlueMC

BlueMC（官方网址为 http://www.bluemc.cn/），是一款国内的词云工具，全中文网站操作，直接导入文本就可以生成词云图，支持中文和英文双语种分析。BlueMC 的中文分词功能十分强大，词云生成后可以在线调整关键词和词频大小。BlueMC 还有自定义词库功能，用户可以根据专业需要或者使用习惯补充关键词。除了可以分析文本文件、Excel 文件，BlueMC 还支持分析社交账号（微信、微博均可）。

6.2 魔镜——拖拽式高级可视化工具

大数据魔镜可视化分析软件（简称“魔镜”）是一款面向企业的大数据商业智能产品。通过魔镜，企业积累的各种来自内部和外部的数据，比如网站数据、销售数据、ERP 数据、财务数据、社会化数据、MySQL 数据库等，都可以被整合到魔镜进行实时分析。

6.2.1 魔镜的基本界面

1．应用管理界面

利用魔镜进行的大数据分析以应用为基础，用户可以根据不同的分析主题创建不同的应用，同时可以对项目进行重命名、删除等操作。

在浏览器中输入“www.labbigdata.com”，完成用户注册，然后输入用户名及密码后进行登录，进入魔镜的应用管理界面，如图 6-21 所示。

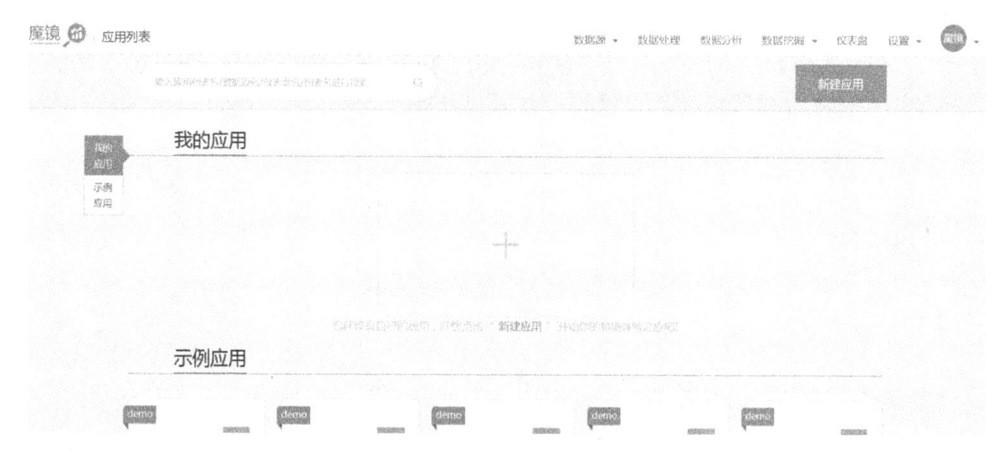

图 6-21　魔镜的应用管理界面（部分）

应用管理界面由“我的应用”“示例应用”和导航栏、搜索框等组成。

“我的应用”是用户自己创建的项目，单击项目图标，进入该项目的第一个仪表盘，即可进行新建图表等操作。

“示例应用”是魔镜系统提供给用户参考的应用项目，用户对其无重命名、删除、添加/编辑图表等操作权限，但拥有调整仪表盘配色方案和添加图标、文字组件、筛选器等操作的权限。单击应用图标，即可进入仪表盘界面。

导航栏位于应用管理界面的右上方，魔镜的数据分析操作都是在此处进行的。

在导航栏左下方有一个搜索框，输入搜索关键词（包含应用列表名、数据源名、仪表盘名、图表名），单击“搜索”按钮，即可得到所需的搜索项。

2．魔镜的导航栏界面

魔镜的导航栏主要引导用户完成数据分析与可视化，主要包括数据源、数据处理、数据分析、数据挖掘、仪表盘和设置 6 个部分（见图 6-22）。

数据源 ▾　数据处理　数据分析　数据挖掘 ▾　仪表盘　设置 ▾　魔镜 ▾

图 6-22　魔镜的导航栏

- 数据源：专门用于添加数据源和导入数据源。
- 数据处理：用于对导入添加的数据源进行再加工，同时将“技术对象”转化为“业务对象”。
- 数据分析：用于对“业务对象”进行可视化分析。
- 数据挖掘：具有聚类分析、数据预测、关联分析、相关性分析、决策树等功能，可对“业务对象”的维度和度量的数量关系进行进一步挖掘分析。
- 仪表盘：集中了数据分析的所有图表，同时可对图表进行编辑与修饰。
- 设置：包含“资源管理”“权限管理”“邀请用户”等功能。

6.2.2 魔镜的应用管理功能

1. 新建应用

第一步，在应用管理界面中，单击“新建应用”按钮或“我的应用”中部的“新建应用”图标，会弹出“选择数据源类型”对话框（见图 6-23）。

图 6-23　选择数据源界面

第二步，选择“添加新数据源”，即可进入选择数据源界面。魔镜可处理的数据有“文本类型”“数据库类型”和“大数据集群类型”三种类型（见图 6-24）。

图 6-24　选择数据源界面

第三步，选择需处理的数据类型，单击“下一步”按钮，进入选择数据源文件界面（见图 6-25）。

图 6-25　选择数据源文件界面

第四步，单击图 6-25 中的“点击选择文件”按钮，选择合适的文件，进入数据预览界面（见图 6-26）。

魔镜　数据源　　数据源　数据处理　数据分析　数据挖掘　仪表盘　设置

请上传文件：　重新上传　管理工程系上机实验预约表2017-2018(1).xls

数据预览：　　还原　预览数：14

编号	课程名称	班级	上课时间	任课老师	人数	上机时数	软件名称(版本)
1	电子商务	工商1401-1402	5-13周，周五（5-6节）	赵柳榕	63	16	NULL
2	工业统计学	制药1601-2	14周、18周周一（3-4节）	张琳	42	4	NULL
3	管理统计	信管1501-2、电商1501-2	8、11、18、19周周四（5-6节）	张琳	118	8	NULL
4	预测与决策	信管1401-2	5、7、8、9、10周周三（3-4节）	张琳	人选，最多66人	10	NULL
5	预测与决策	信管1501-2，电商1501-2	12-16周周三（5-6节）	陈红艳	120	10	NULL
6	信息架构与web设计	信管1601-2	1-5周，7-13周，周四（1-2节）	胡桓	61	24	DW CS6
7	电商网站设计与管理	电商1401-2	1-5周，7-12周，周四（3-4节）	胡桓	69	24	VS+Sql Server2012
6	信息架构与web设计课程设计	信管1601-2	18-19周，（3-6节）	胡桓	61	24	DW CS6

上一步　管理工程系上机实验预约表2017-2018(1)　保存

图 6-26　进入数据预览界面

第五步，在图 6-26 的数据预览界面中输入应用名称“管理工程系上机实验预约表 2017-2018（1）”，单击“保存”按钮，此时即建成一个新的应用，并进入数据处理界面（见图 6-27）。

2．管理应用

管理应用，就是对魔镜新建的应用实现更改图标、重命名、删除等功能。具体操作如下：

单击新生成应用中的“应用列表”（见图 6-28 所示），回到应用管理界面（见图 6-29）。当鼠标移动至“我的应用”中的“管理工程系上机实验预约表 2017-2018（1）”上时，会在应用的右下角出现 ☰ 标记，鼠标移动至 ☰ 标记，此时右侧会出现“封面”“重命名”和“删除”三个选项。

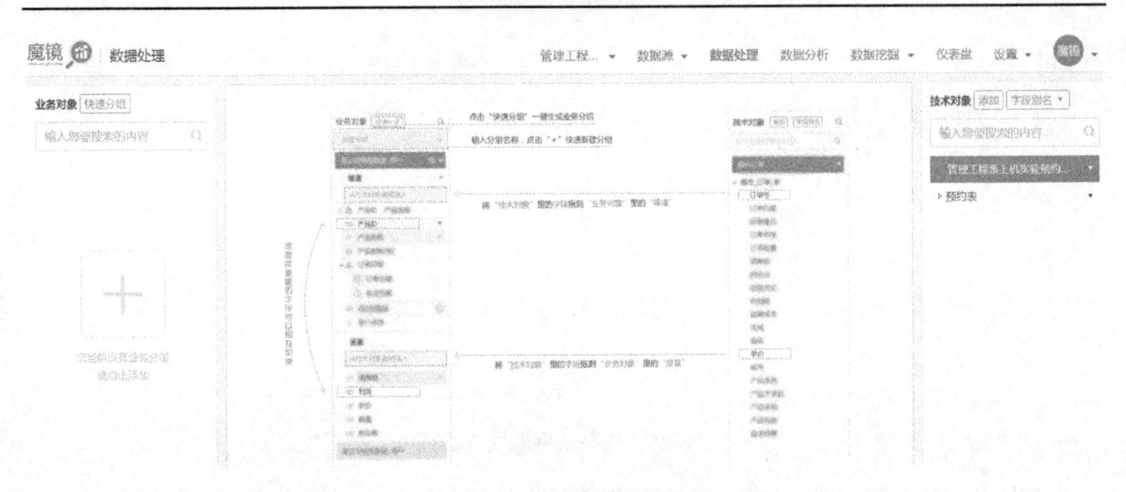

图 6-27　进入数据处理界面

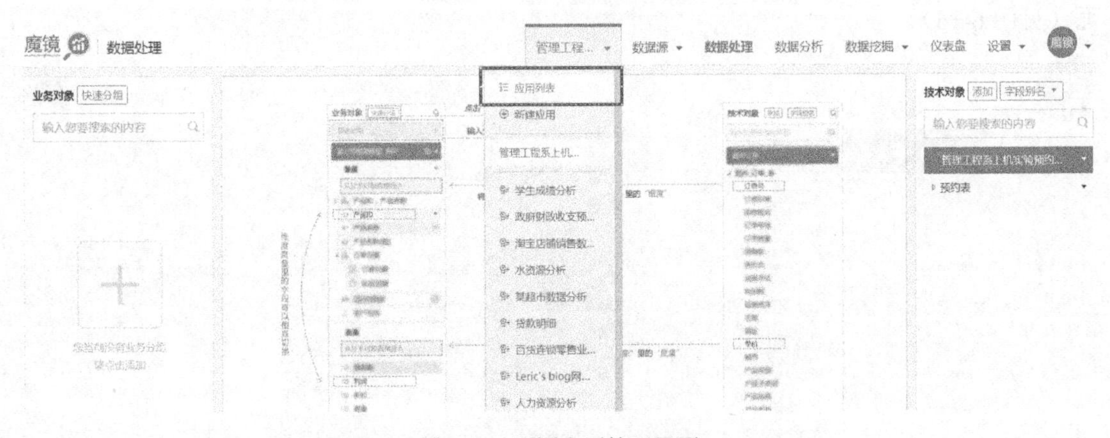

图 6-28　返回应用管理界面

图 6-29　应用管理界面

单击“封面”，出现“应用封面”对话选择界面，此时，可上传新的图像来改变应用封面（图片大小不超过 512KB，支持 JPG、PNG 格式）。

单击“重命名”，出现更改“我的应用”名称的界面，在文本框中输入新的应用名称，按右边的 ✓ 按钮进行确认，按 ⊗ 按钮取消。

单击“删除”，出现删除“我的应用”界面，这样就可以删除刚刚完成的新应用。

6.2.3　数据导入

魔镜软件将数据源分为三种类型：文本类型、数据库类型、大数据集群类型。单击“新建应用”或“数据源—添加数据源”，会弹框提示选择已有数据源或添加新数据源，（若没有应用或所有应用里数据源为空时则不会弹框提示），如图 6-30 所示。

图 6-30　添加数据源

图 6-30 中的三种数据源，其接入过程基本相似。数据源接入后，所有的界面操作都是一样。

1．选择已有数据源

单击图 6-30 中的“选择已有数据源”，进入选择已有数据源界面，可以选择已经上传的数据源。如图 6-31 所示，当鼠标指针悬浮在数据源上时会显示该数据源所属的应用名。

图 6-31　选择已有数据源示例

选择已有的数据源后，单击“下一步”按钮，跳转到数据预览界面，如图 6-32 所示。在数据预览界面，当鼠标指针悬浮在字段名上时会显示字段下拉列表框，包括对字段的重命名、标记为、自定义拆分、自定义计算、数据联想、数据执行、删除等操作。

2．选择添加新数据源

单击图 6-30 中的“添加新数据源”，进入选择数据源类型界面，可以看到新界面上出现了很多数据库的图标，展示了魔镜能处理的所有数据类型，如图 6-33 所示。

对于文本数据的导入，操作界面也是一样的（见图 6-34）。数据库和大数据集群的数据导入也一样（见图 6-35）。

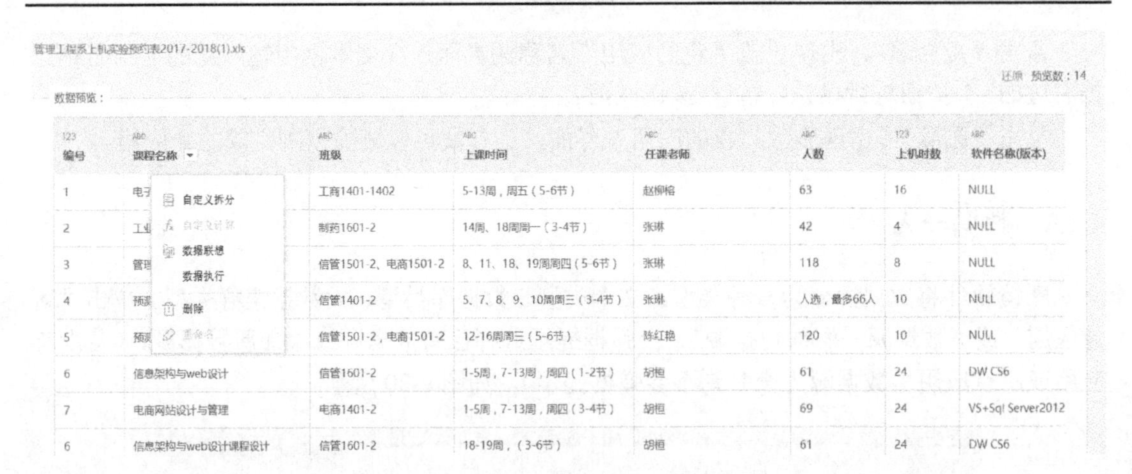

编号	课程名称	班级	上课时间	任课老师	人数	上机时数	软件名称(版本)
1	电子	工商1401-1402	5-13周，周五（5-6节）	赵柳榕	63	16	NULL
2	工业	制药1601-2	14周、18周周一（3-4节）	张琳	42	4	NULL
3	管理	信管1501-2、电商1501-2	8、11、18、19周周四（5-6节）	张琳	118	8	NULL
4	预测	信管1401-2	5、7、8、9、10周周三（3-4节）	张琳	人选，最多66人	10	NULL
5	预测	信管1501-2，电商1501-2	12-16周周三（5-6节）	陈红艳	120	10	NULL
6	信息架构与web设计	信管1601-2	1-5周，7-13周，周四（1-2节）	胡桓	61	24	DW CS6
7	电商网站设计与管理	电商1401-2	1-5周，7-13周，周四（3-4节）	胡桓	69	24	VS+Sql Server2012
6	信息架构与web设计课程设计	信管1601-2	18-19周，（3-6节）	胡桓	61	24	DW CS6

图 6-32　数据预览界面

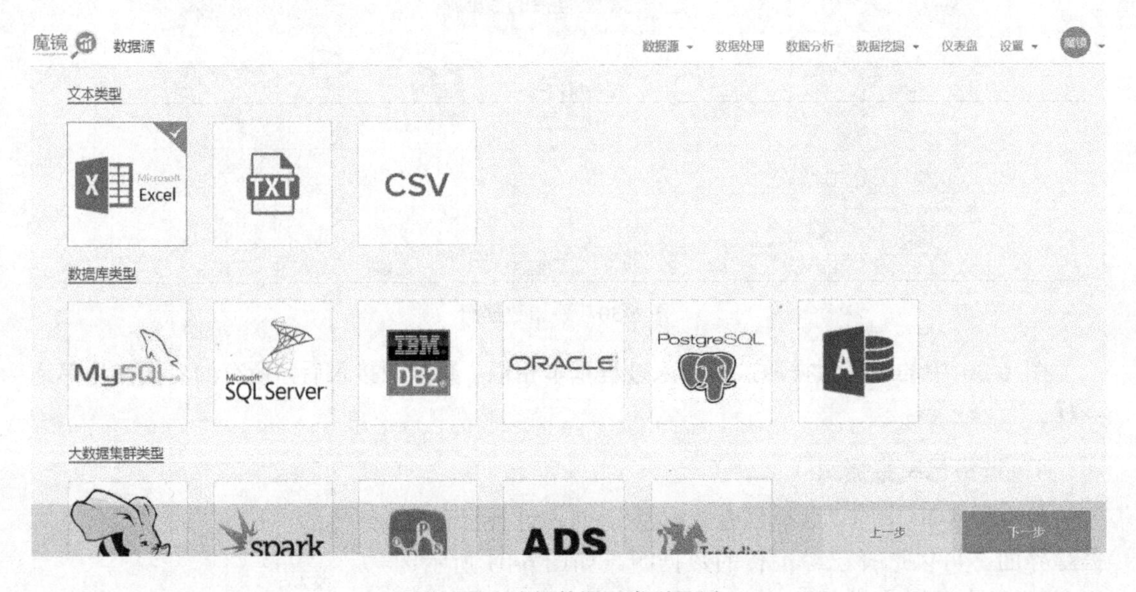

图 6-33　选择数据源类型界面

图 6-34　文本类型的数据导入操作界面

图 6-35　数据库和大数据集群的数据导入界面

6.2.4　数据编辑

在完成数据导入后，即可进入数据预览界面（见图 6-36）。在单击“保存”按钮之前，数据源始终处于“数据预览”状态。此时，可对数据源进行编辑。编辑操作包括：字段类型的更改、自定义拆分、自定义计算、数据联想。

媒介来源	城市	日期	网站版块	页面	浏览时长	PV	UV	访次数	
hao123.com	兰州	2012/11/15	每日一记	/riji/2012/10/interactivity-checklist-1675	5.580	151	29	58	3
hao123.com	海口	2012/11/16	每日一记	/riji/2012/10/interactivity-checklist-1675	2.430	191	32	64	3
hao123.com	大连	2012/11/19	每日一记	/riji/2011/08/are-movie-sequels-profitable-1279	1.160	229	38	76	4
hao123.com	衢州	2012/11/19	每日一记	/riji/2010/01/hatecrimes	1.350	190	12	24	1
hao123.com	东营	2012/11/21	每日一记	/riji/2011/08/are-movie-sequels-profitable-1279	1.530	167	10	20	1
hao123.com	北京	2012/11/21	每日一记	/riji/2012/10/top-100-q3-2012-1669	1.400	90	30	60	3
hao123.com	上海	2012/11/21	每日一记	/riji/2011/06/which-country-has-most-wimbledo...	2.230	132	19	38	2
hao123.com	重庆	2012/11/21	每日一记	/riji/2010/01/hatecrimes	1.530	130	36	72	4

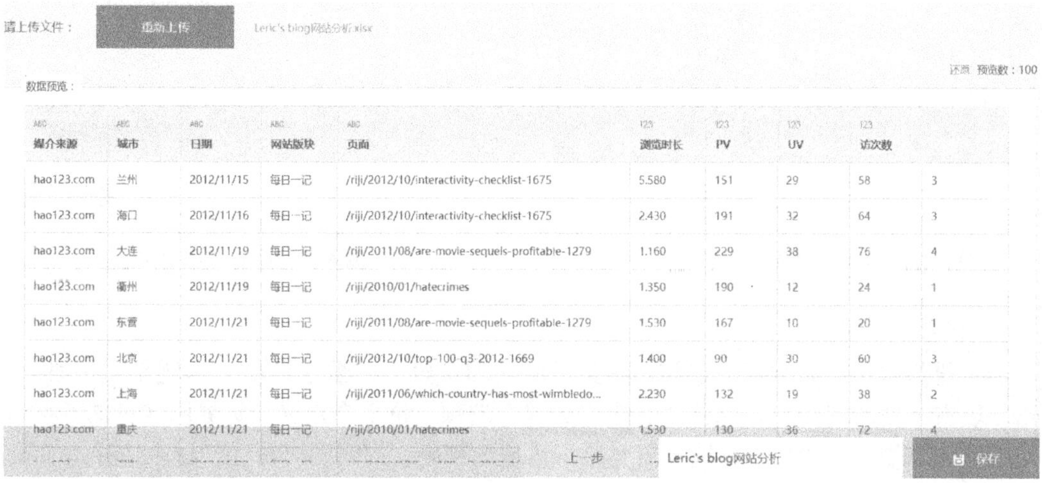

图 6-36　处于“数据预览”状态的数据源

1. 字段类型的更改

单击字段名上方标记“ABC”或“123”，此时可根据需要修改字段的数据类型，包括：字符串、整数、整数和小数、日期、日期和时间共 5 种类型（见图 6-37 中方框处）。当修改完数据类型后，位于字段上方的类型图标也会相应地发生变化。

当鼠标指针放至字段上时，在字段的右侧会出现图标，单击图标，出现下拉菜单，其中包括：自定义拆分、自定义计算、数据联想、数据执行、删除、重命名这 6 个选项，如图 6-38 所示。

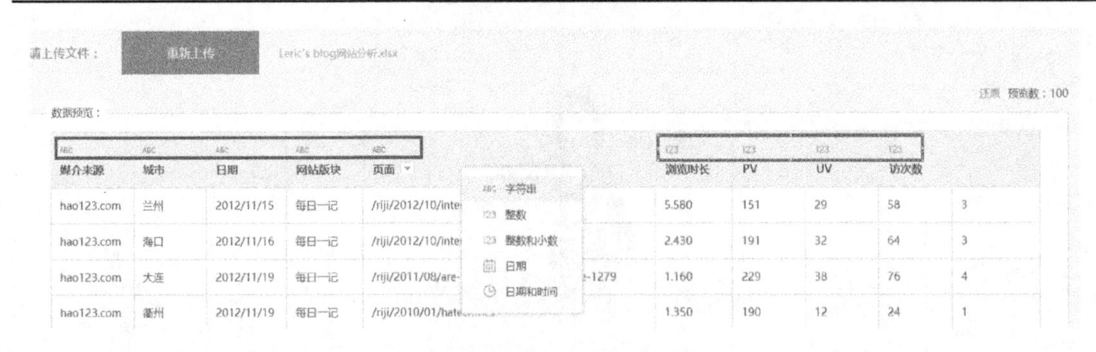

图 6-37　字段类型更改界面

2. 自定义拆分

当字段为字符串、日期、日期和时间这三种类型时（即字段上方图标为 ABC），右键单击字段名或单击字段右下角的图标▼，选择“自定义拆分”选项，进入自定义拆分界面（见图 6-39）。

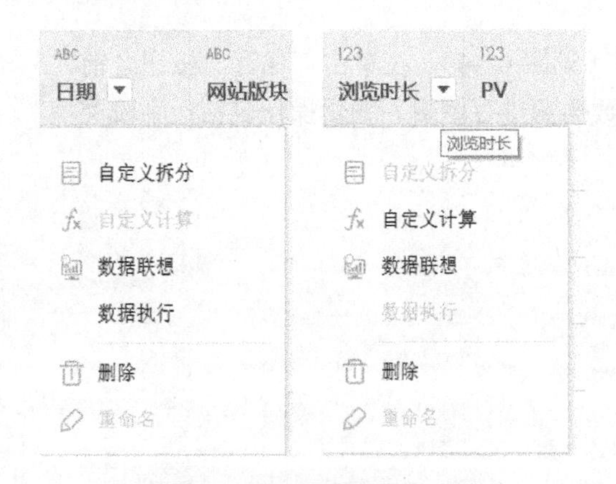

图 6-38　编辑字段的下拉菜单

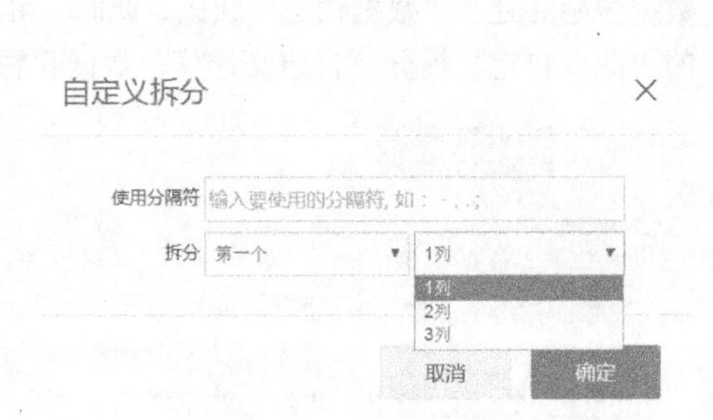

图 6-39　自定义拆分界面

3. 自定义计算

当字段为整数、整数和小数这两种类型时（即字段上方图标为 123），右键单击字段名或单击字段右下角的图标▼，选择“自定义计算”选项，进入自定义计算界面（见图 6-40）。在对话框的左侧“字段”框中选择需要参与运算的字段，中间的“算法”框中选择运算符，右侧的“字段名”框中输入新的自定义字段名称，单击“确定”按钮，即可得到一个新的自定义运算的字段及字段值。

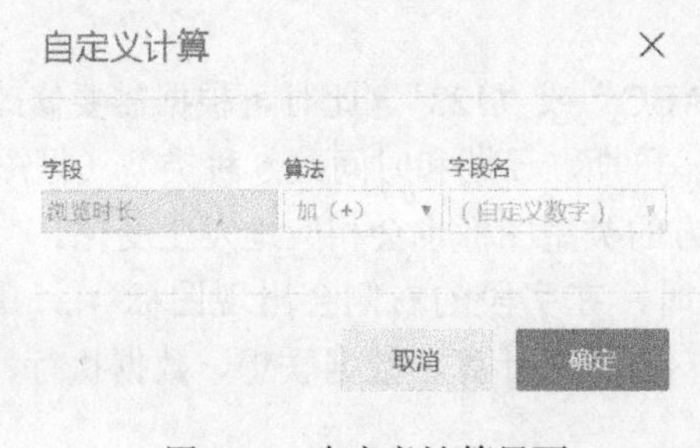

图 6-40　自定义计算界面

4．数据联想

右键单击字段名或单击字段右下角的图标▼，选择“数据联想”选项后，可以将数据联想为省份、身份证、手机号、IP 地址、银行卡、股票等，如图 6-41 所示。

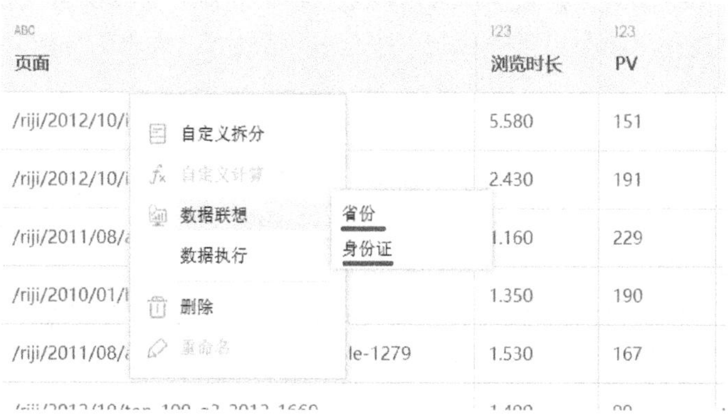

图 6-41　数据联想

6.2.5　数据可视化

1．创建可视化图形

第一步，单击导航栏中的“数据分析”，进入数据可视化分析平台；

第二步，在“拖拽模式”下用鼠标将左侧“维度”中的“网站板块”和“度量”中的“浏览时长”分别拖拽到可视化分析平台的“列”和“行”上，选择右侧的可视化图标库，形成“标准柱状图”类型（见图 6-42）。

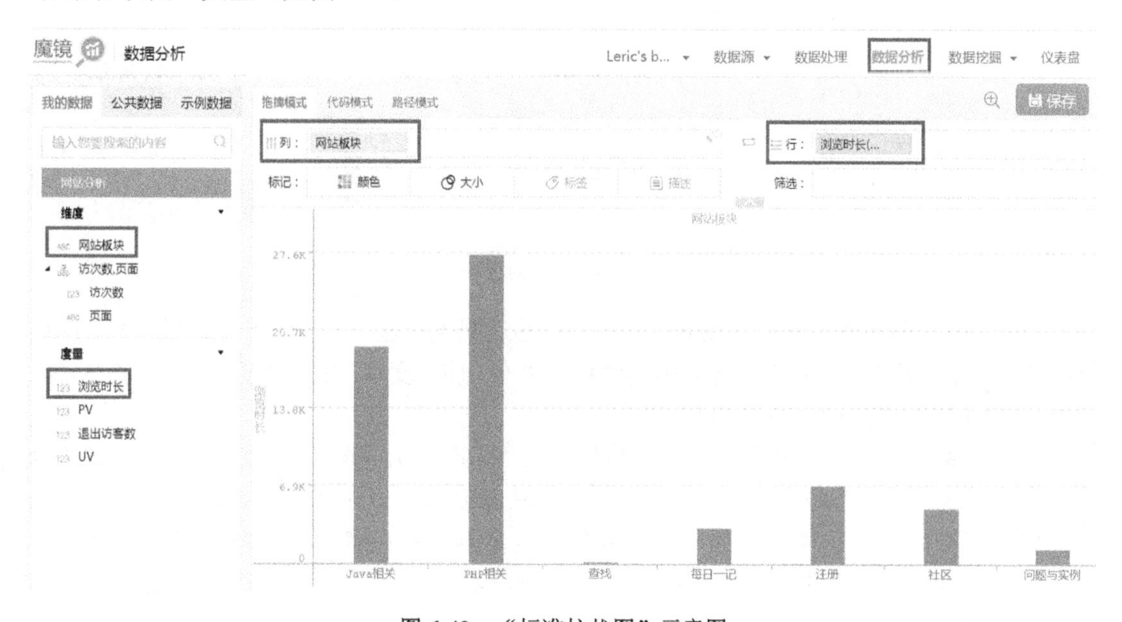

图 6-42　“标准柱状图”示意图

2．优化可视化图形

分析图 6-42，不难发现：第一，柱状图“高低起伏”，虽然直观发现“PHP 相关”的板块浏览时长最长，但是整个柱状图排列不齐整；第二，柱状图没有显示标志；第三，柱状图颜色单一；第四，柱状图的项目较少，可以调整柱子的粗细，使得屏幕空白处适当减少。这些都可以通过在可视化分析平台的“标记”中选择“颜色”“大小”“标签”和“描述”等选项来进行优化。

（1）颜色　不同的颜色标记不同的维度值，颜色的深浅标记度量的大小。标记颜色时，除放射树状图外，其他图形只能拖入一个维度，再拖入颜色，替换之前的字段。将“维度”或“度量”中的内容拖入“颜色”，即可对颜色进行编辑，默认 20 个颜色循环使用，也可以进行自定义切换色方案。

将左侧“维度”中的“网站板块”拖入“颜色”，可以看到不同的颜色标记不同的区域，如图 6-43 所示。

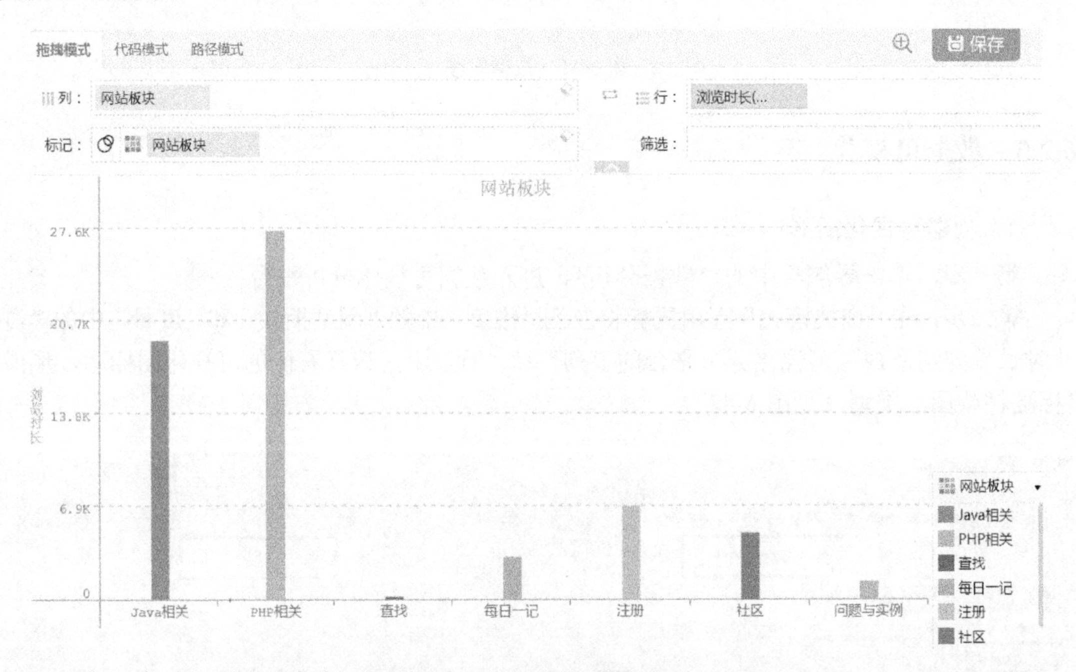

图 6-43　将“维度”中的“网站板块”拖入“颜色”

（2）大小　调整图表及相应元素的大小，自动适配美观显示。若图表是线图类型，则调整线条的粗细；若图表是柱图类型，则调整柱的大小。将“度量”中的“浏览时长”拖入“大小”，并按正序方式排列，如图 6-44 所示。

（3）标签　将“维度”中的“网站板块”拖入“标签”显示维度值，将“度量”中的“浏览时长”拖入“标签”显示度量值，“标签”内只能显示一个字段，即显示度量值或维度值，根据图形的不同选择性地显示相关度量的度量名。在柱状图中，标签显示在柱中。在本例中，将“维度”中的“网站板块”拖入“标签”，并单击“大小”调整柱的粗细，如图 6-45 所示。

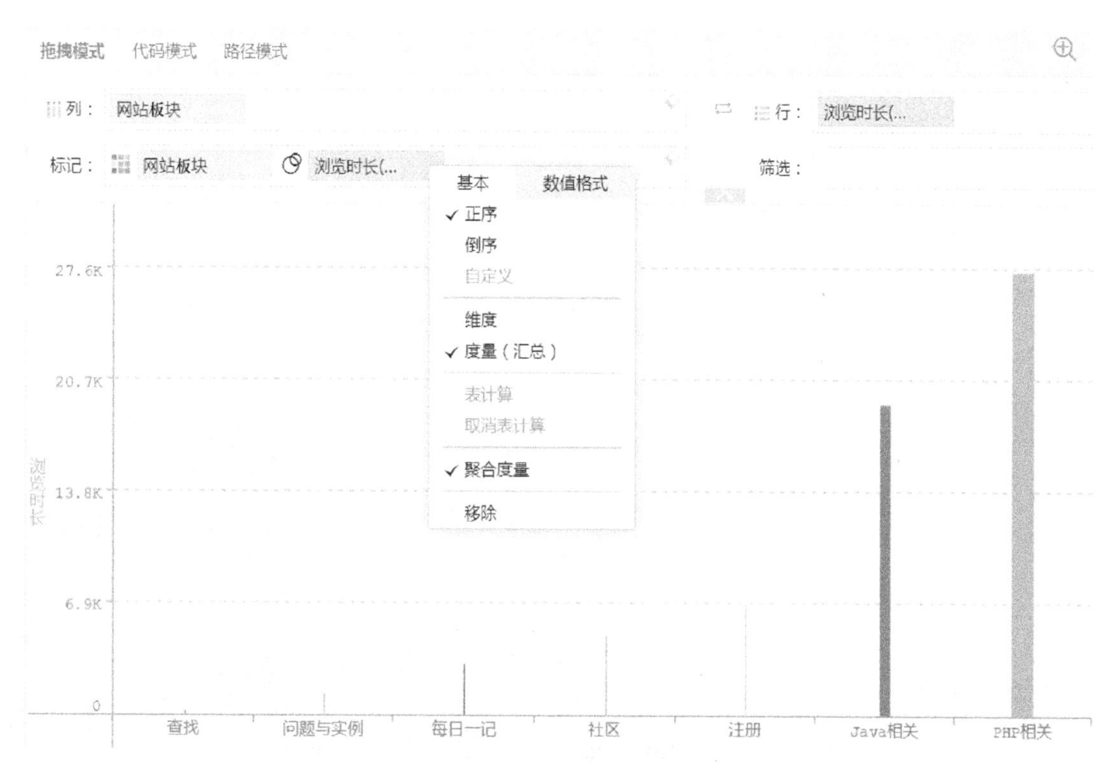

图 6-44　将“度量”中的“浏览时长”拖入“大小”

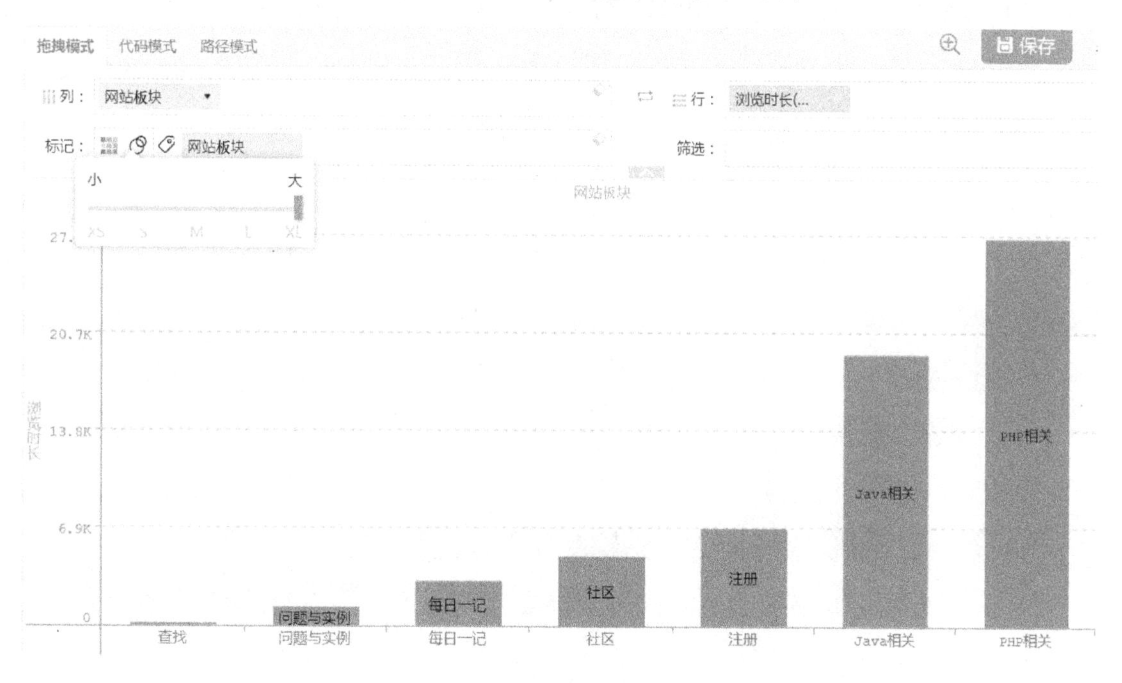

图 6-45　将“网站板块”和“浏览时长”分别拖入“标签”

（4）描述　即鼠标指针悬停时显示的详细信息。在本例中，将“网站板块”和“浏览时长”分别拖入“描述”，然后将鼠标指针悬停在柱形图中时，就可以看到它们更详细的信息，如图 6-46 所示。

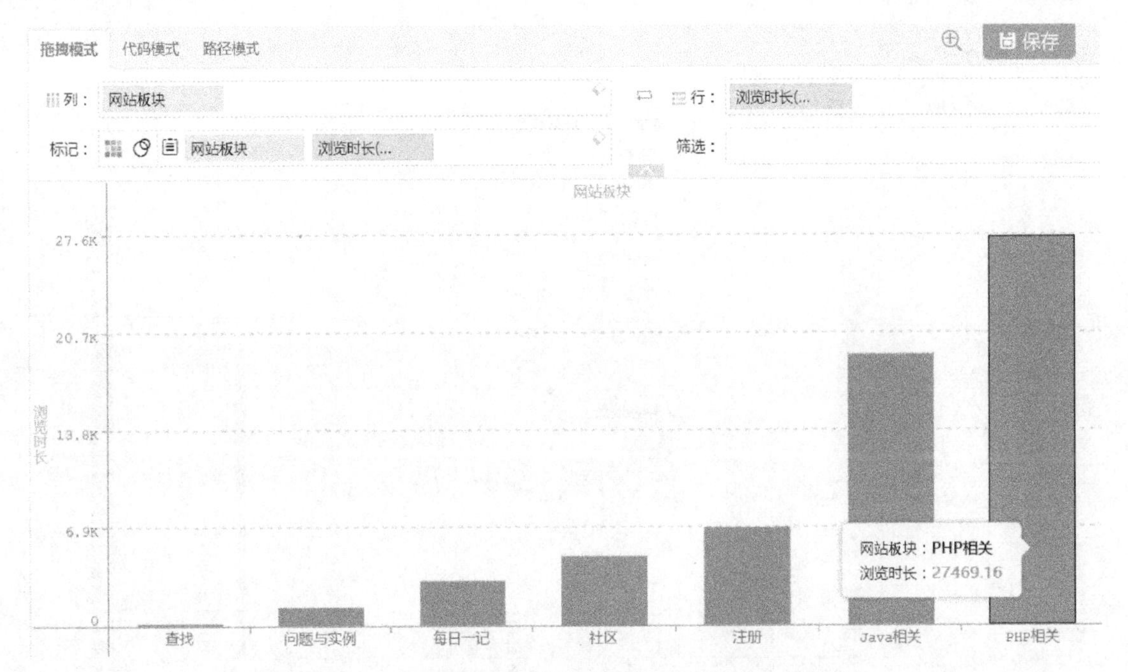

图 6-46　将“网站板块”和“浏览时长”分别拖入“描述”

（5）行列转置　单击图 6-47 中的转置按钮，交换“行”和“列”上的字段。

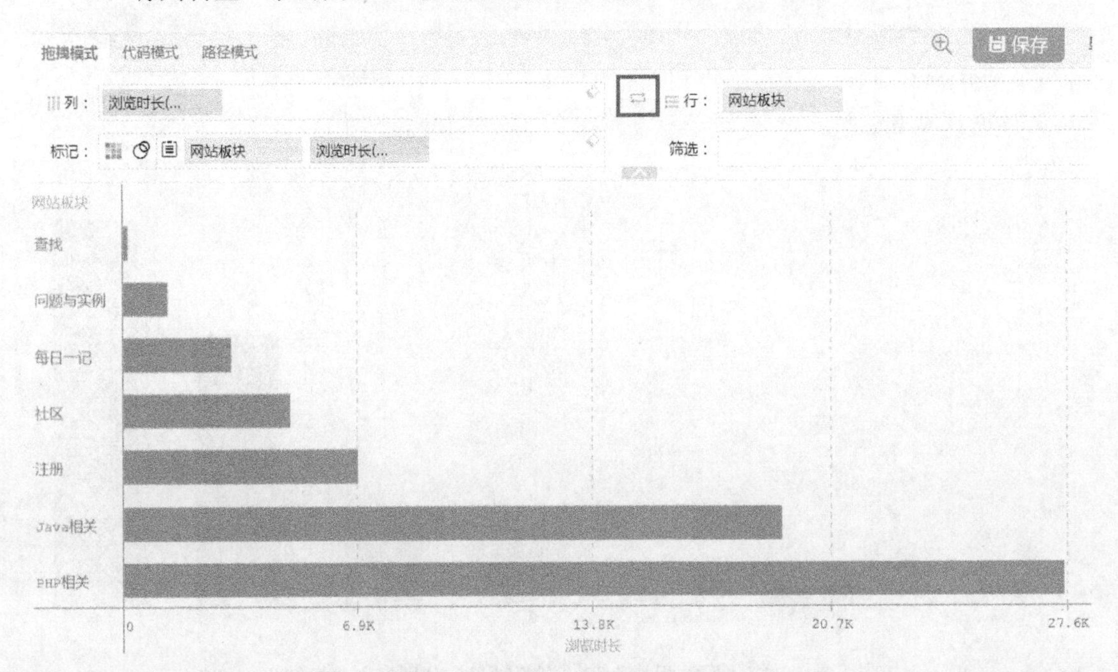

图 6-47　转置后的“行”和“列”

（6）筛选　通过设置“筛选”可以缩小显示在视图中的数据范围。通过选择特定维度成员或特定度量值范围，可以定义“筛选”。将需要筛选的字段以拖动的方式，从左侧边栏的字段列表拖动到页面中间的“筛选”中，单击右侧的下拉标签，就可以进行筛选了。

3．保存图表

单击导航栏下方的保存图标“ ”，弹出“保存”对话框，如图6-48所示。输入图表名称，并选择保存到仪表盘，单击“确认”按钮即可保存图表。

图6-48　保存图表

4．仪表盘的建立与优化

魔镜的仪表盘由一个个统计图表组合而成，相当于一个绚丽的统计分析报告。仪表盘也是一个项目的基本组成单位，用户可在仪表盘上进行新建图表、调整图表布局、设置图表联动等操作。

第一步，创建和进入仪表盘。

单击导航栏中的“仪表盘”，选择相应的项目，即可进入项目仪表盘，默认进入第一个仪表盘界面，如图6-49所示。

图6-49　创建和进入仪表盘

第二步，仪表盘的编辑。

单击屏幕左上侧的 ，即可进入仪表盘的编辑功能栏，如图6-50所示，不仅可以完成仪表盘的“布局设置”“配色设置”“背景设置”，还可以通过“图标库”和“文字组件”完成个性化设置。除了可以完成对仪表盘中图表的添加与优化外，还可以完成“图表联动”。

第三步，仪表盘中图表的优化。

仪表盘中图表的优化，是通过图表编辑操作完成的。当鼠标指针移动到仪表盘的图表上时，该图标的右上角会出现 ◎ 和☰ 。◎ 表示可以对图表的格式进行设置（见图6-51）；☰ 表示可以对图表进行优化，包括重命名、删除图表、编辑图表、复制图表、编辑备注（标记/备注）、全屏显示、导出、生成数据表等操作（见图6-52）。

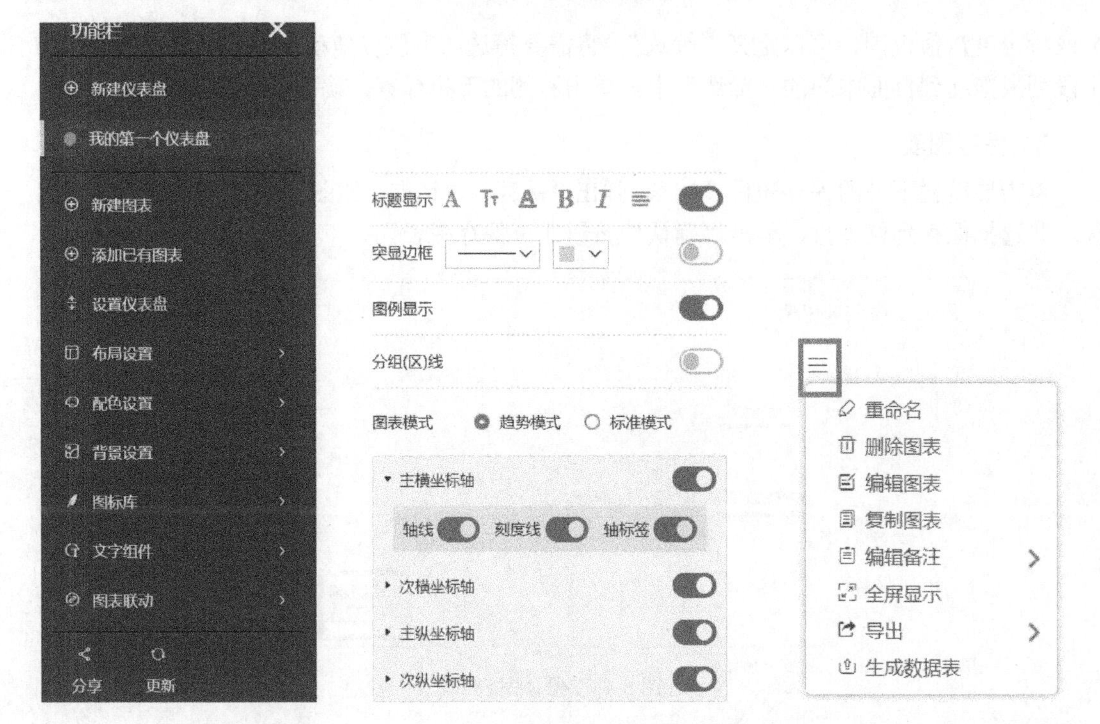

图 6-50　仪表盘的编辑菜单　　图 6-51　仪表盘中设置图表格式的界面　　图 6-52　仪表盘中图表的编辑菜单

6.3　CiteSpace——知识图谱可视化工具

6.3.1　CiteSpace 的基本原理

CiteSpace 的全称为 Citation Space（引文空间），是一款着眼于分析科学文献中蕴含的潜在知识，在科学计量学、数据可视化背景下逐渐发展起来的引文可视化分析软件。它可以通过可视化手段来呈现科学知识的结构、规律和分布情况，因此有时也将通过此类方法分析得到的可视化图形称为科学知识图谱。

CiteSpace 主要基于共引分析（Cocitation Analysis）理论和寻径网络算法（Pathfinder Network Scaling，PFNET）等，对特定领域的文献（集合）进行计量，以探寻学科领域演化的关键路径及知识转折点，并通过一系列可视化图谱的绘制来形成对学科演化潜在动力机制的分析和学科发展前沿的探测。

2004 年，陈超美教授使用 Java 语言开发 CiteSpace 信息可视化软件，该软件的主要灵感来自库恩（Thomas Kukn，1962）提出的科学结构的演进，其主要观点是“科学研究的重点随着时间变化，有些时候速度缓慢（incrementally）有些时候会比较剧烈（drastically）”，科学发展的足迹可以从已经发表的文献中提取出来。

CiteSpace 的设计理念就是基于波普尔（Popper）的“三个世界”理论[⊖]来改变看世界的方式，通过绘制科学知识图谱来认识“世界 1”，即将原来认识“世界 1”的单一渠道“世界 2”打通到“世界 3”，从而为人们认识世界又提供了一种方式，以利于科学的新发现（如图 6-53 所示）。

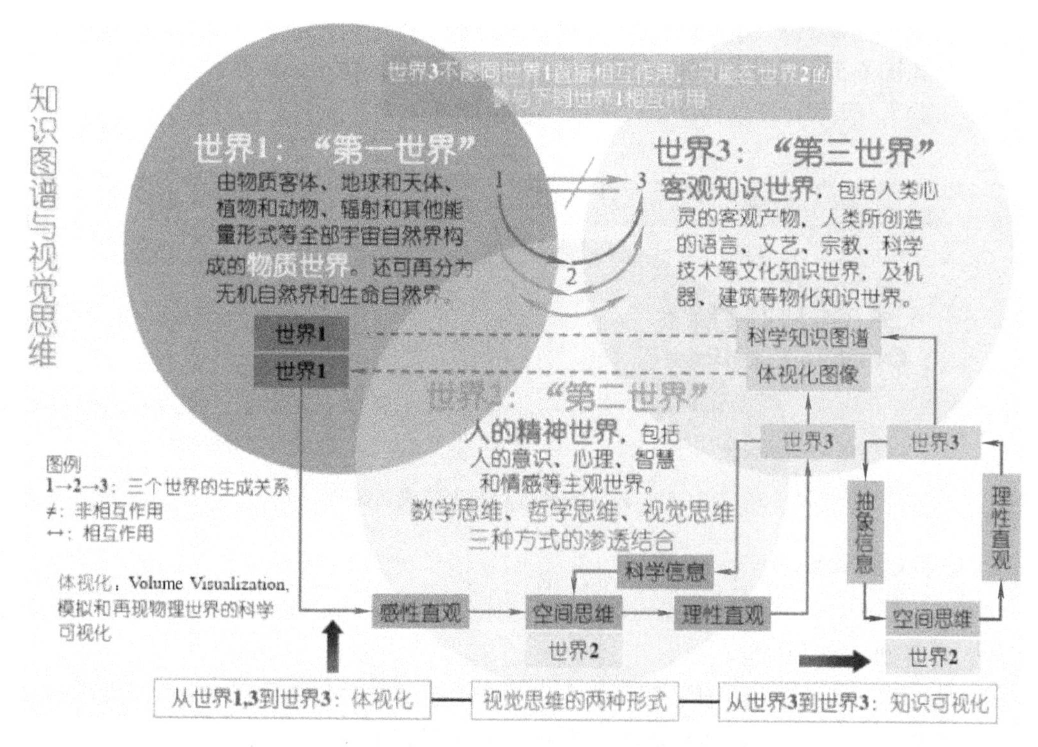

图 6-53　CiteSpace 的设计理念

注：该图由刘则渊团队创作，来源于刘教授讲座 PPT《知识图谱的科学源流》（2013 年 8 月 25 日）。

6.3.2　CiteSpace 的安装

1. 安装 Java 环境

CiteSpace 软件是免费下载的，但是先要安装 Java 环境。其官方网址为 http://cluster.ischool.drexel.edu/~cchen/citespace/download/，进入官网，在页面下方有下载栏目。其中的软件都是按时间顺序排列的，最上面的是最近年份的最新版本。

第一步，选择下载栏目“Download Java JRE”，单击“64-bit/Windows x64”进入新界面。

第二步，选择适合计算机操作系统的 Java 版本。一般选择“jre-8u181-windows-x64.exe”，下载并得到一个应用安装程序（见图 6-54）。

图 6-54　Java 安装程序

第三步，选择该应用程序进行安装，单击“安装”按钮和“确定”按钮后，等待提示信息。当出现如图 6-55a 所示界面时，正处于安装过程；当出现 6-55b 所示界面，显示“您已成功安装 Java”，表示安装成功单击“关闭”按钮即可。

a）Java正在安装

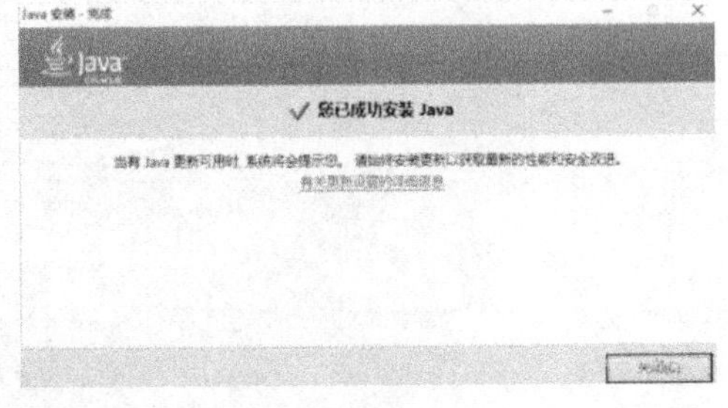

b）Java安装成功

图 6-55　Java 安装过程和安装成功截图

2．安装 CiteSpace

第一步，回到官网主界面，找到第三列下载栏目“Download CiteSpace”中的“7z”，单击下载，会得到一个压缩包。

第二步，将下载压缩包解压，解压后会出现两个压缩文件和两个程序文件（见图 6-56），其中文件“StartCiteSpace-windows.bat”，需要在安装时使用。

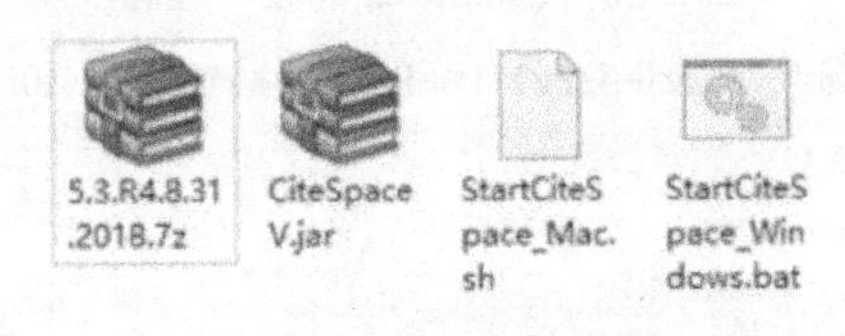

图 6-56　下载压缩包解压后的四个文件

第三步，双击“StartCiteSpace-windows.bat”文件，屏幕上会出现如图 6-57 所示的情况，在问号后面输入“2”，会出现提示“Starting CiteSpace......”，等待即可。

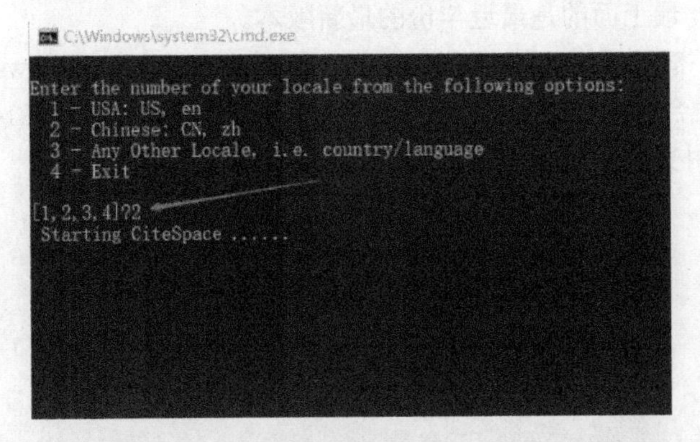

图 6-57　双击“StartCiteSpace-windows.bat”文件

第四步，安装成功后，出现如图 6-58 所示的界面，在界面的最下方，有“Agree”（同意）和“Disagree”（不同意）两个选项。

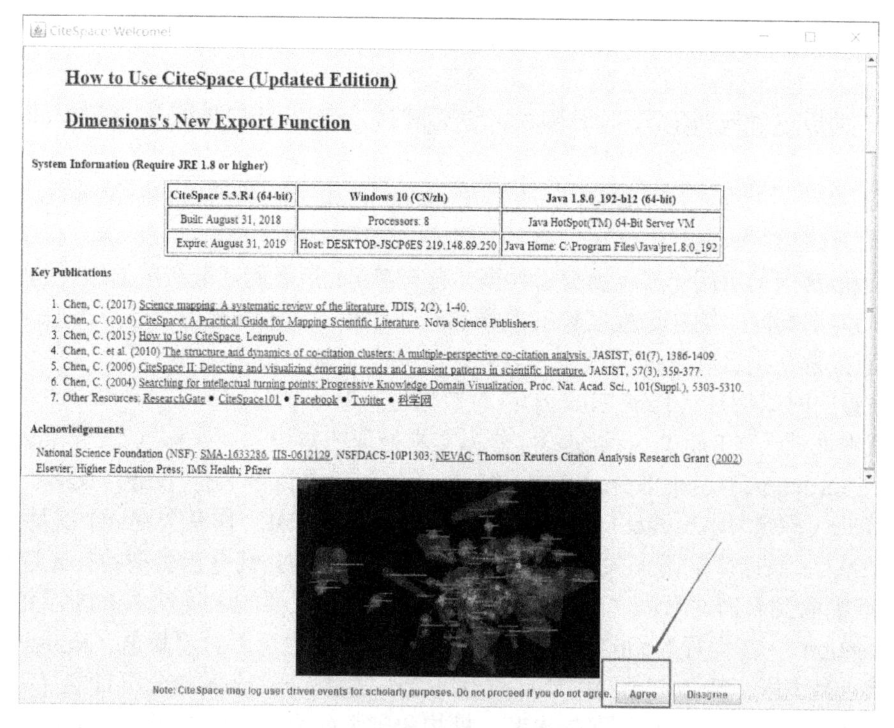

图 6-58　是否同意进入 CiteSpace 的基本界面

单击“Agree”按钮，进入 CiteSpace 的基本界面（见图 6-59）。

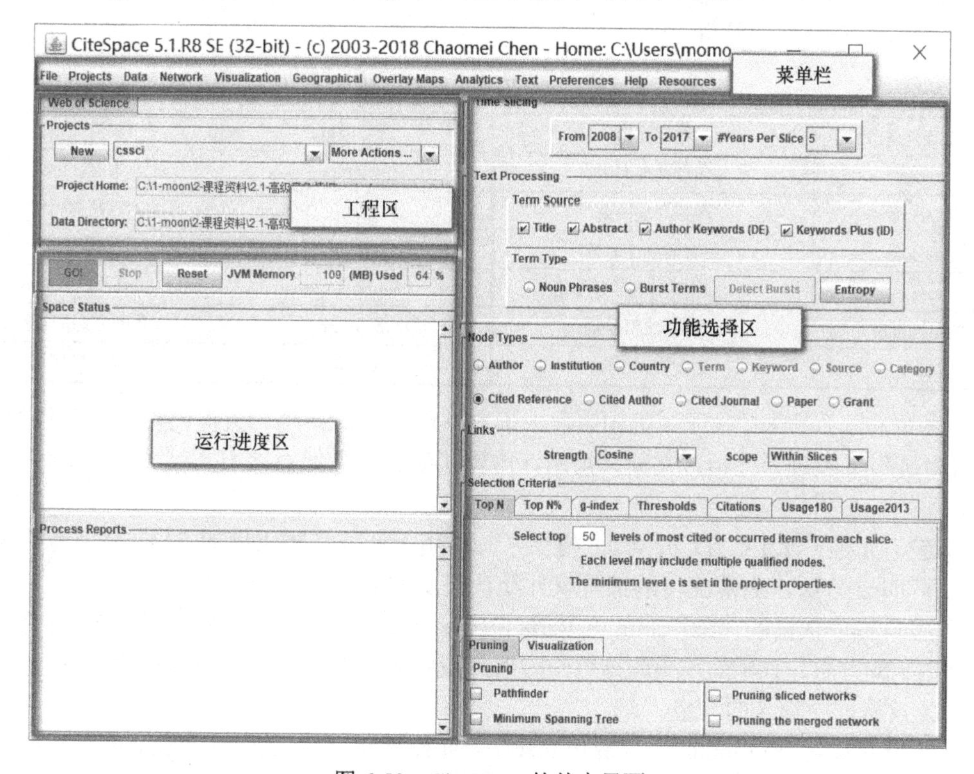

图 6-59　CiteSpace 的基本界面

6.3.3 CiteSpace 的基本界面

整个界面可以分为四个主要的部分——菜单栏、工程区（项目区）、运行进度区、功能选择区。

（1）工程区　工程区，又称为项目区（Projects），用于新建项目和编辑项目。

（2）运行进度区　运行进度区包括两个部分，空间状态区（Space Status）和过程报告区（Process Reports）。前者用于显示所分析数据的分布情况；后者用于分析数据结果的整体参数。

（3）功能选择区　功能选择区包括数据的时间切片、文本处理区、节点类型区、连接强度区、节点提取依据区、网络剪裁区和可视化区共七个部分。

1）数据的时间切片（Time Slicing）：对数据进行时间切分。

2）文本处理区（Text Processing）：分为文本处理的知识单元来源（Term Source）和文本的提取（Term type）两个部分。其中，“Term source”是用于选择 Term（文本）的提取位置，包含 Title（标题）、Abstract（摘要）、Author Keywords（DE，作者关键词）以及 Keywords Plus（ID，WOS 数据库的附加关键词）。“Term Type”是对共词分析类型的补充选择，选择该功能就能提取到名词性术语（Noun Phrase），并可以对主要的名词性术语进行突发性探测（Burst Detection），在运行 Noun Phrase 生成共词网络之后也可以查看熵值（Entropy）。

3）节点类型区（Node Type）：节点类型决定了使用 CiteSpace 的分析目的（见表 6-2）。Author、Institution、Country 分别是作者、机构和国家的合作网络分析；Term、Keyword、Source、Category 分别是术语、关键词、相似度和 WOS 分类的共现网络分析；Cited Reference、Cited Author、Cited Journal 分别是参考文献、作者和期刊的共被引分析；Paper 是文献耦合分析；Grant 是共同资助分析。

表 6-2　节点及对应的图谱类型

节点类型	图谱类型	节点类型	图谱类型
Author	作者共现图谱	Institution	机构共现图谱
Country	国家共现图谱	Term	术语共现图谱
Keyword	关键词共现图谱	Source	相似度图谱
Category	WOS 学科类别共现图谱	Cited Reference	文献共被引图谱
Cited Author	作者共被引图谱	Cited Journal	期刊共被引图谱
Paper	文献耦合图谱	Grant	共同资助图谱

如表 6-2 所示，作者共现、机构共现、国家共现、术语共现、关键词共现、学科类别共现是针对施引文献进行分析；文献共被引、作者共被引则是针对被引文献（参考文献）进行分析。

4）连接强度区（Links）：CiteSpace 提供了三种用于计算连接强度的方法，分别为 Cosine、Jaccard 和 Dice 方法。通常使用的都是软件默认提供的 Cosine 方法。

5）节点提取依据区（Selection Criteria）：CiteSpace 中提供了 7 种节点的选择依据，一般推荐 Top N 方法。Top N 方法选择每一时间片段中被引频次或出现频次最高的 N 个数据，其中 N 为数据框中输入的数字。

6）网络剪裁区（Pruning）：“Pathfinder”为寻径算法，“Minimum Spanning Tree”为最小生成树算法。如果选择“Pruning sliced networks”，则 CiteSpace 会先将每一个时间段的图

谱修剪后再拼接在一起；选择“Pruning the merged network”，则只对整个网络进行修剪。一般建议选择后者，因为前者得到的图谱较为分散。

7）可视化区（Visualization）：聚类图谱可视化方式分为静态（Static）和动态（Animated）两种，默认的方式为静态。选择“Show Networks by Time Slices”，则按照时间切片显示；选择“show merged network”，则按照合并网络显示。

（4）菜单栏　CiteSpace 的运行界面中共有 12 大菜单区，分别是：File（文件）菜单、Projects（项目）菜单、Data（数据）菜单、Network（网络）菜单、Visualization（可视化）菜单、Geographical（地理化）菜单、Overlay Maps（图层叠加）菜单、Analytics（分析）菜单、Text（文本）菜单、Preferences（偏好）菜单、Help（帮助）菜单、Resources（资源）菜单。

综上，CiteSpace 的基本界面又可以细分为 10 个区域，如图 6-60 所示。

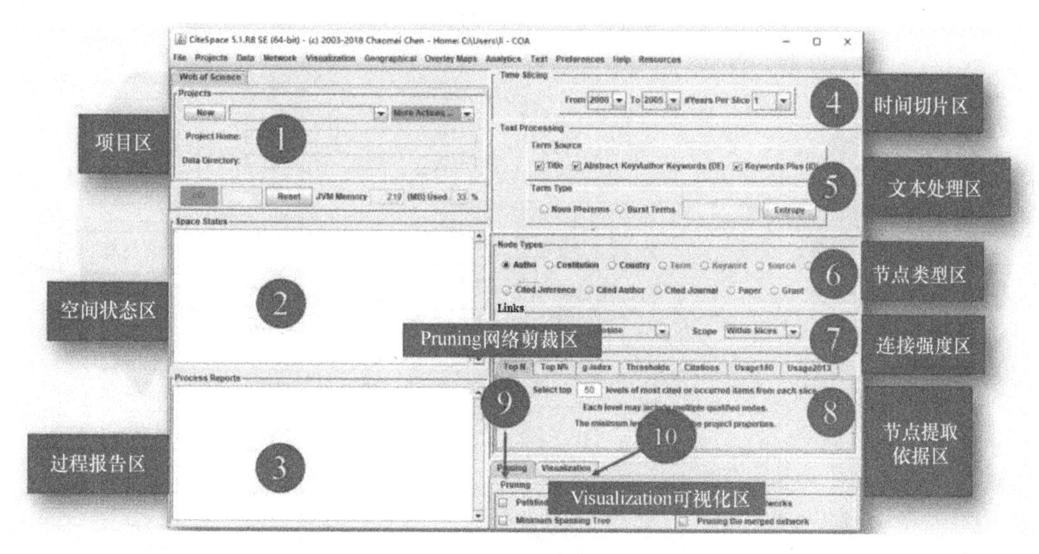

图 6-60　CiteSpace 的基本界面（细分）

6.3.4　CiteSpace 的使用

在正式使用 CiteSpace 之前，需要新建一个父文件夹，再在父文件夹中建四个子文件夹（见图 6-61）。

data　2019/5/16 17:19　文件夹
input　2019/5/16 17:18　文件夹
output　2019/5/16 11:46　文件夹
project　2019/5/16 17:18　文件夹

图 6-61　CiteSpace 前期工作——创建四个文件夹

- “input”文件夹：放置去重数据；
- “output”文件夹：放置去重后的数据；
- “data”文件夹：放置待处理的数据（将“output”文件夹中的数据复制）；

● “project”文件夹：放置生成的项目。

如图 6-62 所示，CiteSpace 的基本操作流程可分为数据采集、数据导入与转换、功能选择、可视化图谱的生成与解读这四个重要阶段。

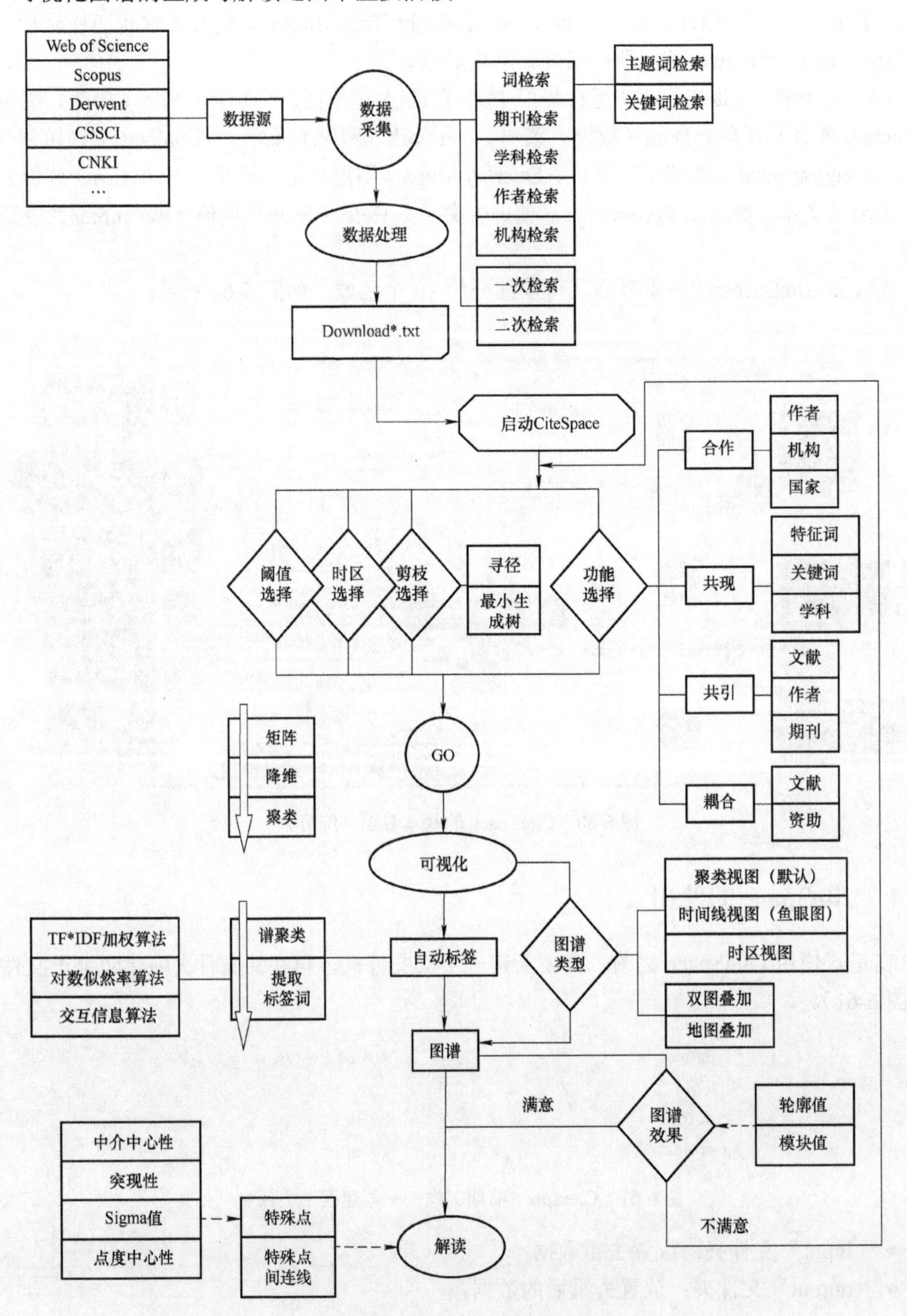

图 6-62 CiteSpace 的基本操作流程

1. 数据采集

CiteSpace 可分析的数据有多种来源，包括 WOS、CNKI、CSSCI 等。具体的采集步骤如下：

第一步，打开中国知网（CNKI），进行高级检索；

第二步，根据需求进行检索，例如，以“CiteSpace”进行主题检索，时间跨度设置为 2019 年 1 月 1 日至 2019 年 5 月 16 日，共检索出 225 条记录；

第三步，选择文献，导出参考文献；

第四步，选择“Refworks”，再单击“导出”按钮，将文件名修改为“download”，并保存在“input”文件夹下（见图 6-63）。

图 6-63 基于 CNKI 的参考文献导出

2. 数据导入与转换

CiteSpace 目前支持多种数据库导出的文献题录及参考文献数据，如表 6-3 所示。

表 6-3 CiteSpace 支持的数据库及格式要求

数据来源	格式要求	数据来源	格式要求
Web of Science	纯文本	CNKI	Refworks
Scopus	RIS（.ris）/CSV	CSSCI	默认格式，utf-8 编码
PubMed	XML	Derwent 德温特专利数据库	默认格式
ADS	默认格式	NSF	XML 格式
arXiv	默认格式	Project DX	txt 格式

以 CNKI 为例，数据转换分为四个步骤：

第一步，打开 CiteSpace，选择菜单栏中“Data”菜单下的“Import/Export”选项；

第二步，切换到“CNKI”选项卡，导入“input”及“output”路径，单击“Format Conversion”按钮，进行格式转换（见图 6-64）；

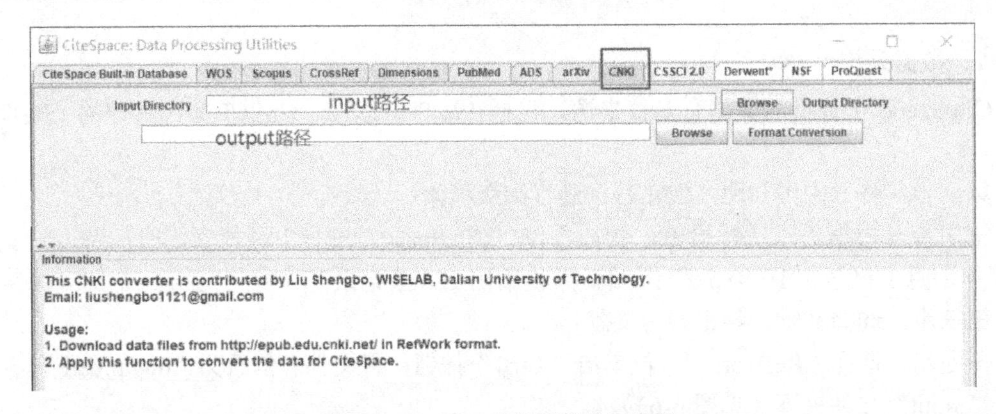

图 6-64　CNKI 的数据转换示意图

第三步，当出现“Finished”（完成）字样后，关闭本窗口；

第四步，将“output”文件夹中的文件复制到“data”文件夹下。

3．功能选择

第一步，单击项目区（Projects）的“New”按钮，新建一个项目；

第二步，设置保存位置和名称，如图 6-65 所示；

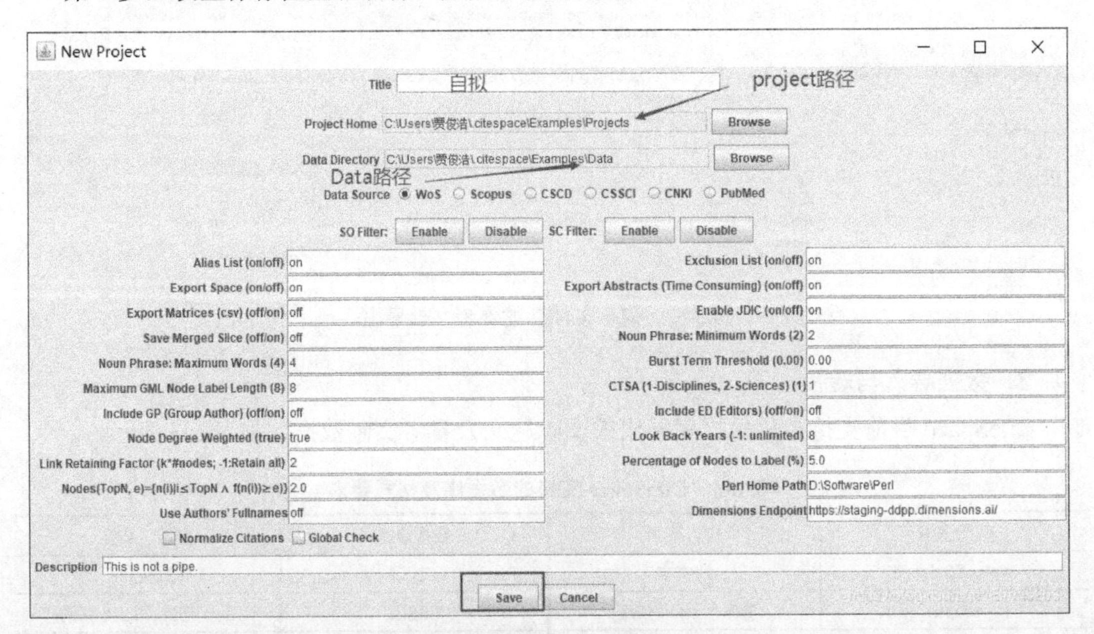

图 6-65　新建项目的保存

第三步，在功能选择区进行必要的功能选择，如图 6-66 所示。

4．可视化图谱的生成与解读

单击项目区中的“GO”按钮，弹出新的“Your Options”对话框后，单击“Visualize”按钮，即可生成可视化图谱。CiteSpace 的图谱众多，各自作用不同。以下罗列的 10 个图谱中，前 7 个图谱针对的是施引文献，最后 3 个图谱针对的则是被引文献。

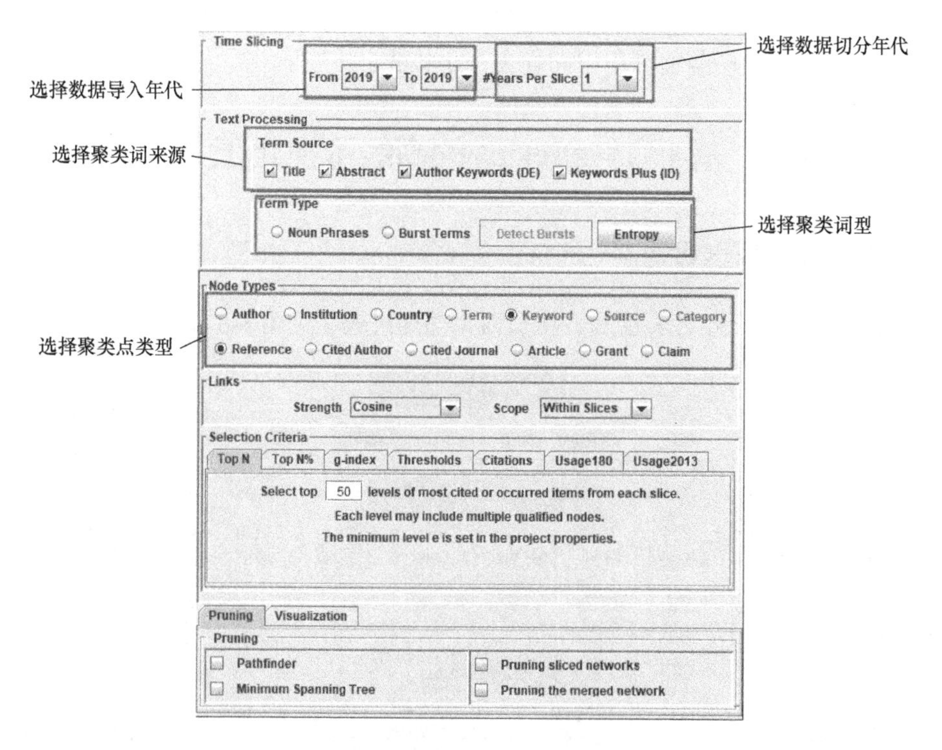

图 6-66　新建项目的功能选择

（1）作者共现图谱　根据施引文献中作者合作的情况绘制，两个作者出现在同一篇文章中即视为一次共现。

（2）机构共现图谱　根据施引文献中机构合作的情况绘制，两个作者机构出现在同一篇文章中即视为一次共现。

（3）国家共现图谱　根据施引文献中国家合作的情况绘制，两个作者的国家出现在同一篇文章中即视为一次共现。

（4）特征词共现图谱　从标题、摘要、作者关键词、附加关键词等来源提取特征词，根据施引文献中特征词共现的情况绘制，两个特征词出现在同一篇文献中即视为一次共现。

（5）关键词共现图谱　根据施引文献中关键词共现的情况绘制，两个关键词出现在同一篇文献中即视为一次共现。

（6）相似度图谱　计算参考文献重叠来源的相似度（新功能，较少研究论文）。

（7）WOS 学科共现图谱　根据 WOS 数据中提供的文献所属学科，一篇文章同时属于两个 WOS 学科时则视为一次学科共现。

（8）文献共被引图谱　根据被引文献同时被施引文献引用的情况绘制，两篇文献同时被一篇文献引用即视为一次共被引。

（9）作者共被引图谱　根据被引文献作者同时被施引文献引用的情况绘制，两位作者的两篇文献同时被一篇文献引用即视为一次共被引。

（10）期刊共被引图谱　根据被引文献出版期刊同时被施引文献引用的情况绘制，两本期刊的两篇文献同时被一篇文献引用即视为一次共被引。

6.4 ECharts——基于 JavaScript 的高级可视化工具

6.4.1 ECharts 的基本架构

ECharts 由基础库、组件、图类、接口四个部分组成（见图 6-67）。

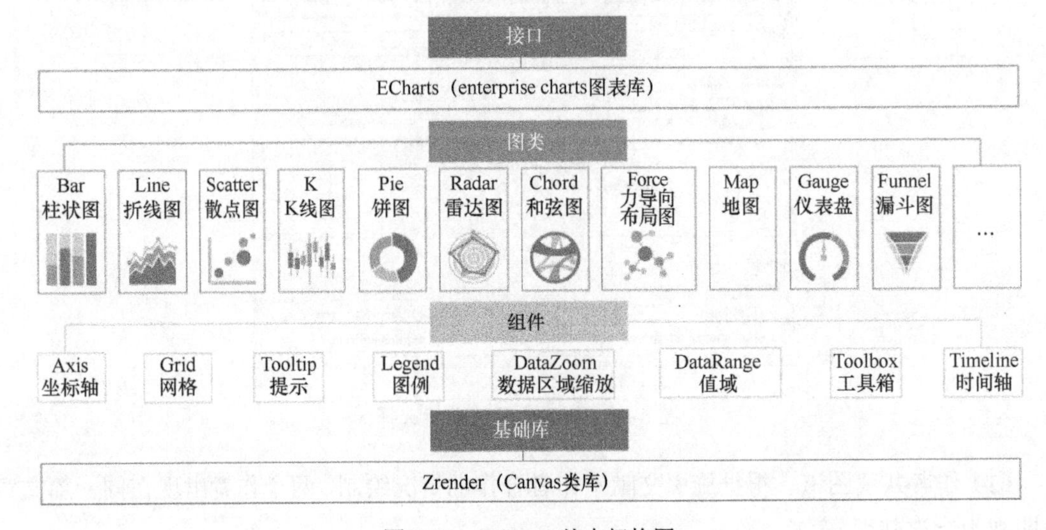

图 6-67　ECharts 基本架构图

ECharts 的底层基础库为 Canvas 类库 ZRender；可交互组件有坐标轴、网格等，见表 6-4；图类中包含各种视图，且在不断更新，当前版本的图表类型见表 6-5。

表 6-4　基本组件一览表

组件名称	描述
axis	直角坐标系中的一个坐标轴，坐标轴可分为类目型、数值型或时间型
xAxis	直角坐标系中的横轴，通常并默认为类目型
yAxis	直角坐标系中的纵轴，通常并默认为数值型
Polar	极坐标，包含一个角度轴和一个径向轴，在散点图和折线图中使用
Grid	直角坐标系中除坐标轴外的绘图网格，用于定义直角坐标系的整体布局
Legend	图例，表述数据和图形的关联
DataRange	值域选择，常用于展现地域数据时选择值域范围
DataZoom	数据区域缩放，常用于展现大量数据时选择可视范围
Toolbox	辅助工具箱，辅助功能包括添加标线、框选缩放等
Tooltip	气泡提示框，常用于展现更详细的数据
Timeline	时间轴，常用于展现同一系列数据在时间维度上的多份数据

表 6-5　图表名词一览表

图表名称	描述
Line	折线图、堆积折线图、区域图、堆积区域图
Bar	柱状图（纵向）、堆积柱形图、条形图（横向）、堆积条形图
Scatter	散点图、气泡图，散点图至少需要横纵两个数据，更高维度数据加入时可以映射为颜色或大小，当映射到大小时则为气泡图
K	K 线图、蜡烛图，常用于展现股票交易数据
Pie	饼图、圆环图，饼图支持两种（半径、面积）南丁格尔玫瑰图模式
Radar	雷达图、填充雷达图，是高维度数据展现的常用图表
Chord	和弦图，常用于展现关系数据，外层为圆环图，可体现数据占比关系；内层为各个扇形间相互连接的弦，可体现数据关系
Force	力导向布局图，常用于展现复杂关系的网络聚类布局
Map	地图，内置世界地图、中国地图数据，可通过标准 GeoJson 扩展地图类型。支持 SVG 扩展类地图应用，如室内地图、运动场、物件构造等
Heatmap	热力图，用于展现密度分布信息，支持与地图、百度地图插件联合使用
Gauge	仪表盘，用于展现关键指标数据，常见于 BI 类系统
Funnel	漏斗图，用于展现数据经过筛选、过滤等流程处理后发生的数据变化，常见于 BI 类系统
EvnetRiver	事件河流图，常用于展示具有时间属性的多个事件，以及事件随时间的演化
Treemap	矩形式树状结构图，简称矩形树图。用于展示树形数据结构，优势是能最大限度展示节点的尺寸特征
Venn	韦恩图，用于展示集合以及它们的交集
Tree	树图，用于展示树形数据结构中各节点的层级关系
WordCloud	词云，关键词的视觉化描述，用于汇总用户生成的标签或一个网站的文字内容

此外，在 ECharts 中，一个完整的图表称为“chart”，“title”即图表名，一个图中的组件分布如图 6-68 所示。

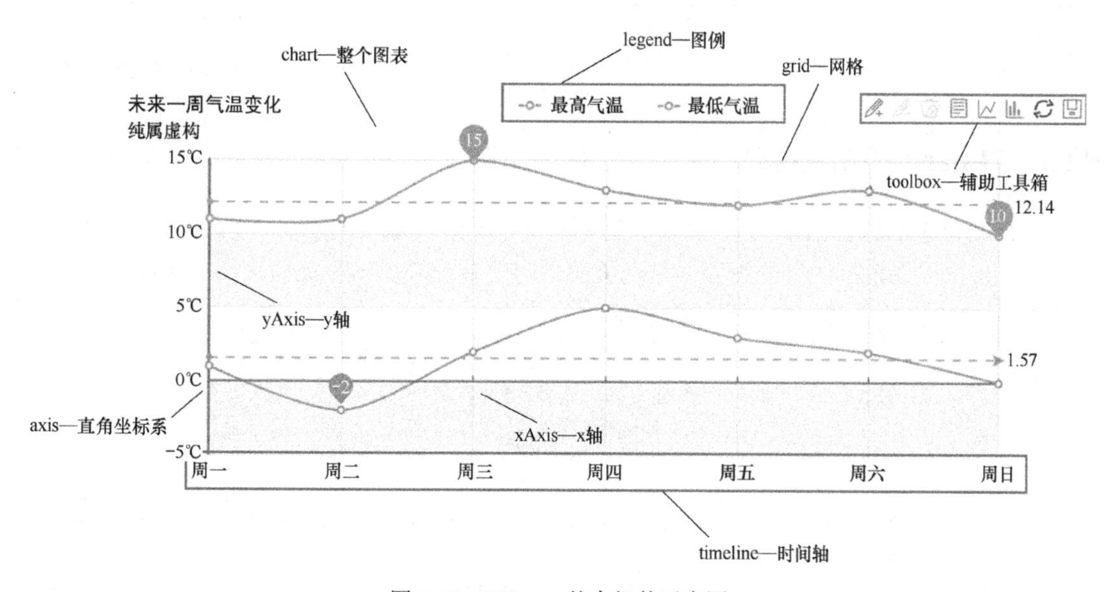

图 6-68　ECharts 基本组件示意图

6.4.2 ECharts 的获取与引入

1. ECharts 的获取

用户可以通过以下几种方式获取 ECharts：

第一种方式，从官网下载界面选择需要的版本下载。根据开发者功能和存储上的需求，ECharts 提供了不同打包的下载，如果用户在存储上没有要求，可以直接下载完整版本。开发环境建议下载源代码版本，因为其中包含了常见的错误提示和警告。

第二种方式，在 ECharts 的 GitHub 上下载最新的版本，在解压后的文件夹的“dist”目录中可以找到最新版本的 ECharts 库。

第三种方式，通过 NPM[㊀]方式获取 ECharts，如输入命令“npm install echarts--save”。

第四种方式，通过 CDN[㊁]引入，用户可以在 CDNJS、NPMCDN 或者国内的 BootCDN 上找到 ECharts 的最新版本。

2. ECharts 的引入

在实际的使用过程中，ECharts 2 提供了多种接口供使用者调用，包括模块化包引入、模块化单文件引入、标签式单文件引入等方式。而 ECharts 3 不再强制使用异步模块定义（Asynchronous Module Definition，AMD）的方式来按需加载数据，而是采用 script（即脚本）标签引入。下面是 ECharts 3 的 script 标签引入方法。

```
<!DOCTYPE html>
<html>
<head>
    <meta charset="utf-8">
    <!-- 引入 ECharts 文件 -->
    <script src="echarts.min.js"></script>
</head>
</html>
```

6.4.3 ECharts 的图表绘制

一个最为简单的 ECharts 图表绘制，可以分为四步，下面以柱状图为例来做具体介绍。

第一步，根据绘制图表的需要，在网页的指定位置上开辟一个具有大小（宽高）的文档对象模型（DOM）容器，如下列代码所示。

```
<body>
    <!-- 为 ECharts 准备一个具备大小（宽高）的 DOM -->
    <div id="main" style="width: 600px;height:400px;"></div>
```

㊀ Node.js 包管理工具（Node Package Management，NPM），用户可以通过命令行从 NPM 的服务器上下载所需的包。——编辑注

㊁ 内容分发网络（Content Delivery Network，CDN），是一组分布在不同地理位置的服务器，目的是为了解决网络堵塞，提高用户的访问速度。——编辑注

```
</body>
```

第二步，在随后的 script 中，通过 echarts.init()方法初始化一个 ECharts 实例；
第三步，设定图表的绘制类型、坐标、内容等参数；
最后，通过 setOption()方法绘制图表，生成柱状图的部分代码如下所示。

```
var option = {
    title: { text: '柱状图示例 1'},
    tooltip: {},
    legend: {data:['分数']},
    xAxis: {
        data: ["数学","英语","语文","政治","体育","音乐"]
    },
    yAxis: {},
    series: [{
        name: '分数',
        type: 'bar',
        data: [60, 80, 76, 90, 100, 65]
    }]
};
myChart.setOption(option);
```

上述代码运行结果如图 6-69 所示。

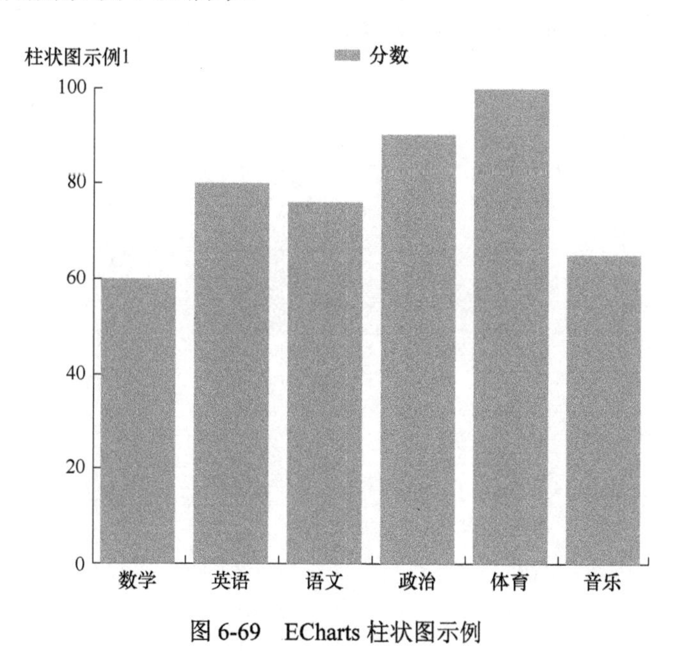

图 6-69　ECharts 柱状图示例

ECharts 提供了详细、清晰的在线教程，供用户学习使用。无论是个性化图表的设置，还是异步数据加载、加入交互组件、数据的视觉映射，都非常直观易学。

习　题

1．尝试利用 Excel 的可视化工具完成基本的可视化练习。
2．调查分析其他数据可视化工具。
3．结合本专业领域，尝试练习 CiteSpace 软件的安装与使用。
4．利用手边数据，尝试练习魔镜软件。
5．思考如何将魔镜软件的可视化分析转入 ECharts，并完成类似的可视化分析。
6．尝试学习使用常见的词云工具。

参考文献

[1] WorldPress.Who Published the First Map[EB/OL].（2014-11-26）[2019-02-11]. https://geekydementia.wordpress.com/2014/11/26/who-published-the-first-map/.
[2] Freudenthal-instituut.Historische hoogtepunten van grafische verwerking[EB/OL].（2017-12-3）[2019-06-19]. http://www.fi.uu.nl/wiskrant/artikelen/hist_grafieken/begin/images/planeten.gif.
[3] 知乎．怎样进行大数据的入门级学习[EB/OL].（2017-10-30）[2019-07-11]. https://www.zhihu.com/question/24761255/answer/228009507.
[4] D3. Data-Driven Documents[EB/OL].（2017-12-2）[2019-05-22]. https://d3js.org/#introduction.
[5] 腾讯大数据可视化设计团队. 遇见大数据可视化：图表设计（一）[EB/OL].（2017-07-7）[2019-09-11]. https://www.qcloud.com/community/article/791979.

实 训 篇

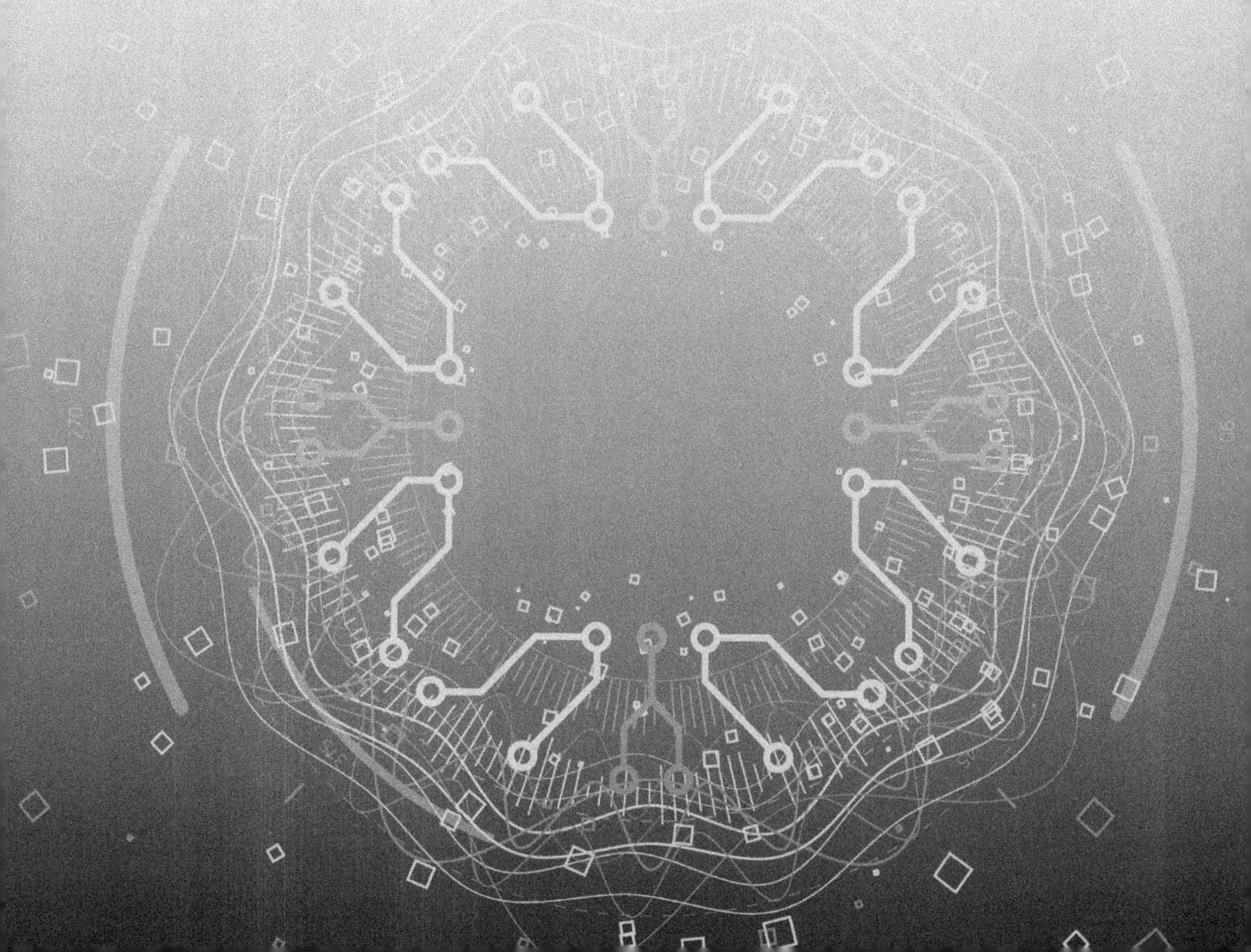

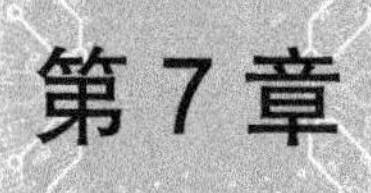

第 7 章 销售领域的数据可视化实训——基于魔镜 MOOJ

7.1 实训背景知识

销售数据分析，主要用于分析销售情况，观察销售中呈现出的规律和关系，并最终帮助促进销售。

销售分析可以分析各个不同的因素对销售绩效的不同作用，如品牌、价格、售后服务、销售策略；可以进行销售收入结构分析、销售收入对比分析、成本费用分析、利润分析、净资产收益率分析等；可以分析特定产品、地区的销售异常等。

销售数据分析，一般主要从以下 6 个方面进行：

- 对销售数据按周、月、季度、年分类汇总；
- 销售汇总数据的同比、环比分析，了解变化情况；
- 分析计划完成情况及未完成原因分析；
- 由时间序列预测未来的销售额和需求；
- 客户分类管理；
- 分析消费者消费习惯、购物模式等。

7.2 实训简介

本实训通过研究某公司 2009 年的销售数据，可视化查看该公司当时的市场状况，并讨论如何通过数据分析的方法分析出市场空间和有利投入点，从而合理提高竞争力。

7.2.1 原始数据情况

数据情况如图 7-1 所示。

订单号	订单日期	顾客姓名	订单等级	订单数量	销售额	折扣点	运输方式	利润额	单价	运输成本	区域	省份	城市	产品类别
3	2010/10/13		低级	6	261.54	0.04	火车	-213.25	38.94	35	华北	河北	石家庄	办公用品
6	2012/2/20		其它	2	6	0.01	火车	-4.64	2.08	2.56	华南	河南	郑州	办公用品
32	2011/7/15		高级	26	2808.08	0.07	火车	1054.82	107.53	5.81	华南	广东	汕头	家具产品
32	2011/7/15		高级	24	1761.4	0.09	大卡	-1748.56	70.89	89.3	华北	内蒙古	呼和浩特	家具产品
32	2011/7/15		高级	23	160.2335	0.04	火车	-85.13	7.99	5.03	华北	内蒙古	呼和浩特	技术产品
32	2011/7/15		高级	15	140.56	0.04	火车	-128.38	8.46	8.99	东北	辽宁	沈阳	技术产品
35	2011/10/22		其它	30	288.56	0.03	火车	60.72	9.11	2.25	东北	吉林	长春	办公用品
35	2011/10/22		其它	14	1892.848	0.01	火车	48.99	155.99	8.99	华南	湖北	武汉	技术产品
36	2011/11/2		中级	46	2484.7455	0.1	火车	657.48	65.99	4.2	华南	河南	郑州	技术产品
65	2011/3/17		中级	32	3812.73	0.02	火车	1470.30	115.79	1.99	华南	广西	南宁	技术产品
66	2009/1/19		低级	41	108.15	0.09	火车	7.57	2.88	0.7	华北	北京	北京	办公用品
69	2009/6/3		其它	42	1186.06	0.09	火车	511.69	30.93	3.92	西北	甘肃	兰州	家具产品
69	2009/6/3		其它	28	51.53	0.03	空运	0.35	1.68	0.7	华南	广东	汕头	办公用品
70	2010/12/17		低级	48	90.05	0.03	火车	-107.00	1.86	2.58	华南	广东	汕头	办公用品
70	2010/12/17		低级	46	7804.53	0.05	火车	2057.17	205.99	5.99	华北	北京	北京	技术产品
96	2009/4/16		高级	37	4158.1235	0.01	火车	1228.89	125.99	8.99	华北	北京	北京	技术产品
97	2010/1/28		中级	26	75.57	0.03	火车	28.24	2.89	0.5	西南	四川	成都	办公用品
129	2012/11/18		低级	4	32.72	0.09	火车	-22.59	6.48	8.19	华南	广西	南宁	办公用品
130	2012/5/7		高级	3	461.89	0.05	空运	-309.82	150.98	13.99	华南	海南	海口	技术产品
130	2012/5/7		高级	29	575.11	0.02	火车	71.75	18.97	9.03	华东	福建	福州	办公用品
130	2012/5/7		高级	23	236.46	0.05	火车	-134.31	9.71	9.45	华北	天津	天津	办公用品
132	2010/6/10		中级	27	192.814	0.03	火车	-86.20	7.99	5.03	西北	新疆	乌鲁木齐	技术产品
132	2010/6/10		中级	30	4011.65	0.05	大卡	-603.80	130.98	54.74	西北	新疆	乌鲁木齐	家具产品
134	2012/4/30		其它	11	1132.6	0.01	火车	-310.21	95.99	35	华南	河南	郑州	办公用品
135	2011/10/20		其它	25	125.86	0.09	火车	-89.25	4.98	4.62	华南	广东	汕头	技术产品
166	2011/9/11		高级	10	567.936	0.02	空运	-126.09	65.99	8.99	华南	广东	汕头	技术产品
193	2010/8/7		中级	14	174.89	0.06	火车	-37.04	12.44	6.27	华南	广东	汕头	办公用品
194	2012/4/4		中级	49	329.03	0.1	火车	-197.25	7.28	7.98	华北	山西	太原	家具产品
194	2012/4/4		中级	6	20.19	0.04	火车	-13.44	3.14	1.92	东北	辽宁	沈阳	办公用品
195	2010/12/27		中级	34	1315.74	0.03	火车	260.87	36.55	13.89	华南	广西	南宁	办公用品
197	2011/4/6		高级	23	310.52	0.01	火车	33.22	12.98	3.14	华南	海南	海口	办公用品
224	2009/6/17		其它	25	184.86	0.09	火车	-33.95	7.38	5.21	华南	海南	海口	家具产品
224	2009/6/17		其它	44	267.85	0.04	火车	-65.43	5.98	5.15	华北	北京	北京	办公用品

全国订单明细　退单　用户

图 7-1　销售原始数据截图

7.2.2 实训分析过程

1．确定问题

本实训是对某公司的销售数据进行分析，因此，销售额、利润额、成本以及销售市场的变化对企业销售而言至关重要。

2．分解问题

根据原始数据分析可以知道，该公司销售业绩受到众多因素的影响。具体包括：各类产品的利润率与销售额，各区域、省份、城市的销售额的比重。此外，还需要掌握以下信息：企业销售额与利润额的季度变化趋势，企业销售额与利润额的国内分部情况，未来某个时间段内企业的利润额情况。

3．评估问题

- 各类产品的利润率：利润率=利润额/销售额，通过利润率、销售额可以大体对比各类产品的销售情况。
- 通过销售额与区域、省份、城市的对比，得到各地方的销售额比重。
- 通过销售额与利润额的变化曲线可以判断出企业销售额与利润额的季度变化趋势，从而调整销售策略。
- 企业销售额与利润额的国内分部情况，主要是分析销售市场的分布情况。
- 推测未来某个时间段内企业的利润额情况，主要是预测销售业绩，有利于企业更早地制订出应对措施。

4．总结问题

通过上述分析，发现规律性的现象、问题，并提出可行的对策和建议。

7.3　实训过程

7.3.1　新建项目

进入魔镜系统，单击“新建应用”按钮，在出现的对话框中，选择“添加新数据源”，单击“确认”按钮，出现如图 7-2 所示的界面，选择“文本类型”中的 Excel 数据源，单击“下一步”按钮。

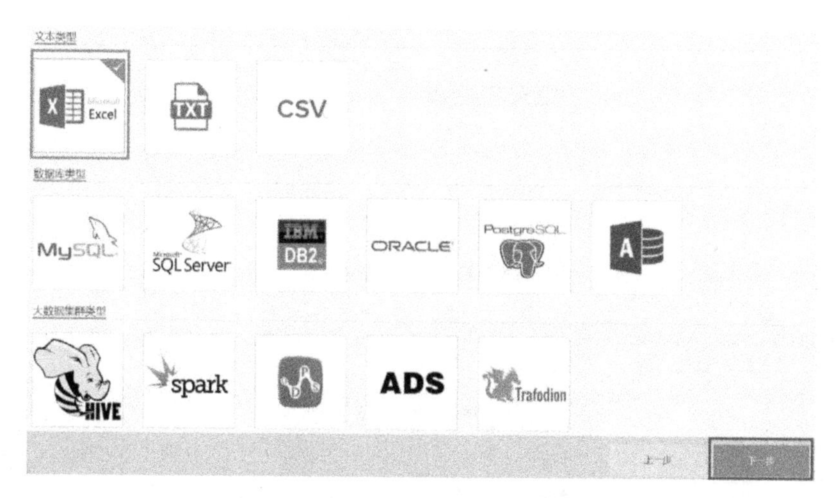

图 7-2　新建项目中的选择数据源界面

7.3.2　数据导入

在新出现的界面中，单击“点击选择文件”按钮，通过浏览的方式选择“公司销售数据.xlsx”。数据导入成功后，命名为“公司销售数据分析”，单击“保存”按钮（见图 7-3）。

请上传文件：　重新上传　公司销售数据.xls

数据预览：　　还原　预览数：12

月份	销量	存量	库存金额	
12	4,088	6,050	6,598,719	0.676
11	5,083	8,363	3,383,463	0.608
10	4,697	5,678	6,702,705	0.827
9	3,425	5,233	7,219,684	0.655
8	2,212	7,221	3,550,677	0.306
7	3,577	6,341	8,341,596	0.564
6	4,979	5,643	9,285,074	0.882
5	2,350	7,170	6,574,930	0.328

上一步　公司销售数据分析　保存

图 7-3　数据导入界面

7.3.3 数据处理

单击导航栏中的“数据处理”，进入数据处理界面，完成快速分组等数据处理工作。

如图 7-4 所示，单击“快速分组”，在出现的“快速生成业务分组”对话框中，选择“全国订单明细”，将其拖拽至编辑框（见图 7-5），单击“确认”按钮，生成“全国订单明细”的业务分组。依次创建“退单”和“用户”的业务分组（见图 7-6）。

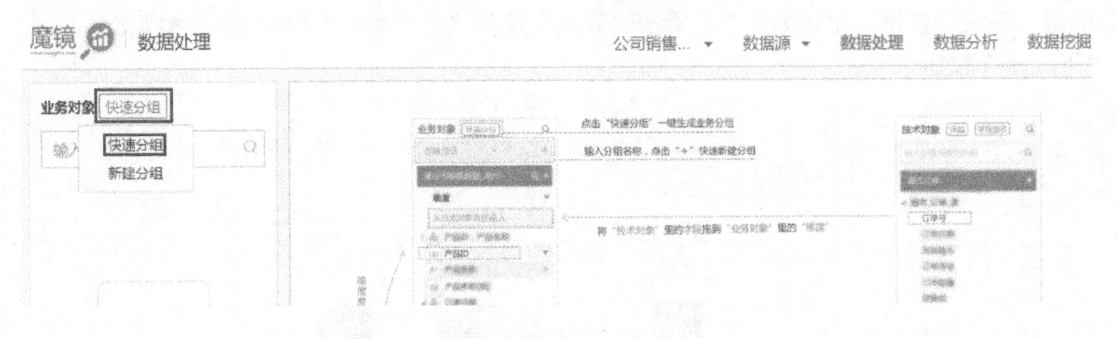

图 7-4　数据处理中的“快速分组”界面

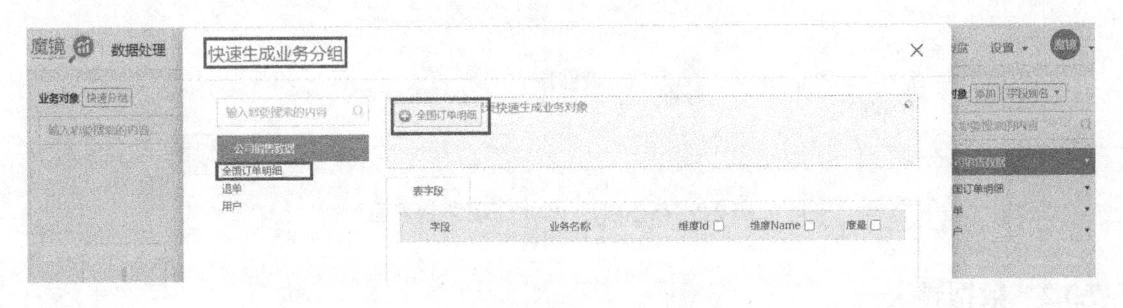

图 7-5　快速生成业务分组的对话框

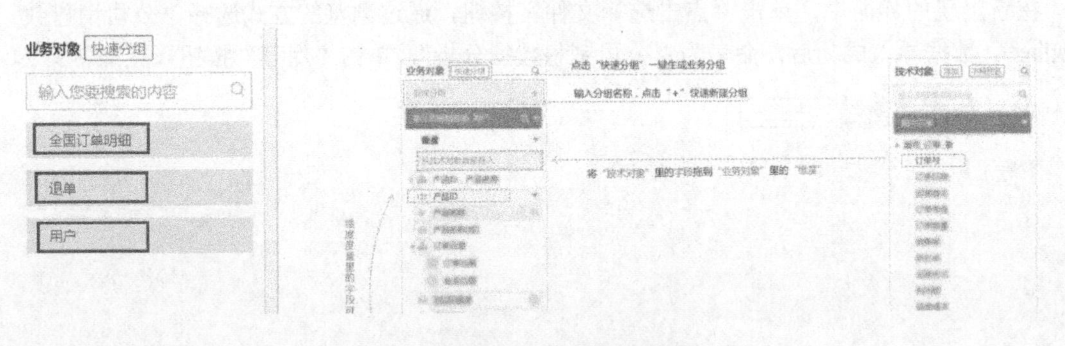

图 7-6　快速分组的结果

7.3.4 数据分析

单击导航栏中的“数据分析”，进入可视化分析界面（见图 7-7），对各项指标进行可视化分析。

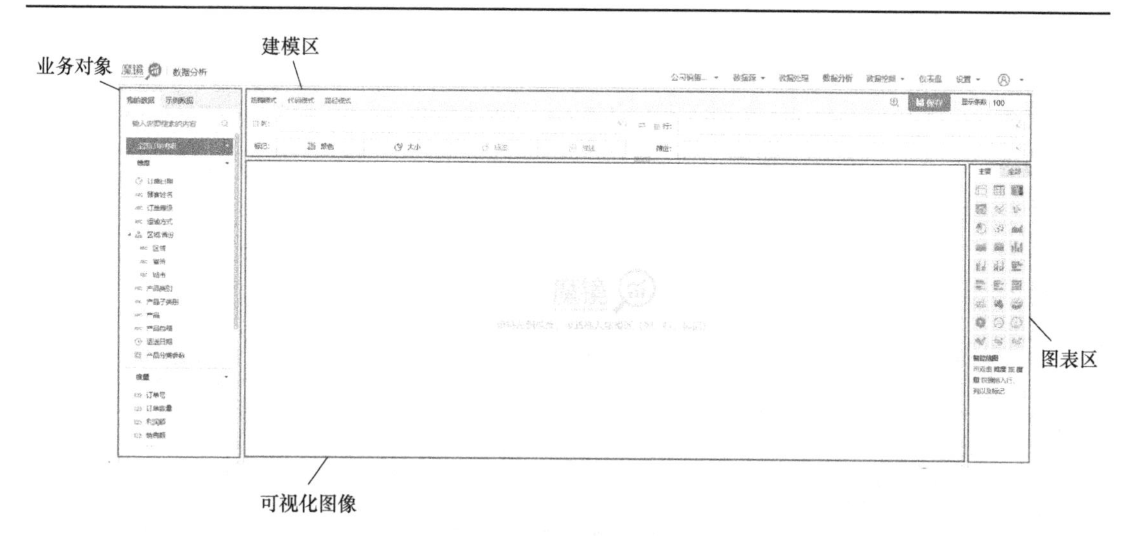

图 7-7　可视化分析界面

1．建立新的度量

由于需要分析各类产品的销售额、利润率（利润额/销售额），因此，需要先建立新的度量“利润率”。利润率由 SUM（利润额）/SUM（销售额）得到。

具体操作：在数据分析界面中的业务对象操作区，单击“度量”右侧的 ▼ ，在出现的下拉菜单中选择“创建计算字段”（见图 7-8），则会出现“创建计算字段”的对话框。将新建的计算字段命名为“利润率”，并配置表达式（如图 7-9 所示，函数库中提供了丰富的函数，可以实现各种功能的表达式）。

图 7-8　新建度量“利润率”　　　　图 7-9　创建计算字段

2. 建立产品分类参数字段

参数字段是维度的集合，用于维度的切换。对“维度”中的“产品类别”与“产品子类别”创建参数字段，可以在图表中自由切换二者数据。如图 7-10 所示，在数据分析界面中的业务对象操作区单击“维度”右侧的 ▾ ，在出现的下拉菜单中，选择“创建参数字段”，则会出现“编辑参数”对话框。直接拖拽“产品类别”和“产品子类别”进入编辑框，并在右下角的文本框中输入“产品分类参数”，单击“确认”按钮。

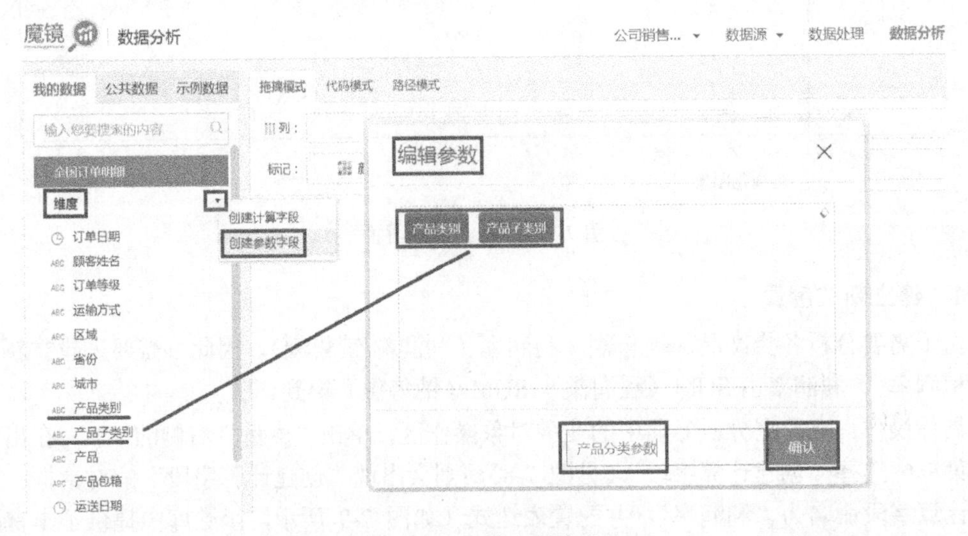

图 7-10　创建参数字段

3. 销售额和利润率的对比分析

如图 7-11 所示，将“维度”中的“产品分类参数”拖入“列”，将“度量”中的新度量“利润率”和“销售额”拖入“行”，选择图表中的标准柱状图。注意，图 7-11 中选择的是“产品子类别”。可以对参数字段中的维度进行自由切换（在“产品子类别”和“产品类别”之间自由切换），也可以选择行中的元素的下拉菜单，选择排序（如“正序”或“倒序”）及度量的计算方式。

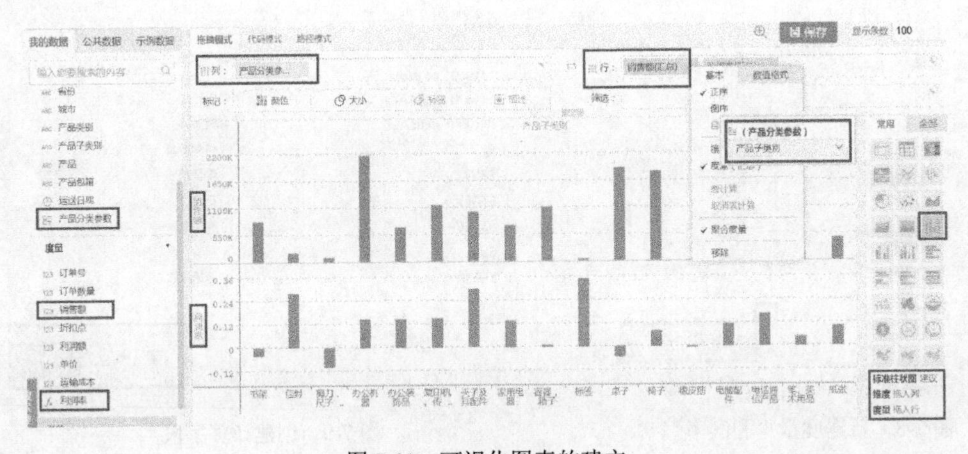

图 7-11　可视化图表的建立

在图 7-11 的基础上，可以通过修改图表的颜色（见图 7-12）、大小（见图 7-13）、标签（见图 7-14）、描述等，实现图表的美化，并更直观地反映数据中的规律。最后，单击“保存”按钮，将图形保存为“销售额和利润率的对比”。

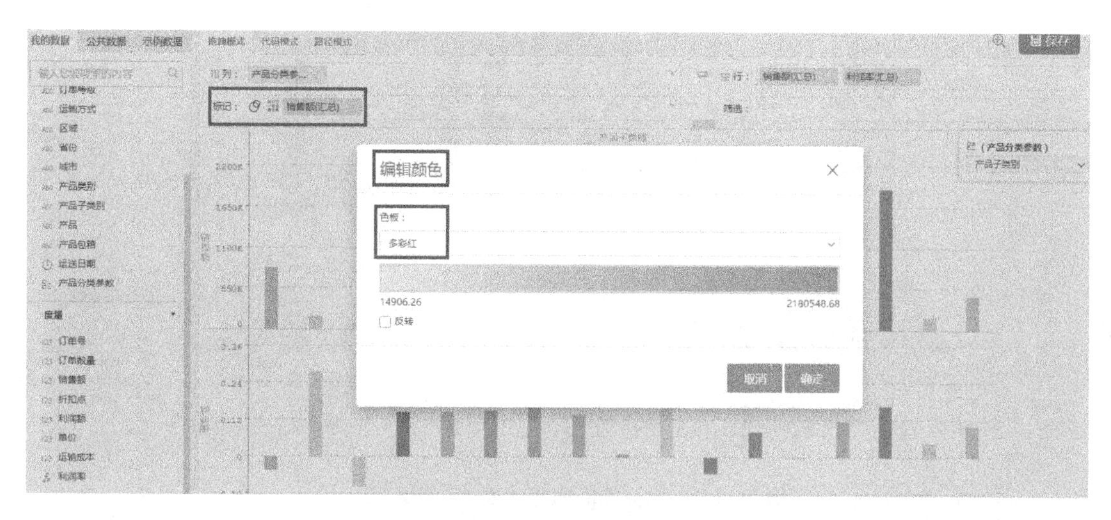

图 7-12　图表颜色的调整

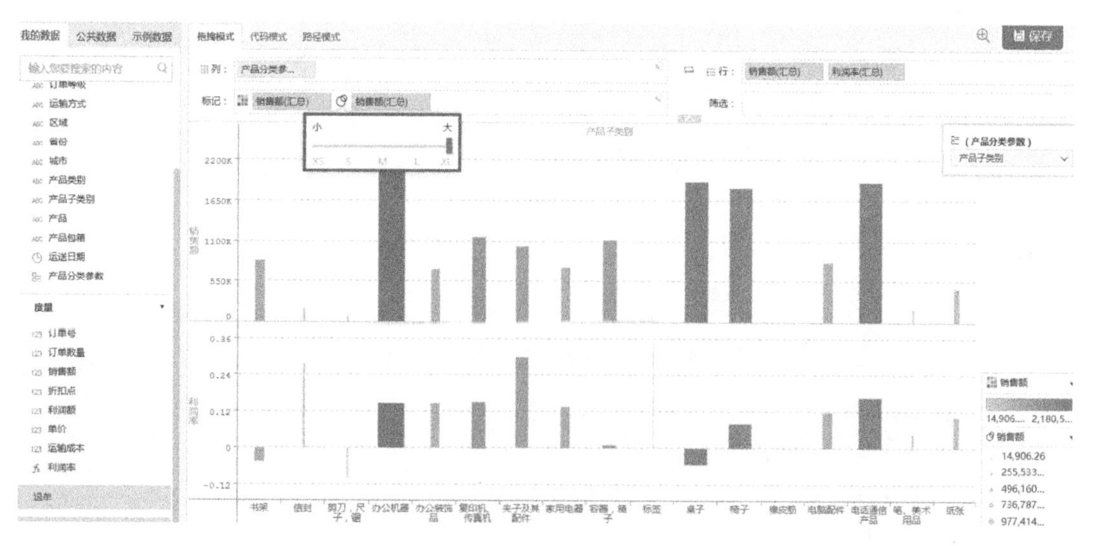

图 7-13　图表大小的调整

4．销售业绩分析

销售业绩分析需要针对不同区域、省份、城市。因此，需要建立分层结构（便于对数据的“上卷”和“下钻”）。具体操作是：首先，将“维度”中的“区域”拖拽至“省份”中（见图 7-15），弹出“创建分层结构”对话框，确立父子维度的关系（本例中，父维度为“区域”，子维度为“省份”）；接着，再将“维度”中的“城市”拖入刚刚建立的“区域-省份”的分层结构中，操作结果如图 7-16 所示。

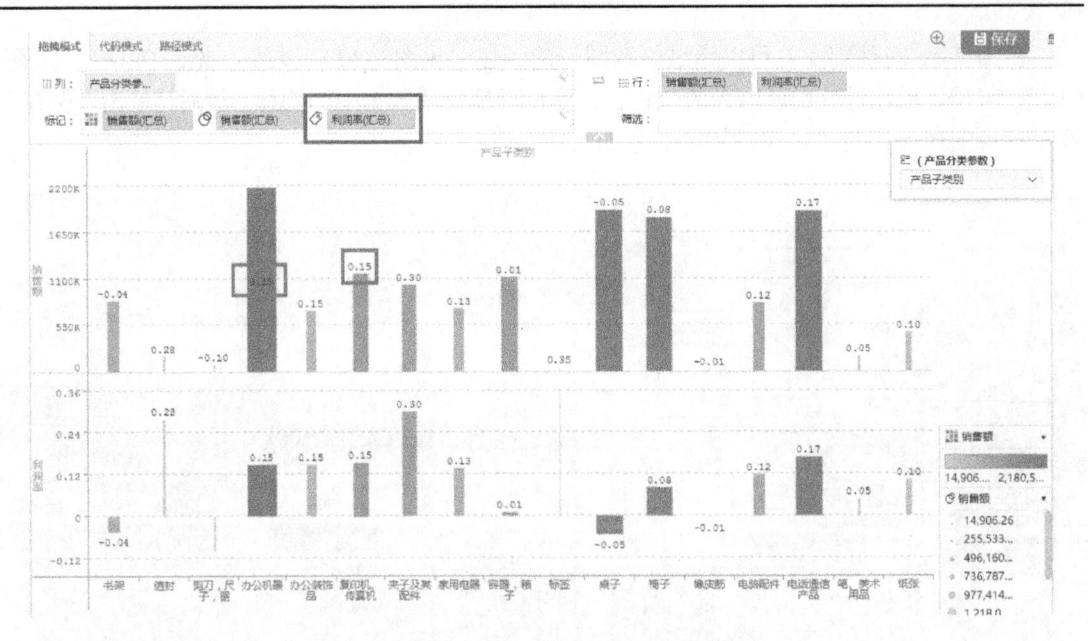

图 7-14　图表标签的调整（显示具体数值）

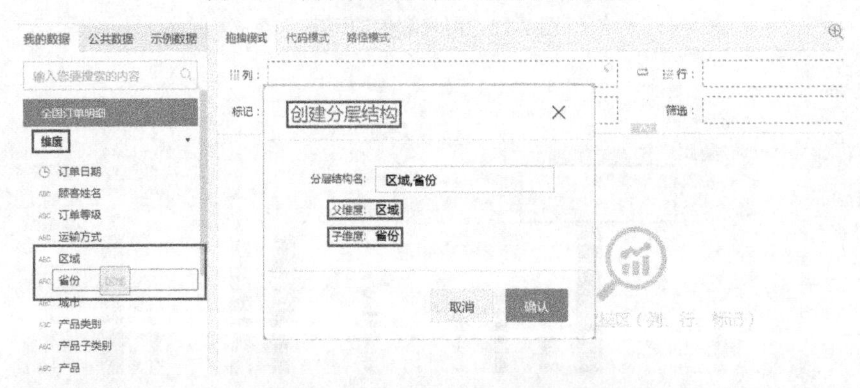

图 7-15　“区域–省份”分层结构的创建

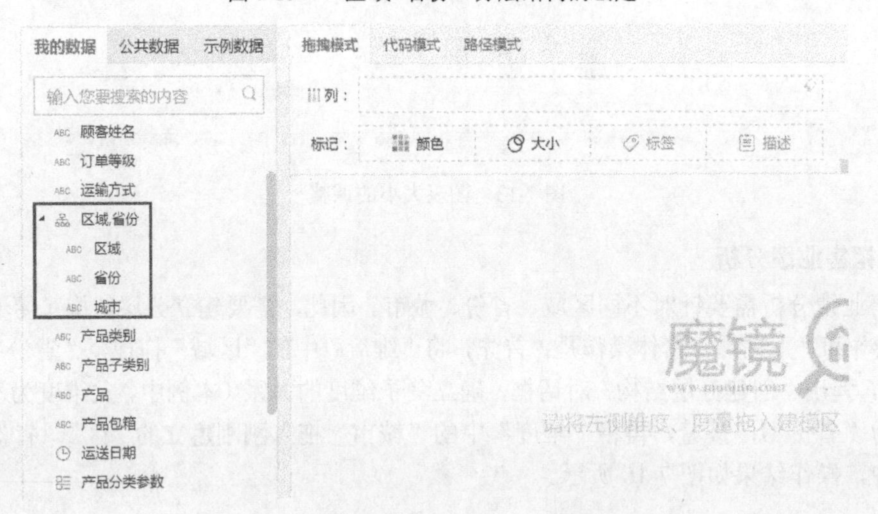

图 7-16　“区域–省份–城市”分层结构的创建

分层结构创建结束后，将“区域”拖入“列”，将“销售额”拖入“行”，选择图表中的“标准柱状图”，如图 7-17 所示。单击“保存”按钮，将该图形保存为“销售业绩分析”。不难发现，华南地区的销售额最大，西南地区的销售额最小。

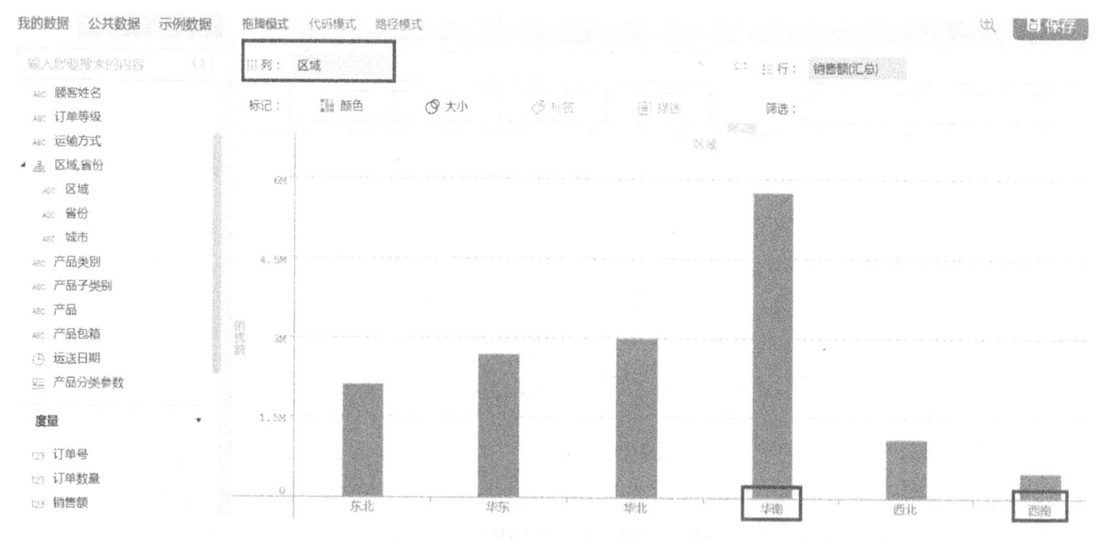

图 7-17　不同区域销售额柱状图

为了进一步深入研究不同省份、地区的销售额，可以进行“下钻”操作。在“华南”区域的柱状图上，单击鼠标右键，在出现的快捷菜单中选择“下钻”,图形将自动跳转到“省份”（见图 7-18）。不难发现，广东省的销售额最高。

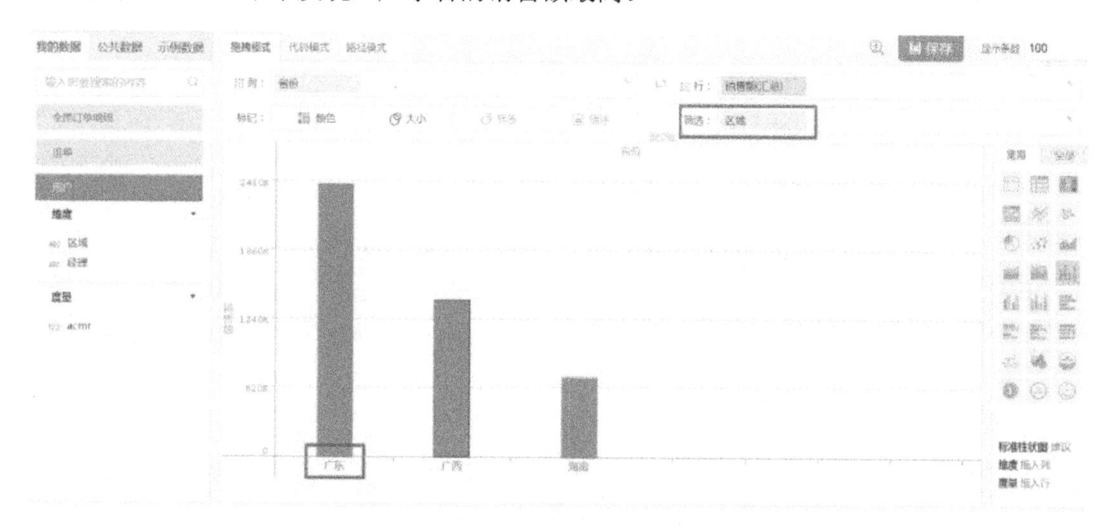

图 7-18　华南地区“下钻”后的“省份”销售额柱状图

同样，在“广东”省的柱状图上选择“下钻”操作，图形将自动转到“城市”销售额（见图 7-19）。

同理，可以进行“上卷”操作，返回到上一层的结构中。通过“下钻”和“上卷”，可以针对区域、省份、城市进行有针对性的分析和总结。

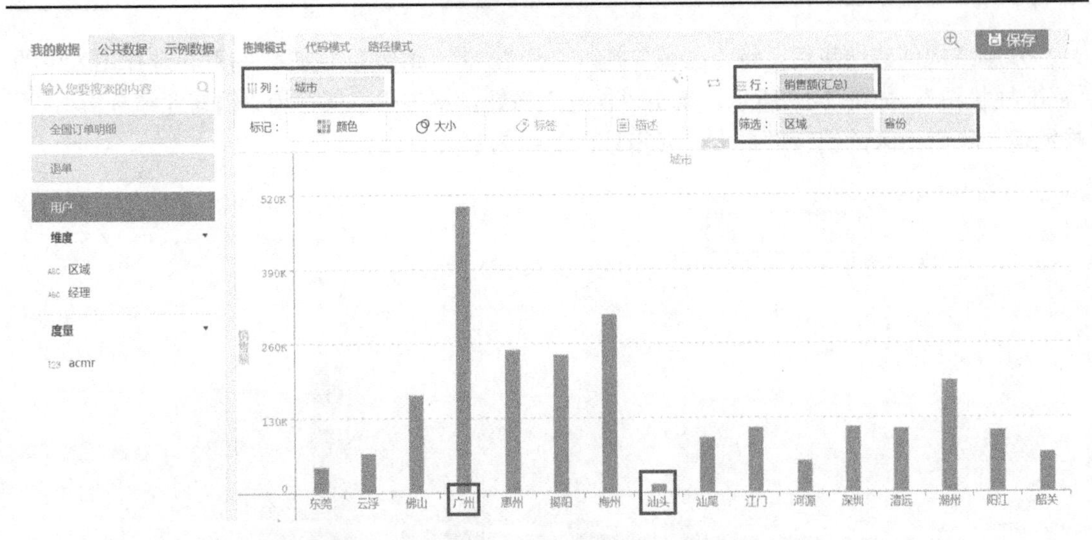

图 7-19　广东省“下钻”后的“城市”销售额柱状图

5．销售额与利润额的季度变化趋势

为了分析近几年企业销售额与利润额的季度变化趋势，将维度中的“订单日期”拖入“列”，将度量中的“利润额”“销售额”拖入“行”，使用图表中的“线图”，便得到了近几年企业销售额与利润额的季度变化趋势图。由于“订单日期”精确到“日”导致线图过于紧密、趋势不太明显，因此，选择“订单日期”的下拉菜单中的“年季”，使得总体趋势更加简单和清晰（见图 7-20）。单击“保存”按钮，将该图形保存为“销售额与利润额的季度变化”。

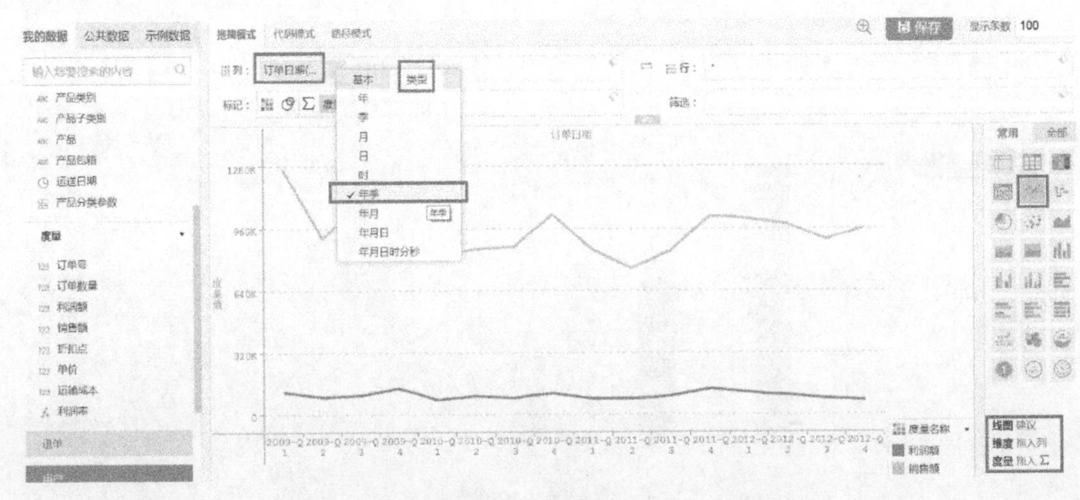

图 7-20　企业销售额与利润额的季度变化趋势图

6．销售额与利润额的国内分布分析

为了对企业销售额与利润额的国内分布情况进行分析，将维度中的“城市”拖入“列”，将度量中的“销售额”和“利润额”拖入“行”，选择图表中的“气泡图”，结果分别如图 7-21 和图 7-22 所示。

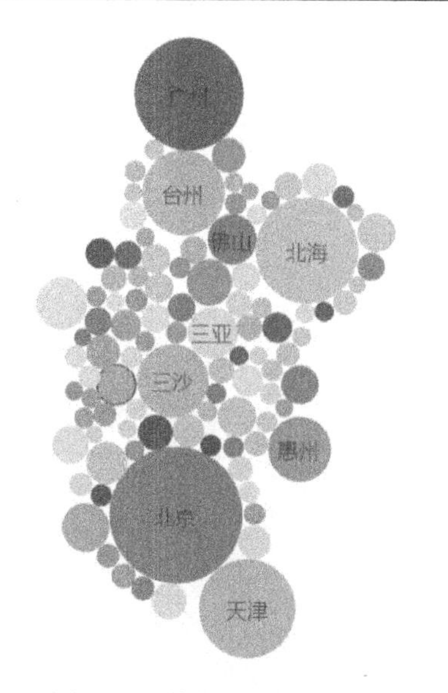

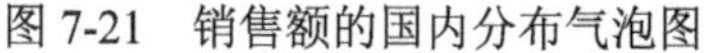
图 7-21　销售额的国内分布气泡图

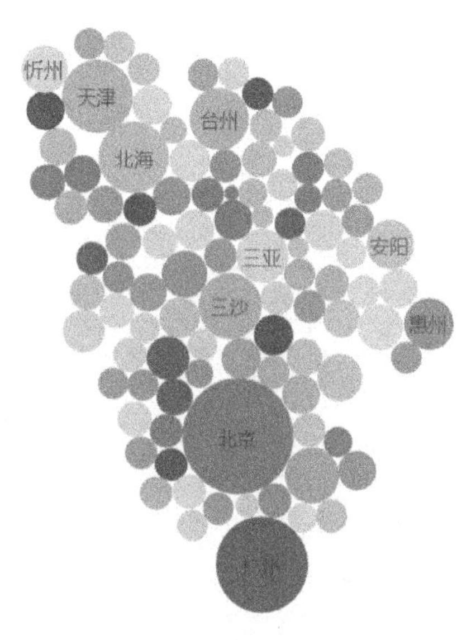

图 7-22　利润额的国内分布气泡图

从图 7-21 和图 7-22 中不难发现，销售额与利润额的国内分布基本一致。单击“保存”按钮，将图 7-21 和 7-22 分别保存为“销售额的国内分布”和“利润额的国内分布”。

7.3.5　数据挖掘

单击导航栏中的“数据挖掘”，进入数据挖掘分析平台，进行各项指标的数据挖掘分析。魔镜平台提供的数据挖掘功能包含了聚类分析、数据预测、关联分析、相关性分析、决策树这 5 种分析方法。本实训试图探索当产品的销售额达到 100000 时，利润额将会达到多少，因此，需要使用数据预测的方法。

数据预测是基于历史数据进行预测的，在这里主要是想根据历史销售额数据，来预测产品最终销售额是 100000 时的利润额情况。首先，将时间“订单日期”拖入“时间维度”，将“销售额”和“利润额”拖入“度量”，选择“利润额”为因变量，如图 7-23 所示。然后，在销售额文本框中输入“100000”，单击“开始预测”按钮，预测值显示为“16447”，也就是说如果产品最终销售额是 100000，利润额预计会在 16447 左右（见图 7-24）。

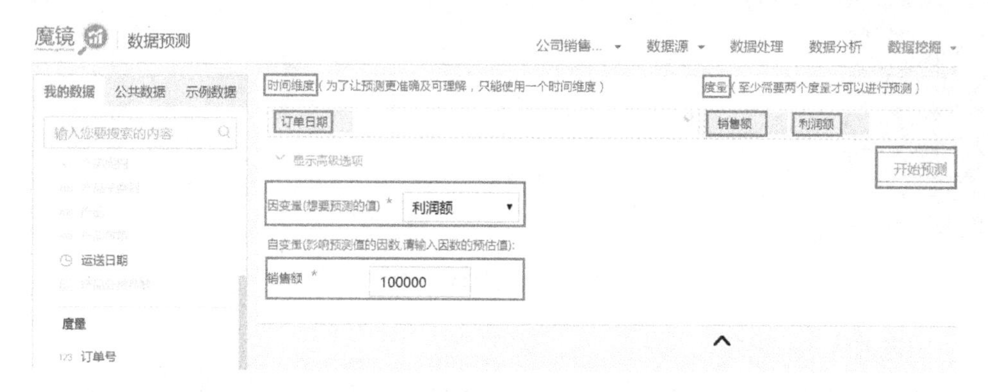

图 7-23　数据预测的操作界面

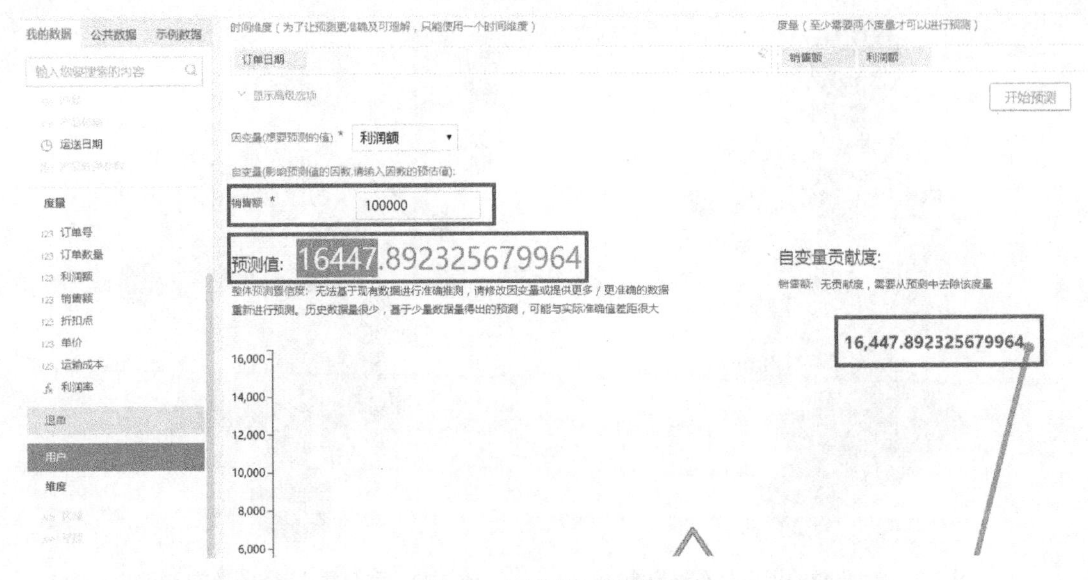

图 7-24　预测结果的截图

7.3.6　数据可视化

为了保证美观，需要对数据分析阶段生成的图形进行美化。单击导航栏中的“仪表盘”，进入数据可视化平台。

1. 仪表盘的优化和调整

单击，在出现的快捷菜单中选择“调整仪表盘”，对仪表盘中的图表位置、大小等进行调整，调整完毕后，单击“调整完毕”按钮，如图 7-25 所示。

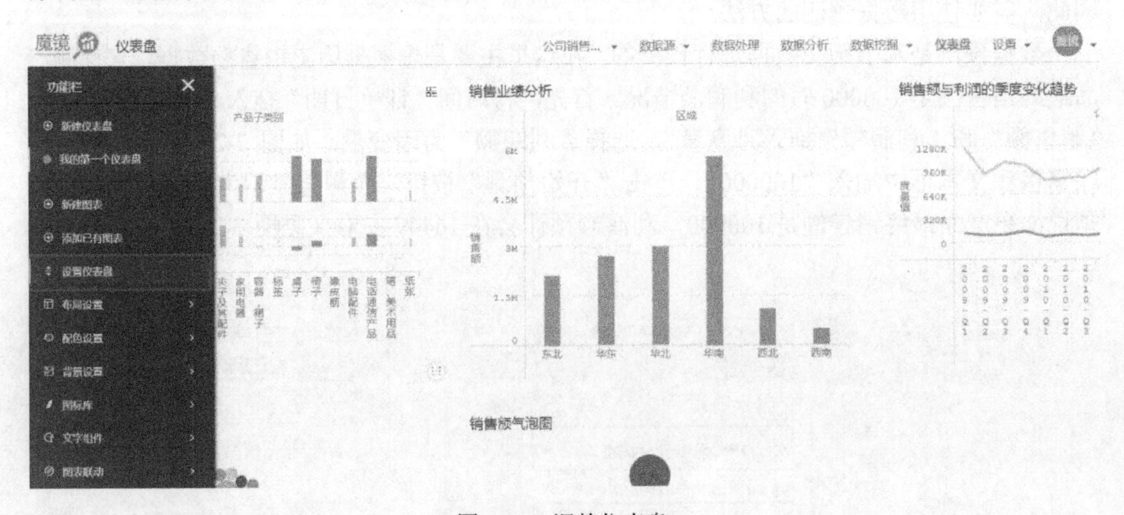

图 7-25　调整仪表盘

2. 图表的优化和调整

将鼠标指针放在需要调整的图表上，此时图表右上角会出现标志，单击即“操作”，会弹出快捷菜单，它包含了图表的重命名、编辑、删除、导出、备注等功能（见图 7-26）。

如果需要对某个图形进行备注，也可以选择“编辑备注”子菜单下的“备注”（见图 7-27），输入诸如“办公用品-标签的利润率最高，技术产品-办公机器的销售额最高”这样的备注语句，那么，只要当鼠标指针移动到了该图形上，图形下方就会出现一个深灰色底纹的备注栏（见图 7-28 所示）。

图 7-26　图表优化和调整的快捷菜单　　　　图 7-27　编辑备注界面

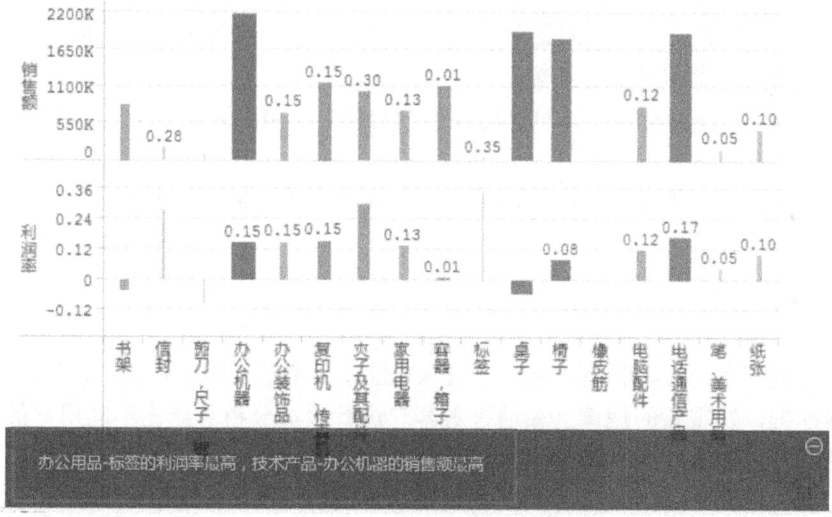

图 7-28　有备注栏的图表截图

7.4　实训总结

7.4.1　实训总结结论

通过分析图 7-13 发现，利润率高的商品，销售额也普遍较高（如电话通信产品、办公机器）。因此，需要加大这些利润率高的产品的销售力度，并且加大对技术产品的推广。

通过分析图 7-17 中不同区域的销售额柱状图，可以看到华南地区销售额最高，西南地区销售额最低。因此，需要加大对西南地区的产品销售力度，挖掘潜力。

通过分析企业销售额与利润额的季度变化趋势（见图 7-20）可以看出，2009 年至 2012 年这几年销售额的波动比较大，利润额的波动虽然不大但却有下滑的趋势。因此，需要加强成本控制，稳固销售业绩。

通过分析企业销售额（见图 7-21）与利润额（见图 7-22）的国内分部情况可以看出，北京、广州等地的销售业绩处于领先地位。因此，需要学习北京、广州等地的销售经验，了解其销售渠道，拓展其他销售业绩薄弱地区的销售渠道。

综上，电子类产品销售额以及利润额较高，亏损商品多集中于桌子、剪刀等办公家具类产品，利润额的下滑明显说明需要加大可控成本的把控力度；要开拓中西部地区市场，加大对东部以及南部沿海地区的产品销售力度；如果销售额达到 100000，利润额将会在 16447 左右。企业在新的一年可以根据这些分析进行销售规划的调整。

7.4.2 实训总结建议

针对以上问题给企业提供的建议如下：

（1）积极开展促销活动，根据企业、门店不同发展阶段实施不同的营销策略，利用网络促销手段加大活动力度和知名度宣传。

（2）节约成本，降低费用，针对费用项目设定预算额度，完善企业管理制度，优化管理流程。

（3）加强人员培训力度，提高业务人员整体服务水平，提高服务意识。

7.5 实训思考题

本实训并没有考虑订单和退单之间的关系，也没有考虑不同用户的特征等。请通过数据分析和数据挖掘，发现新的规律（如通过对客户进行聚类分析总结出不同用户的特征），发现新的机会。

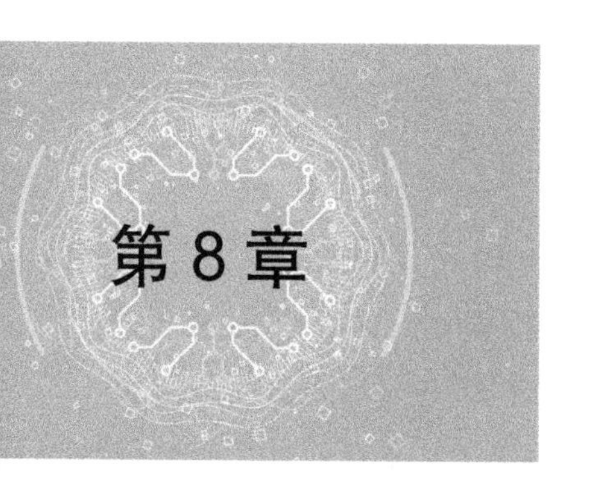

能源领域的数据可视化实训——基于魔镜 MOOJ

8.1 实训背景知识

大数据技术的发展对于能源行业有重要的影响，为了完善生产和管理，企业需要积累大量的数据。能源行业已从基础的生产自动化逐步向数据信息化的方向发展，以提高自身的竞争力，进而提高效益。信息化的发展极大地推动了电力、石油、煤矿等产业的发展，通过大数据技术分析与挖掘企业积累的大量数据，可以大幅提高企业内部管理效率、降低管理成本、提高生产效率、创造新的价值。

8.2 实训简介

本实训主要分析某油井公司的生产及销售数据，从中发现新的机会。

该油井公司以前主要将精力投放在了技术研发上，而忽略了对油井的生产及销售数据进行分析。虽然拥有数据，但是却没有了解数据，因此发现问题时没有办法精确定位发生问题的原因。该公司现在想要对以往的历史数据进行分析，让销售部门经理对检测销售情况有深刻的了解，能从各个角度对整体的销售数据进行切片分析；对于公司的总经理，由于他们要根据市场的走势来制定合适的营销策略，所以需要让他们能对市场表现进行精确衡量，预测和掌握市场的下一步动向。

8.2.1 原始数据情况

原始数据情况如图 8-1 所示，数据源文件中有日期、所属地域、二氧化碳排放量、瓦斯产量、原油产量等字段。

	A	B	C	D	E	F	G	H	I	J	K
1	日期	所属区域	油井名称	CO2排量（立方英尺/	瓦斯产量（立方	瓦斯价格（元/	原油产量（桶/	原油价格（桶/元	瓦斯收入（元）	原油收入（	总收入(元)
2	2011/7/29 0:00	东北	Arkla-7	234412.5	384,655.42	6.71	87.68	46.56	2,581,037.88	4,082.27	2,585,12
3	2011/7/29 0:00	东北	Eloma-10	75905	83,353.60	6.71	17.30	46.56	559,302.68	805.53	560,10
4	2011/7/29 0:00	西北	Enarko-9	223250	343,204.62	6.71	174.50	46.56	2,302,903.02	8,124.72	2,311,02
5	2011/7/29 0:00	华南	Texan-24	174135	73,773.27	6.71	18.63	46.56	495,018.65	867.57	495,88
6	2011/7/29 0:00	华南	Texan-1	129485	213,461.27	6.71	206.44	46.56	1,432,325.13	9,611.97	1,441,93
7	2011/7/29 0:00	华南	Texan-17	44650	434,419.83	6.71	95.51	46.56	2,914,957.03	4,447.15	2,919,40
8	2011/7/30 0:00	东北	Arkla-4	301387.5	359,712.48	6.71	105.58	46.56	2,413,670.73	4,915.75	2,418,58
9	2011/7/30 0:00	东北	Arkla-7	267900	310,579.82	6.71	90.40	46.56	2,083,990.57	4,209.03	2,088,19
10	2011/7/30 0:00	东北	Eloma-10	53580	85,192.33	6.71	26.41	46.56	571,640.51	1,229.68	572,87
11	2011/7/30 0:00	西北	Enarko-9	214320	673,354.48	6.71	176.61	46.56	4,518,208.58	8,222.84	4,526,43
12	2011/7/30 0:00	华南	Texan-24	75905	153,080.76	6.71	28.98	46.56	1,027,171.91	1,349.14	1,028,52

油井数据 Sheet2 Sheet3

图 8-1 油井数据表的截图

8.2.2 实训分析过程

1．确定问题

本实训主要是通过对积累的数据进行分析，让销售部门经理了解销售详情，发生问题时可以精准定位问题发生的原因，对整体销售数据进行切片分析；让公司总经理根据市场走势，制定合理的营销策略。

2．分解问题

对于油井数据的分析可以分解成以下几点：

- 各地区瓦斯和原油的销售收入情况。
- 二氧化碳排放量和瓦斯产量的关系。
- 各油井的产出情况。
- 原油价格与瓦斯价格之间的相关性。

3．评估问题

影响瓦斯和原油销售额的因素主要是价格、地区、产量、二氧化碳排放量，以及天气这个不可控因素，通过分析这些因素，基本上可以了解详细的销售情况，并可以预测未来市场行情，掌握市场动向。

4．总结问题

不仅能够剖析问题，还能提供决策性建议的数据分析才是有价值的数据分析。

8.3 实训过程

8.3.1 新建项目

新建“油井数据分析”项目，具体操作为：进入魔镜系统，单击“新建应用”按钮，在出现的对话框中，选择“添加新数据源”，单击“确认”按钮，出现如图 8-2 所示的界面，选择“文本类型”中的 Excel 数据源，单击“下一步”按钮。

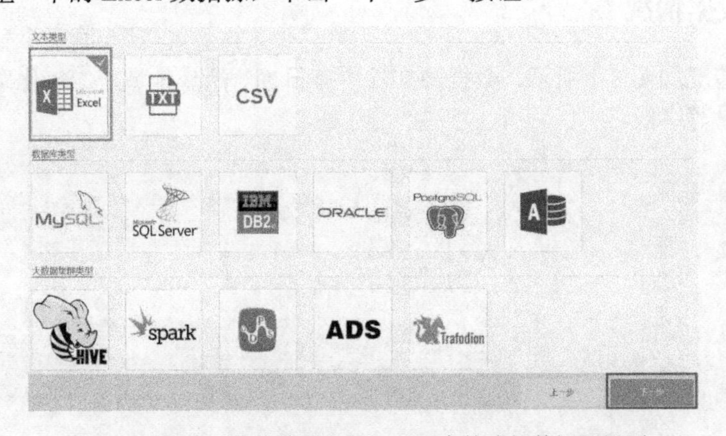

图 8-2　新建“油井数据分析”项目中的选择数据源界面

8.3.2　数据导入

在新出现的界面中，单击“点击选择文件”按钮，通过浏览的方式选择“油井数据.xlsx”，数据导入成功后，将其命名为“油井数据分析”，单击“保存”按钮（见图 8-3）。

魔镜　数据源　油井数据...　数据源　数据处理　数据分析　数据挖掘　仪表盘　设置

请上传文件：重新上传　油井数据.xlsx

数据预览：　还原　预览数：100

日期	所属区域	油井名称	CO2排量（立方英尺/天）	瓦斯产量(立方英尺/天)	瓦斯价格（元/立方英尺）	原油产量(桶/天)	原油价格（桶/元）	瓦斯收入（元）
2011-07-29	东北	Arkia-7	234,412.500	384,655.421	6.710	87.678	46.560	2,581,037.877
2011-07-29	东北	Eloma-10	75,905.000	83,353.603	6.710	17.301	46.560	559,302.678
2011-07-29	西北	Enarko-9	223,250.000	343,204.624	6.710	174.500	46.560	2,302,903.024
2011-07-29	华南	Texan-24	174,135.000	73,773.271	6.710	18.633	46.560	495,018.649
2011-07-29	华南	Texan-1	129,485.000	213,461.271	6.710	206.443	46.560	1,432,325.131
2011-07-29	华南	Texan-17	44,650.000	434,419.826	6.710	95.514	46.560	2,914,957.033

油井数据　上一步　保存

图 8-3　数据导入界面

8.3.3　数据处理

单击导航栏中的“数据处理”，进入数据处理界面，可以完成快速分组等数据处理工作。

1．快速分组

如图 8-4 所示，单击“快速分组”，在出现的“快速生成业务分组”对话框中（见图 8-5），选择“油井数据”，将其拖拽至编辑框，单击“确认”按钮，完成业务的快速分组。

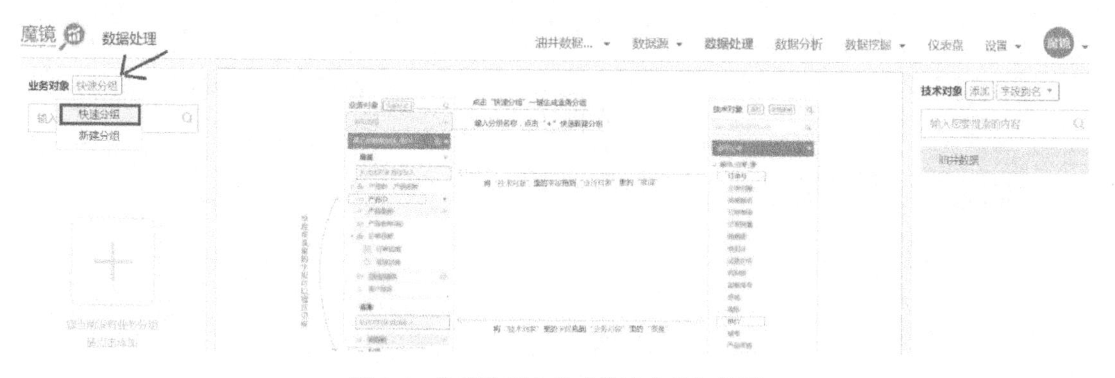

图 8-4　数据处理中的“快速分组”界面

2．数据更新

之前上传的 Excel 数据不够完善，日期中含有不规范的时间节点，可以使用数据更新功能对表格数据进行更新。

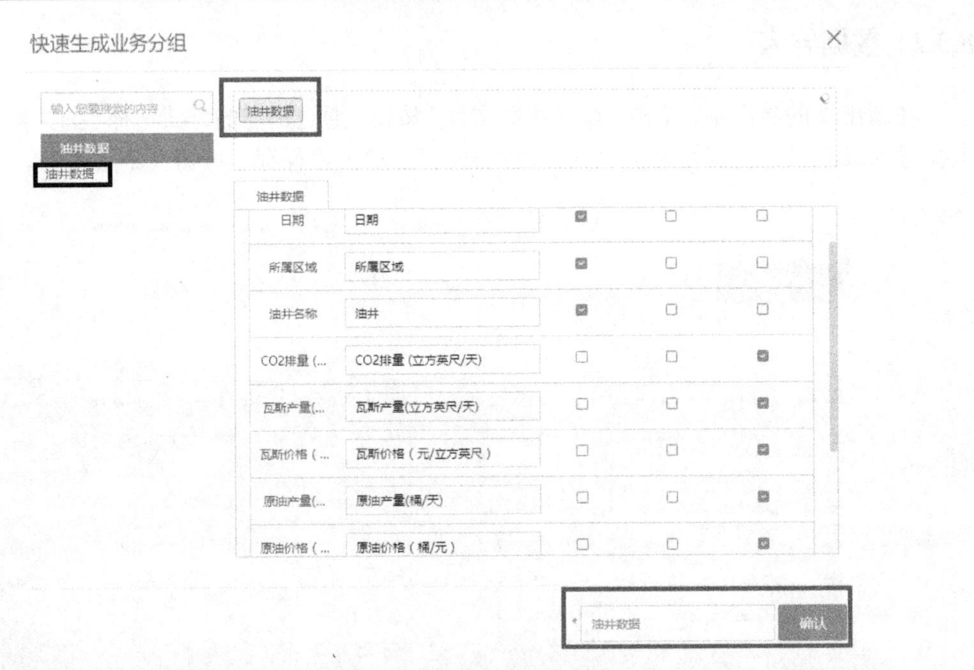

图 8-5　快速生成业务分组的对话框

具体操作：进入数据处理界面，选择“油井数据”下拉脚标中的“更新”（见图 8-6），在弹出的“数据更新”对话框中，单击“选择文件”按钮，然后选择需要更新的文件重新上传。数据上传完毕后，在对话框中的“更新操作”下拉列表框中选择“覆盖”（见图 8-7），然后单击“保存”按钮，完成数据更新。

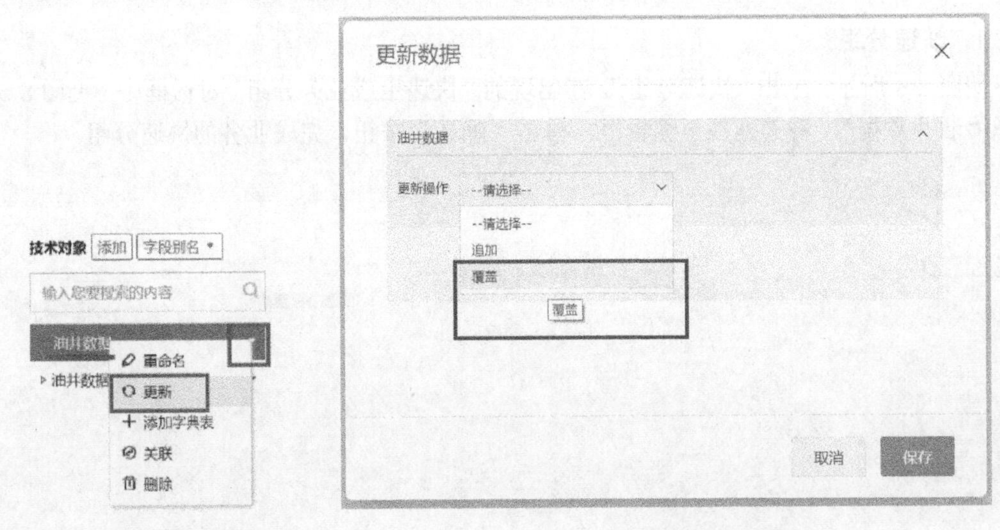

图 8-6　更新数据的快捷菜单　　　　　　　　图 8-7　更新数据对话框

3. 创建分层结构

在“数据更新”对话框中，把“所属区域”拖拽至“油井”上方自动覆盖（见图 8-8）。在出现的“创建分层结构”对话框中，单击“确认”按钮（见图 8-9）。

图 8-8　创建“所属区域-油井”分层结构

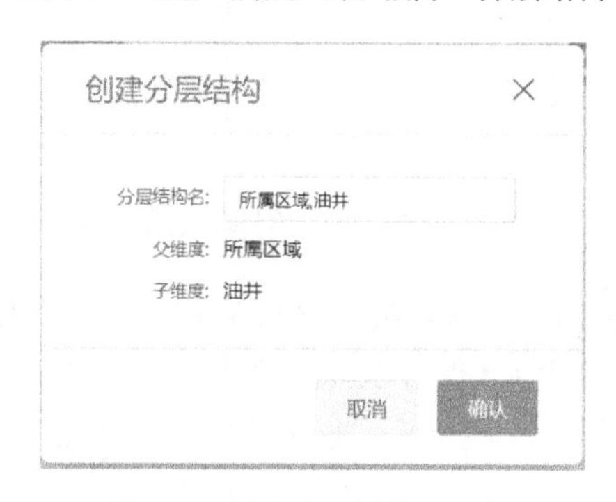

图 8-9　创建分层结构对话框

8.3.4　数据分析

单击导航栏中的“数据分析”，进入可视化分析界面（见图 8-10），对各项指标进行可视化分析。

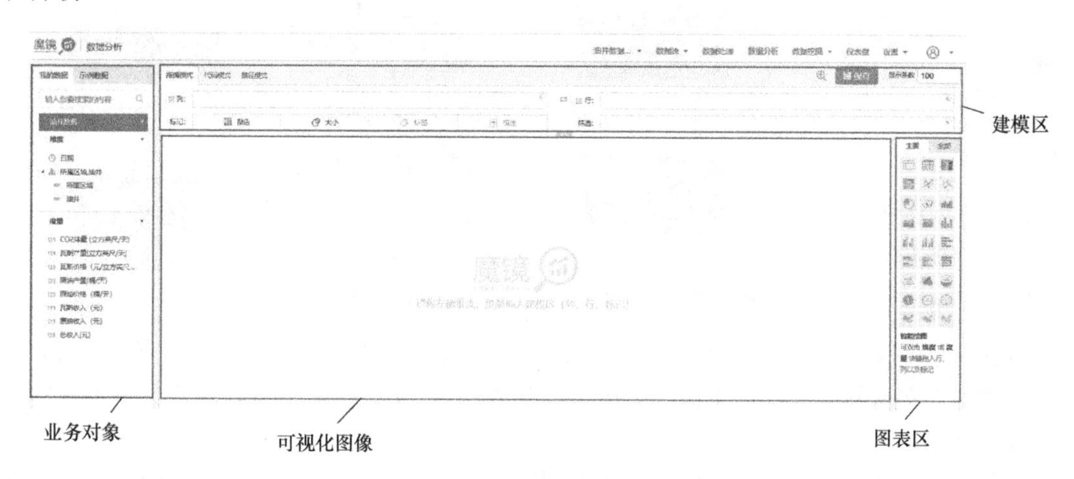

图 8-10　可视化分析界面

1．瓦斯、原油销售收入分析

将“维度”中的“所属区域”拖拽到列，将“度量”中的“瓦斯收入”和“原油收入”拖拽到“行”，选择图表中的“标准柱状图”，结果如图 8-11 所示。

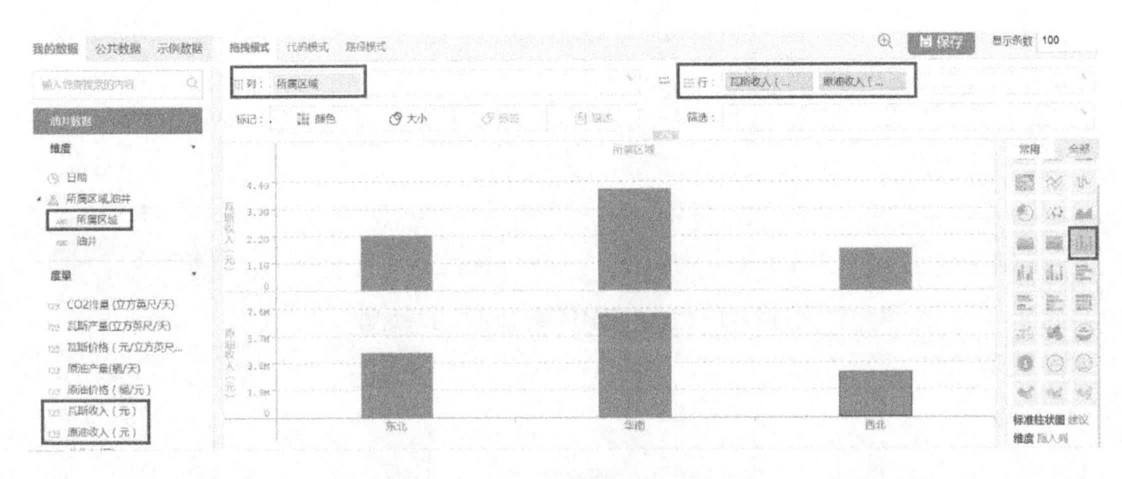

图 8-11　瓦斯、原油销售收入柱状图

在图 8-11 的基础上，在标记栏对可视化进行调整。具体操作为：将“所属区域”拖至“标记”中的“颜色”，以调整配色（也可以拖至“大小”和“标签”中以便按照需求进行调整），如图 8-12 所示。单击“保存”按钮，将图形命名为“瓦斯、原油销售收入”。

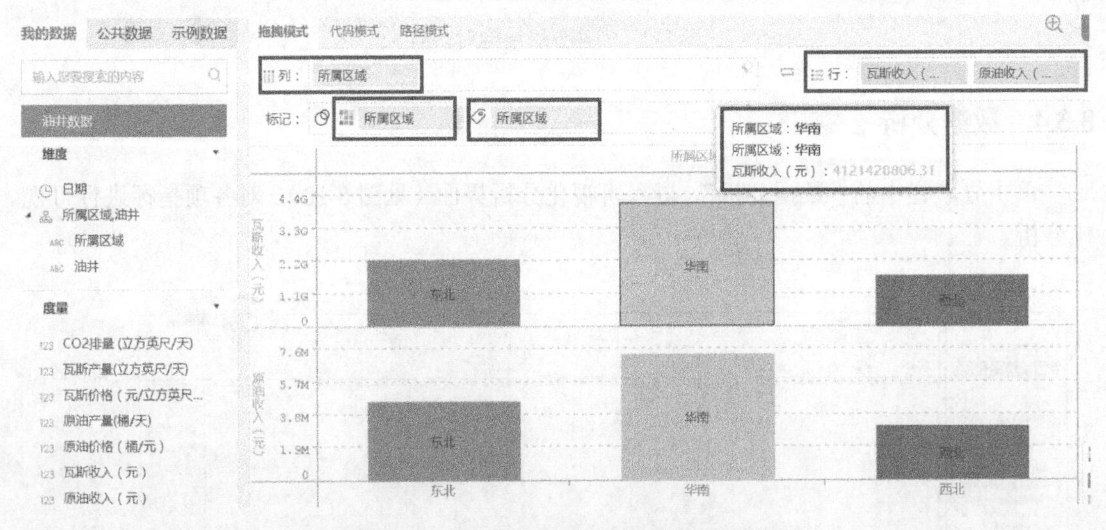

图 8-12　优化后的瓦斯、原油销售收入图

在图 8-12 的基础上，右键单击图形，可进行“查看数据”“下钻”“探索”等相关操作。例如，选择对华南地区进行“下钻”操作（见图 8-13），还可查看华南地区各个油井的瓦斯收入和原油收入（见图 8-14）。

由图 8-13 可知，华南地区的原油、瓦斯收入最高，西北地区最低。由图 8-14 可知，华南地区的 Texan-1、Texan-17、Texan-24 油井的产出处于明显领先地位。

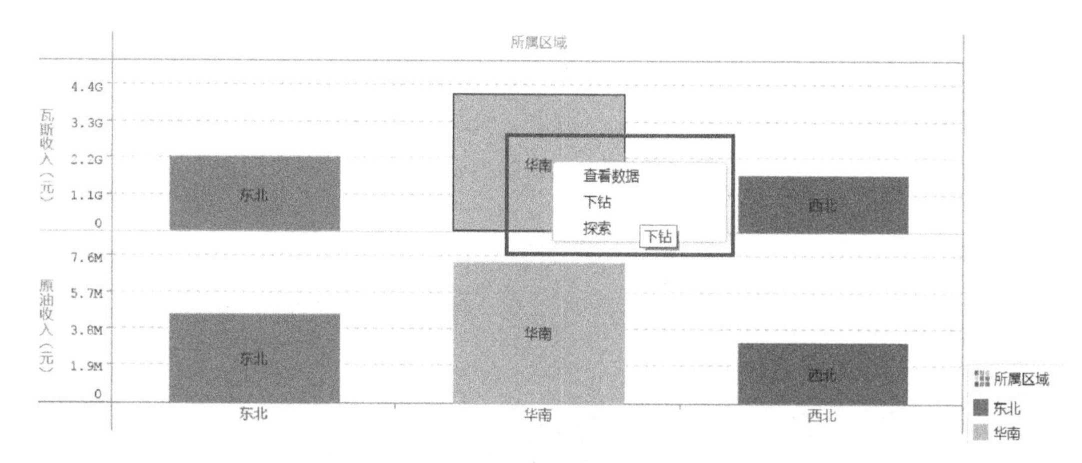

图 8-13　华南地区各个油井的“下钻”操作情况

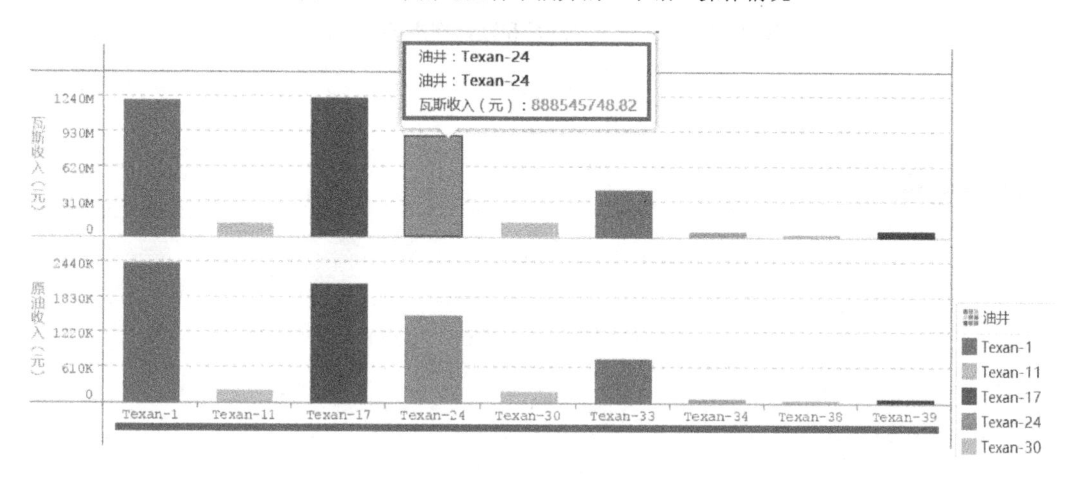

图 8-14　华南地区各个油井的瓦斯收入和原油收入

2. 二氧化碳排放量和瓦斯产量关系分析

在图表中选择“线图”，将“维度”中的“日期”拖入“列”，将“度量”中的“CO_2 排量（立方英尺/天）”（即二氧化碳排量）和“瓦斯产量（立方英尺/天）”拖入“行”（见图 8-15）。

建立线图后，可以再次单击线图，将两条线放在同一坐标轴上进行考察，如图 8-16 所示。单击“保存”按钮，将图形命名为“二氧化碳排放量和瓦斯产量关系分析”。

从图 8-16 可以看出，瓦斯产量和 CO_2 排量是负相关的，因此可以通过调整工艺流程控制 CO_2 排量，提高瓦斯产量。

3. 各个油井的产出情况分析

在图表中选择“树图”，将“维度”中的“油井”拖拽到“标记”的“标签”中，将“度量”中的“总收入（元）”拖拽到“标记”的“大小”中，为了提升区分度还要将“油井”拖入到“标记”的“颜色”中（编辑颜色时，选择“天蓝”），并将图形命名为“各油井的产出情况”，如图 8-17 所示，单击“保存”按钮。

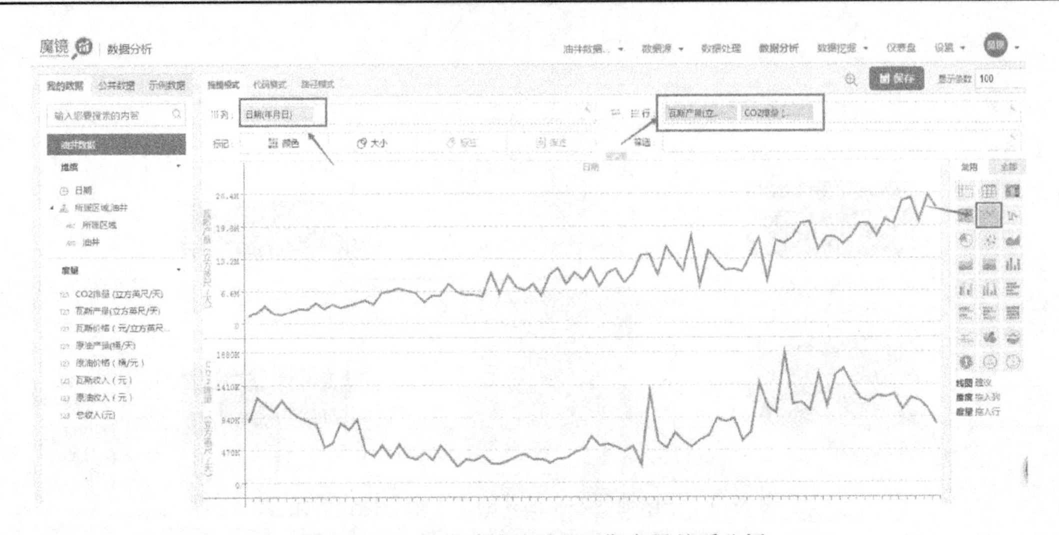

图 8-15　二氧化碳排放量和瓦斯产量关系分析

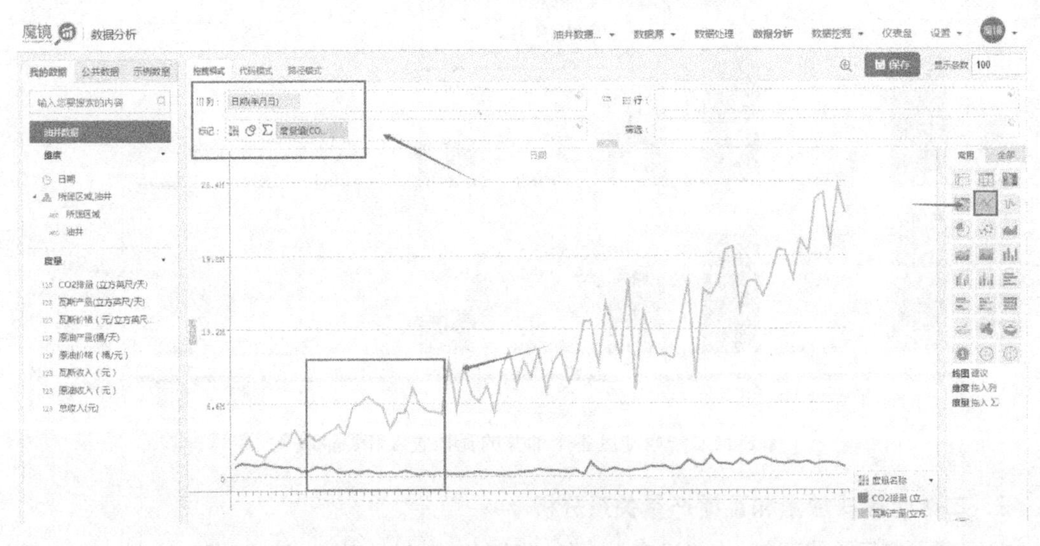

图 8-16　二氧化碳排放量和瓦斯产量关系分析（基于同一坐标轴）

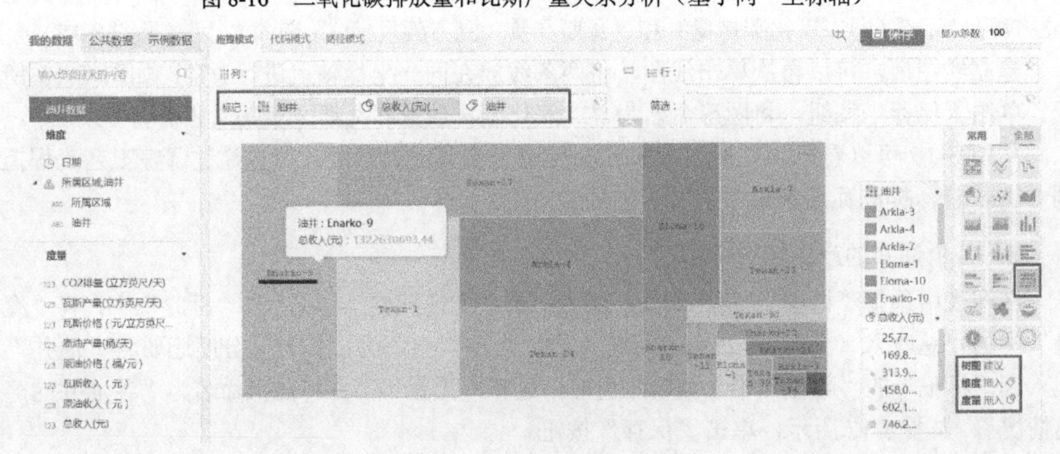

图 8-17　各个油井的产出情况

从图 8-17 中可以看出，Enarko-9 这座油井的产出最高，而右下方这座油井的产出最低。

8.3.5　数据挖掘

单击导航栏中的“数据挖掘”，进入数据挖掘分析平台，对各项指标进行数据挖掘分析。魔镜平台提供的数据挖掘功能，包含了聚类分析、数据预测、关联分析、相关性分析、决策树共 5 种分析方法。本实训试图探索“原油价格、瓦斯价格的关联性分析”，因此需要使用关联分析的方法。

具体操作：选择数据挖掘中的“关联分析”，将“日期”拖入“维度”，将“瓦斯价格（元/立方英尺）”和“原油价格（桶/元）”拖入“度量”，将目标分析对象设为“原油价格（桶/元）”，单击“开始分析”按钮，如图 8-18 所示。

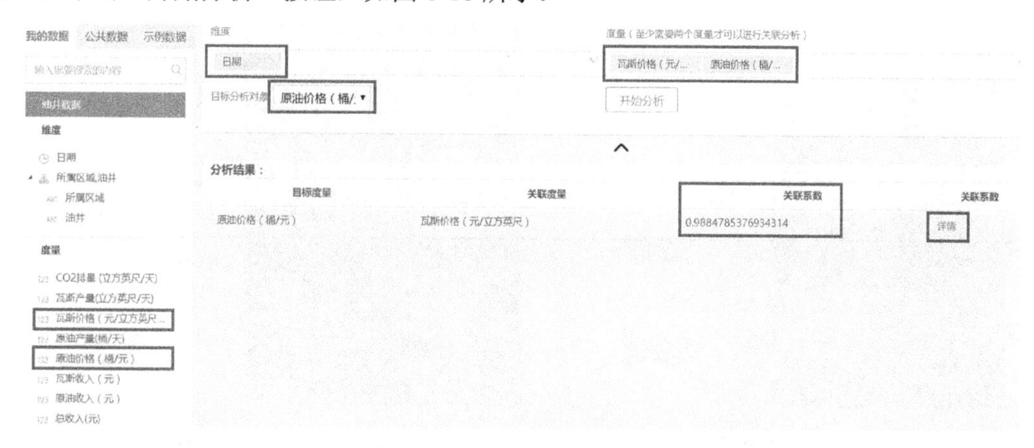

图 8-18　原油价格、瓦斯价格的关联性分析

从图 8-18 的分析结果可以看出，瓦斯价格与原油价格之间的关联系数高达 0.988。进一步，单击图 8-18 中的“详情”，出现关联分析的详细信息（见图 8-19 所示），置信度从 0.857 上升到 1.0。因此，可以说瓦斯价格与原油价格之间为正相关关系，瓦斯价格的上涨必定会带来原油价格的上涨。

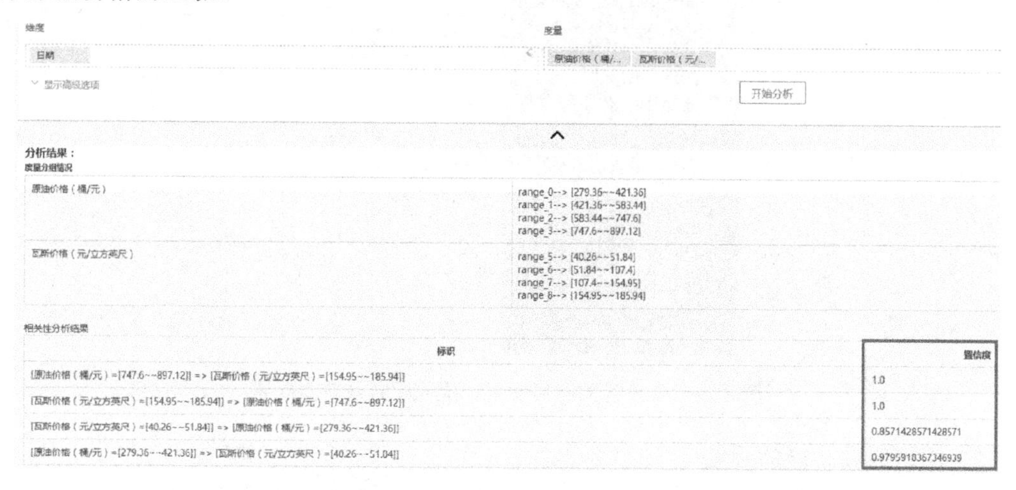

图 8-19　原油价格、瓦斯价格关联性分析的详细信息

8.3.6 数据可视化

为了保证美观，需要对数据分析阶段生成的图形进行美化，并进行图标联动操作，从而更加清晰地显示数据之间的规律。具体操作：单击导航栏中的“仪表盘”，进入数据可视化平台。

1. 仪表盘的优化和调整

仪表盘的优化和调整，具体包括仪表盘的重命名操作（如图 8-20 所示，将其命名为“油井数据分析”）、图表的编辑和排版（见图 8-21）、仪表盘的布局配置、配色配置及背景配置（见图 8-22）。

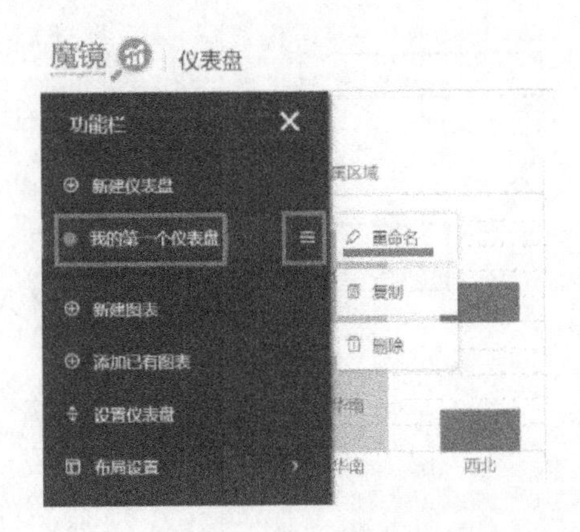

图 8-20 仪表盘的重命名

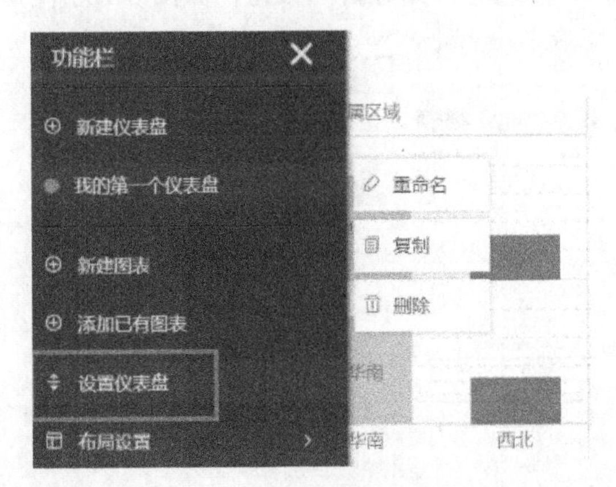

图 8-21 图表的编辑和排版

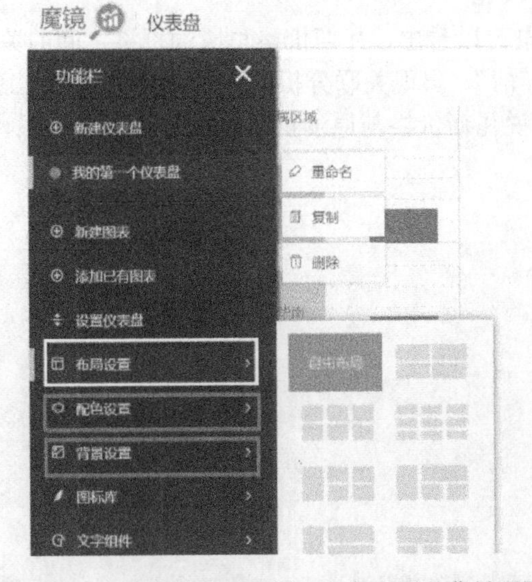

图 8-22 仪表盘的布局配置、配色配置及背景配置

2. 图表联动功能的设置

使用图表联动功能，通过多表联动分析效果会更好。具体操作为：选择“图表联动”→

“图表筛选器”，出现“图表筛选器设置”对话框（见图 8-23 所示）。首先，单击并勾选左侧图表（本实训中为“瓦斯、原油销售收入”和“各个油井的产出情况”）；然后，在新出现的两张图之间，设置联动关系（本实训中，鼠标指针放在“瓦斯、原油销售收入”上，按住鼠标左键后往右拖动，一直拖到“各个油井的产出情况”时，再松开鼠标左键，此时会出现筛选对话框，选择“所属区域”并单击“完成”按钮）。最后，将联动动作设置为“筛选”，并单击“确认”按钮，如图 8-23 所示。

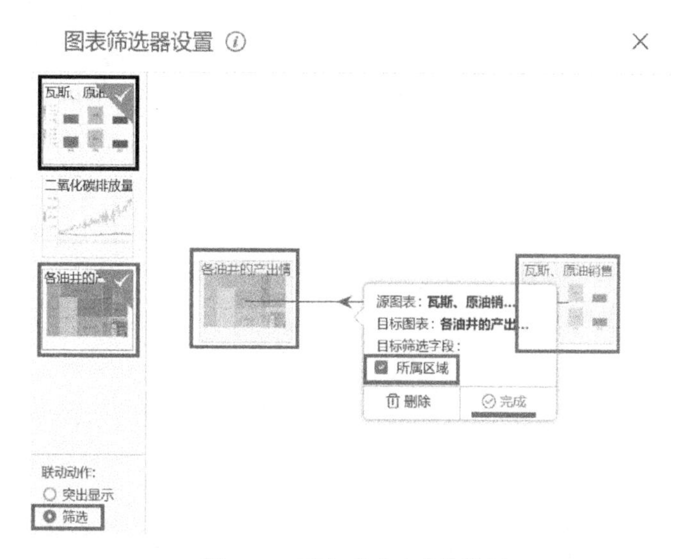

图 8-23　图表联动功能的设置

设置完毕后，联动效果为：选中左侧柱状图中的任意一条数据，右侧树状图中都会显示出与之相关联的数据。如图 8-24 所示，单击“华南”地区，则右侧树状图就会显示出该地区各油井的产出情况。

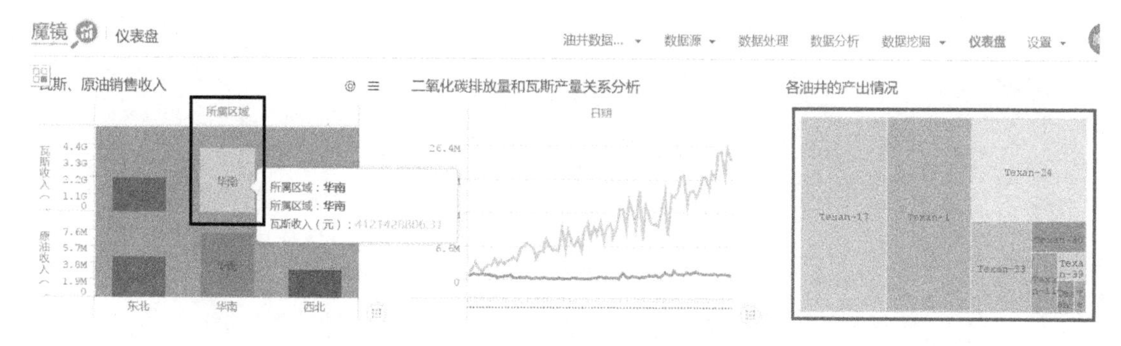

图 8-24　图表联动效果展示

8.4　实训总结

通过分析可以看到各地区瓦斯和原油的主要收入详情，油井公司的主要收入是瓦斯收入，其中主要地区是华南地区，占总收入的 50%以上。原油及瓦斯带来的收入基本都会随着价格的上涨而增加。销售部门应该根据这些情况对市场进行调整。随着二氧化碳排放量的降低，瓦斯和原油的产量会逐渐增加，所以应提高开采能源的技术投入。

8.5 实训思考题

本实训可以分析出各地区瓦斯和原油的收入详情，每个地区瓦斯和原油的产量变化，价格变动对瓦斯和原油收入的影响，以及二氧化碳排放对瓦斯和原油产量的影响。请思考：第一，如何精确反映每个油井的瓦斯和原油的收入详情、产量变化；第二，能否运用预测方法，探寻在一定产量下可能的收入；第三，如何加入新的字段数据，提供更全面的数据分析。

第 9 章 互联网领域的数据可视化实训——基于 ECharts

9.1 实训背景知识

在通过魔镜平台完成了对数据的可视化分析后，本书将尝试使用更为多维的可视化工具——ECharts 对网站流量数据开展可视化实训。ECharts 是一种商业级数据图表，且是一个纯 JavaScript 的图标库，兼容绝大部分浏览器，底层依赖轻量级的 Canvas 类库 ZRender，提供直观、生动、可交互、可高度个性化定制的数据可视化图表。创新的拖拽重计算、数据视图、值域漫游等特性大大增强了用户体验，赋予了用户对数据进行挖掘、整合的能力，ECharts 包含以下特点：

① 属于开源软件，提供了非常炫酷的图形界面，有柱状图、折线图、饼图、气泡图、四象限图、地图等。

② 使用简单，官网为用户封装了 JavaScript，只要会引用就会得到完美的展示效果。

③ 种类多，实现简单，各类图形都有。官网中有相应的模板，还有丰富的应用程序接口及文档说明，非常详细。

④ 兼容性好，基于 HTML5，有良好的动画渲染效果。

登录 ECharts 官网，在导航栏中选择“实例”→“官方实例”，可以看到官网给出的模板，除了普通常规的折线图、柱状图、饼图、散点图等图形外，还提供了 3D 地球、3D 地图、GL 散点图、GL 路径图等图形，形式丰富多样（见图 9-1）。

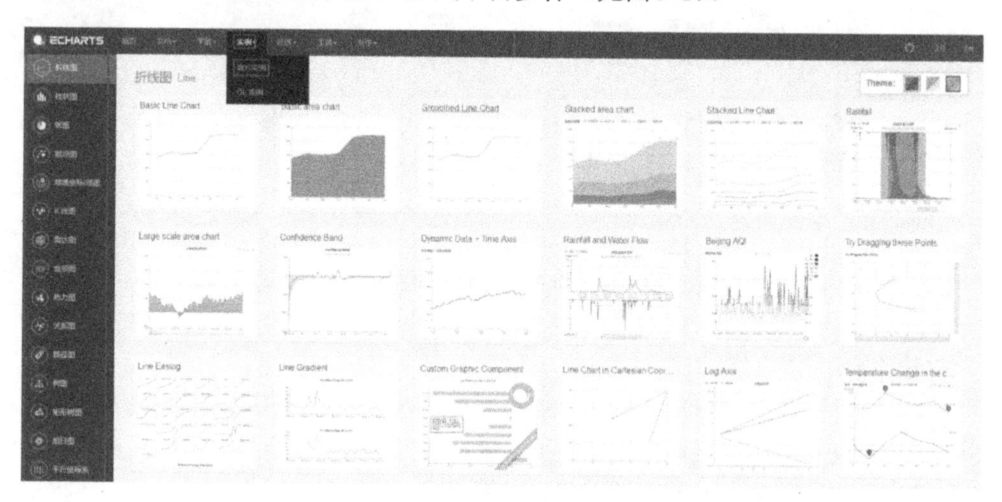

图 9-1　官网实例示意图

在 ECharts 官网的导航栏中选择“社区”→“Gallery”，可以看到 ECharts 用户上传分享的个性化图形（见图 9-2）。

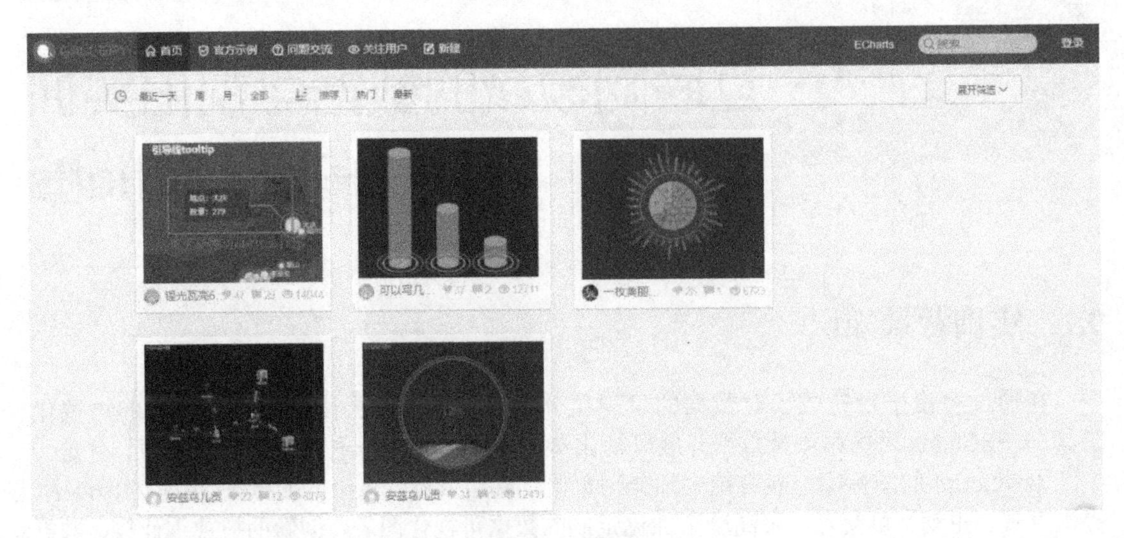

图 9-2　用户例图

此外，可以根据界面左侧的时间、周期或者热度排名对这些用户例图进行筛选，还可以单击页面右侧的“展开筛选”，根据“图表”“组件”“tag”进行精准的例图筛选（见图 9-3）。

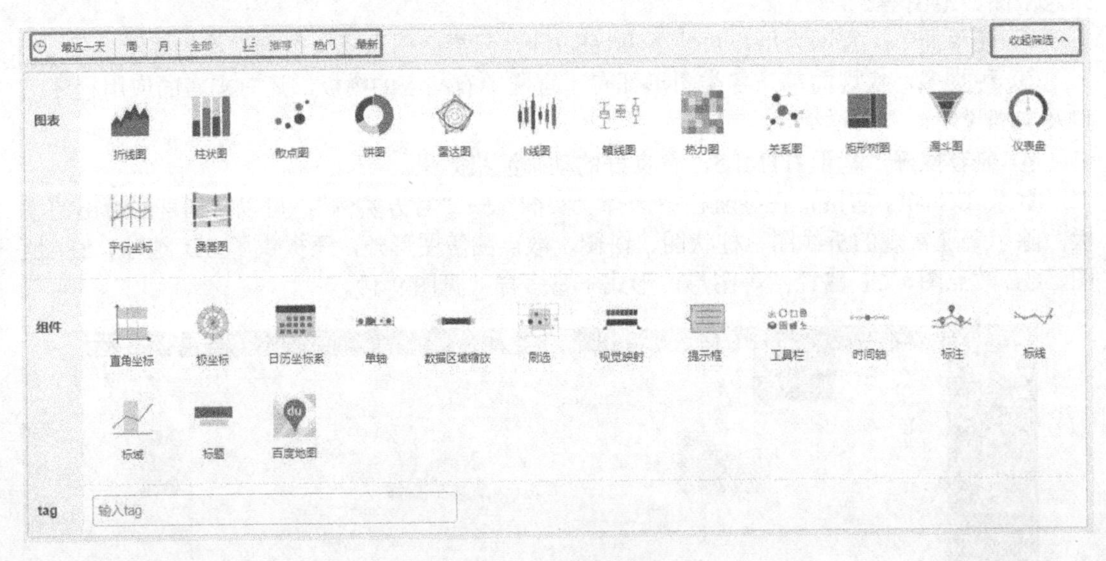

图 9-3　用户例图筛选

9.2　实训简介

本实训数据使用某博客网站的浏览数据，旨在通过 ECharts 绘图工具更为多元化地展现用户访问分布、浏览趋势、网站流量来源分布等情况。

1．确定问题

本实训要解决的问题是通过 ECharts 工具对网站进行基本分析，包括各板块访问量比重、各板块访问趋势、访问来源分布等方面。

2．分解问题

需要分析的核心问题主要包括：①各板块访问量分析；②各板块访问量时间趋势；③各板块用户访问分析；④人均浏览页面趋势分析；⑤各板块浏览时长、人均浏览页面数分析；⑥流量来源分析；⑦退出访客分析。

9.3　实训过程

打开“Leric’s blog 网站分析.xlsx”文件，可以看到网站的原始数据信息，将其导入至 ECharts 官网中的表格工具进行数据转换后，选择可视化图形，并在可视化图形的工作代码上进行修改，最终绘制出相应的网站浏览数据分析图，进而对可视化样张进行数据分析。

9.3.1　各板块访问量分析（基于矩形树图）

该部分将运用 ECharts 平台实例中的矩形树图对各板块的访问量进行分析。

1．数据导入与转换

打开 ECharts 官网（https://echarts.baidu.com/index.html），在导航栏中选择“工具”→“表格工具”，进入数据转换页面（见图 9-4）。

图 9-4　表格数据转换页面

第一步，将整理好的数据粘贴到页面左侧的表格中，并根据需要选择页面右侧的结果类型、结果格式和空值设置，得到相应的转换结果。

第二步，将结果类型设置为“数组+对象”。

第三步，对属性数量、名称和类型进行定义，得到如图 9-5 所示的转换结果。

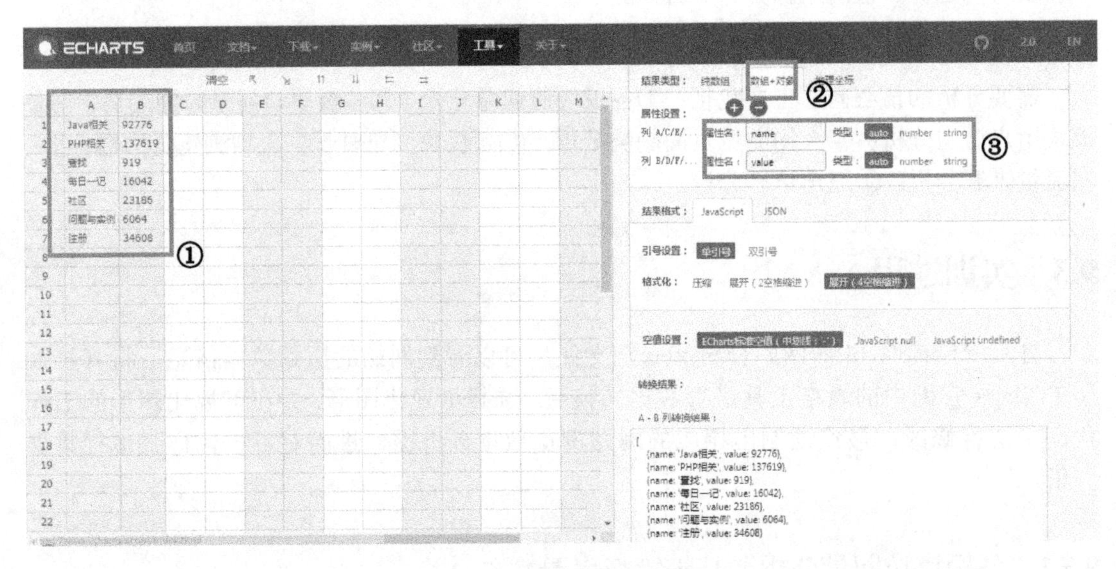

图 9-5　各板块访问量数据转换结果

2．可视化视图选取

本小节拟选取矩形树图对各板块的访问量进行分析。矩形图的选取，就是直接选择 ECharts 官方实例中提供的矩形图。具体操作步骤如下：

第一步，在导航栏中选择“实例”→“官方实例”→“矩形树图”，得到 6 个例图，如图 9-6 所示。

第二步，单击图 9-6 中页面右上角的“Theme”标签，根据个人偏好，选择想要的主题颜色。

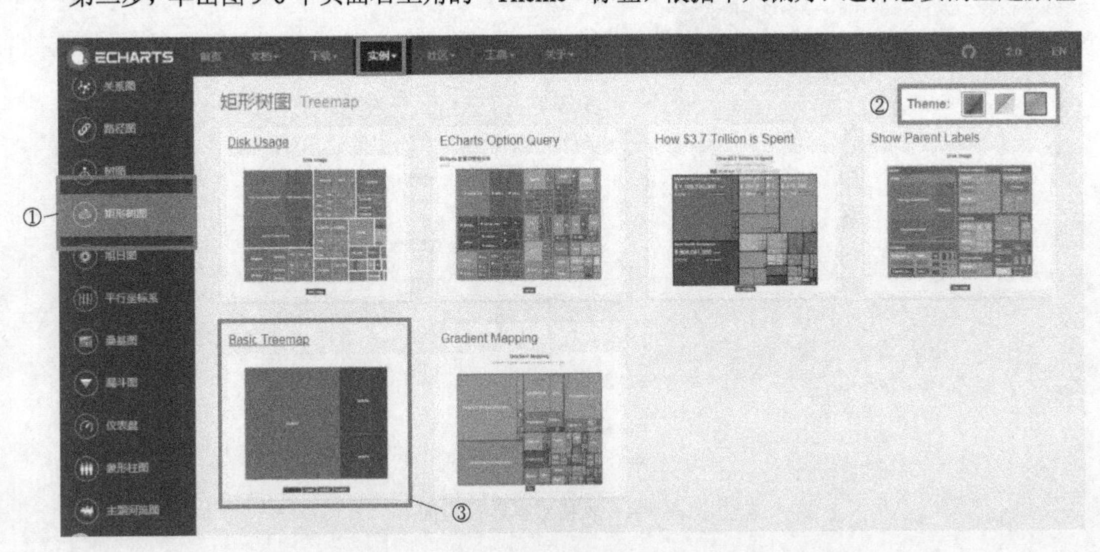

图 9-6　官方实例中给出的 6 种矩形树图

第三步，选择具体的矩形树图模板。由于实训中的网站只有 7 个板块，数据量较小，通过大致比较，本文最终选用“Basic Treemap”模板，单击该模板，就进入到了代码编写和图形显示界面，如图 9-7 所示。

图 9-7 “Basic Treemap”模板的代码编写和图形显示界面

3. 视图参数设置

矩形树图的参数设置，就是在已选择的矩形树图模板的基础上，进行代码编写，设置合适的参数，完成可视化。具体操作步骤如下（见图 9-8）。

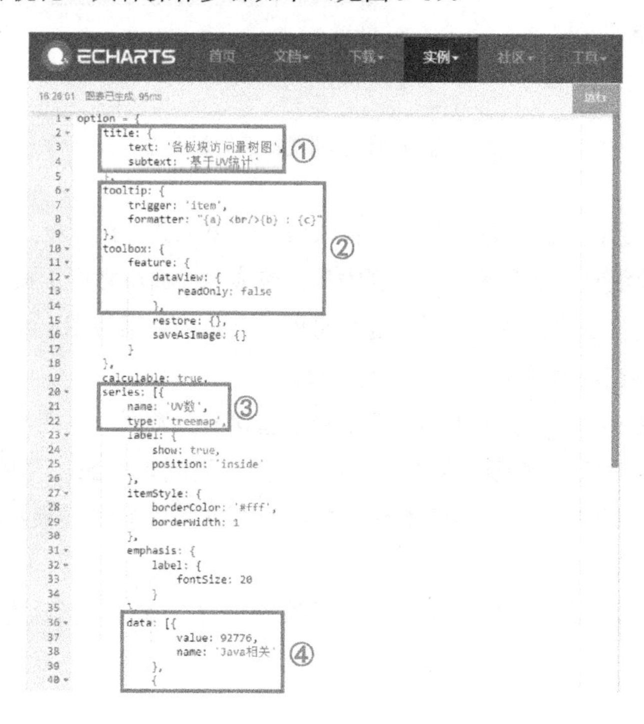

图 9-8 矩形树图参数设置

第一步，在“title”标签加入图片标题和副标题，即“text”中输入“各板块访问量树图”，“subtext”中输入“基于UV统计”。

第二步，接着进行图例“tooltip”的配置，并设置工具栏组件“toolbox”的属性“feature”，从而进行数据视图工具的设置。

第三步，在“series”中，将“type”定义为“treemap”，表示该图形类型是树图，在“lable”中设置文本标签。

第四步，在“data”部分填入所需数据。运行代码，经过编辑后显示的页面，如图 9-9 所示。

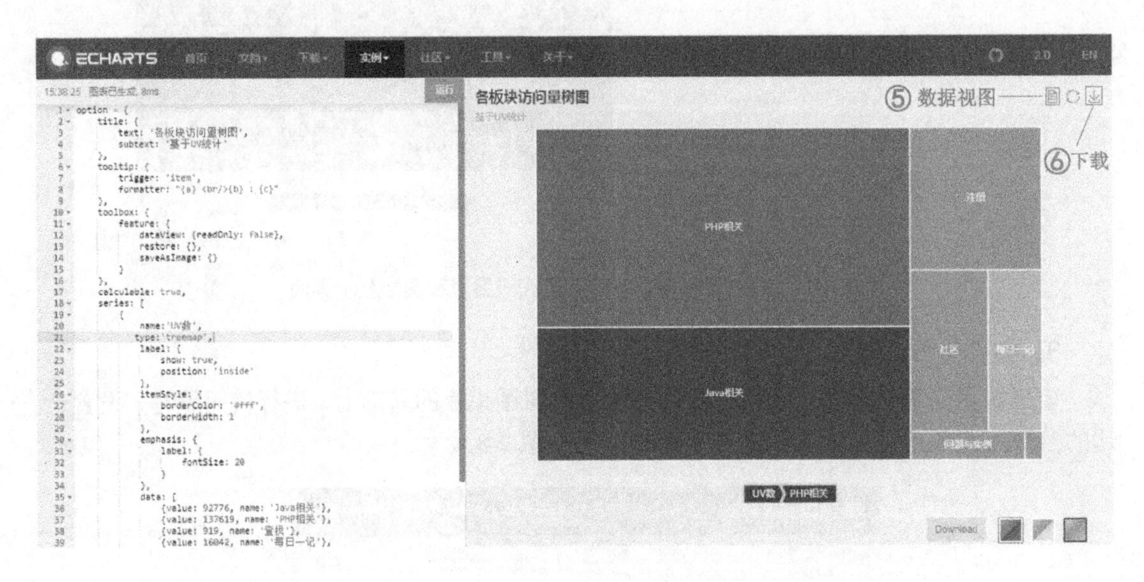

图 9-9　各板块访问量的树图编辑页面

由图 9-9 可知，当鼠标指针放置到某一板块时，会出现文本提示框，显示该板块的名称和 UV 数。单击该板块时，整个图片会出现缩放，被选中的板块将位于页面中央，并且图形下方的标签栏将出现被选中板块的名称。选择页面右上角的数据视图，可以看到各板块的访问量，并且可以直接在数据视图上进行数据修改。

第五步，单击图 9-9 中的数据视图按钮还可以直接看到数据（见图 9-10）。

第六步，单击“刷新”按钮后回到图 9-10 中的代码编辑页面，再单击“Download”按钮，就可以将该图片下载并保存到本地，最终得到的各板块访问量的树图，如图 9-11 所示。

分析图 9-11 可以发现，“PHP 相关”的板块最受用户欢迎，其次是“Java 相关”的板块。而“查找”板块和“问题与实例”板块的访问量都非常小，需要对这两个板块进行优化。

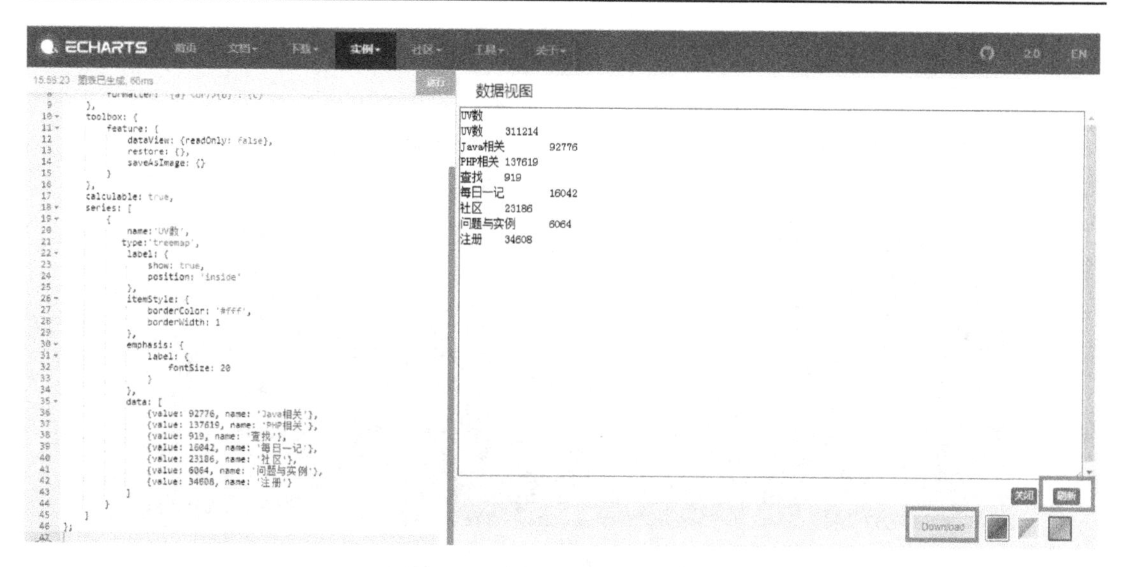

图 9-10　各板块访问量的数据视图

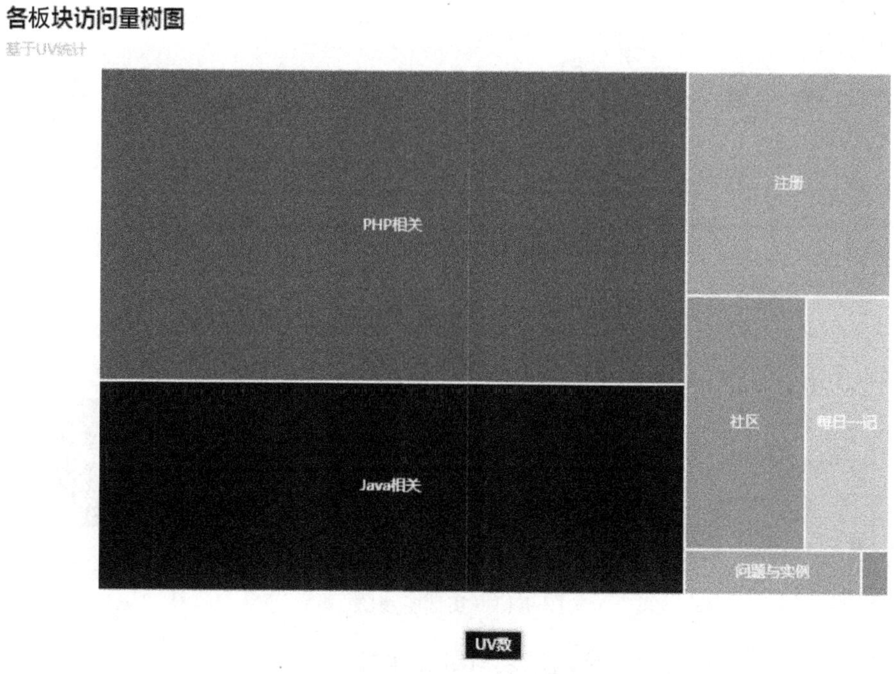

图 9-11　各板块访问量的树图

9.3.2　各板块访问量分析（基于极坐标图）

进一步，本实训通过极坐标图对各板块访问量进行分析。

1．数据导入与转换

由于本节实训数据与 9.3.1 节一致，故该步骤操作也保持一致。

2．可视化视图选取

第一步，在 ECharts 官网的导航栏中选择“社区”→“Gallery”，如图 9-12 所示。

图 9-12　进入“Gallery”页面

接下来的具体步骤如图 9-13 所示。

图 9-13　实训各步骤

第二步，单击“展开筛选”，弹出图表与组件详情。

第三步，单击组件，显示社区内用户所上传的组件详情。

第四步，在所呈现的组件中选择“极坐标”。

第五步，在用户上传的极坐标中，选择所需要的极坐标。这里选取用户“darkxyz”上传的极坐标组件，单击该模板，进入代码编写和图形显示界面，具体如图 9-14 所示。

接下来将对如图 9-14 所示模板左侧的代码进行参数设置以生成项目视图。

3．视图参数设置

极坐标参数设置的具体操作步骤如图 9-15 所示。

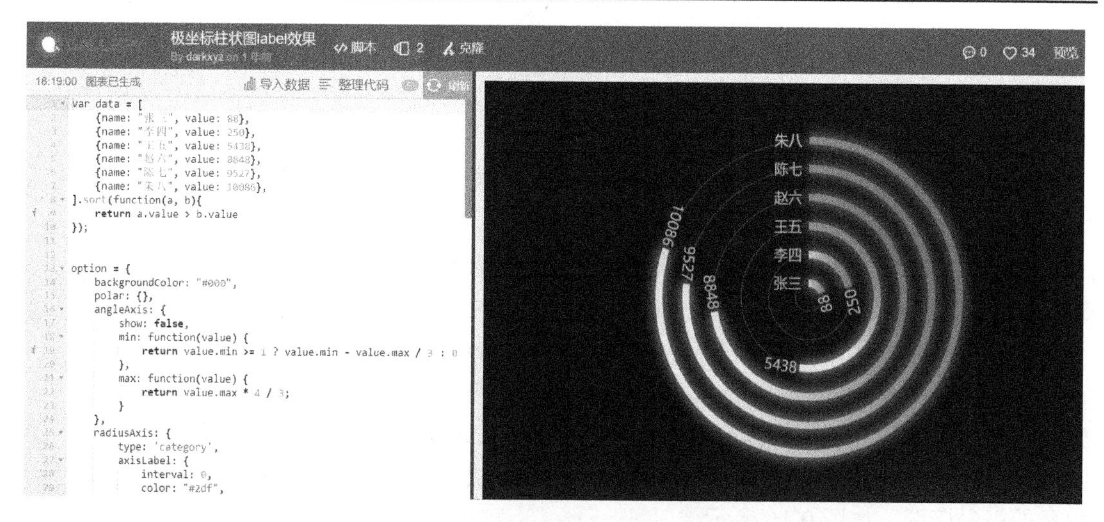

图 9-14　极坐标用户上传的模板

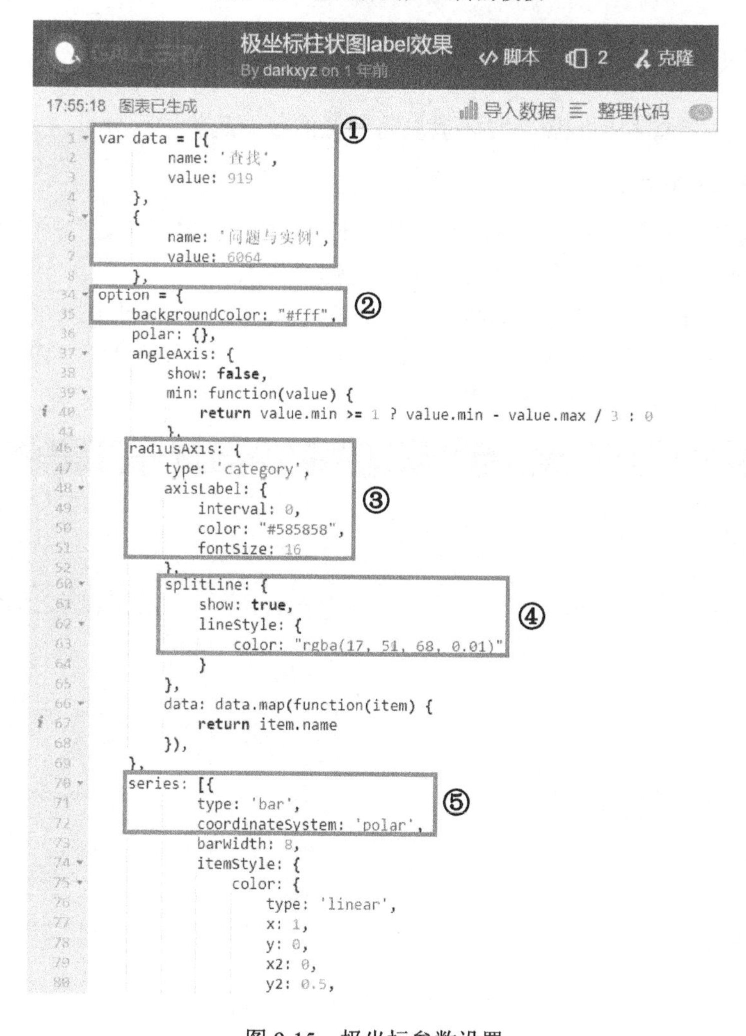

图 9-15　极坐标参数设置

第一步，在“data”部分填入转换好的数据。

第二步，将“backgroundColor”（背景颜色）设置为“#fff”（即白色）。

第三步，在“radiusAxis”中将文字“color”设置为“#585858”（即灰色）。

第四步，在“splitLine”中设置“color”为“rgba(17，51，68，0.01)”，使得圆环本身颜色偏浅，不易看出。

第五步，在“series”中，将“type”设置为“bar”，在“coordinateSystem”（极坐标系）中设置“polar”为坐标轴指示器。最后，根据需要进行颜色的修改，包括圆环渐变色及显示数字颜色的修改，最终得到各板块访问量的极坐标图，如图 9-16 所示。

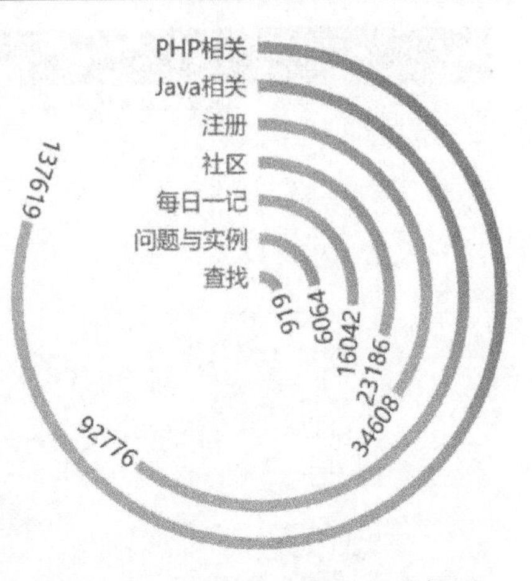

图 9-16　各板块访问量的极坐标图

9.3.3　各板块访问量时间趋势分析

本节将选取柱状图和折线图，对各板块访问量的时间趋势进行分析。

1. 数据导入与转换

重复图 9-4 中的操作，打开 ECharts 官网，在导航栏中选择“工具”→“表格工具”，对各板块访问量时间趋势数据进行导入与转换，具体步骤如下：

第一步，将 Excel 表中整理好的数据粘贴到 ECharts 的表格工具中。

第二步，将结果类型设置为“纯数组”，并在维度设置中选择“每一列转换为一个一维数组”，得到如图 9-17 所示的转换结果。

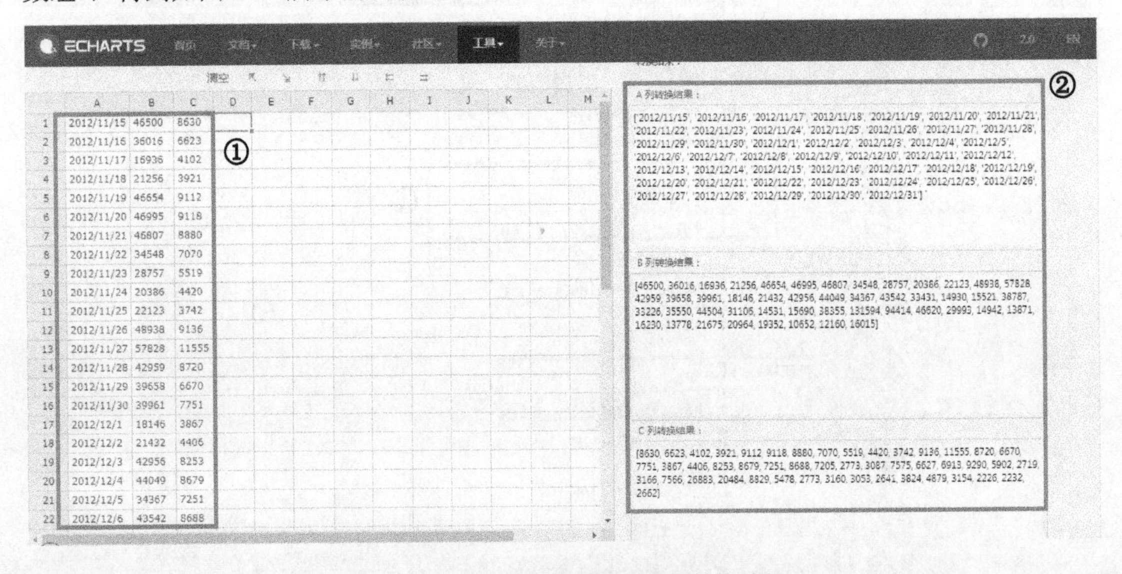

图 9-17　各板块访问量的时间数据转换结果

2．可视化视图选取

此处柱状图的选择，是直接选择 ECharts 官方实例中提供的柱状图，具体操作步骤如图 9-18 所示。

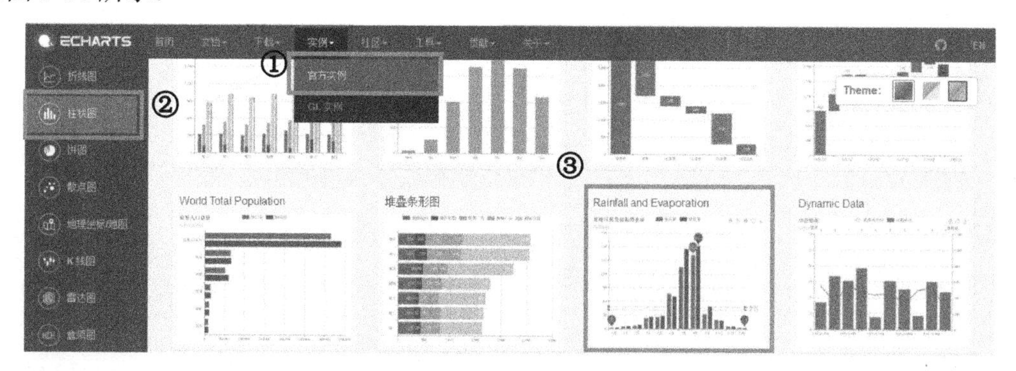

图 9-18　柱状图官方实例选取

第一步，在导航栏中选择“实例”→“官方实例”，得到不同类型的图例。

第二步，选择“柱状图”，显示官方实例中已有的柱状图形。

第三步，在这些官方实例中，选取柱状图中的“Rainfall and Evaporation”模板，选择后的界面如图 9-19 所示。

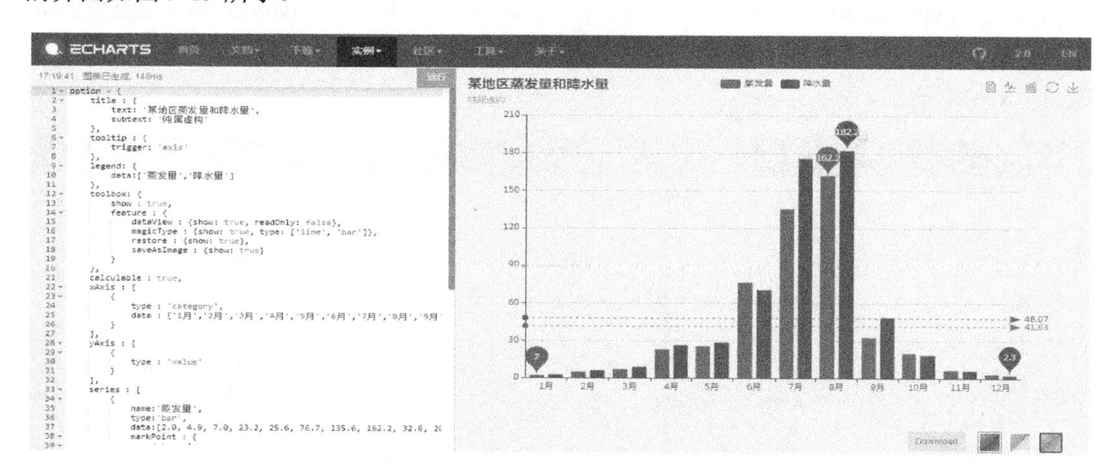

图 9-19　柱状图的“Rainfall and Evaporation”模板

3．视图参数设置

对柱状图“Rainfall and Evaporation”模板的参数进行设置的具体操作步骤如图 9-20 所示。

第一步，通过“title”标签修改图形的标题及副标题。

第二步，在“legend”部分修改图例。

第三步，在“xAxis”的“data”部分将横坐标改为日期；在“yAxis”的“data”部分将纵坐标取值范围改为根据数值进行自定义。

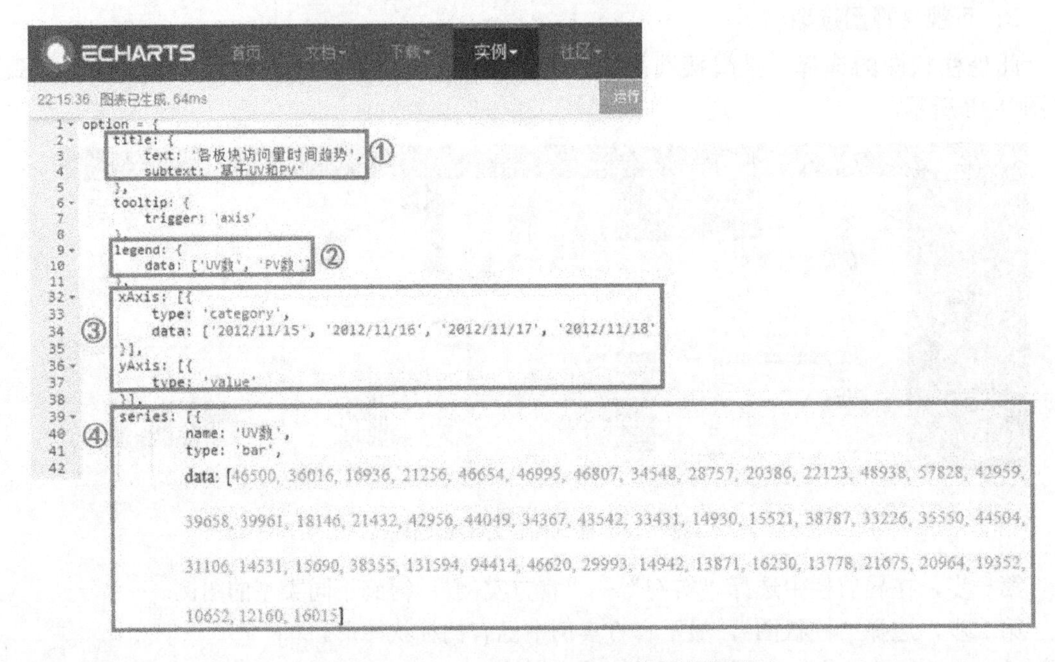

图 9-20　Rainfall and Evaporation 模板参数设置

第四步，在“series”中将第一个“name”设置为“UV 数”，将 data 设置为经表格工具转换成的数组，将第二个 name 改为“PV 数”，修改 data，单击“运行”后即得到时间趋势图，如图 9-21 所示。

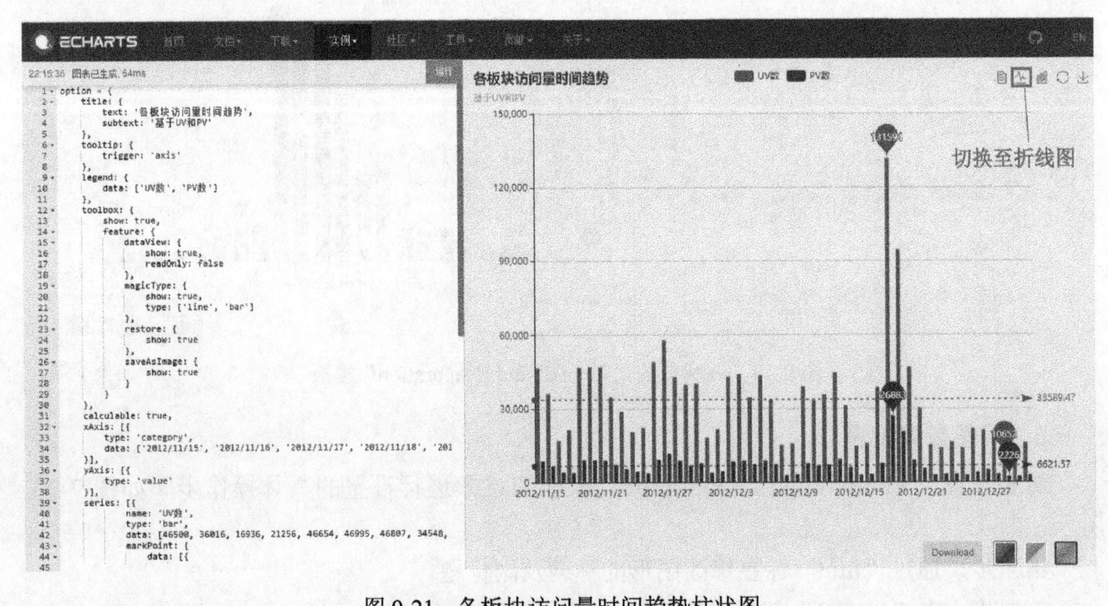

图 9-21　各板块访问量时间趋势柱状图

在图 9-21 所示的界面中，单击页面右上角方框标注的图标，切换为折线图，得到各板块访问量时间趋势折线图，如图 9-22 所示。

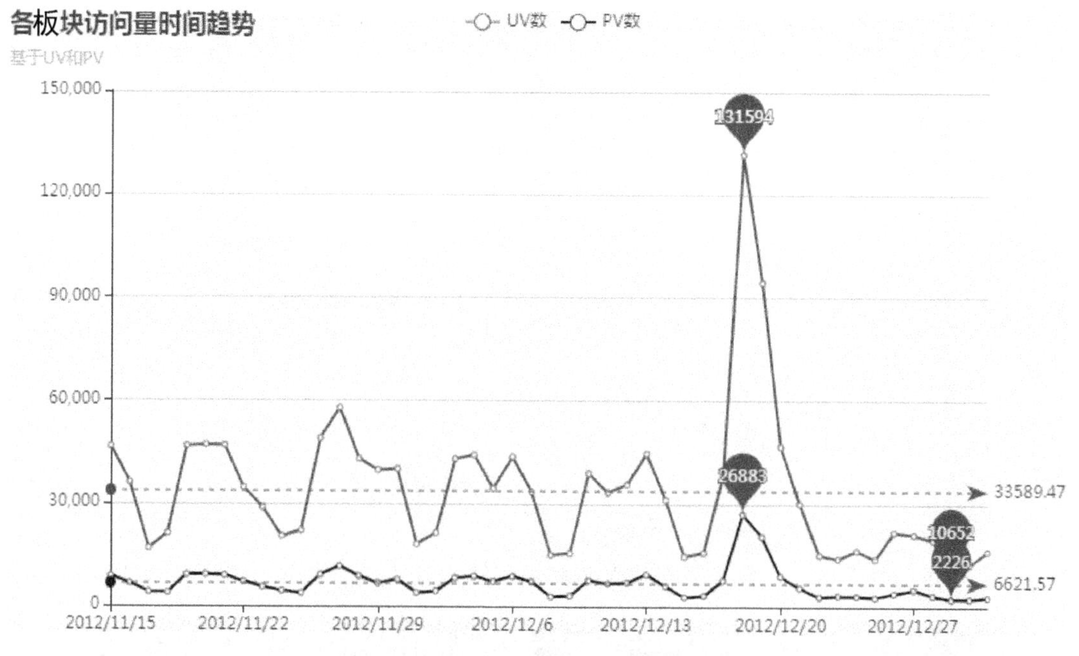

图 9-22　各板块访问量时间趋势折线图

由图 9-22 可知，2012 年 12 月 18 日有一个流量高峰，2012 年 12 月 29 日则是流量低谷。图中可以看到标注出来的观测期内 PV 和 UV 的最值，以及 PV 和 UV 的平均值。

9.3.4　各板块用户访问分析

各板块用户访问分析，就是分析各板块用户访问的停留时间、人均浏览页面数。其中，人均浏览页面数的计算方法是用对应的 PV 除以 UV。本节将选取水球图对各板块的用户访问进行分析。

1. 数据导入与转换

重复图 9-4 中的操作，打开 ECharts 官网，在导航栏中选择“工具”→“表格工具”，对各板块访问量时间趋势数据进行导入与清洗，具体步骤如下：

第一步，将 Excel 表中整理好的数据粘贴到 ECharts 的表格工具中。

第二步，将结果类型设置为“数组+对象”，并对属性数量、名称和类型进行定义，得到如图 9-23 所示的转换结果。

2. 可视化视图选取

本小节拟选取水球图对各板块访问量时间趋势进行分析。在 ECharts 社区的博客中，找到 ECharts 水球图教程，单击教程中所给出的完整配置项代码网站（http://gallery.echartsjs.com/editor.html?c=xry0tUfcBe），得到如图 9-24 所示的模板。

3. 视图参数设置

对水球图模板的参数进行设置的具体操作步骤如下（见图 9-25）。

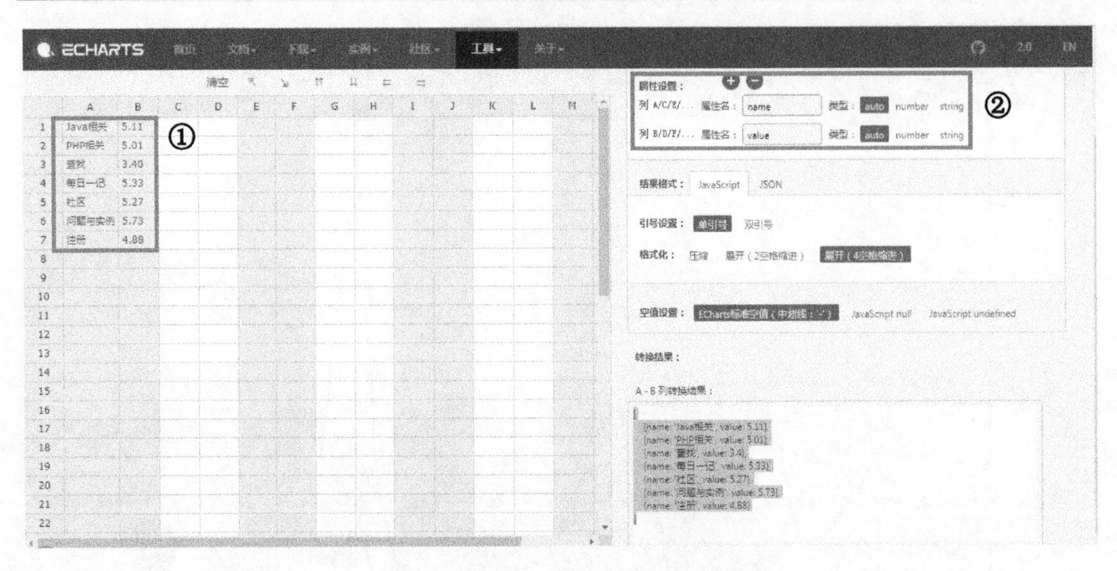

图 9-23　各板块用户访问分析数据转换结果

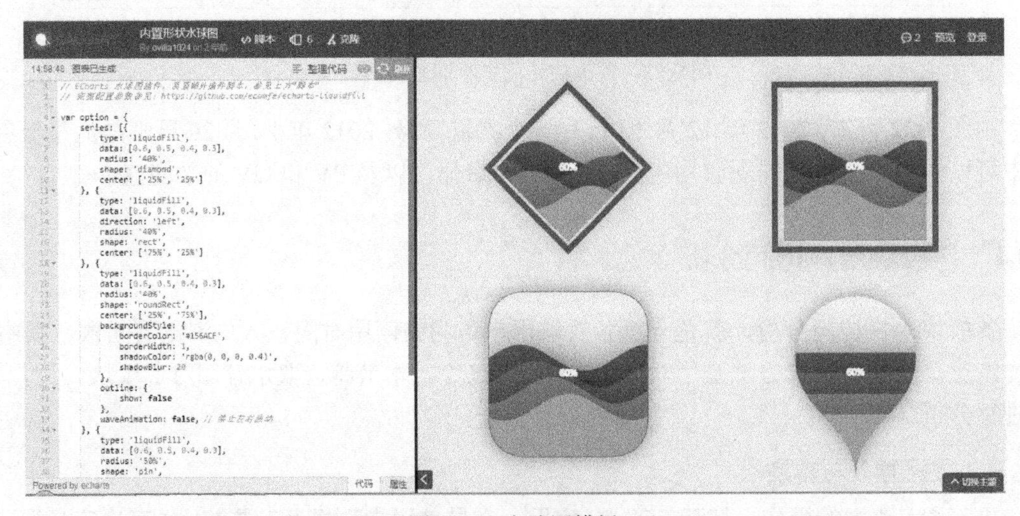

图 9-24　水球图模板

```
内置形状水球图  脚本  6  克隆
By o***4 on 3 年前
14:29:59 图表已生成                                   整理代码  刷新
var option = {
    series: [{
        type: 'liquidFill',
        name: 'JAVA相关',
        data: [{
            name: '人均浏览页面数',   ②
            value: 5.11
        }, 0.5, 0.4, 0.3],
        radius: '45%',
        label: {
            normal: {
                formatter: '{a}\n\n{b}\n\n{c}次',   ③
                textStyle: {
                    fontSize: 18
                }
            }
        },
        shape:''   ①
        center: ['25%', '25%']
    }, {
```

图 9-25　水球图模板参数设置

第一步，为保持四个水球样式统一，将 shape 都设置为空值，默认水球外部都为圆形。

第二步，修改每一个水球的 name 和 data 部分。

第三步，通过 radius 修改水球半径大小。加入 label 标签设置文本，单击“运行”后即得到各板块人均浏览页面数的水球图，如图 9-26 所示。

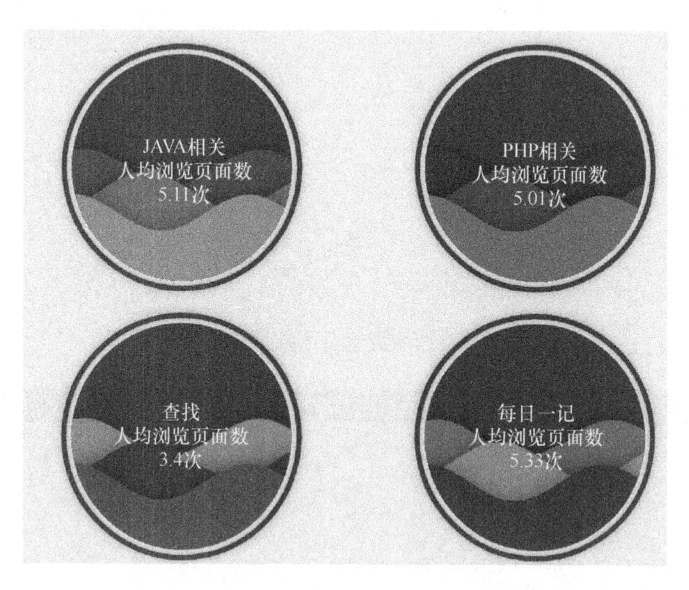

图 9-26　各板块人均浏览页面数的水球图

9.3.5　人均浏览页面趋势分析

本节选取折线图对人均浏览页面趋势进行分析。

1．数据导入与转换

重复图 9-4 中的操作，打开 ECharts 官网，在导航栏中选择“工具”→“表格工具”，对人均浏览页面数据进行导入与转换，具体步骤如下：

第一步，将在 Excel 表中整理好的数据粘贴到 ECharts 的表格工具中。

第二步，将结果类型设置为“纯数组”，并在维度设置中选择“每一列转换为一个一维数组”，得到如图 9-27 所示的转换结果。

2．可视化视图选取

本小节选取折线图对人均浏览页面趋势进行分析。首先，图形的选取将参照图 9-12，在 ECharts 官方网站导航栏中选择“社区”→“Gallery”，具体操作步骤如图 9-28 所示。

第一步，单击“展开筛选”，弹出图表与组件详情。

第二步，单击图表，显示社区内用户上传组件的详情。

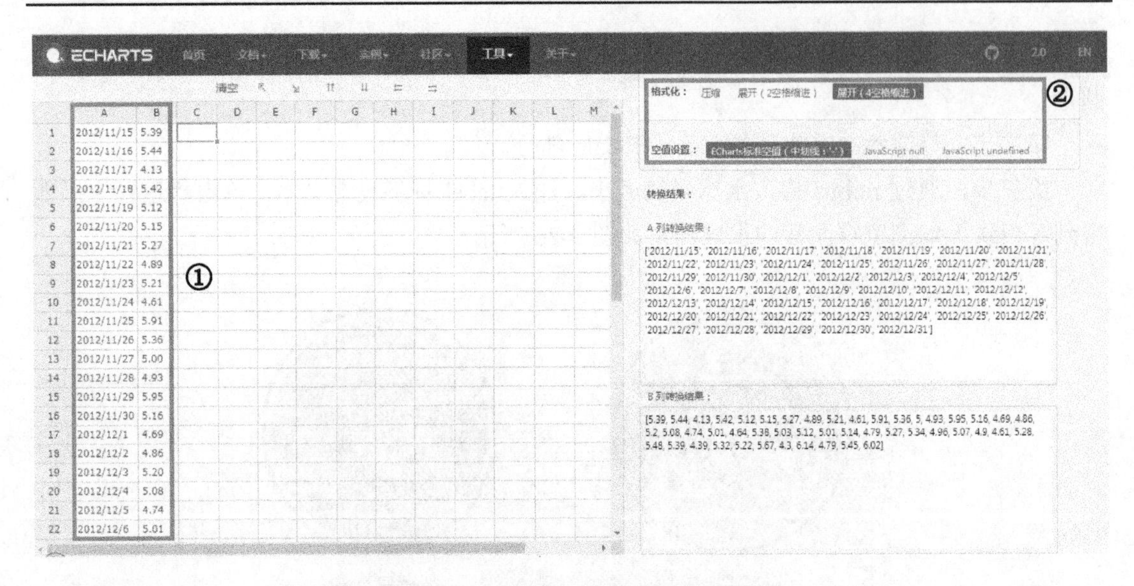

图 9-27　人均浏览页面数据转换结果

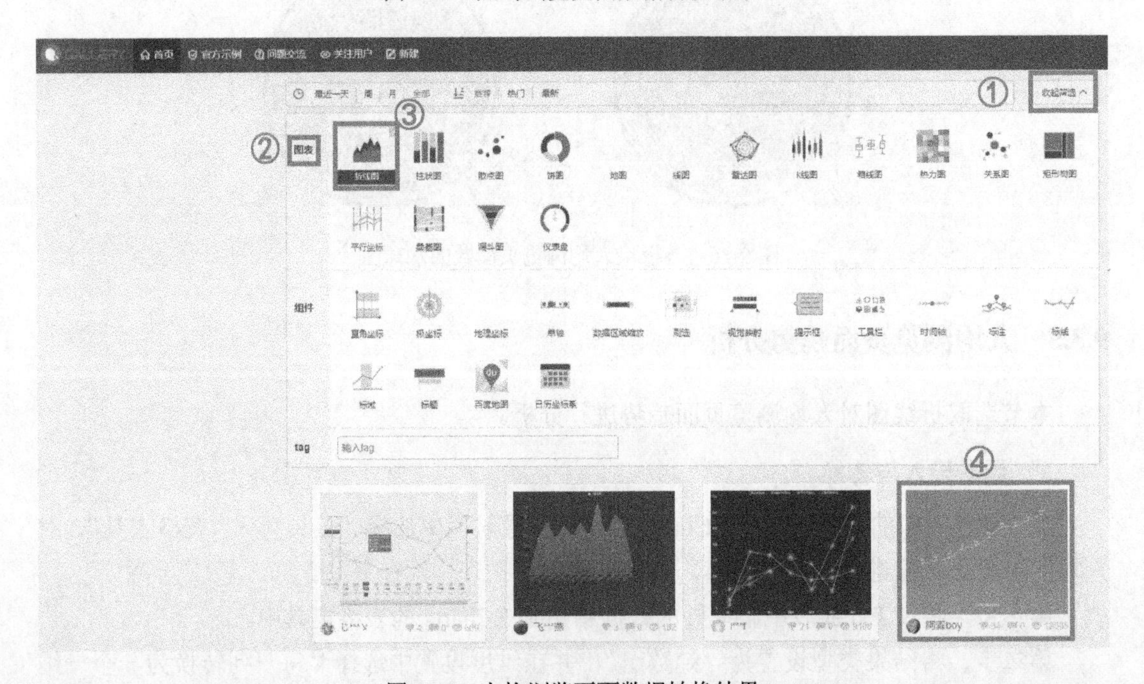

图 9-28　人均浏览页面数据转换结果

第三步，在所呈现的图表中选择“折线图”。

第四步，在用户上传的折线图中，选择所需要的折线图。这里选取用户“阿霖 boy”上传的折线图模板。单击该模板，进入代码编写和图形显示界面，如图 9-29 所示。

3．视图参数设置

折线图参数设置的具体操作步骤如图 9-30 所示。

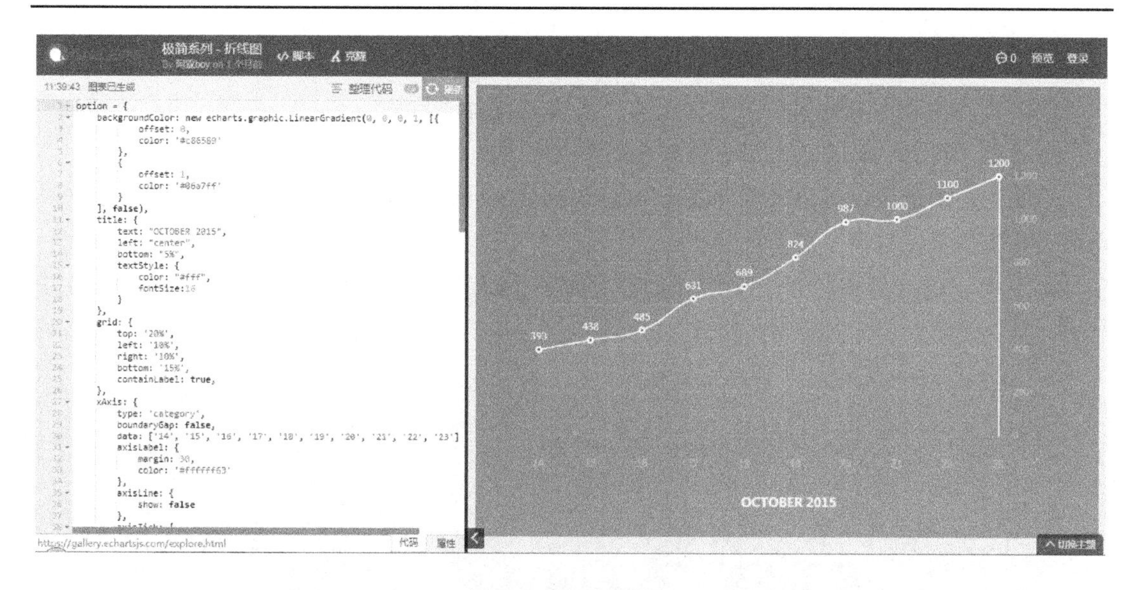

图 9-29　折线图模板

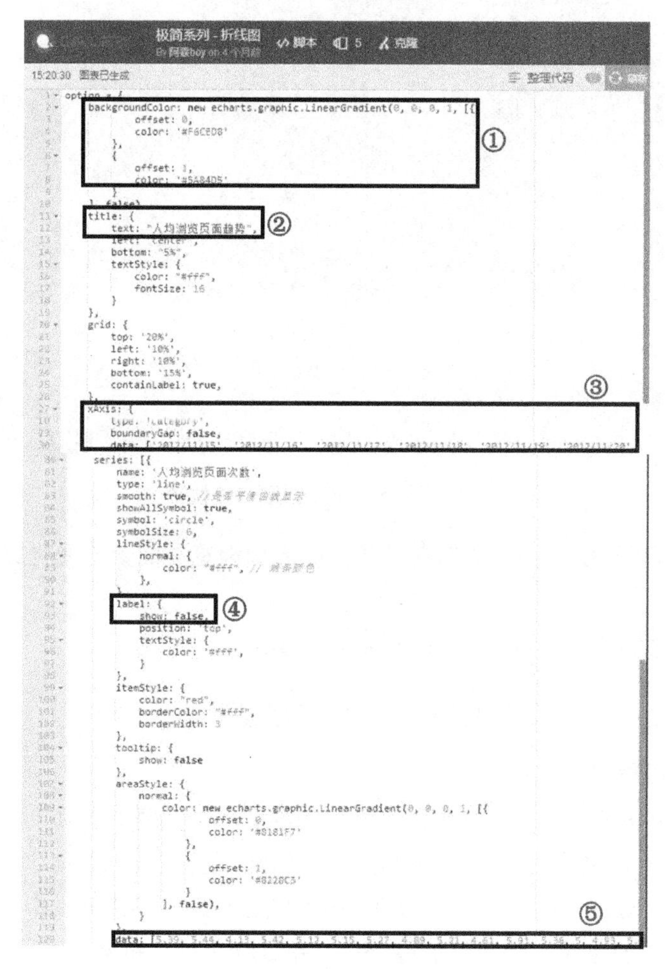

图 9-30　折线图参数设置

第一步，通过 backgroundColor 修改图形的背景颜色。

第二步，在 title 部分修改图形标题为“人均浏览页面趋势”。

第三步，在 xAxis 的 data 部分将横坐标改为日期。

第四步，由于数据过多，因此在 series 的 label 中将 show 设置为“false”，这样在数据点就不会显示具体数值了。

第五步，填入具体数据，单击“运行”后得到人均浏览页面趋势折线图，如图 9-31 所示。

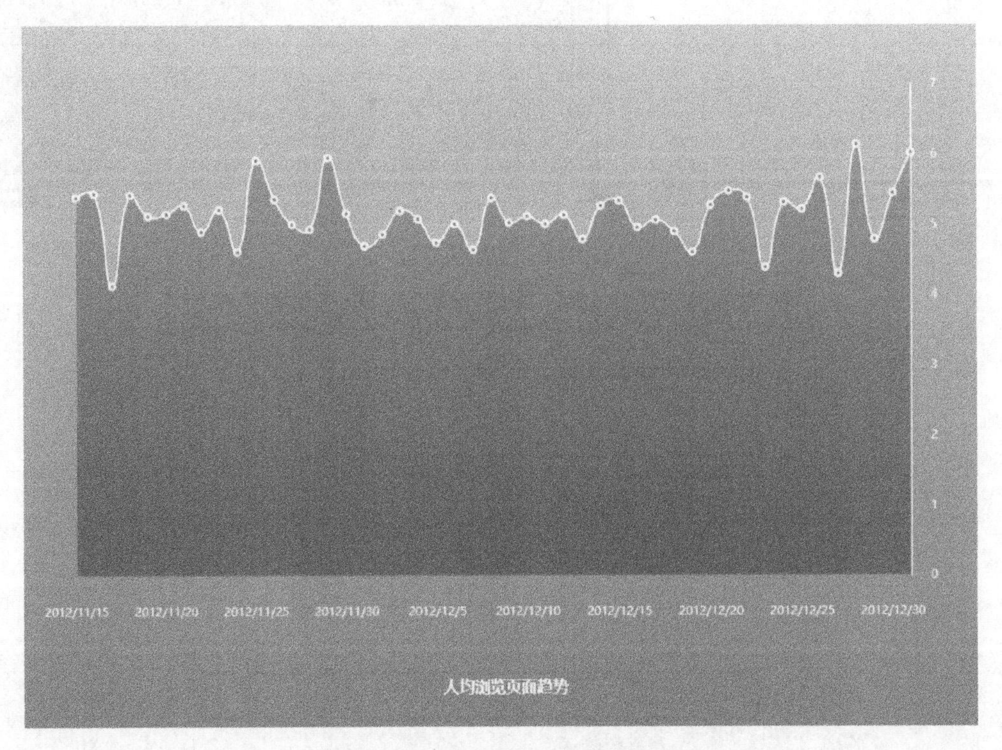

图 9-31　人均浏览页面趋势折线图

分析图 9-31 可以看出，在观测期内，各页面人均浏览页面数的变化比较平稳。

9.3.6　各板块浏览时长、人均浏览页面数分析

本节将选取散点图对各板块浏览时长、人均浏览页面数进行分析。

1. 数据导入与转换

重复图 9-4 中的操作，打开 ECharts 官网，在导航栏中选择“工具”→“表格工具”，对各板块浏览时长、人均浏览页面数据进行导入与转换，具体步骤如下：

第一步，将在 Excel 表中整理好的数据粘贴到 ECharts 的表格工具中。

第二步，将结果类型设置为“数组+对象”，并对属性数量和类型进行定义，将属性名分别定义为 name、llsc、yms，得到如图 9-32 所示的转换结果。

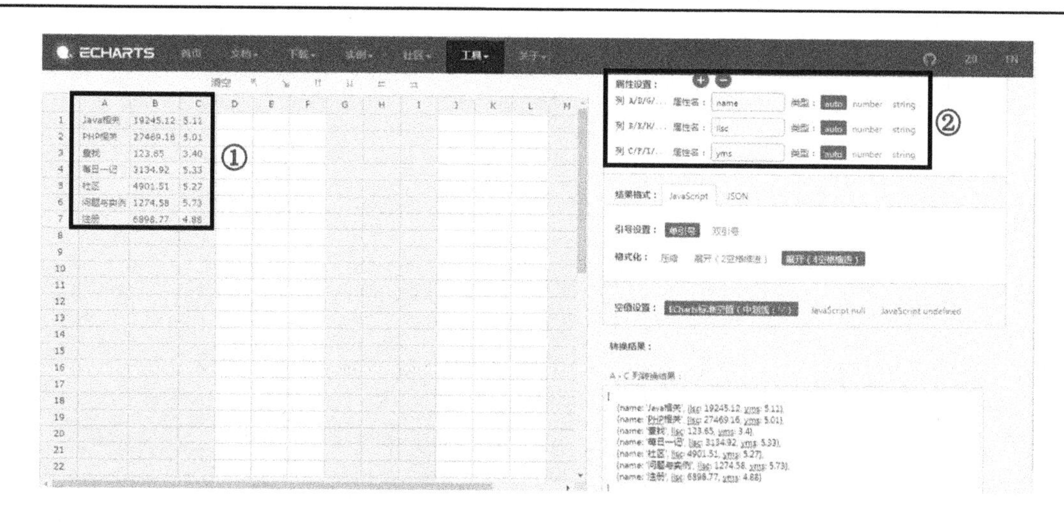

图 9-32　各板块浏览时长、人均浏览页面数据转换结果

2．可视化视图选取

本小节选取散点图对各板块浏览时长、人均浏览页面数进行分析。首先，图形的选取将参照图 9-12，在 ECharts 官方网站导航栏中选择“社区”→“Gallery”，具体操作步骤如图 9-33 所示。

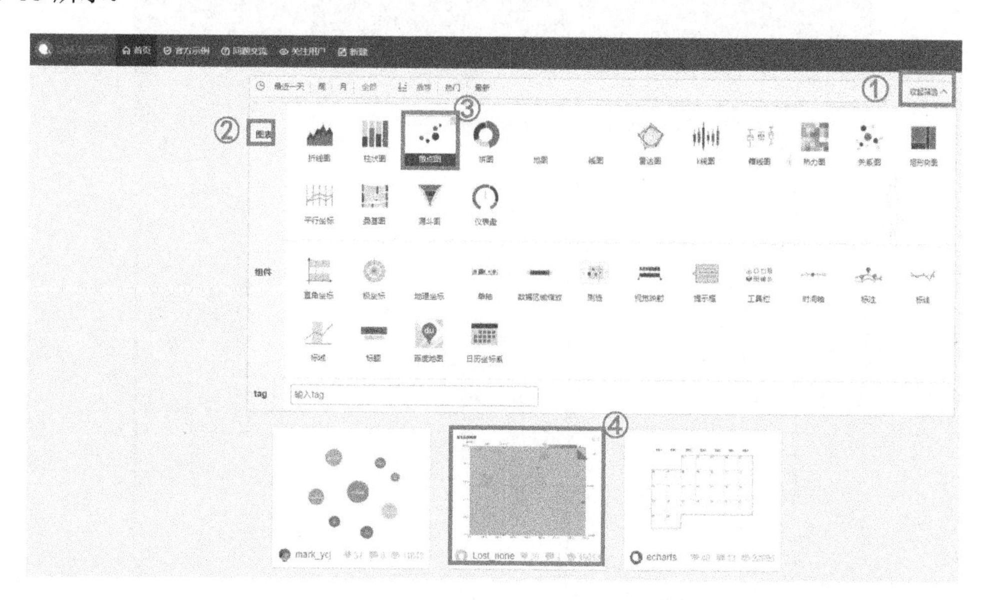

图 9-33　散点图选取

第一步，单击“展开筛选”，弹出图表与组件详情。

第二步，单击图表，显示社区内用户上传组件的详情。

第三步，在所呈现的图表中选择“散点图”。

第四步，在用户们上传的散点图中，选择所需要的图形。这里选取用户“Lost_none”上传的散点图模板。单击该模板，进入代码编写和图形显示界面，如图 9-34 所示。

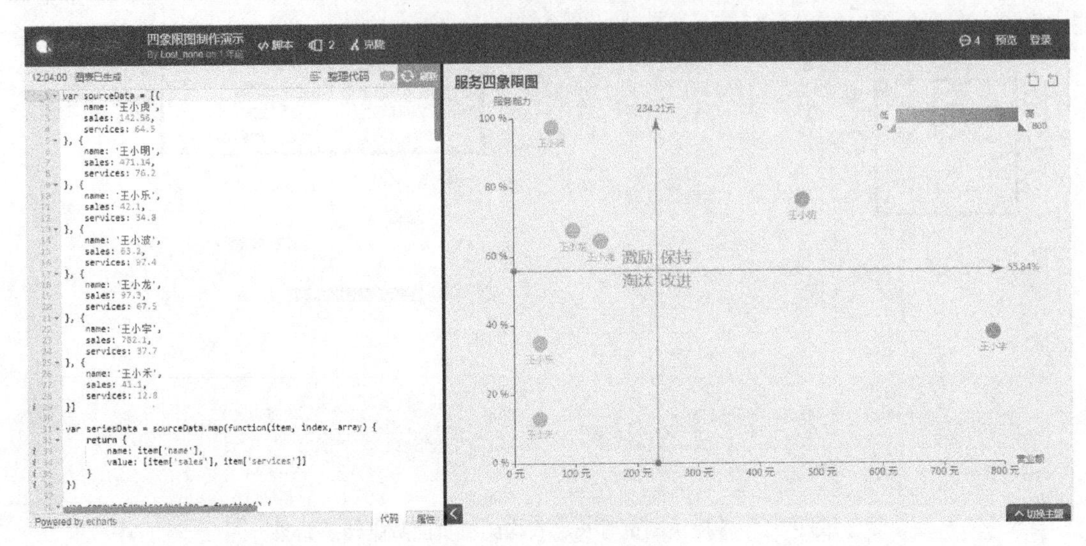

图 9-34　散点图模板

3．视图参数设置

对散点图“服务四象限”模板的参数设置的具体操作步骤，如图 9-35 所示。

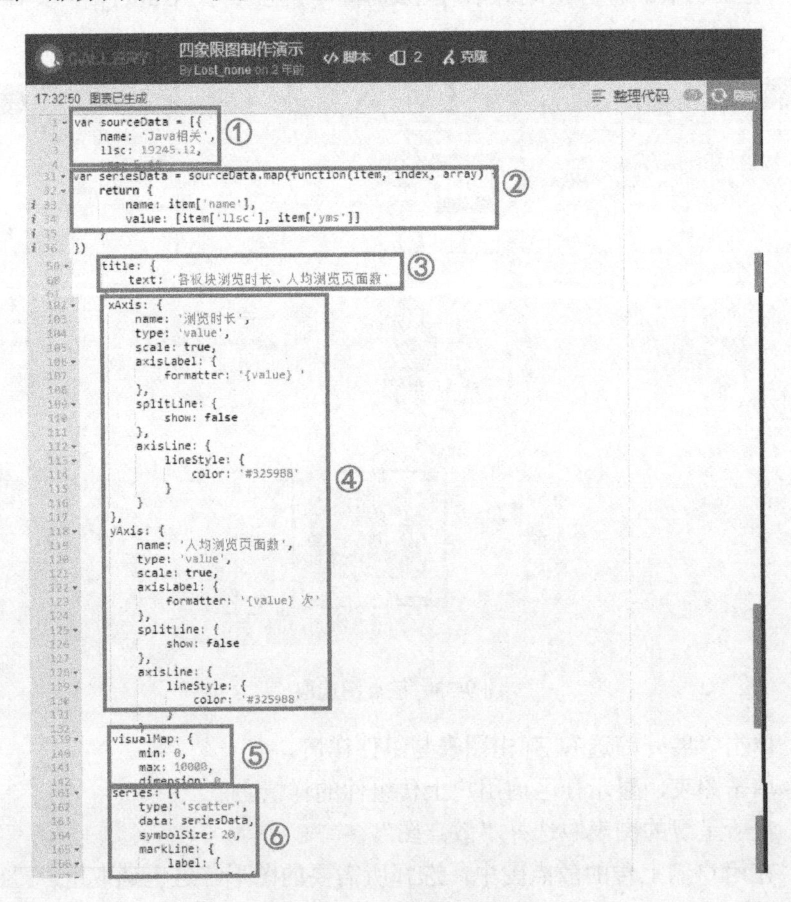

图 9-35　散点图参数设置

第一步，在 var sourceData 部分，填入所需数据。

第二步，在之后的 function 部分修改属性名，与 var sourceData 保持一致。

第三步，在 title 部分将图形标题修改为“各板块浏览时长、人均浏览页面数”。

第四步，在 xAxis 和 yAxis 部分分别修改横纵坐标的名称，并根据数据情况自定义坐标取值范围。

第五步，在 visualMap 部分，进行视觉映射组件的设置，本实训根据浏览时长的数据将其范围定义为 1～10000，将模板中的 text 分别修改为“长”和“短”，即当板块的浏览时长越接近 10000 时，数据点的颜色就越接近紫色，从而表示该板块浏览时间越长。

第六步，在 series 中将 lineStyle 和 data 删除，并删除 markArea 部分，改变模板原有的四象限设置，最后单击“运行”得到各板块浏览时长、人均浏览页面数散点图，如图 9-36 所示。

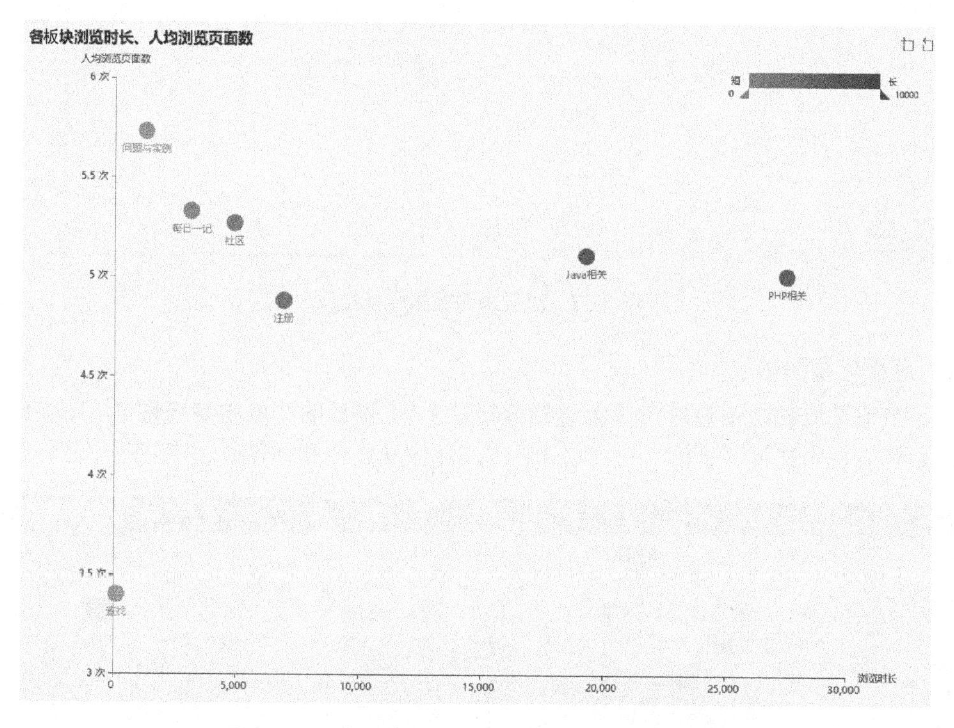

图 9-36　各板块浏览时长、人均浏览页面数散点图

分析图 9-36 发现，从“人均浏览页面数”角度而言，除了“查找”板块明显较少外，其他板块相差无几；从“浏览时长”角度而言，“PHP 相关”板块明显领先，“Java 相关”板块紧随其后，剩余版块相差无几。

9.3.7　流量来源分析

本小节将选取柱状图对各板块浏览时长、人均浏览页面数进行分析。

1．数据导入与转换

重复图 9-4 中的操作，打开 ECharts 官网，在导航栏中选择“工具”→“表格工具”，对流量来源数据进行导入与转换，具体步骤如下：

第一步，将在 Excel 中整理好的数据粘贴到 ECharts 的表格工具中，第三列表示各媒介来源所占总数的百分比（省略了百分号）。

第二步，将结果类型设置为“纯数组”，并在维度设置中选择“每一列转换为一个一维数组”，得到如图 9-37 所示的转换结果。

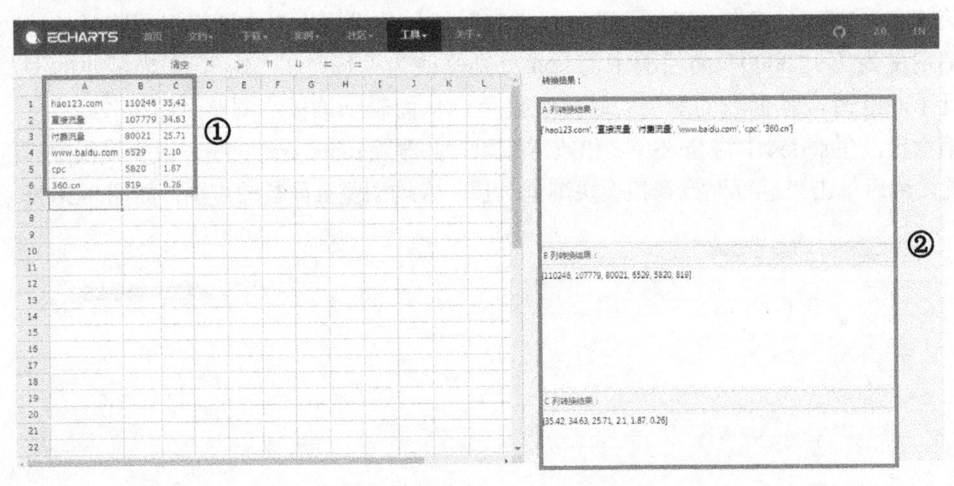

图 9-37　流量来源数据转换结果

2．可视化视图选取

本小节拟选取柱状图对流量来源进行分析。首先，图形的选取将参照图 9-12，在 ECharts 官方网站导航栏中选择“社区”→“Gallery”，具体操作步骤如图 9-38 所示。

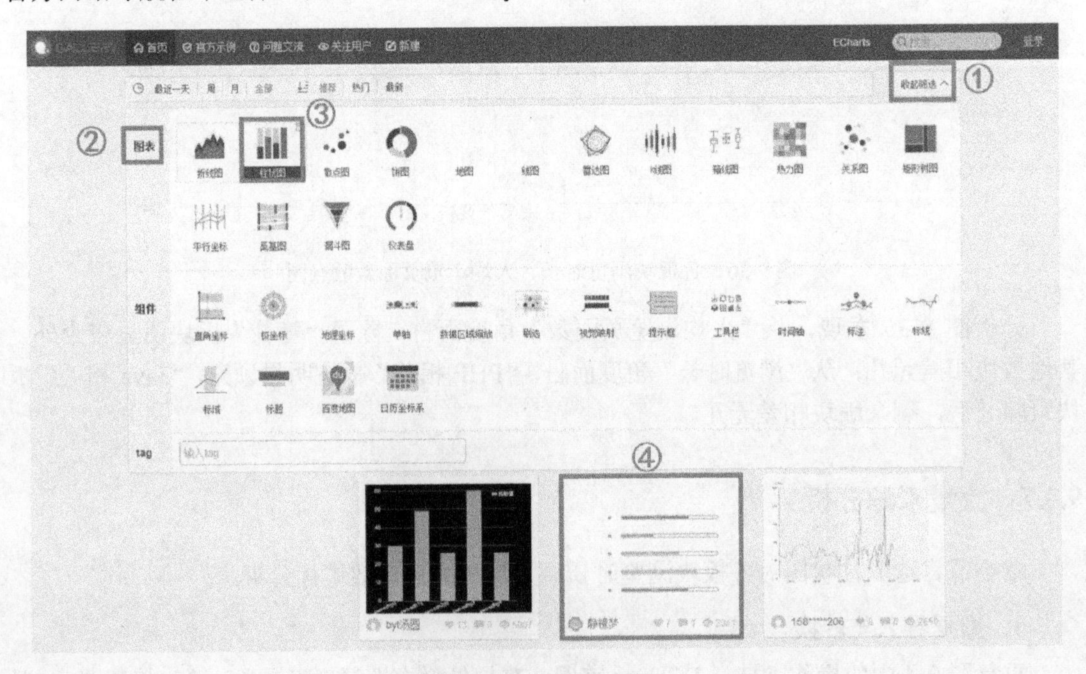

图 9-38　散点图选取

第一步，单击“展开筛选”，弹出图表与组件详情。

第二步，单击图表，显示社区内用户所上传组件的详情。

第三步，在所呈现的图表中选择“柱状图”。

第四步，在用户上传的柱状图中，选择所需要的图形。此处选取用户“静檀梦”上传的柱状图模板。单击该模板，进入代码编写和图形显示界面，如图 9-39 所示。

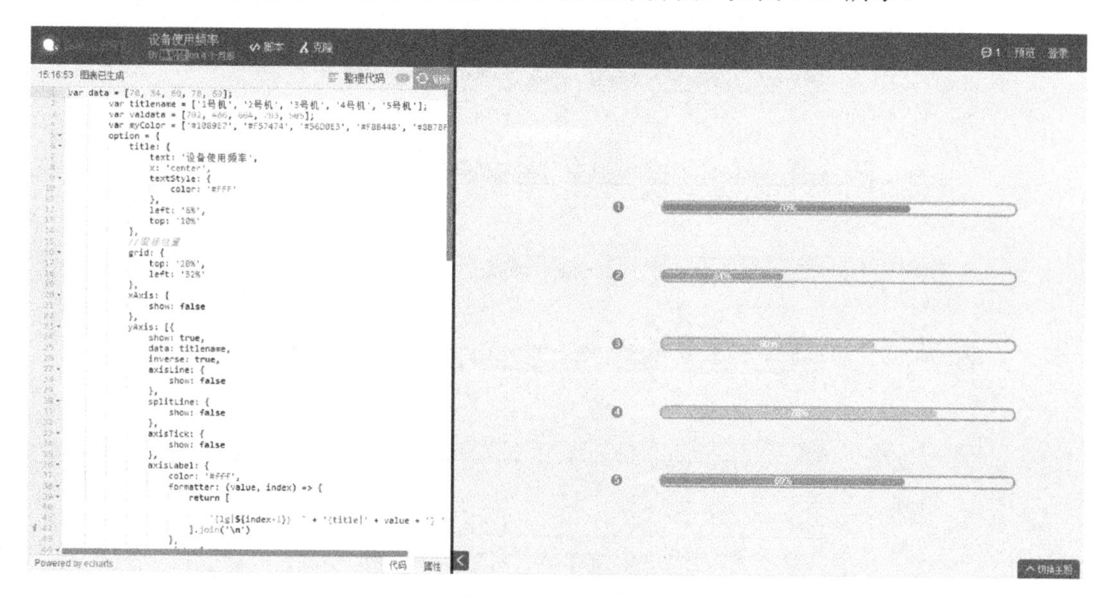

图 9-39　柱状图模板

3. 视图参数设置

对柱状图“设备使用频率”模板的参数设置的具体操作步骤，如图 9-40 所示。

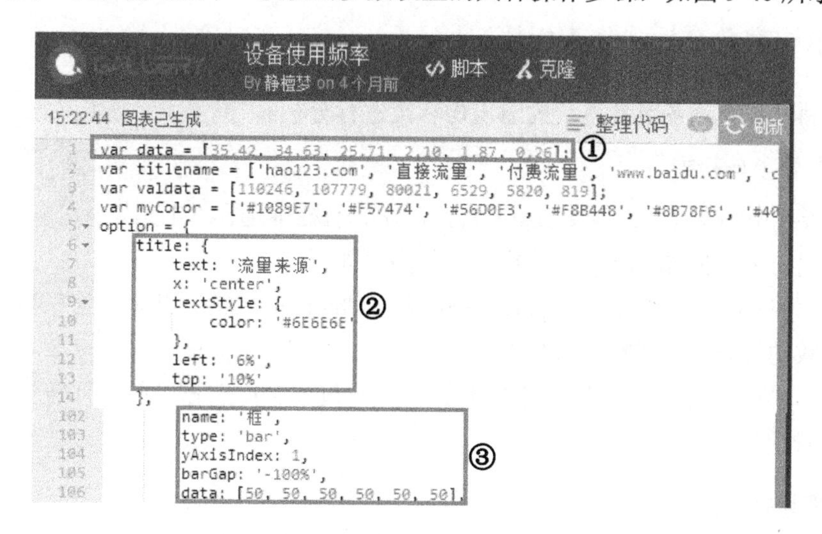

图 9-40　柱状图参数设置

第一步，在 var data 部分，填入所需数据。

第二步，在 title 部分修改图形标题为“流量来源”，之后修改文本颜色和背景颜色。

第三步，由于各媒介所占的百分比都未超过 50%，最少的仅为 0.26%，所以将框的 data 修改为“50”，单击“运行”后得到流量来源分析柱状图，如图 9-41 所示。

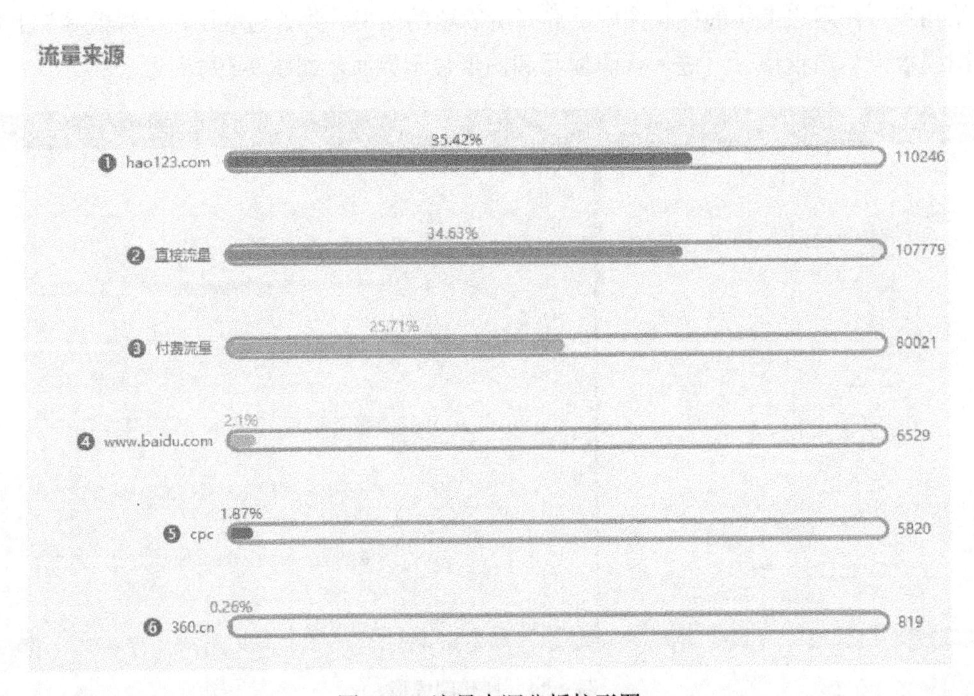

图 9-41　流量来源分析柱形图

由图 9-41 可知，网站的流量来源主要来自“hao123.com”“直接流量”和“付费流量”。

9.3.8　退出访客数分析（基于板块）

本小节将选取雷达图对各板块的退出访客数进行分析。

1．数据导入与转换

重复图 9-4 中的操作，打开 ECharts 官网，在导航栏中选择“工具”→“表格工具”，对各板块的退出访客数据进行导入与转换，具体步骤如下：

第一步，将在 Excel 中整理好的数据粘贴到 ECharts 的表格工具中，第三列表示各媒介来源所占总数的百分比（省略了百分号）。

第二步，将结果类型设置为“纯数组”，并在维度设置中选择“每一列转换为一个一维数组”，得到如图 9-42 所示的转换结果。

2．可视化视图选取

本小节选取雷达图对流量来源进行分析。在 ECharts 官方网站导航栏中选择“社区”→“Gallery”，具体操作步骤如图 9-43 所示。

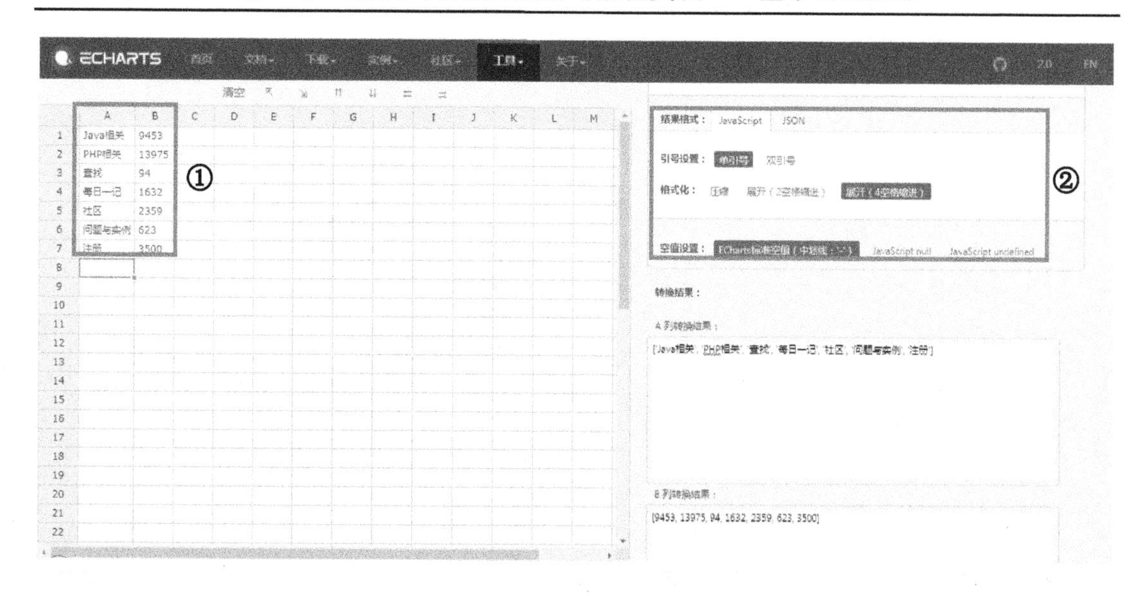

图 9-42　基于板块的退出访客数据转换结果

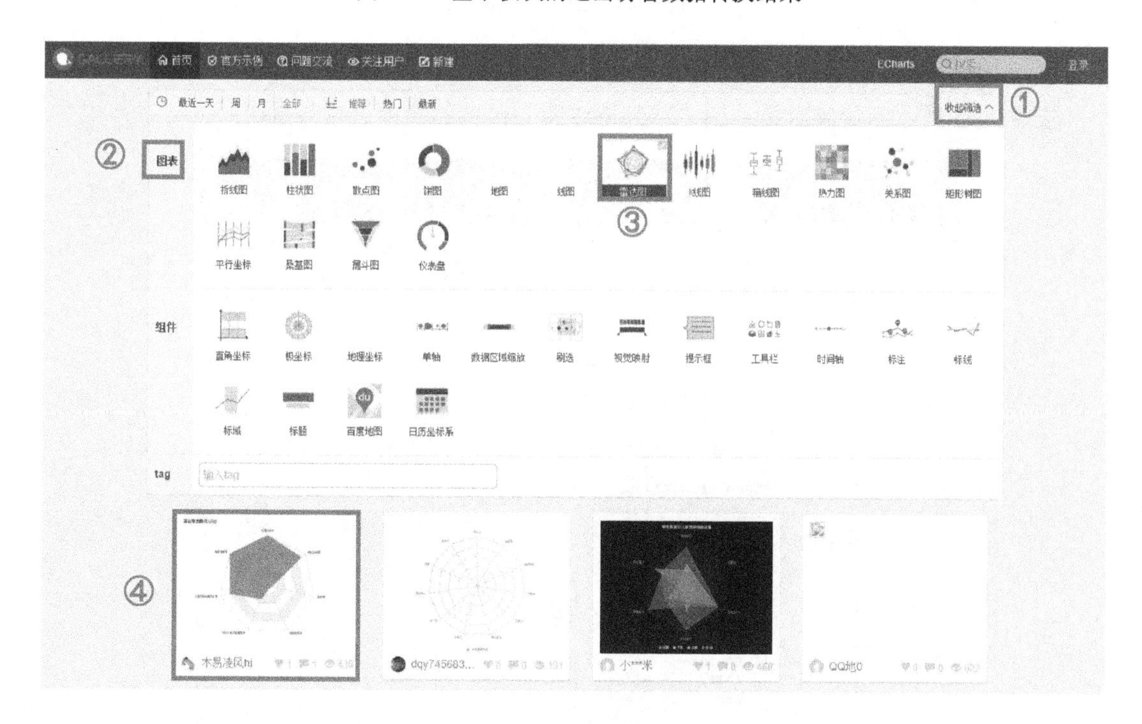

图 9-43　雷达图选取

第一步，单击“展开筛选”，弹出图表与组件详情。

第二步，单击图表，显示社区内用户所上传组件的详情。

第三步，在所呈现的图表中选择“雷达图”。

第四步，在用户上传的雷达图中，选择所需要的图形。此处选取用户“木易凌风 hi”上传的雷达图模板。单击该模板，进入代码编写和图形显示界面，如图 9-44 所示。

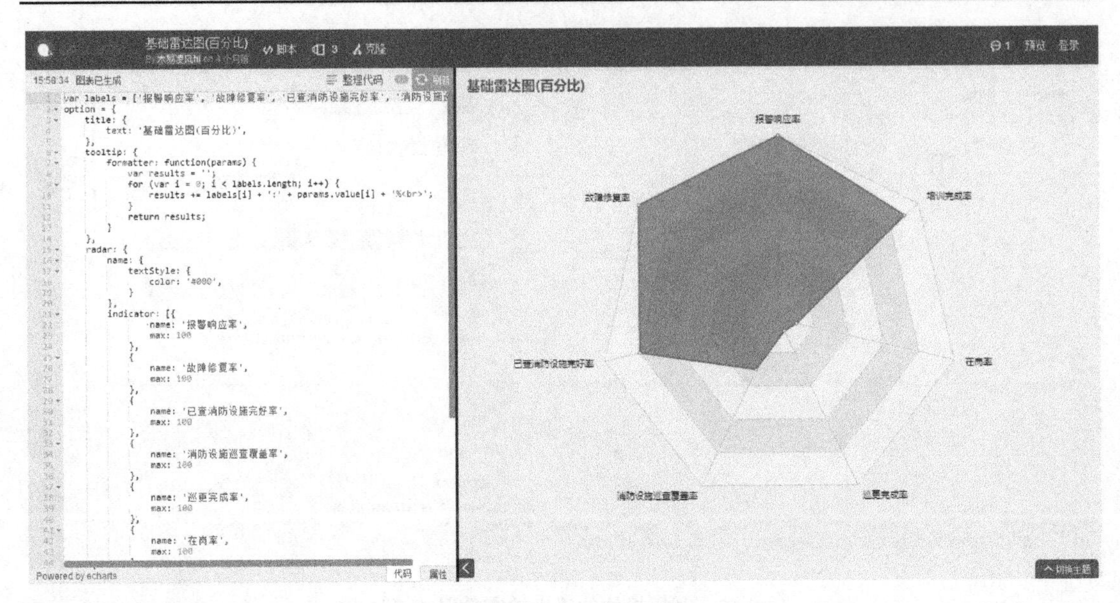

图 9-44　雷达图模板

3．视图参数设置

按图 9-45 所示的步骤对雷达图“基础雷达图”模板的参数进行设置。

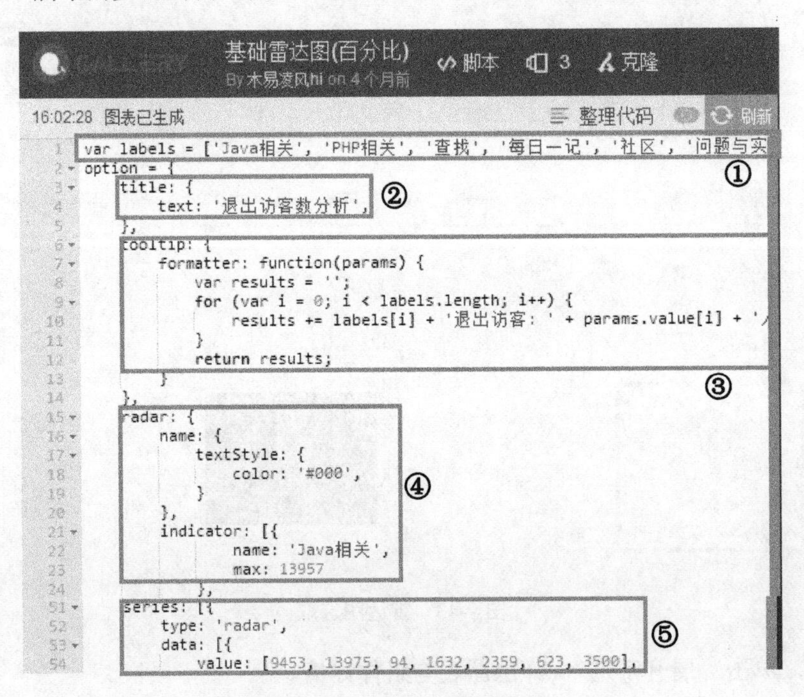

图 9-45　雷达图参数设置

第一步，在 var labels 部分，填入相应的属性名。

第二步，在 title 部分修改图形标题为“退出访客数分析”。

第三步，修改 function 中 results 结果的显示文字。

第四步，根据数据将radar属性中indicator部分的max值修改为退出访客数的最大值，即“13975”。

第五步，在data的value部分填入所需数据，单击“运行”后得到基于板块的退出访客数分析雷达图，如图9-46所示。

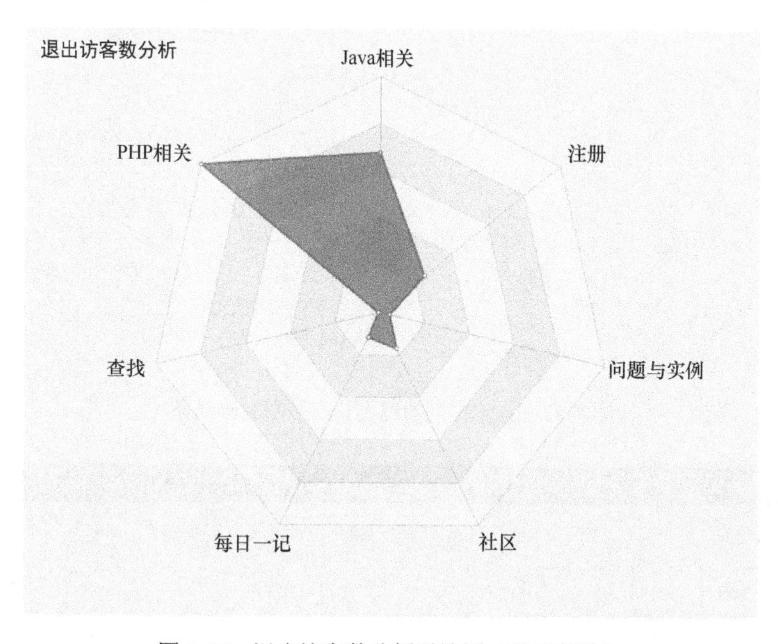

图9-46　退出访客数分析雷达图（基于版块）

分析图9-46不难发现，“PHP相关”板块和“Java相关”板块的退出访客数最多。结合图9-11可以发现，“PHP相关”板块和“Java相关”板块的访问量和退出访客数都是最多的。这一方面说明访客的特征——对PHP和Java的相关信息非常感兴趣，同时也反映了两个板块目前还不能满足访客的需求，亟须改善和提高。

9.3.9　退出访客数分析（基于日期）

本小节将选取柱状图对观测时期内的退出访客数进行分析。

1. 数据导入与转换

重复图9-4中的操作，打开ECharts官网，在导航栏中选择“表格”→“表格工具”，对各板块的退出访客数据进行导入与转换，具体步骤如下：

第一步，将在Excel中整理好的数据粘贴到ECharts的表格工具中。

第二步，将结果类型设置为“纯数组”，在维度设置中选择“每一列转换为一个一维数组”，得到如图9-47所示的转换结果。

2. 可视化视图选取

这里选择柱状图对观测时期内的退出访客数进行分析。参照图9-12，在ECharts官方网站的导航栏中选择“社区”→“Gallery”，具体操作步骤如图9-48所示。

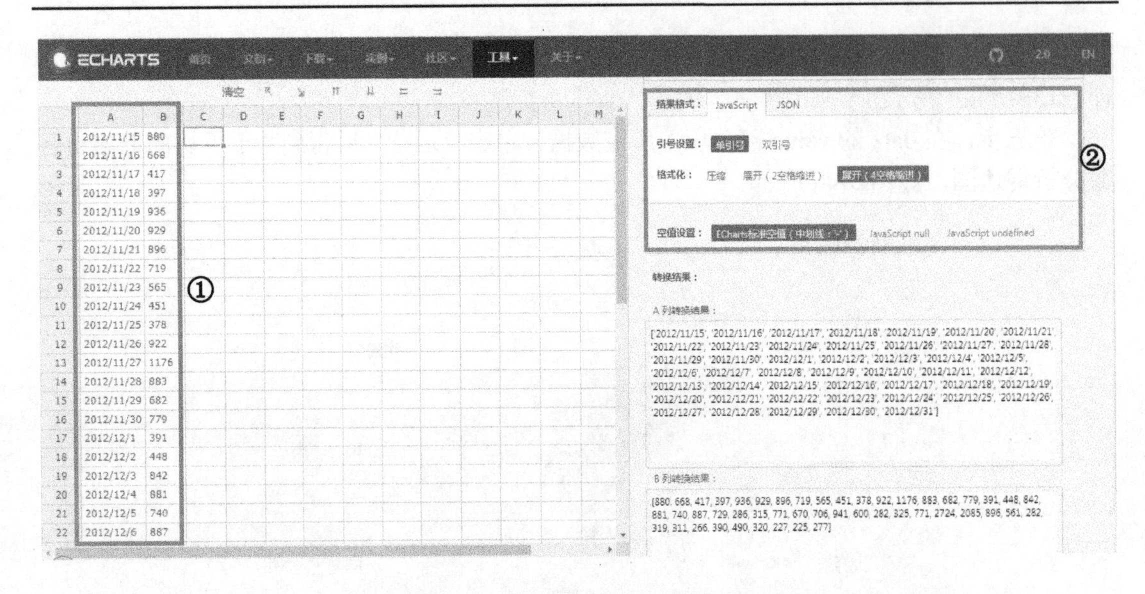

图 9-47　基于日期的退出访客数据转换结果

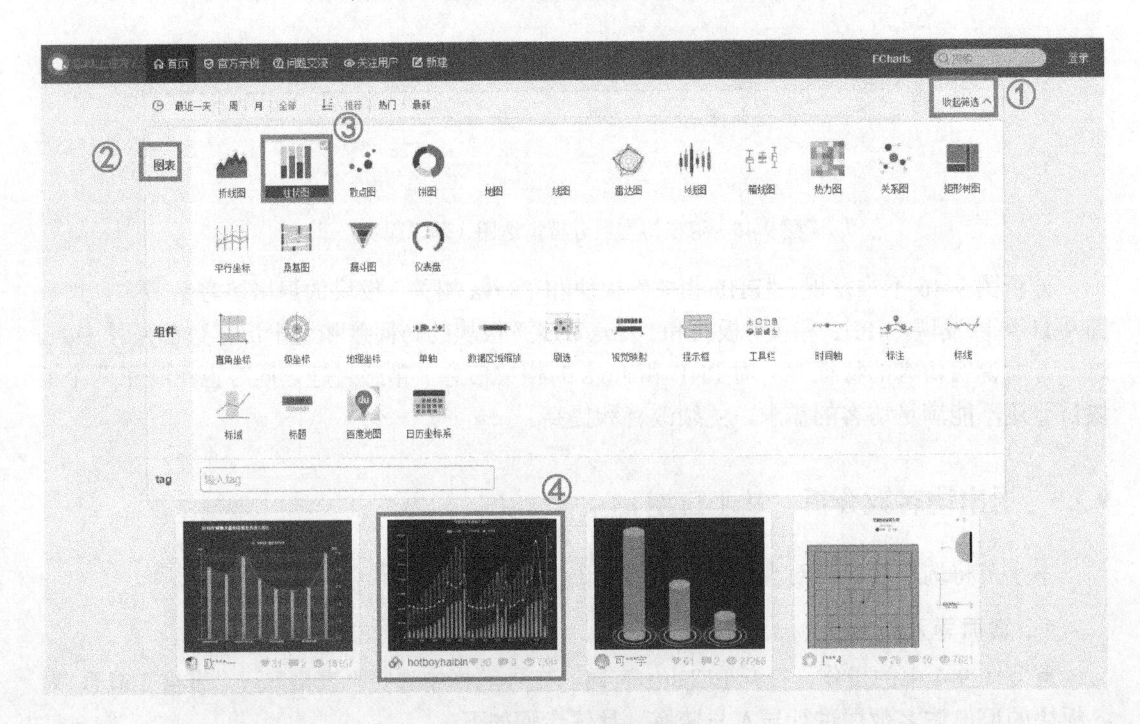

图 9-48　柱状图选取

第一步，单击“展开筛选”，弹出图表与组件详情。

第二步，单击图表，显示社区内用户上传组件的详情。

第三步，在所呈现的图表中选择“柱状图”。

第四步，在用户上传的柱状图中，选择所需要的图形。这里选取用户“hotboyhaibin”上传的柱状图模板。单击该模板，进入代码编写和图形显示界面，如图 9-49 所示。

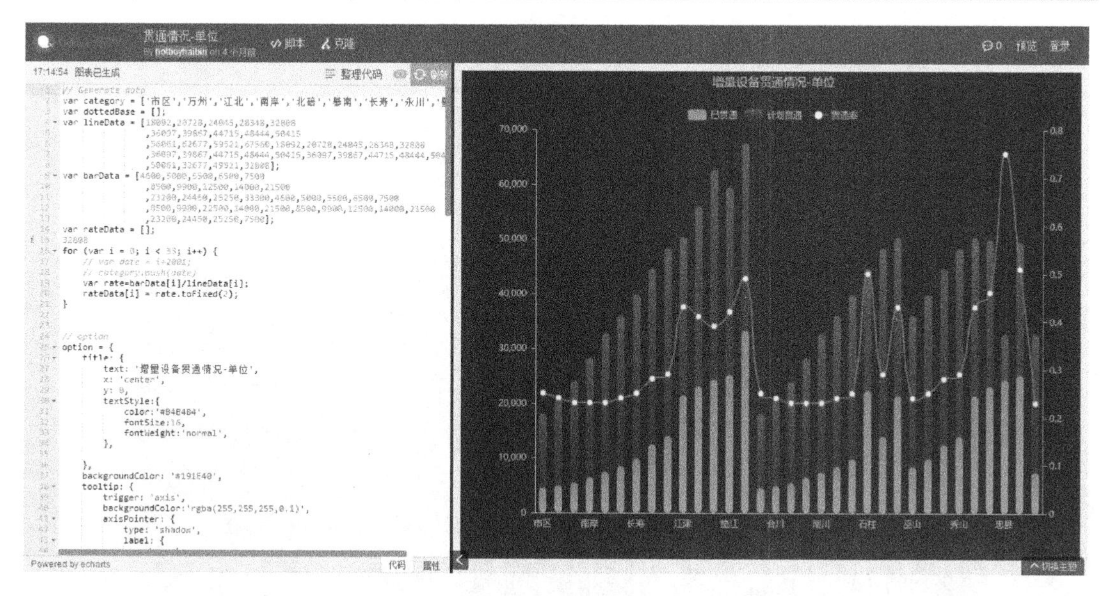

图 9-49　柱状图模板

3. 视图参数设置

参照图 9-50，对柱状图“贯通情况–单位”模板的参数进行设置。

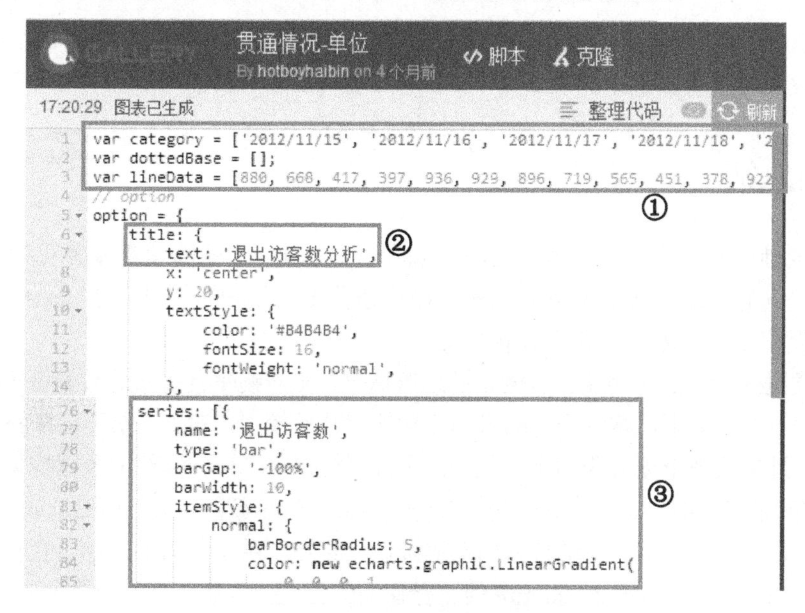

图 9-50　柱状图参数设置

第一步，在 var category 和 var lineData 部分，填入所需数据，删除 for 循环部分。

第二步，在 title 部分修改图形标题为“退出访客数分析”。

第三步，将 series 里关于“贯通率”和“已贯通”部分的代码删除，修改图形渐变色后单点击“运行”，得到基于日期的退出访客数分析柱状图，如图 9-51 所示。

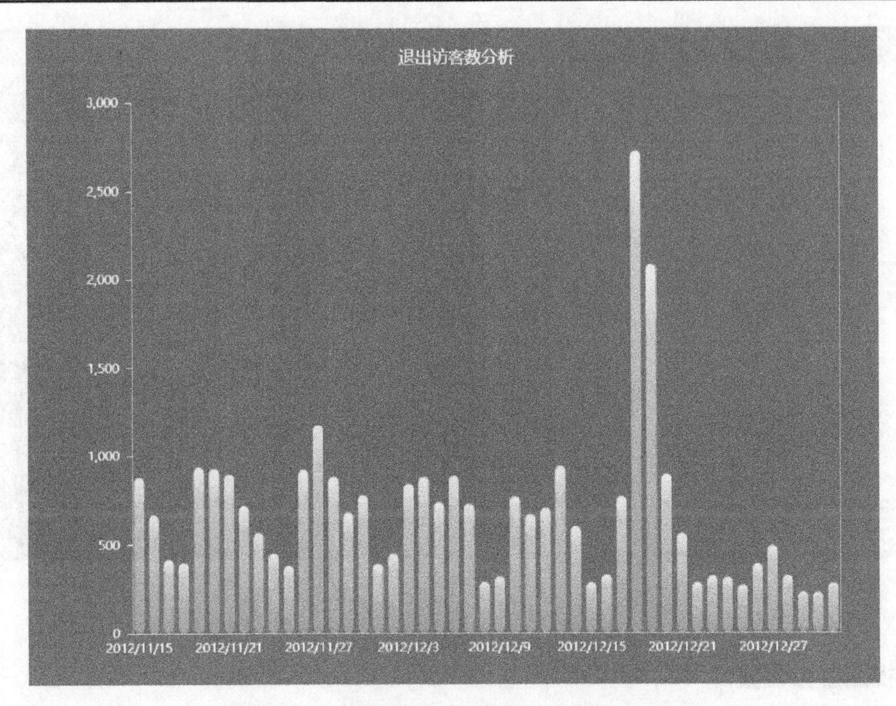

图 9-51 退出访客数分析柱状图（基于日期）

分析图 9-51 可以看到，2012 年 12 月 18 日和 12 月 19 日的“退出访客数”明显增加，需要进一步收集资料分析原因。

9.4 实训总结

作为百度推出的一款相对较为成功的开源项目，ECharts 能够使实操者在学到一些有趣的前端技术的同时，还能让数据可视化的门槛得以降低。用户可以通过 ECharts 工具体会到很多前端可视化工作的流程，并吸收相关知识。

本实训通过 ECharts 分析了博客网站的运营情况，与魔镜平台所做的数据可视化分析形成了一定的对照。相较之下，魔镜平台的可视化功能封装性较强，实训人员不必掌握代码知识便可以比较轻松地完成整个项目的制作。此外，魔镜平台提供了一些高级的数据挖掘算法，如关联分析、聚类分析等，有利于实训人员进一步分析，并提炼出新的发现。而 ECharts 则更适合具有一定技术基础的人员，但其前端技术门槛的降低已经使利用网页前端进行可视化工作的可行性大大提高。另一方面，基于 JavaScript 纯图标库的优势也使得其可视化功能十分强大。

9.5 实训思考题

试着自己设计一款图形模板，并上传至 ECharts 的 Gallery 社区中。

科学计量领域的数据可视化实训——基于 CiteSpace

10.1 实训背景知识

伴随着数据科学与互联网技术的兴起，科学学与知识管理领域正面临着转型升级的迫切需要。如何从海量知识中准确、高效、便捷地发现新知识、提出新思路、创造新价值，并以可视化的方式科学合理地展示出来，进而提升各学科的发展与跨学科知识的交融创新，逐渐受到广泛关注。在此背景下，由文献计量学与信息交流学交替演化而来的科学计量学逐渐进入人们的视野。

科学计量学（Scientometrics）是应用数理统计和计算技术等数学方法对科学活动的投入（如科研人员、研究机构、研究经费）、产出（如论文数量、主题分布、被引数量）和过程（如知识传播、交融、扩散）进行定量分析，从中找出科学活动规律性的一门学科㊀。当下，开展科学计量工作的维度主要包括以下几个方面：

1. 科研产出时间分布

科研产出的时间分布能够反映某一领域知识规模随时间演化的历史进程与发展趋势，是发展兴衰最为直观的评价指标。

2. 科研产出空间分布

对科研产出的空间分布进行计量是探索区域知识发展的主要手段之一。它通过统计某领域知识在不同国家间的科研产出来反映不同国家之间知识规模的差异性水平。

3. 主题网络分析

科研主题的网络分析是对碎片化的文献内容进行分词、术语权重分析、术语共现分析，进而提炼出知识主题的过程。主题词不仅能够反映科学研究的核心要义，还能够通过主题词之间的关联发掘科学研究的新兴方向。

4. 学科网络分析

学科网络分析是在跨学科研究范式㊁推动下测度知识演化过程中学科交叉发展水平的一种评价方法，能够梳理主题知识在不同学科内的分布概况。

㊀ 侯海燕，刘则渊，栾春娟. 基于知识图谱的国际科学计量学研究前沿计量分析[J]. 科研管理，2009，30(1)：164-170.

㊁ 吴晶，王正光. 美国高校图书馆跨学科合作范式的经验探究与启示[J]. 情报资料工作，2018(3)：105-112.

5．作者网络分析

作者网络分析是计量科研著者对主题知识的贡献水平与相互之间合作情况的一种分析方法，能够识别出对知识发展起到重要作用的核心作者。

6．机构网络分析

机构网络分析是科研机构（高校、研究所、图书馆、智库、企事业单位等）科研产出水平的评价方法，不仅能够发掘主题知识发展的核心推动机构，更能够进一步探索高校与科研院所之间的合作关系。

7．引文网络分析

引文网络是由知识文献间引用和被引用的关系构成的集合，而引用关系则能体现知识的流动、交融与传承，代表着某个领域的研究现状及未来的知识流向。因此，引文网络分析对于厘清科研发展现状，以及研判科研成果流动方向起着至关重要的作用。

10.2 实训简介

本实训数据源于 Web of Science 核心合集（WOS）和中国知网核心期刊数据库（CNKI），旨在洞悉微政务信息公开领域知识在国内外的科学发展现状与未来演化趋势。实训中操作介绍部分主要以 CNKI 数据为例，WOS 数据可参照处理。

10.2.1 原始数据情况

从 WOS 与 CNKI 数据平台可以下载近年来国内外微政务信息公开研究文献的文本数据，CNKI 上的原始数据如图 10-1 所示。

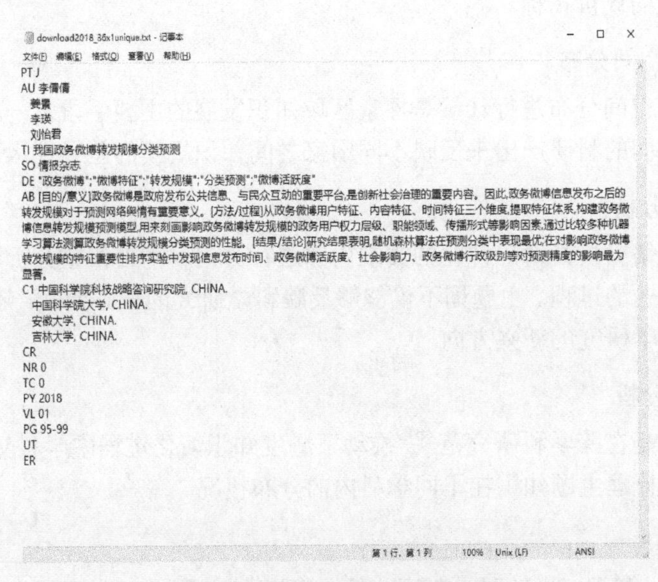

download2018_36x1unique.txt - 记事本

文件(F) 编辑(E) 格式(O) 查看(V) 帮助(H)

PT J
AU 李倩倩
  黄景
  李瑛
  刘怡君
TI 我国政务微博转发规模分类预测
SO 情报杂志
DE "政务微博";"微博特征";"转发规模";"分类预测";"微博活跃度"
AB [目的/意义]政务微博是政府发布公共信息、与民众互动的重要平台,是创新社会治理的重要内容。因此,政务微博信息发布之后的转发规模对于预测网络舆情有重要意义。[方法/过程]从政务微博用户特征、内容特征、时间特征三个维度,提取特征体系,构建政务微博信息转发规模预测模型,用来刻画影响政务微博转发规模的政务用户权力层级、职能领域、传播形式等影响因素,通过比较多种机器学习算法测算政务微博转发规模分类预测的性能。[结果/结论]研究结果表明,随机森林算法在预测分类中表现最优;在对影响政务微博转发规模的特征重要性排序实验中发现信息发布时间、政务微博活跃度、社会影响力、政务微博行政级别等对预测精度的影响最为显著。
C1 中国科学院科技战略咨询研究院, CHINA.
  中国科学院大学, CHINA.
  安徽大学, CHINA.
  吉林大学, CHINA.
CR
NR 0
TC 0
PY 2018
VL 01
PG 95-99
UT
ER

第 1 行，第 1 列　100%　Unix (LF)　ANSI

图 10-1　公开文献原始数据截图

10.2.2　实训分析过程

1．确定问题

本实训对国内微政务信息公开的已有研究进行科学计量，并通过计量指标探索领域知识的核心问题，最终借助 CiteSpace 5.3 将领域研究的核心前沿与变迁轨迹可视化出来。

2．分解问题

对微政务信息公开进行科学计量工作的核心问题主要包括科研产出的时间与空间分布、主题网络分析、学科网络分析、作者网络分析、机构网络分析、引文网络分析等。

3．评估问题

针对本实训所需研究的核心问题，需要的评估指标主要包括：

① 阈值：一般使用 Top N 方法，选择每一时间片段中被引频次或出现频次最高的 N 个数据，其中 N 为数据框中输入的数字。

② 共现/被引频次：反映关键词共现或者文献被引的次数。

③ 中心度：测度节点在网络中重要性的一个指标，用来发现和衡量文献的重要性，并用紫色圈对该类文献（或作者、期刊以及机构等）进行重点标注。

④ 突变率：突发主题（或文献、作者以及期刊引证信息等）的发展强度。

⑤ 半衰期：用来描述引文（文献）老化程度，半衰期越长，则引文的价值越大。

⑥ 年代：反映施引文献或主题词所代表文献的发表年代。

⑦ 聚类节点数：主题或引文关联聚合所形成的节点数量。

⑧ 主题标签阈值：用来控制可视化图谱中主题标签的展现数量。

⑨ 字体大小：用来控制可视化图谱中主题字体的大小。

⑩ 标签大小：用来控制可视化图谱中主题标签的大小。

⑪ 连线数：反映聚类节点之间的关联性。

10.3　实训过程

10.3.1　数据获取

在 CNKI 数据库中，以“微政务”“政务微博”“政务微信”为主题进行检索（检索时间为 2019 年 8 月 23 日，时间跨度为 2009—2018 年），获得国内微政务信息公开相关研究的检索结果，如图 10-2 所示。

由图 10-2 可知，通过清洗和整理检索结果，能够得到 CNKI 数据库论文 669 篇。接下来，将检索到的文献数据从 CNKI 平台中下载下来。第一步，选中页面文献，选中后能够看到已经选中的文献数量；第二步，翻页到下一个页面并继续选中新页面的文献，如此反复操作直至所有被检索出的文献都被选中；第三步，点击导出参考文献，即可以获取所选中的文献数据，弹出的文献管理中心如图 10-3 所示。

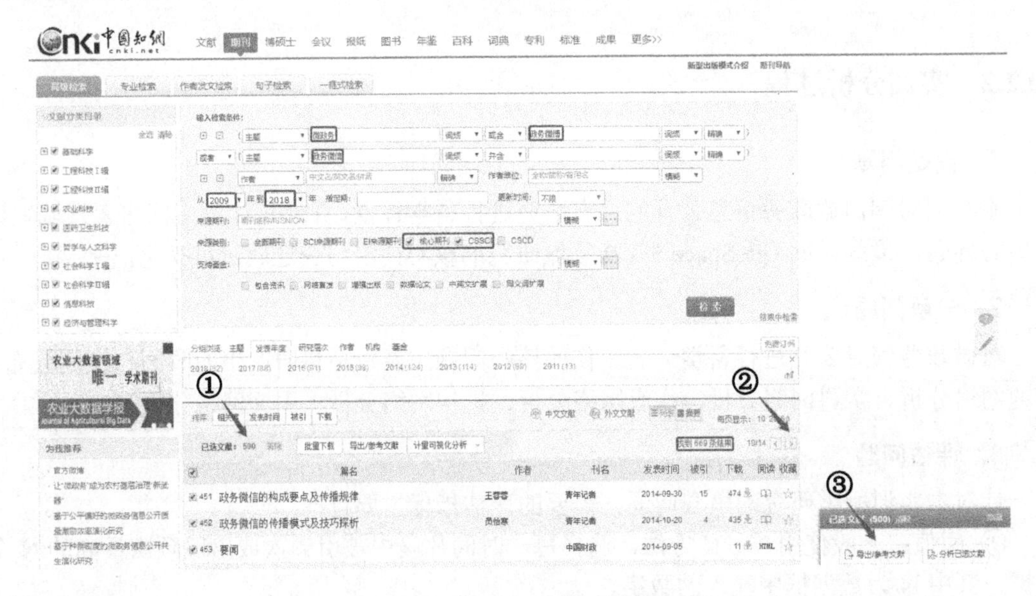

图 10-2　CNKI 文献数据检索结果

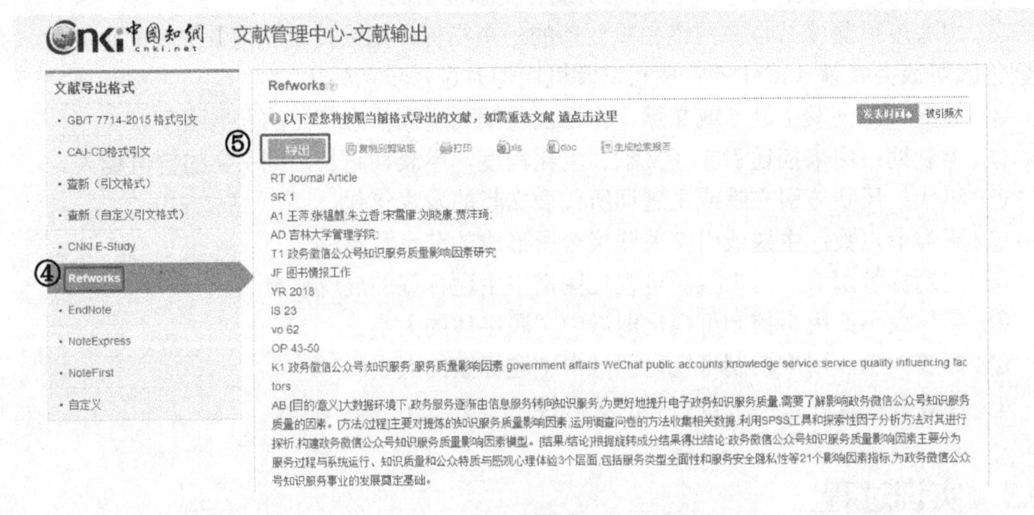

图 10-3　CNKI 文献数据导出流程

第四步，如图 10-3 所示，在文件导出格式中选择 Refworks 格式；第五步，单击“导出”按钮，即可获取所有选中的 Refworks 格式的文献数据。

需要注意的是，CNKI 只能够支持一次下载 500 篇文献数据，所以如果文献数据量大于 500，则需要分批次下载后再将获得的数据整合到一个文本文档中，并以“download ××××-××××（年份跨度）”的形式进行命名，然后存储到一个名称为“input”的新建文件夹中。

10.3.2　数据导入与清洗

在“input”文件夹所在的目录下新建“data”与“project”文件夹，其中，“input”中的数据是需要清洗的原始数据，清洗过后放入“data”文件夹中，“data”文件夹中的数据即为本项目的核心数据，通过核心数据生成的文件将保存至“project”文件夹中。打开 CiteSpace 软件进入其主面板，如图 10-4 所示。

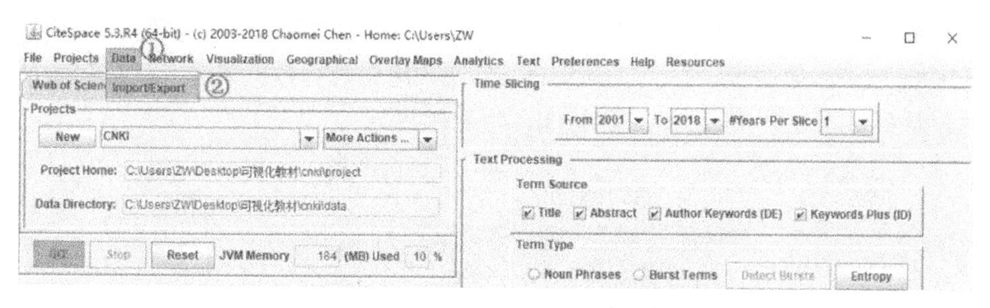

图 10-4　CiteSpace 数据清洗窗口

第一步，在主面板的菜单栏中选择“data”菜单下的“Import/Export”选项；第二步，切换到“Import/Export”选项卡，导入 CNKI 数据以进行清洗。

CNKI 数据导入与清洗的步骤如图 10-5 所示。第一步，在数据清洗窗口中切换至“CNKI”选项卡对 CNKI 文献数据进行处理；第二步，单击数据路径“Input Directory”输入框旁的“Browse”按钮导入之前所保存的“input”文件夹目录；第三步，单击数据路径“Output Directory”输入框旁的“Browse”按钮导入之前所保存的“data”文件夹目录；第四步，单击“Format Conversion”按钮进行格式转换，即可获得 CNKI 核心数据并将其传入“data”文件夹中。

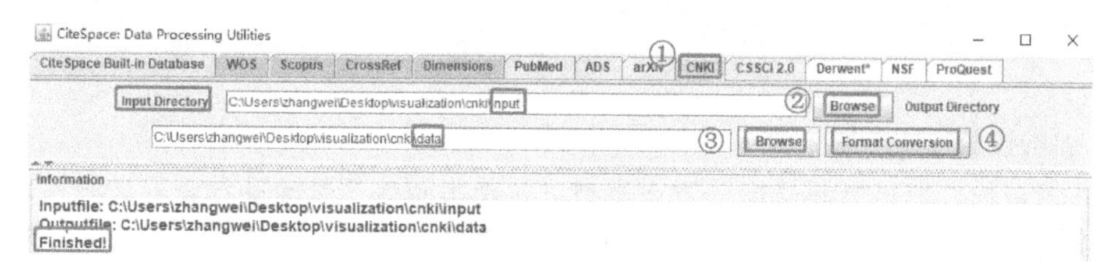

图 10-5　CNKI 数据导入与清洗

10.3.3　数据处理

对清洗后的项目核心数据进行处理，包括新建项目与参数设置这两个部分的内容。

1. 新建项目

如图 10-6 所示，回到 CiteSpace 主面板的项目区，单击“New”按钮，新建一个可视化项目。

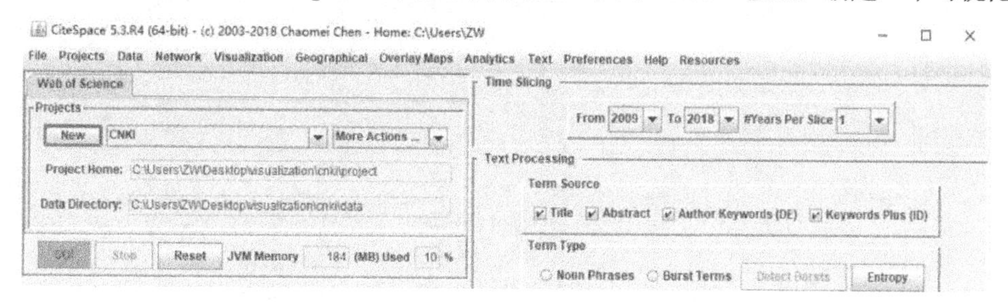

图 10-6　新建项目窗口

新建项目的具体步骤如图 10-7 所示。第一步，在“Title”中输入项目名称；第二步，单击数据路径“Project Home”输入框旁的“Browse”按钮导入之前所保存的 project 文件夹目录；第三步，单击数据路径“Data Directory”输入框旁的“Browse”按钮导入之前所保存的 data 文件夹目录；第四步，在“Data Source”选项组中选择数据来源（CNKI）；第五步，保持其他默认参数不变，单击“save”按钮，保存项目。

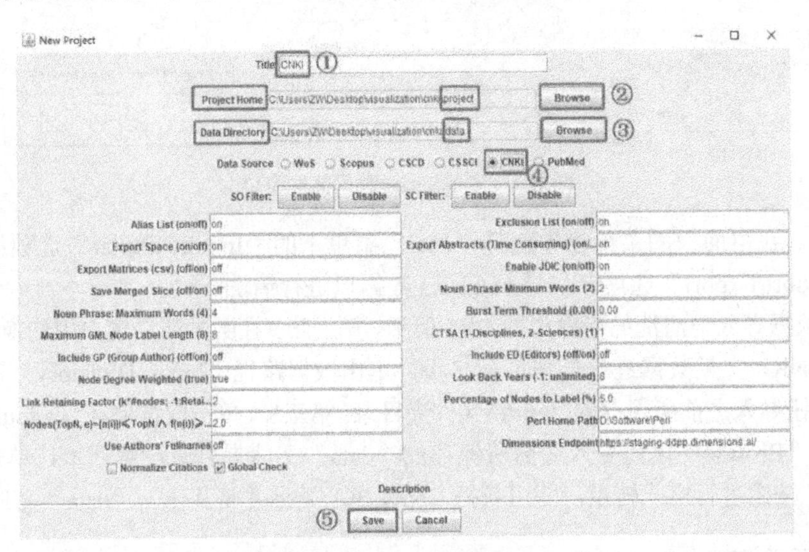

图 10-7 新建项目的步骤

2. 参数设置

新建项目后，要对时间跨度、节点类型以及聚类阈值等参数进行设置，操作步骤如图 10-8 所示。

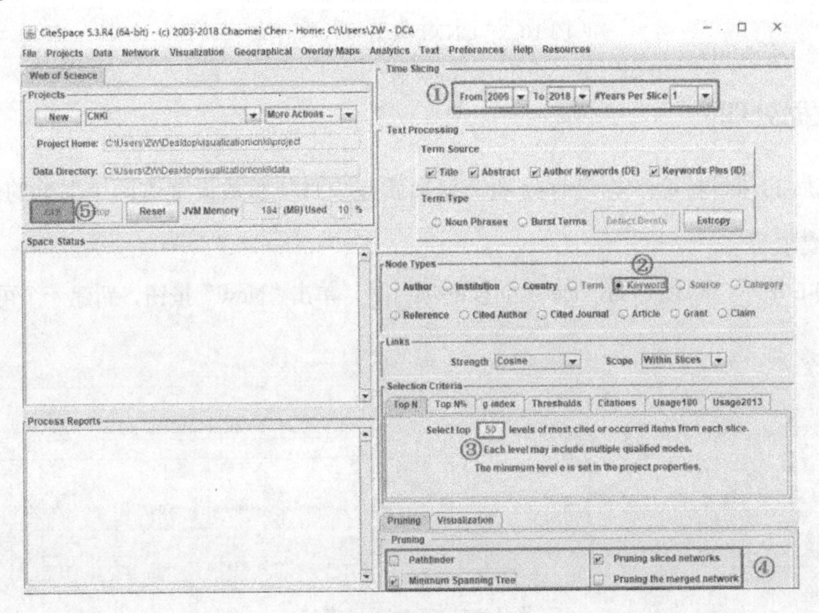

图 10-8 参数设置

第一步，在时间切片区（Time Slicing）中选择文献数据的时间跨度；第二步，在节点类型区（Node Types）中设置可视化的节点对象，对象类型包括作者（Author）、机构（Institution）、国家（Country）、关键词（Keyword）等（注意：此处按钮为开关型按钮，不是单选按钮，即单击一次为“选择”，再次单击为“取消选择”）；第三步，在节点提取依据区（Selection Criteria）内设置节点的聚类阈值（本项目选择“50”）；第四步，在网络剪裁区（Pruning）中勾选“Minimum Spanning Tree”（最小生成树）和“Pruning Sliced networks”（修剪切片网络）；其他默认选项保持不变，单击“GO”按钮。

10.3.4　数据可视化

单击“GO”按钮后，主面板开始处理文献数据，并弹出可视化的对话框，如图 10-9 所示。

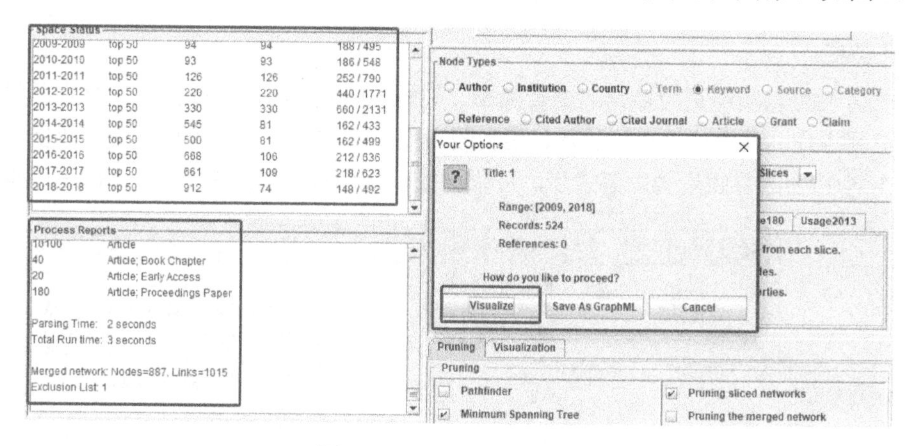

图 10-9　数据处理及可视化

在完成参数设置后单击“GO”按钮就能够开始处理项目数据，图 10-9 左上方与左下方区域记录了数据处理的过程数据。当完成所有数据的计算后，面板中间会弹出对话框，此时单击“Visualize”按钮便能够进入可视化工作台。

工作台主要包括主视图、菜单栏、任务栏、节点数据、图形参数以及控制面板等部分。其中，对可视化起到主要调节作用的为菜单栏、任务栏与控制面板，下面将分别介绍它们的功能与操作。

1. 菜单栏

在进行可视化之前需要确定视图类型，这需要通过菜单栏才能得以实现，设置视图类型的主要步骤如图 10-10 所示。

如图 10-10 所示，视图类型设置的流程主要包括：第一步，选择菜单栏中的“Visualization”菜单；第二步，在下拉菜单中选择“Graph Views”图表视图，进而呈现下一级菜单；第三步，选择想要呈现的具体视图。其中，“Cluster View”为网络集群图，也是进入可视化面板后默认呈现的初始视图，它能够展现节点在网络空间内的分布。“Timeline View”为鱼眼图，常与聚类图一起使用，用来反映聚类节点的时间发展趋势；“TimeZone View”为时区图，用来表示网络节点的时间演化轨迹。

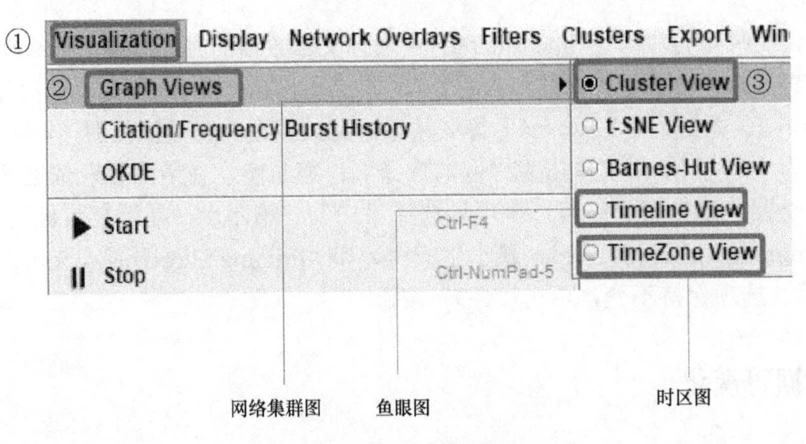

图 10-10 菜单栏

2．任务栏

通过任务栏可以实现更为多维的编辑操作。如图 10-11 所示，任务栏能够对可视化图谱进行多维的编辑操作。其中值得一提的是，聚类图谱也是通过任务栏进行绘制的，其步骤为：第一步，单击按钮来寻找聚类；第二步，可根据需求分别从标题、关键词、摘要中提取聚类。

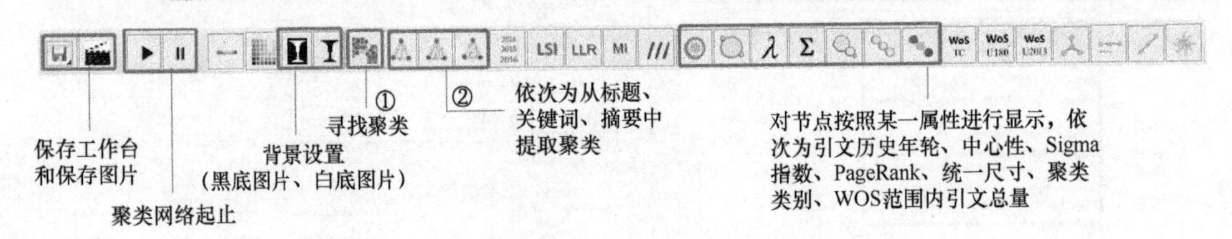

图 10-11 任务栏

3．控制面板

通过控制面板可以调节标签的阈值、字体与节点大小。如图 10-12 所示，通过对阀值、字体的调节，可以使知识图谱以比较清晰的方式展现出来。在完成所有参数调节得到可视化图谱后，将其拖动到视图中央，单击任务栏中的按钮，保存的图片将自动传入“project”文件夹。

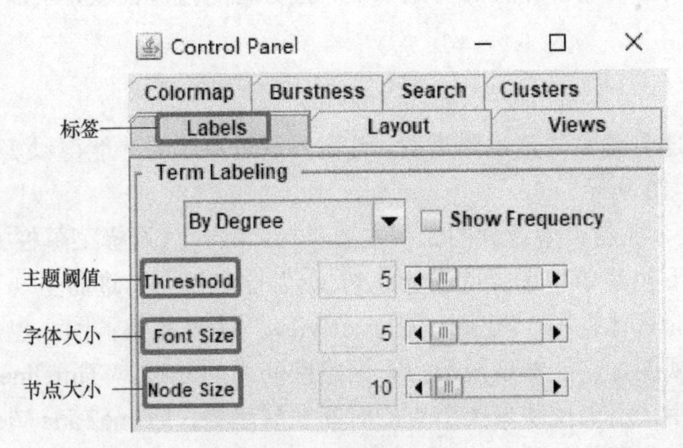

图 10-12 主要控制开关

10.3.5　数据分析

根据本项目所分解的主要问题，分别绘制知识图谱，从而进行数据分析。

1．科研成果时空分布概况

统计出关于国内外微政务信息公开的已有研究在 2018—2019 年的分布，并导入 Excel 中作图。由图 10-13 可知，国内外微政务信息公开的研究呈现出明显的两极趋势。国外对微政务信息公开的研究起步较早，且一直保持高速增长；国内相对起步较晚，于 2011 年开始发力，至 2014 年开始衰退，近两年已经与国外研究在数量上产生较大差距。

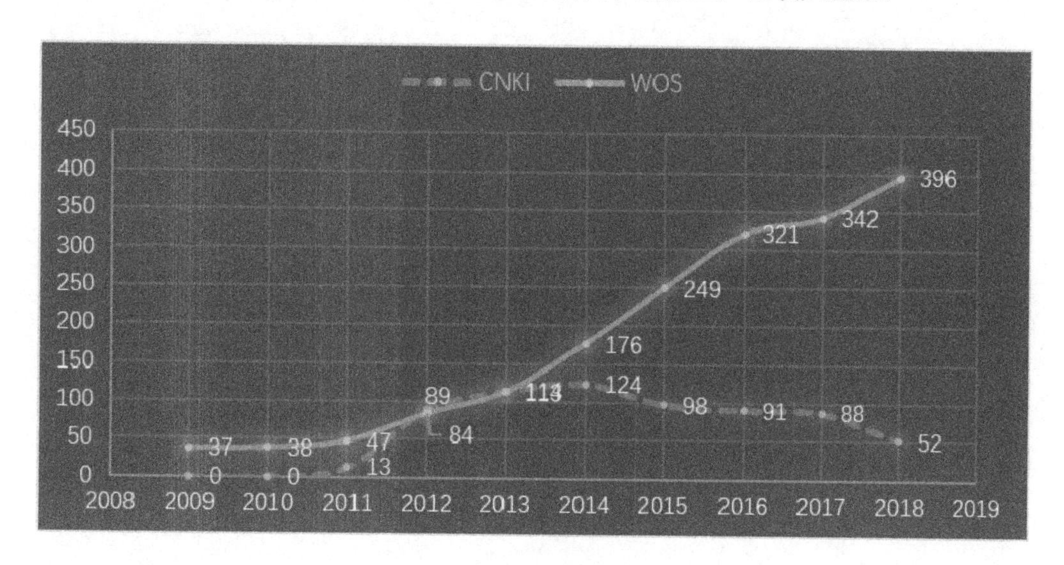

图 10-13　科研成果时间分布

2．主题网络分析

（1）主题网络集群图　根据图 10-14 进行参数设置：第一步，在 CciteSpace 主面板中将节点类型（Node Types）设置为“Keyword”（关键词），其他保持不变；第二步，单击“GO”按钮。第三步，单击“Visualize”按钮对主题网络进行可视化。

由于得到的区域分布视图比较粗糙，需要对视图进行二次调整。主要步骤依次为：调整视图的整体大小，对标签、字体进行调整，其中主题标签的阈值设置为“10”，字体大小设置为“8”，节点大小设置为“13”。最后，调节主视图相互重叠的标签以达到更好的可视化效果，具体效果如图 10-15 所示。

如图 10-15 所示，国内微政务信息公开的研究初见规模。国内研究热点聚焦在“政务微博”“政务微信”“电子政务”上；而且，国内研究更重视微博与微信的社交作用。

（2）时区网络图　在图 10-15 的基础上，依照图 10-10 选择“TimeZone View”，生成时区可视图。

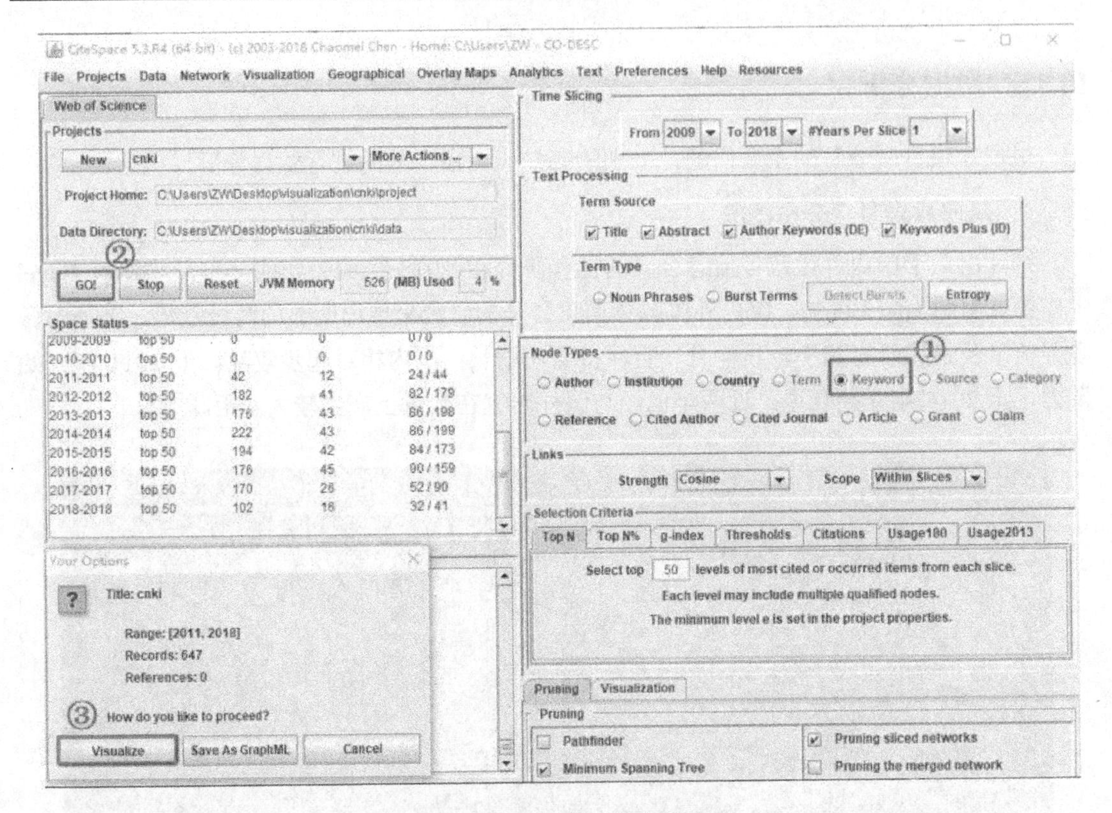

图 10-14　主题网络分析参数设置

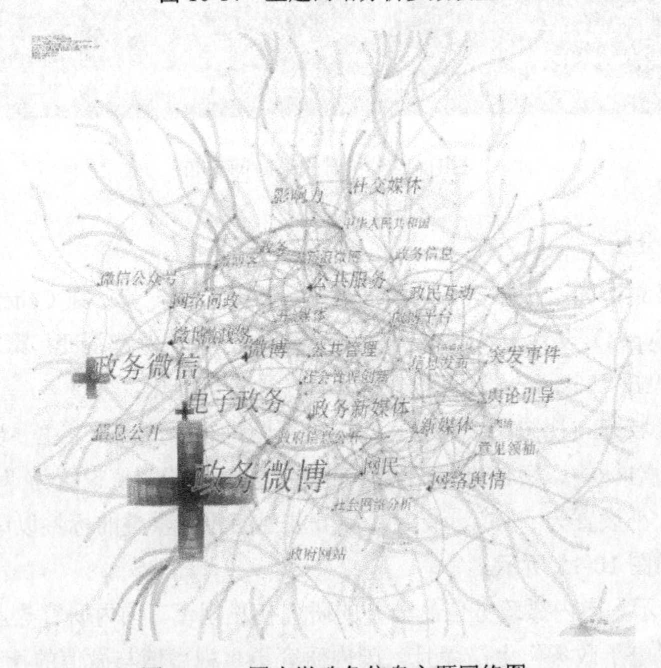

图 10-15　国内微政务信息主题网络图

然后，进行调整，将主题标签的阈值设置为“5”，字体大小设置为“8”，节点大小设置为“13”，结果如图 10-16 所示。

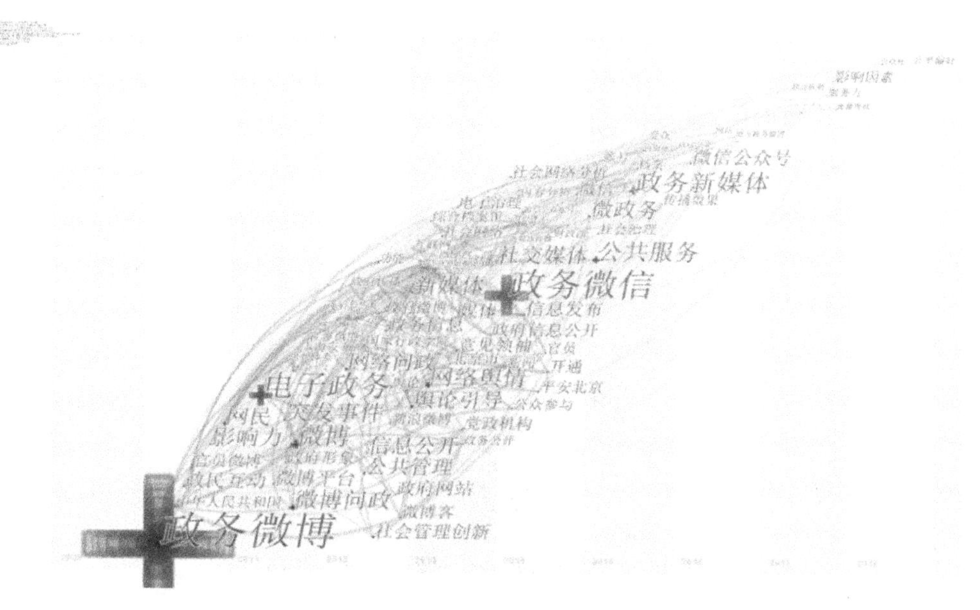

图 10-16　国内微政务信息公开时区网络图

由图 10-16 可知，国内早期（2011—2013）的主题词主要包含政务微博、微博问政和社会管理创新，说明研究主题主要聚焦于新型社交媒体对社会管理创新的作用上；中期（2014—2015）的主题词主要包含政务微信、电子政务和网络舆情，说明研究主题转移到网络舆情的传播机制上；近期（2016—2018）的主题词主要包含服务力、公平偏好和影响因素，说明研究主题变迁到微政务的公众服务水平和公平偏好上。

（3）聚类网络图　在图 10-15 的基础上，绘制聚类网络图（参考图 10-11），操作步骤如图 10-17 所示。

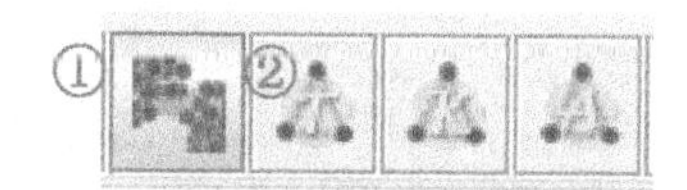

图 10-17　聚类网络图谱绘制过程

由图 10-17 可知，依次单击按钮和按钮以便寻找聚类、从标题中抽取聚类标签，绘制主题的聚类图。其中，主题标签的阈值、字体等参数的设置与网络图谱（图 10-15）保持一致，结果如图 10-18 所示。

由图 10-18 可知，国内微政务信息公开研究领域的核心流派主要包含：微政务、突发事件、媒体融合、政治传播、传播效果、微博问政等，说明国内微政务信息公开的研究侧重于社会管理模式、舆情传导机制及微政务服务水平。与之相对，国外微政务信息公开研究领域的核心流派主要包含以下几个方面：social network（社交网络）、social-cognitive model（社会认知模式）、management disclosure（管理公开）、sustainability（可持续性）、treatment（医疗）、health policy（健康政策）等，说明国外微政务信息公开的研究聚焦于信息公开管理工作。读者可自行生成图表对比验证。

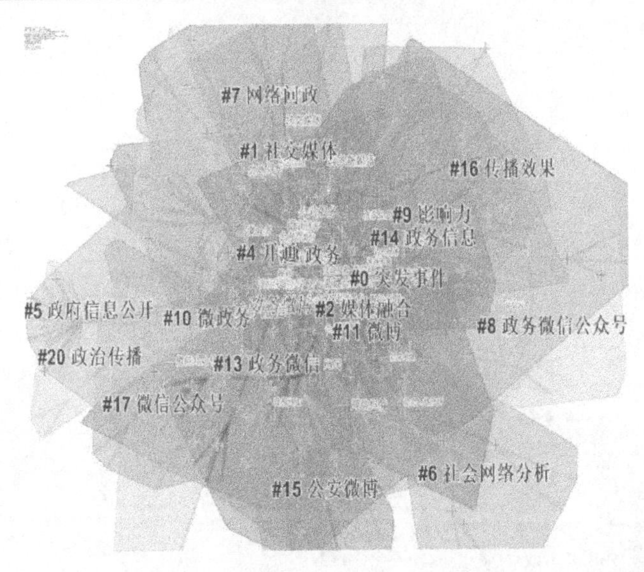

图 10-18　国内微政务信息公开主题聚类图

（4）鱼眼网络图谱　在图 10-18 的基础上，根据图 10-11 选择“Timeline View”，绘制主题网络的聚类鱼眼图。其中，主题标签的阈值、字体等参数的设置与网络图（图 10-15）保持一致。鱼眼图可以对已有聚类进行深入组织，得到聚类以及聚类子知识群的发展脉络，如图 10-19 所示。

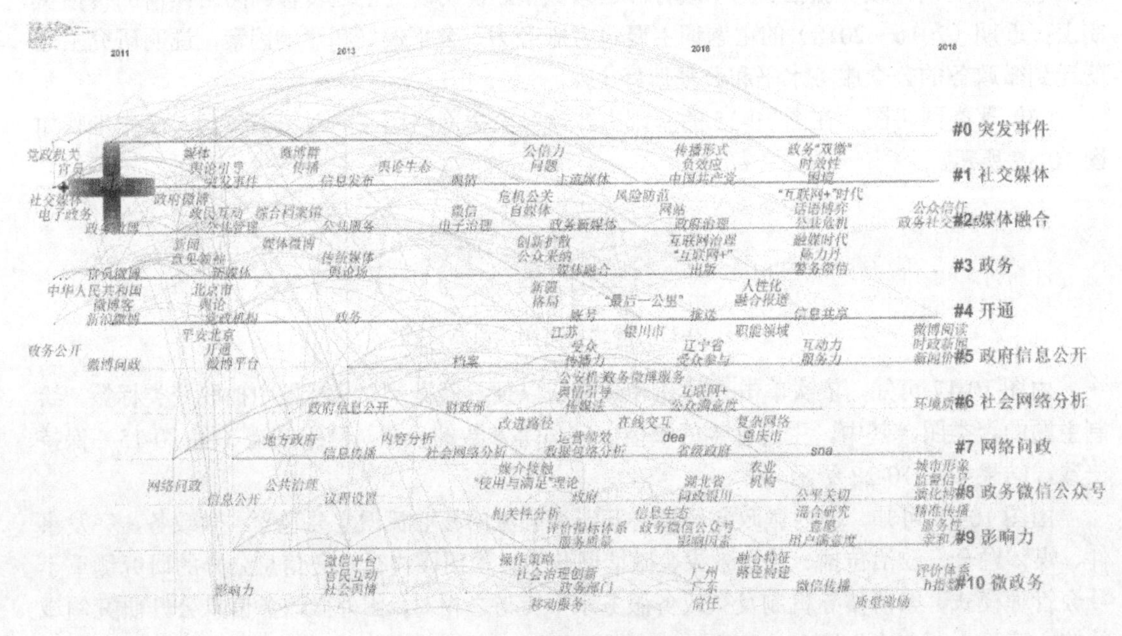

图 10-19　国内微政务信息公开鱼眼图

由图 10-19 可知，国内近年来微政务信息公开的相关研究大致形成了 11 个知识群，核心知识群有“突发事件”“社交媒体”“开通”。“突发事件”核心主题词的变迁轨迹为舆论引导、信息发布、传播、公信力等，说明突发事件在微政务研究的价值体现在舆情引导上。“社交媒体”核心主题词的变迁轨迹为政民互动、公共服务、政务新媒体、公众信任等，说明社交媒体有效推动了政府与公众之间的交流。“开通”的核心主题词变迁轨迹为政务公开、微博平台、平安北京、银川市、互动力、服务力等，说明随着微博平台的兴起，各地区政务微博逐渐开通相应账号、响应了微政务信息公开的发展诉求。

10.3.6　数据挖掘

对科学文献的可视化视图的支撑数据进行深入挖掘，能够进一步增加数据分析的维度并能促进更细粒度知识的发现。

1．主题词计量指标

对于主题词的计量指标，可挖掘的视角能够扩展到频次、中介中心性、年代、半衰期等。其中，频次是指主题词出现的次数，中介中心性代表主题词在整个共现网络关系中媒介者的能力强度，半衰期则用来描述引文（文献）老化程度，半衰期越长，说明引文价值越大。可通过 Export 菜单，将基于关键词节点的主题网络图的后台数据导出。

导出主题网络后台数据的步骤为：第一步，在菜单栏中选择“Export”；第二步，单击“Network Summary Table”，导出网络简要表格。统计所得 CNKI 主题词的相关指标的数据如表 10-1 所示。

表 10-1　国内微政务信息公开主题数据统计（CNKI）

主题词	频次	中介中心性	半衰期	年代
政务微博	442	0.39	3	2011
政务微信	129	0.28	2	2013
电子政务	80	0.23	3	2011
政务新媒体	33	0.15	1	2015
公共服务	28	0.07	2	2013
网络舆情	24	0.13	2	2012
微博问政	23	0.06	2	2011

由表 10-1 可知，从主题词频次、中介中心性、半衰期角度来看，政务微博（442-0.39-3）、政务微信（129-0.28-2）、电子政务（80-0.23-3）位列前三，说明政务微博与政务微信在电子政务领域已取得广泛应用。从年代视角来看，高频关键词大多分布在 2011—2013 年，而 2015 年的政务新媒体的兴起则源于“两微一端”（微博、微信及客户端）的发展。

2．突变率分析

通过突变率数据指标，我们能够窥探某领域研究的知识突显程度。关键词突变词图可以展示某一主题或者文献被引频次在一时间段内出现的突增或突减情况，通过绘制重点关键词突变词图能够较好地把握研究前沿，也可以用来尝试挖掘新兴研究主题。

具体操作是在主题网络图的控制面板中进行，如图 10-20 所示。突变主题识别流程为：第一步，切换到“Burstness”选项卡，即可观察到主题突变识别的算法。第二步，单击“Refresh”按钮；第三步，单击“View”按钮，弹出如图 10-21 所示的新窗口。第四步，编辑可视化图中所需呈现的突变词个数（可根据对话框的提示自定义个数，如图 10-21 所示，此次的突变词个数为 1～12）；第五步，单击“确定”按钮，即可呈现出突变词图（见图 10-22）。

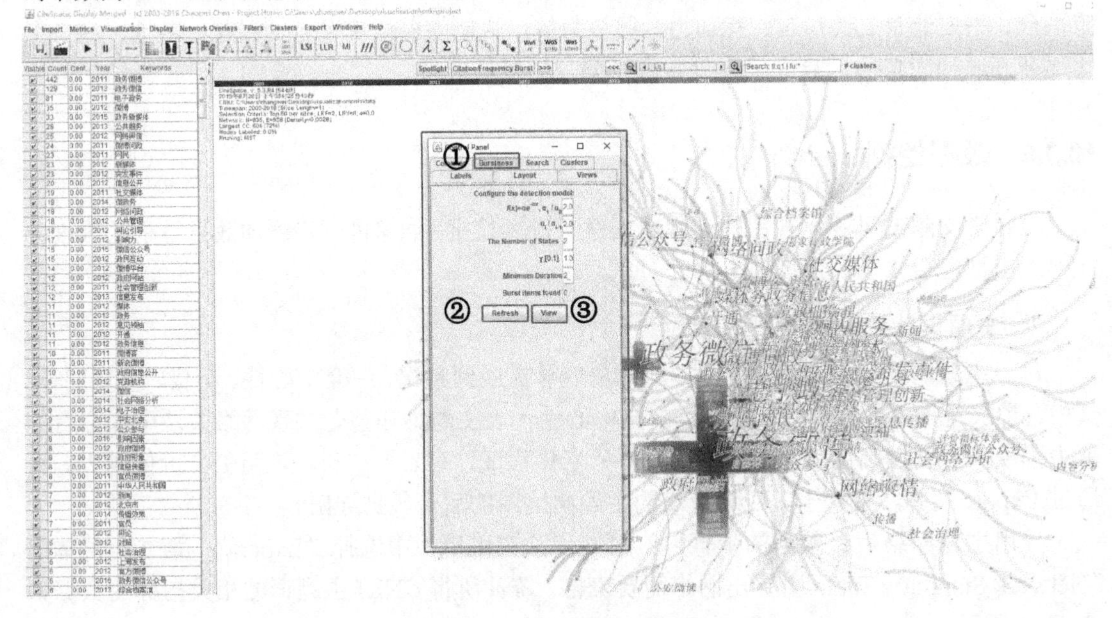

图 10-20　突变主题识别流程

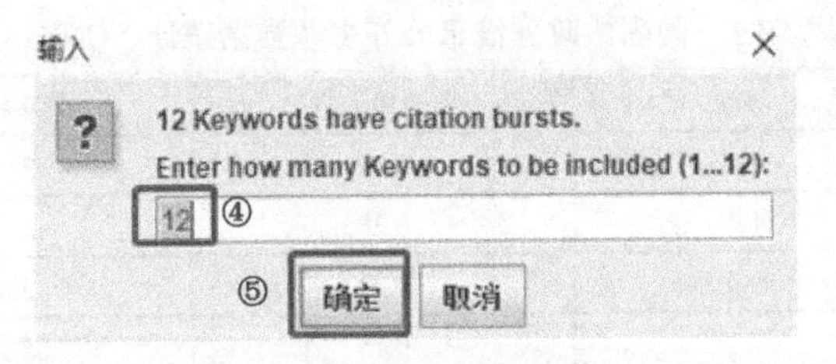

图 10-21　设置突变词数量

Keywords	Year	Strength	Begin	End	2009 - 2018
官员微博	2009	3.0753	2009	2012	
社会管理创新	2009	3.8082	2009	2013	
官员	2009	3.0271	2009	2013	
微博问政	2009	6.967	2009	2013	
微博客	2009	3.0637	2009	2014	
意见领袖	2009	3.0567	2012	2014	
网络问政	2009	3.3658	2012	2014	
微博平台	2009	4.0877	2012	2014	
网民	2009	3.8178	2012	2013	
微博	2009	5.296	2012	2013	

图 10-22　国内微政务信息公开突变词

由图 10-22 可知，国内微政务信息公开研究的重点突变词集中于微博问政（6.96）、微博（5.29）、微博平台（4.08）及网民（3.81）。其中，“微博问政”与“网民”具有较大探讨价值，前者的突变持续时间较长（5 年），反映微政务开创了以微博为代表的社会治理新格局。而后者则体现出网民作为原先的被动接受者正在逐渐发挥自身主体优势的趋势。

10.4 实训总结

知识是驱动社会发展与科技创新的核心力量，科学计量学试图通过定量方法寻找科学知识活动的内在规律或准规律，能够更有效率地为科研活动的开展和知识的管理创新提供指导。本项目借助知识图谱，以“微政务信息公开”在国内外近十年来的科学研究为数据样本，阐述了科学计量工作的背景知识与实训过程（数据导入、数据清洗、数据处理、数据可视化、数据分析、数据挖掘），按照数据驱动下科学计量工作的生命周期完成了本次实训，展示了包括主题网络图、聚类图、时区图、鱼眼图、突变词图，结合后台数据与算法的挖掘，剖析了微政务信息公开研究领域近年来的进展。其他领域的研究状况分析可参考本实训开展。

10.5 实训思考题

本次实训为科学计量领域的可视化工作做出了一定的示范。当然，在此过程中，还有一些方面值得深入探究，主要包括：

（1）基础　本实训针对主题词的发展与演化关系开展了可视化工作，在此基础上，读者可以试着根据前文中的内容动手尝试绘制学科、机构、作者及引文的网络图，并结合主题词图进行分析，观察这些科学计量指标之间的内在关联。

（2）拔高　本实训对于区域科研成果分布的图谱绘制采取了网络图的形式，其实，CiteSpace 工具有 Geographical 功能，结合谷歌地图能够在世界地图上描绘文献的地理分布与合著作者之间的关联，读者如有兴趣可动手实操。此外，知识图谱的可视化工具除 CiteSpace 之外还有很多，这些工具之前有何区别，各具备什么优势、劣势，在具体的科学计量可视化应用场景中能够取得什么样的效果，都值得进一步探讨。

（3）拓展　在进行科学计量工作之余不妨深思，这些通过可视化工具得到的图谱是否能够真实准确地反映科学发展的情况，如果可以，那么其对科学发展的指导性与支撑度有多大？主要体现在哪些方面？后续有哪些深入的角度？如果存在不足，则应归纳出现有科学计量工作中可以改进的地方，进而提高由科学计量可视化工作得出的结论的客观性与准确性。